“十三五”国家重点出版物出版规划项目
面向可持续发展的土建类工程教育丛书
普通高等教育工程造价类专业系列教材

装配式建筑工程计量与计价

肖光朋　项　健
郭屹佳　郭丹丹　卢永琴　编著
曹译匀　石江波　蒋　露
陶学明　主审

机　械　工　业　出　版　社

本书依据相关规范、标准，介绍了装配式建筑中装配式混凝土结构、钢结构、木结构三大类型工程的计量与计价，装配式建筑涉及的措施项目费用计取，基于BIM技术的装配式建筑工程计量与计价等。全书共6章，每章首先介绍相关装配式建筑工程概况，然后介绍工程量计量，最后介绍计价；每章均引入大量例题，详细演示了工程量计算和综合单价计取；章后设置了本章小结及习题，供学习和教学参考。

本书注重实用性，支持启发性和交互式教学。

本书可作为高等院校工程造价、工程管理专业的教材，也可供工程造价从业人员参考。

本书配有PPT电子课件，免费提供给选用本书作为教材的授课教师，需要者请登录机械工业出版社教育服务网（www.cmpedu.com）注册后下载。

图书在版编目（CIP）数据

装配式建筑工程计量与计价/肖光朋等编著. —北京：机械工业出版社，2020.12（2024.2重印）

（面向可持续发展的土建类工程教育丛书）

"十三五"国家重点出版物出版规划项目　普通高等教育工程造价类专业系列教材

ISBN 978-7-111-66921-0

Ⅰ.①装…　Ⅱ.①肖…　Ⅲ.①装配式构件—建筑工程—计量—高等学校—教材　②装配式构件—建筑工程—建筑造价—高等学校—教材　Ⅳ.①TU723.3

中国版本图书馆CIP数据核字（2020）第222395号

机械工业出版社（北京市百万庄大街22号　邮政编码100037）

策划编辑：刘　涛　责任编辑：刘　涛　舒　宜

责任校对：王明欣　封面设计：马精明

责任印制：郜　敏

三河市宏达印刷有限公司印刷

2024年2月第1版第7次印刷

184mm×260mm · 20.5印张 · 507千字

标准书号：ISBN 978-7-111-66921-0

定价：58.00元

电话服务
客服电话：010-88361066
010-88379833
010-68326294

网络服务
机　工　官　网：www.cmpbook.com
机　工　官　博：weibo.com/cmp1952
金　　书　　网：www.golden-book.com
机工教育服务网：www.cmpedu.com

前　言

在我国制造业转型升级的大背景下，国家持续出台相关政策推动建筑业改革，大力推广装配式建筑，装配式建筑的发展已上升到国家战略层面。在全面推进生态文明建设、加快推进新型城镇化，特别是实现中国梦的进程中，装配式建筑的发展意义重大，表现为大幅降低建造过程中的能源、资源消耗，减少施工过程造成的环境污染影响，以工业化代替传统手工湿作业，显著提高工程质量和安全，提高劳动生产率，促进形成新兴产业，促进建筑业与工业制造产业及信息产业、物流产业、现代服务业等深度融合，对发展新经济、新动能，拉动社会投资，促进经济增长具有积极作用。其中，装配式建筑工程造价的确定是装配式建筑建设中一项重要的基础性工作，是规范装配式建筑建设市场秩序、提高投资效益的关键环节，具有很强的技术性、经济性、政策性。本书主要内容涉及装配式建筑中装配式混凝土结构、钢结构、木结构三大类型工程的计量与计价，装配式建筑涉及的措施项目费用计取，基于BIM 技术的建筑工程计量与计价。

本书共6章，结构体系完整，每章配备大量图片，利于读者直观了解和掌握各类装配式建筑基础知识，每章后面有小结及习题，供学习和教学参考。第1章为装配式建筑概述、工程造价的含义及构成、工程量清单计价原理等基础知识。第2章至第5章首先介绍了各类装配式建筑工程的相关知识，然后介绍了工程量清单模式下的各类装配式建筑工程的主要构件计量，最后结合计价定额讲解了主要构件综合单价的确定方法，每章均引入大量例题，详细演示了工程量计算和综合单价计取。第6章简要介绍了BIM 技术在工程造价方面的相关应用，由于BIM 技术特别适用于装配式建筑，本书介绍了现阶段我国建设项目基于BIM 技术进行的较成熟的计量与计价应用操作。

本书具有较好的理论性和较强的实用性，支持启发性和交互式教学。

本书由肖光朗（西华大学）、项健（西华大学）、郭屹佳（四川工商学院）、郭丹丹（西华大学）、卢永琴（西华大学）、曹译匀（内江师范学院）、石江波（乐山师范学院）、蒋露（成都工业学院）编著，陶学明教授担任主审。第1章由肖光朗、项健、郭屹佳、郭丹丹、卢永琴编著，第2章由肖光朗、项健、郭屹佳编著，第3章由肖光朗、石江波、曹译匀编著，第4章由肖光朗、项健、郭屹佳编著，第5章由肖光朗、郭屹佳、蒋露编著，第6章由肖光朗、郭屹佳、郭丹丹编著。书中例题插图由肖光朗、郭屹佳、石江波、曹译匀绘制。全书由肖光朗总体策划和统稿。

西华大学陶学明教授对本书提出了很多宝贵意见，特别在此深表感谢。

本书适合有一定识图能力及具有工程造价基础知识的人员使用。本书主要作为高等学校工程造价专业和工程管理专业的教材，也可以作为工程造价从业人员的参考用书。

在本书的编写过程中，参考了大量相关资料，主要参考文献列于书末，谨向相关学者、作者致以衷心谢意。由于装配式建筑技术和工程造价理论和实践还处于不断完善和发展的阶段，加之编者水平有限，书中难免有疏忽遗漏之处，敬请各位专家、学者、同行批评指正，不胜感激！

编著者
于西华大学

目　录

第1章 绪论

1.1 装配式建筑概述

装配式建筑是指结构系统、外围护系统、设备与管线系统、内装系统的主要部分，在工厂加工生产或预制成建筑部品部件，将其通过交通运输至建设现场，在建设现场采用机械化施工技术，通过节点连接方式装配而成的建筑物。装配式建筑工程的建造过程主要有三个阶段：首先是设计阶段，将建筑各种构件拆分为标准部件和非标准部件，达到模具定型化；其次是生产阶段，在工厂采用专用模具预制加工和生产各种部品部件，并运输至施工现场；最后是装配阶段，采用各类机械对各种部品部件进行现场装配就位，通过节点连接方式形成完整建筑结构。

1.1.1 国外装配式建筑发展状况

1. 美国装配式建筑发展状况

1976年，美国国会通过了国家工业化住宅建造及安全法案（National Manufactured Housing Construction and Safety Act），同年开始由美国联邦政府住房和城市发展部（HUD）负责出台了一系列严格的行业规范标准，一直沿用至今。除了注重质量，现在的工业化住宅更加注重提升美观、舒适性及个性化，许多工业化住宅的外观与非工业化住宅外观差别无几。美国的工业化住宅经历了从追求数量到追求质量的阶段性转变。在美国，工业化住宅已成为非政府补贴经济适用住房的主要形式，因为其成本还不到非工业化住宅的一半。在低收入人群、无福利购房者中，工业化住宅是住房的主要来源之一。现在在美国，每16个人中就有1个人居住的是工业化住宅。

美国的住宅建设是以其发达的工业化水平为基础，具有各产业协调发展、劳动生产率高、产业聚集，要素市场发达、国内市场大等特点。住宅用构件和部品的标准化、系列化、专业化、商品化，社会化程度很高，几乎达到100%，不仅反映在主体结构构件的通用化上，还反映在各类制品和设备的社会化生产和商品化供应上。除工厂生产的活动房屋和成套供应的木框架结构的预制构配件外，其他混凝土构件和制品、轻质板材、室内外装修以及设备等产品也十分丰富，品种达几万种，用户可以通过产品目录，从市场上自由买到所需的产品。这些构件的特点是结构性能好，用途多，有很大通用性，也易于机械化生产。美国装饰装修材料的特点是基本上消除了现场湿作业，同时具有较为配套的施工机具。

美国的住宅生产主要由五类企业完成：大板住宅生产商，住宅组装营造商，住宅部件生产商，特殊单元生产商，活动住宅、模块住宅、大板住宅分销商。以上各类型的企业独立运营或相互配合，具有一套完善、成熟的住宅生产流程，不仅缩短了住宅生产周期，也使得住宅性能得以保证。

美国工业化住宅的突出特点包括模块化技术和成本优势。模块化技术是实现标准化与多样化的有机结合和多品种、小批量与高效率有效统一的一种最有生命力的标准化方法。工业化住宅有着低成本的优势，其优势来自于加工过程中的成本优势。

美国工业化住宅的主要结构类型：现在美国预制业用得最多的是剪力墙-梁柱结构系统。基本上水平力（风力、地震力）完全由剪力墙来承受，梁柱只承受垂直力，而梁柱的接头在梁端不承受弯矩，简化了梁柱节点。经过 60 年实际工程的证明，这是一个安全且有效的结构体系。

未来美国工业化住宅发展有利因素和趋势：一是本身具备不断降低成本的能力，能够在一定程度上与现场建筑商竞争；二是与现场建筑商不断发展的合作关系，使现场建设中工业化住宅产品的使用逐渐增加；三是工业化住宅产品的不断更新，工厂化住宅产品生产的重点由活动房屋逐步向模块房屋和组件转移；四是工业化住宅中固定住宅的比例不断增加，使它们能够进入较高端的市场；五是对工业化住宅的金融支持逐步增加；六是消费者接受程度增加。

未来发展的重点措施：应大力推行金融服务程序的合理化，使那些符合条件的购买者在购买工业化住宅时可以获得最优惠条件的信用贷款；地方政府应采取更严格的安装标准和明确安装企业在工业化住宅安装过程中的责任；土地的使用政策应进行改革以保障工业化住宅可以在更多的地域修建，这样工业化住宅的拥有者也可以与自有土地的房屋所有者拥有一样的权益；保持工业化住宅低成本的优势，大力推广和倡导工业化住宅；改变人们对工业化住宅的心理定位。

2. 日本装配式建筑发展状况

1960—1973 年，大规模的公营住宅建设为日本产业化的发展提供了重要载体。建设省制定了一系列方针政策和统一的模数标准，逐步实现标准化和部件化，使现场施工操作简单，减少现场工作量和人员，缩短工期，极大地提高了质量和效率。1973—1985 年，从满足基本住房需求阶段进入完善住宅功能阶段，住宅质量明显提高，这一时期，日本掀起了住宅产业的热潮，大企业联合组建集团，在技术上产生了盒子住宅、单元住宅等多种形式，平面布置也由单一化向多样化方向发展，住宅产业进入稳定发展时期。1985 年以后到 20 世纪 90 年代，采用产业化方式生产的住宅（主要指低层住宅）占竣工住宅总数的 25%～28%。1990 年，日本推出了采用部件化和工业化方式生产、生产效率高、住宅内部结构可变、适应居民多种不同需求的“中高层住宅生产体系”。住宅产业在满足高品质需求的同时，也完成了自身的规模化和产业化的结构调整，进入成熟阶段。

日本的工业化住宅发展以大规模的政府公团和公营住宅发展为契机，政府部门组织研究并出台相关的标准规范和技术指导，采取强力推进措施，不以成本衡量，而以质量和品质为考核指标，并随着技术体系的成熟和效率优势的显现，带动市场化商品房的发展。

日本的住宅产业链非常完善，除了主体结构工业化之外，借助于其在内装部品方面发达成熟的产品体系，形成了主体工业化与内装工业化协调发展的完善体系。

政府的主导作用明显。建立了通产省（现为经济产业省）和建设省（现为国土交通省）两个专门机构。通产省从调整产业结构角度出发研究住宅产业发展中的问题，通过课题形式，以财政补贴支持企业新技术的开发；建设省则从住宅生产工业化和技术方面引导住宅产业发展，并设立了专门的机构及组织，包括住宅局、住宅研究所和住宅整备公团。三个机构职能不同，互相配合，共同促进住宅生产工业化和技术方面的发展。

日本政府通过一系列财政金融制度引导企业，使其经济活动与政府制定的计划目标一致，使既定的技术政策得以实施。对于在建设中体现了产业化的新技术、新产品的企业，政府金融机构给予低息长期贷款。

住宅产业发展的技术政策主要有：大力推动住宅标准化工作，建立优良住宅部品（BL）认定制度，建立住宅性能认定制度，实行住宅技术方案竞赛制度等。

协会、社团发挥重要作用。日本预制建筑协会成立以来，在促进预制混凝土（Precast Concrete，PC）构件认证、相关人员培训和资格认定、地震灾难发生后紧急供应标准住宅、促进高品质住宅建造、建筑质量保险和担保等方面，发挥了积极作用。

标准规范完善齐全，主要集中在 PC 和外围护结构方面，包括日本建筑学会编制的《JASS10-预制钢筋混凝土结构规范》《JASS14-预制钢筋混凝土外墙挂板》《蒸压加气混凝土板材（ALC）方面的技术规程（JASS21）》等。另外，预制建筑协会还出版了与 PC 相关的设计手册。钢结构和木结构住宅在主体结构设计中采用与普通钢结构、木结构相同的设计规范。

主体结构以装配式 PC 结构为主，同时在多层住宅中大量采用钢结构集成住宅、模块化建筑和木结构住宅，实现了多层住宅的高度装配化和集成化。2013 年，日本公寓住宅占全部住宅总数的 50%，其中木结构占 12%；独立住宅占住宅总数的 50%，其中木结构占 44%。

PC 结构住宅经历了从 WPC（PC 墙板结构）到 RPC（PC 框架结构）、WRPC（PC 框架-墙板结构）、HRPC（PC-钢混合结构）的发展过程。

目前，日本可以使用预制梁柱等建筑结构构件建造高度 200m 以上的超高层集合住宅工程，一般均是框筒结构，并设有隔震或减震层；在标准层以上，一般保持 4d 一层的工程进度；使用的预制结构构件对混凝土强度有强制要求，均为超高强度的混凝土；PC 构件须经权威机构认定，工程构造方案须经日本国土交通省审查通过。

PC 构件企业均隶属于具有设计、加工、现场施工和工程总承包能力的建筑承包商，很少存在单独的 PC 构件加工企业；PC 构件加工厂大部分采用固定台模的生产工艺，生产方面更偏重于提高质量和工效，对生产速度、生产规模等方面的追求相对不强；由于生产规模和市场需求有限，为获得盈利能力，日本的 PC 构件企业在质量、技术含量等方面着力较多，通过提高附加值的方式获得盈利能力。

日本的构件质量高、成本控制合理，取得了良好的口碑，采用装配式建造方式建造的建筑质量要明显高于普通建筑。

日本的住宅建设主要采用主体结构和装修、管线全分离的方式，通过结构降板、架空地面、局部轻钢龙骨隔墙、局部吊顶的形式将所有管线从结构体和地面垫层中脱离出来，方便室内管线的改造、维护和修理，延长建筑寿命。

3. 英国装配式建筑发展状况

英国并无如我国“装配式建筑工程”这样的说法或名称。为区别于传统现场建筑方式，通常将现场施工的工程量价值低于完工建筑价值40%的建造方式，称为非现场建造方式（Offsite Construction）。

在英国，工厂预制建筑部件、现场施工装配的建造方式已广泛应用于建筑行业。几乎所有新建的低层住宅都会使用预制屋架来搭建坡屋顶，还有工厂预制的木结构墙框架系统也广泛采用。

规模化、工厂化生产建筑的原动力是两次世界大战带来的巨大的住房需求，以及随之而来的建筑工人的短缺。英国政府于1945年发布白皮书，重点发展工业化制造能力，以弥补传统建造方式的不足。此外，战争结束后，钢铁和铝生产过剩，其制造能力需要寻求多样化的发展空间。多方因素共同促进了英国装配化建筑的发展，大量装配式混凝土、木结构、钢结构和混合结构的建筑得以建造。

20世纪60~80年代，钢结构、木结构以及混凝土结构体系等建筑方式得到进一步的发展。其中，以预制装配式木结构工程为主，采用木结构墙体和楼板作为承重体系，内部围护采用木板，外侧围护采用砖或石头的建造方式得到广泛应用。木结构住宅在新建建筑市场中的占比一度达到30%左右。

21世纪初，英国非现场建造方式的建筑、部件和结构每年的产值为20亿~30亿英镑（2009年产值为30亿英镑），约占整个建筑行业市场份额的2%，占新建建筑市场的3.6%。

英国当代非现场建造方式技术体系主要有：木结构体系、钢结构大体积模块化建造体系和高层模块化建筑体系。

住房市场需求扩大而传统的建造方式供应能力不足，为非现场建造建筑的发展提供了良好契机。发展因素有：技术工人的短缺，时间成本可控性，高质量的追求以及缩短现场施工周期。时间、成本和质量目标是衡量是否选择新建造模式的主要因素，而健康与安全、可持续发展目标对决策影响不大。

按照影响大小的排序，妨碍采用非现场建造方式的主要因素有：较高的固定资产投入成本、实现规模经济的困难、产业链配合的复杂、设计与规划流程的变化、对非现场建造方式偏贵的成见、建筑行业的保守文化、行业习惯的壁垒、固化的行业结构、较弱的制造业能力等。

英国的政策经验在以下方面可以借鉴：

对于进行非现场建造设计与体系开发的投资者提供税收优惠；政府主管部门与行业协会合作，完善房屋自建体系，促进非现场建造方式的尝试与实践；监控用地规划与分配系统，在房屋土地的供给方式和产权方面支持非现场建造房屋的推广；基于推进绿色节能住宅的政策和措施，以对建筑品质、性能的严格要求促进行业向新型建造模式转变；根据装配式建筑工程行业的专业技能要求，建立专业水平和技能的认定体系；除了关注设计、建造和开发外，注重扶持供应商和物流建设等全产业链的发展。

4. 德国装配式建筑发展状况

当前德国重点追求绿色可持续发展，注重环保建筑材料和建造体系的应用，通过策划、设计、施工各个环节的精细化优化过程，寻求项目的个性化、经济性、功能性和生态环保性能的综合平衡。由于人工成本较高，建筑领域不断优化施工工艺，完善包括小型机械在内的建筑施工机械，减少手工操作。建筑上使用的建筑部品大量实行标准化、模数化，强调建筑的耐久性，但并不追求大规模工厂预制率。

德国今天的公共建筑、商业建筑、集合住宅项目大都因地制宜、根据项目特点，选择现浇与预制构件混合建造体系或钢混结构体系建设实施，并不追求较高的装配率。随着工业化进程的不断发展，BIM 技术的应用，建筑工业化水平不断提升，采用工厂预制、现场安装的建筑部品越来越多，占比越来越大。小住宅（独栋或双拼式住宅）中，装配式建筑工程占比最高。单层工业厂房采用预制钢结构或预制混凝土结构在造价和缩短施工周期方面有明显优势，一直得到较多应用。

德国建筑业标准规范体系完整全面。在标准编制方面，对于装配式建筑工程，要满足通用建筑综合性技术要求，如结构安全性、防火性能，以及防水、防潮、气密性、透气隔声、保温隔热、耐久性、耐候性、耐腐蚀性、材料强度、环保无毒等，同时要满足在生产、安装方面的要求。

德国现代建筑工业化建造技术主要的三大体系，分别预制混凝土建造体系（主要包括预制混凝土大板体系、预制混凝土叠合板体系和预制混凝土外墙体系）、预制钢结构建造体系、预制木结构建造体系。其中，钢结构建筑：高、超高层钢结构建筑在德国建造量有限，大规模批量生产的技术体系应用市场较小。建筑的承重钢结构以及为每个项目专门设计的复杂精致的幕墙体系，都是采用工业化生产、现场安装的建造形式。木结构建筑：德国小住宅（独栋和双拼）大量采用的是木结构体系。木结构体系中细分为木框板结构、木框架结构、层压实木板材结构三种形式。

德国预制装配式建造方式的主要缺点：首先成本高。主要原因有：一是钢筋混凝土墙体比砌体墙更贵；二是预制梁、板结构上大都是简支梁而非连续梁，需要较多的用钢量；三是预制件的连接点复杂，连接元素有些须采用昂贵的不锈钢材料；四是如果使用了保温夹芯板构造，节点更加复杂，大板缝隙的密封处理也会导致额外的费用；五是大体量预制板的运输导致更高的运输成本。其次缺少个性化。工业化预制建造技术的缺点是任何一个建设项目，包括建筑设备、管道、电气安装、预埋件都必须事先设计完成，并在工厂里安装在混凝土大板里，只适合大量重复建造的标准单元。而标准化组件的使用为个性化设计带来困难。

5. 新加坡装配式建筑发展状况

新加坡是世界上公认的住宅问题解决较好的国家，住宅政策及装配式住宅发展理念促进其工业化建造方式得到广泛推广，住宅多采用装配式技术建造，截至 2015 年，新加坡建屋发展局（HDB）总共建设了约一百万户的组屋单位，有 87%的新加坡人住进了装配式政府组屋。

20 世纪 80 年代初，新加坡建屋发展局开始逐渐将装配式建筑工程理念引入住宅工程，并称之为建筑工业化。20 世纪 90 年代初，装配式住宅已颇具规模，全国 12 家预制企业，年生产总额 1.5 亿新币，占建筑业总额的 5%。

装配式建筑工程发展政策主要从鼓励生产应用以及提升装配式建筑工程住宅市场需求两个方面入手。

组屋通常为塔式或板式的多层及高层建筑，早期建设的组屋多为 6~10 层楼高，新建组屋多为 13~17 层高。新建组屋的装配率达到 70%以上，部分组屋装配率达到 90%以上，典型的组屋预制构件有预制混凝土梁柱、剪力墙、预应力叠合楼板、建筑外墙、楼梯、电梯墙、防空壕、空调板、垃圾槽、管道井、水箱等。

相关规范标准：HDB 在 2014 版的《装配式设计指南》中，对于户型设计、模数设计、尺寸设计、标准接头设计等都做出了规定，如标准户型设计指南以及层高设计规定（HDB 规定组屋层高为首层 3.6m，标准层 2.8m。）

HDB 对于预制构件的节点设计也做出了相应规定，比如竖向构件接口处设计接缝宽度为 16mm，水平构件接缝为 20mm 或 15mm。

发展建筑工业化的基础是对住宅户型进行模数化设计，这有利于装配式预制构件的拆分、构件尺寸的选取和节点的设计。同时，还包括因地制宜，规定建筑层高、墙厚、楼板厚度的模数。

基于装配式建筑工程带来的标准化、高效率等优势，装配式施工的交工时间由以前同类工程平均施工时长的 18 个月缩短为 8~14 个月，大大节约了建筑成本。标准层施工周期通常为 10 个工作日，与传统现浇模式相比，施工速度提升两倍之多。

采用易建性评分体系。从设计着手，以减少建筑工地现场工人数量、提高施工效率为目的，以改进施工方式方法为引导，将诸如非异型设计、清水隔间墙、预制结构设计、重复性高的轴线间距和楼层层高等作为设计师的得分点，鼓励采用。未达到易建性设计评分最低分要求的设计将不被建设局（BCA）审核通过。

随着劳动力日益紧缺，建设局鼓励施工企业进行改革创新，从施工方案到施工设备机械再到施工管理方面，使得企业在施工过程中，最大化地提高施工现场的生产效率，利用工业化方法降低对于人工的依赖。

对于提高生产力所使用的工具采取奖励计划（Mech-C 计划），最高可奖励企业 20 万新元。

对一切先进的施工模式、施工材料等进行奖励（PIP 计划）。诸如先进的系统模板的使用、铝模板的使用、BIM 系统的使用等，可获得每项高达 10 万元新币的奖励。

从经济性出发，组屋外墙很少采用高档材料，而多采用涂料粉刷，可以节约成本，易于翻新。

据统计，与现浇技术相比，装配式建筑工程现场建筑垃圾减少 83%，材料损耗减少 60%，建筑节能 5%以上。住宅的施工质量可控性更高，装配精度在 5mm 以内。

对组屋施工企业进行严格的监管，每个工程预制构件的第一批生产和吊装须有建屋发展局官员见证和指导，如存在问题，可做到早期发现、早期改良。

装配式建筑工程的发展方向：大力推广使用 PPVC 免抹灰预制集成建筑技术，继续使用并推广 PBU 预制卫生间技术以及发展并鼓励 BIM 系统的使用。

1.1.2 国内装配式建筑发展状况

二十世纪五六十年代，我国主要从苏联等国家学习引入工业化建造方式。1956 年，国务院发布了《关于加强和发展建筑工业的决定》，首次明确建筑工业化的发展方向，全国各地预制构件厂雨后春笋般出现，部分地区建造了一批装配式建筑工程项目。但到了二十世纪六七十年代，受各种因素影响，装配式建筑工程发展缓慢，基本处于停滞状态。

改革开放以后，在总结前 20 年发展的基础上，我国出现了新一轮发展装配式建筑工程的热潮，截至1983年共编制了924册建筑通用标准图集，很多城市建设了一大批大板建筑、砌块建筑。但由于当时的装配式建筑工程防水、冷桥、隔声等关键技术问题未得到很好的解决，出现了一些质量问题。同时，现浇施工技术水平快速提升、农民工廉价劳动力大量进入建筑行业，使得现浇施工方式成本下降、效率提升，使得一度红火的装配式建筑工程发展逐渐放缓。

1999年以后，国务院办公厅发布《转发建设部等部门关于推进住宅产业现代化提高住宅质量的若干意见的通知》（国办发〔1999〕72号），明确了住宅产业现代化的发展目标、任务、措施等。建设部专门成立部住宅产业化促进中心，配合指导全国住宅产业化工作，装配式建筑工程发展进入一个新的阶段。但总体来说，在21世纪的前十年，发展相对缓慢。

从“十二五”开始，在各级领导的高度重视下，装配式建筑工程呈现快速发展的局面。突出表现为以产业化试点城市为代表的地方，纷纷出台了一系列的技术与经济政策，制定了明确的发展规划和目标，涌现了大量龙头企业，建设了一批装配式建筑工程试点示范项目。

目前我国装配式建筑工程稳步推进，全国大部分省市明确了推进装配式建筑工程发展的职能机构，工作推进机制已形成。在国家住宅产业化综合试点示范城市带动下，有30多个省级或市级政府出台了相关的指导意见，在土地、财税、金融、规划等方面进行了卓有成效的政策探索和创新。

经过多年研究和努力，随着科研投入的逐步加大和试点项目的推广，各类技术体系逐步完善，相关标准规范陆续出台，初步建立了装配式建筑工程结构体系、部品体系和技术保障体系，部分单项技术和产品研发已经达到国际先进水平，为装配式建筑工程进一步发展提供了一定的技术支撑。

供给能力不断增强，以试点示范城市和项目为引导，部分地区呈现规模化发展态势。各地涌现了一批以国家住宅产业化基地为代表的龙头企业，并带动整个建筑行业积极探索和转型发展，装配式建筑工程设计、部品和构配件生产运输、施工以及配套等能力不断提升。根据政策目标，预计2020年全国装配式建筑工程占新建建筑比例达到15%以上，其中重点推进地区、积极推进地区和鼓励推进地区分别大于20%、15%和10%。2018年我国新建装配式建筑工程面积约1.9亿m^2，市场空间约为4750亿元，根据政策目标，到2020年装配式建筑工程在新建建筑中的占比达15%以上，2025年达到30%，假设新开工面积以2018年为起点不增长，每平方米造价2500元，预计2020年和2025年对应市场空间分别为7849亿元和1.57万亿元，2019—2020年行业平均增速近30%，装配式建筑工程行业将继续快速发展。

1.1.3 国内装配式建筑发展目标

我国各省、自治区、直辖市均结合自身特点，提出了各自的装配式建筑发展目标和保障政策。

北京市提出目标：到2020年，实现装配式建筑占新建建筑面积的比例达到30%以上。为保证目标实现，北京市出台政策，对于未在实施范围内的非政府投资项目，凡自愿采用装配式建筑并符合实施标准的，给予实施项目不超过3%的面积奖励；对实施范围内的预制率达到50%以上、装配率达到70%以上的非政府投资项目予以财政奖励。

《上海市装配式建筑2016—2020年发展规划》提出目标：“十三五”期间，上海市全市装配式建筑的单体预制率达到40%以上或装配率达到60%以上。外环线以内采用装配式建筑的新建商品住宅、公租房和廉租房项目100%采用全装修。

天津市要求：2018—2020年新建的公共建筑具备条件的应全部采用装配式建筑，中心城区、滨海新区核心区和中新生态城商品住宅应全部采用装配式建筑；采用装配式建筑的保障性住房和商品住房全装修比例达到100%；2021—2025年全市范围内国有建设用地新建项目具备条件的全部采用装配式建筑。为保证以上目标实现，天津市规定，经认定为高新技术企业的装配式建筑企业，减按15%的税率征收企业所得税，装配式建筑企业开发新技术、新产品、新工艺发生的研究开发费用，可以在计算应纳税所得额时加计扣除。

广东省确定目标：到2025年前，珠三角城市群装配式建筑占新建建筑面积比例达到35%以上，其中政府投资工程的装配式建筑面积占比达到70%以上；常住人口超过300万人的粤东西北地区地级市中心城区，装配式建筑占新建建筑面积的比例达到30%以上，其中政府投资工程的装配式建筑面积占比达到50%以上；全省其他地区装配式建筑占新建建筑面积的比例达到20%以上，其中政府投资工程的装配式建筑面积占比达到50%以上。对于装配式建筑项目，广东省政府优先安排用地计划指标，对增值税实施即征即退的优惠政策，给予适当的资金补助，并优先给予信贷支持。

湖北省要求：到2025年，全省装配式建筑占新建建筑面积的比例达到30%以上，并对装配式建筑给予配套资金补贴、容积率奖励、商品住宅预售许可、降低预售资金监管比例等激励政策。

江苏省提出：到2025年年末，要求建筑产业现代化建造方式成为主要建造方式，全省建筑产业现代化施工的建筑面积占同期新开工建筑面积的比例、新建建筑装配化率达到50%以上，装饰装修装配化率达到60%以上。对于装配式项目，政府将给予财政扶持政策，提供相应的税收优惠，优先安排用地指标，并给予容积率奖励。

辽宁省要求：到2025年底全省装配式建筑占新建建筑面积比例力争达到35%以上，其中沈阳市力争达到50%以上，大连市力争达到40%以上，其他城市力争达到30%以上。辽宁省对装配式建筑项目将给予财政补贴、增值税即征即退优惠，优先保障装配式建筑部品部件生产基地（园区）、项目建设用地，允许不超过规划总面积的5%不计入成交地块的容积率核算。

四川省制定《四川省推进装配式建筑发展三年行动方案》发展目标：大力发展装配式混凝土结构和钢结构建筑，倡导有条件的景区、农村建筑推广采用现代木结构建筑，支持市政工程建设中应用装配式部品部件。以试点城市和100万以上人口城市为依托，形成以试点城市带动区域发展，以中心城区带动区县发展的格局。到2020年，全省装配式建筑占新建建筑的比例达到30%，成都、广安、乐山、眉山、西昌5个试点城市达到35%，泸州、绵阳、南充、宜宾等100万以上人口城市达到30%，其他城市达到20%。到2020年，全省培育8个装配式建筑试点城市，培育5家集设计、生产、施工于一体的装配式建筑龙头企业，培育50个科研、生产、应用的装配式建筑产业示范基地，20个以上装配式建筑示范项目，充分发挥示范引领和带动作用。各地要结合节能减排、环保治理、产业发展、科技创新等政策，加大装配式建筑在财政、税费、土地、金融、招标投标等方面政策扶持，加强对供给侧和需求侧的支持力度。将装配式建筑产业纳入新兴产业范畴予以培育扶持，在评选优质工程、优秀工程设计和考核文明工地时，优先考虑装配式建筑。制定规范装配式建筑招标投标活动的指导意见，完善装配式建筑部品部件市场价格信息发布机制，逐步形成装配式建筑计价体系。

从各地已出台的政策文件来看，住宅产业现代化的发展目标大多为分阶段、分重点的目标，主要涵盖了以下十个方面：建立住宅产业化技术体系；完善住宅产业化标准体系；规模化推广装配式建筑工程；推广成品住宅；发展产业化住宅部品；开展产业化试点、示范项目；提升住宅质量和性能，协同推广绿色节能建筑、住宅性能认定等；培育试点城市及产业化大型企业；开展住宅产业化宣传培训；提升“四节一环保”水平。

就国家层面的装配式发展目标而言，应较省市目标更为宏观、具有引导性。加快建立完善的经济政策与技术政策，健全装配式建筑工程技术体系、标准体系，改革建设行政管理制度，开展宣传培训，引导、支持全国装配式建筑工程的有序、规模化推进。

装配式建筑工程的发展目标如下：

1）大力推广装配式建筑工程。城镇每年新开工装配式建筑工程面积占当年新建建筑面积的比例达到15%，其中，国家住宅产业现代化综合试点（示范）城市达到30%以上，有条件的区域政府投资工程采取装配式建造的比例达到50%以上。

2）加快发展装配式装修。政府投资的保障性住房项目应尽快采用装配式装修技术，鼓励社会投资的装配式建筑工程推行全装修，尽早在装配式建筑工程中取消毛坯房。

3）创建一批试点示范省市、示范项目和基地企业。力争到2020年，在全国范围内培育40个以上示范省市，200个以上各类型基地企业，500个以上示范工程，在东、中、西部形成若干个区域性装配式建筑工程产业集群，装配式建筑工程全产业链综合能力大幅度提升。

4）全面推广装配式混凝土建筑，积极稳妥推广钢结构建筑，在具备条件的地方，倡导发展木结构建筑。

5）全面提高质量和性能。减少建筑垃圾和扬尘污染，缩短建造工期，延长建筑寿命，满足居民对建筑适用性、环境性、安全性、耐久性的要求；推进装配式建造方式与绿色建筑、被动式低能耗建筑相互融合，实现住房城乡建设领域的节能、节地、节水、节材和环境保护。

到2025年，装配式建筑工程建造方式成为主要建造方式之一，每年新开工装配式建筑工程面积占城镇新建建筑的比例达到30%左右。全面普及成品住宅，新开工成品住宅建筑面积占城镇新建住宅面积的比例达到80%以上，装配式建筑工程成品住宅比例达到100%。建筑品质全面提升，节能减排、绿色发展成效明显，创新能力大幅度提升，形成一批具有国际竞争力的企业。

1.2 装配式建筑类型及特点

1.2.1 装配式建筑类型

装配式建筑工程按结构系统材料不同主要可分为装配式混凝土结构工程、装配式钢结构工程、装配式木结构工程及其组合结构。

1. 装配式混凝土结构工程

装配式混凝土结构工程是指以工厂化生产的钢筋混凝土预制构件为主，通过现场节点连接装配的方式建造的混凝土结构建筑物。一般分为全装配建筑和部分装配建筑两大类：全装配建筑一般为低层或抗震设防要求较低的多层建筑；部分装配建筑的主要构件采用预制构件，在现场通过现浇混凝土连接，形成装配整体式结构的建筑物，图 1-1 所示为已建装配式混凝土结构工程实物图。

图 1-1 已建装配式混凝土结构工程实物图

装配式混凝土结构工程各个构件之间的连接十分重要，连接应具有足够强度，同时在地震作用下，还应当有一定的塑性变形能力。美国相关标准规定，按照抗震设计思路和策略的不同可以将装配式混凝土结构工程的设计分为两种类型：第一类是仿效设计，第二类是非仿效设计。

仿效设计是指仿效现浇混凝土结构的设计，其设计原则和抗震机理与现浇结构类似，采用“湿连接”居多。该类连接形式通过后浇混凝土将预制构件连接成整体，因而可以实现与现浇结构较为相近的抗震性能。需要指出的是，仿效设计要求性能不低于现浇混凝土结构，而不是要求构造方式完全模仿现浇混凝土。

非仿效设计主要依托具有特殊性能的预制构件连接方式，该类结构的相关设计、构造要求不能直接采用现浇混凝土结构的设计方法，需要经过试验验证。美国从 20 世纪 90 年代起开始该方面的研究，目前仅出现了有限的几种结构，完成了少量的工程实践。

目前国内外抗震区装配式混凝土结构工程的设计绝大部分采用仿效设计，非仿效设计是研究热点之一。针对保证结构性能、简化构件制作、提高安装效率，控制成本的高效连接方式的研究一直是仿效设计研究的重点及热点。

叠合梁、叠合板的预制构件一般采用钢筋混凝土和先张法预应力混凝土，采用长线法生产的预应力叠合梁板具有很好的经济性（用钢量低、工效高），施工阶段（脱模、起吊、运输、安装）、使用阶段不易开裂，在国外得到广泛应用。预制混凝土与（先张法）预应力混凝土关系密不可分，预应力双 T 板、预应力空心板等一直是美国主要的预制构件产品。发明预应力混凝土技术的法国一直大量采用先张法叠合梁板。澳大利亚、新加坡等国也大量使用预应力预制构件。

装配整体式混凝土框架结构是指全部或部分框架梁、柱采用预制构件构建而成的装配整体式混凝土结构，简称装配整体式框架结构。装配整体式框架结构由于主要受力预制构件之间的连接（柱与柱、梁与柱、梁与梁之间），通过后浇混凝土、钢筋套筒灌浆连接等技术进行连接时，足以保证装配式框架结构的整体性能，其结构性能与现浇混凝土基本相同。装配整体式框架结构的楼板普遍采用叠合楼板。叠合梁板的叠合层厚度等满足一定要求，其性能与现浇梁板基本相同。目前我国装配整体式框架结构中的主要构件形式是叠合梁、叠合板、预制或现浇柱。

装配整体式混凝土剪力墙结构是指全部或部分剪力墙采用预制墙板构建成的装配整体式混凝土结构，简称装配整体式剪力墙结构。剪力墙纵向钢筋的连接目前主要采用套筒灌浆连接或浆锚搭接连接。

2. 装配式钢结构工程

装配式钢结构工程是指在工厂生产的钢结构部件，在施工现场通过螺栓连接或焊接等方式组装和连接而成的钢结构建筑，图 1-2 所示为在建钢结构工程实物图。对于钢结构装配式建筑工程，围护系统是一个关键因素，钢结构系统必须与围护系统配合紧密、和谐统一。

图 1-2 在建钢结构工程实物图

现代建筑中，钢结构代表了当今世界建筑发展的潮流。随着我国经济建设的迅猛发展，现代建筑钢结构的应用越来越多，已经显示出作为建筑业新的经济增长点的良好势头。与其他建筑结构形式相比，钢结构具有自重轻、抗震性能好、施工周期短、节能、环保、绿色等优势，符合国家节能减排和可持续发展政策，易于实现工厂化生产；钢结构的设计、生产、施工以及安装可通过 BIM 平台实现一体化，进而实现钢结构的装配化、工业化和商品化；且钢结构可以实现现场干作业，降低环境污染，材料还可以回收利用，符合国家倡导的环境保护政策，是一种最符合“绿色建筑”概念的结构形式。

装配式钢结构工程建筑是指按照统一、标准的建筑部品规格与尺寸，在工厂将钢构件加工制作成房屋单元或部件，然后运至施工现场，再通过连接节点将各个单元或部件装配成一个结构整体，又称工业化建筑。装配式钢结构工程易于实现工业化、标准化、部品化的制作，且与之相配的墙体材料可以采用节能、环保的新型材料，可再生重复利用，符合可持续发展战略。装配式钢结构工程不仅可以改变传统住宅的结构模式，而且可以替代传统建筑材料（砖石、混凝土和木材），真正实现了标准化设计。

装配式钢结构工程建筑具有设计标准化、生产工厂化、施工装配化、装修一体化和管理信息化五大特点。装配式钢结构工程建筑体系包括主体结构体系、围护体系（三板体系：外墙板、内墙板、楼层板）、部品部件（阳台、楼梯、整体卫浴、厨房等）、设备装修（水、电、暖、装饰装修）等。钢结构是最适合工业化装配式的结构体系：一是因为钢材具有良好的机械加工性能，适合工厂化生产和加工制作；二是与混凝土相比，钢结构较轻，适合运输、装配；三是钢结构适合高强螺栓连接，便于装配和拆卸。

3. 装配式木结构工程

装配式木结构工程是指以原木、锯材、集成材等木质材料作为木结构构件、部品部件，在工厂预制，现场装配而成的木结构建筑。目前我国现代装配式木结构工程是利用新科技手段，将木材经过层压、胶合、金属连接等工艺处理，所构成整体结构性能远超原木结构的现代木结构体系，图 1-3 所示为在建木结构工程实物图。

图 1-3 在建木结构工程实物图

装配式木结构工程建筑是一种新兴的建筑结构，它采用工业化的胶合木材、胶合竹材或木作为建筑结构的承重构件，并通过金属连接件将这些构件连接。装配式木结构工程克服了传统木结构尺寸受限、强度刚度不足、构件变形不宜控制、易腐蚀等缺点。按照木构件的大小轻重，装配式木结构工程可分为重型装配式木结构工程体系和轻型装配式木结构工程体系。其中，重型木结构体系是指以间距较大的梁、柱、拱等为主要受力构件的体系。重型装配式木结构工程体系已经被广泛应用于休闲会所、学校、体育馆、图书馆、展览厅、会议厅、餐厅、教堂、火车站、桥梁等大跨建筑和高层建筑。

我国现行《木结构设计规范》GB 50005 将木结构分为普通木结构、胶合木结构和轻型木结构三种结构体系。其中，普通木结构是指承重构件采用方木或原木制作的单层或多层木结构。胶合木结构是一种根据木材强度分级的工程木产品，通常是由二层或二层以上的木板叠层胶合在一起形成的构件。实木锯材虽然有不同的尺寸和等级，但其截面尺寸和长度受到树木原料本身尺寸的限制，所以对大跨度构件，实木锯材往往难以满足设计要求，在这种情况下可以采用结构胶合木构件。胶合木结构随着建筑设计，生产工艺及施工手段等技术水平的不断发展和提高，其适用范围也越来越大。以层板胶合木材料制作的拱、框架、桁架及梁、柱等均属胶合木结构。轻型木结构是利用均匀密布的小木构件来承受房屋各种平面和空间作用的受力体系。轻型木结构建筑的抗力由主要结构构件（木构架）与次要结构构件（面板）的组合而得。木架构通常由规格材或工字型木搁栅组成。常用面板有胶合板与定向刨花板。传统木结构连接节点一般通过木工制作的榫卯连接得以实现，然而在现代木结构中，这种传统连接方式很少被使用，取而代之是各种标准化、规格化的金属连接件。各类连接件可分为齿连接、螺栓和钉连接及齿板连接三大类。

装配式建筑工程按预制构件的形式和施工方法分为装配式板材建筑、装配式盒式建筑、装配式砌块建筑、装配式骨架板材建筑及装配式升板升层建筑等类型。

（1）装配式板材建筑 装配式板材建筑由预制的大型内外墙板、楼板和屋面板等板材装配而成，又称大板建筑。它是工业化体系建筑中全装配式建筑工程的主要类型。板材建筑可以减轻结构重量，提高劳动生产率，扩大建筑的使用面积和防震能力。板材建筑的内墙板多为钢筋混凝土的实心板或空心板；外墙板多为带有保温层的钢筋混凝土复合板，也可用轻骨料混凝土、泡沫混凝土或大孔混凝土等制成带有外饰面的墙板。

（2）装配式盒式建筑 装配式盒式建筑是指从板材建筑的基础上发展起来的一种装配式建筑工程。这种建筑工厂化的程度很高，现场安装快。这种建筑一般在工厂完成“盒子”的结构部分，而且内部装修和设备也都安装好，甚至可连同家具、地毯等一概安装齐全。“盒子”吊装完成、接好管线后即可使用。

（3）装配式砌块建筑 装配式砌块建筑是指用预制的块状材料砌成墙体的装配式建筑工程，砌块有实心和空心两类，实心的较多采用轻质材料制成。建筑砌块有小型、中型、大型之分：小型砌块适于人工搬运和砌筑，工业化程度较低，灵活方便，使用较广；中型砌块可用小型机械吊装，可节省砌筑劳动力；大型砌块现已被预制大型板材所代替。

（4）装配式骨架板材建筑 装配式骨架板材建筑由预制的骨架和板材组成。其承重结构一般有两种形式：一种是由柱、梁组成承重框架，再搁置楼板和非承重的内外墙板的框架结构体系；另一种是柱子和楼板组成承重的板柱结构体系，内外墙板是非承重的。承重骨架一般多为重型的钢筋混凝土结构，也有采用钢和木制成骨架和板材组合，常用于轻型装配式建筑工程中。

（5）装配式升板升层建筑 装配式升板升层建筑是板柱结构体系的一种，但施工方法则有所不同。这种建筑是在底层混凝土地面上重复浇筑各层楼板和屋面板，竖立预制钢筋混凝土柱子，以柱为导杆，用放在柱子上的油压千斤顶把楼板和屋面板提升到设计高度，加以固定。外墙可用砖墙、砌块墙、预制外墙板、轻质组合墙板或幕墙等；也可以在提升楼板时提升滑动模板、浇筑外墙。升板建筑施工时大量操作在地面进行，减少高空作业和垂直运输，节约模板和脚手架，并可减少施工现场面积。

装配式建筑工程按结构体系不同可分为装配式框架结构、装配式剪力墙结构、装配式框架-剪力墙结构、特殊装配式结构等。

1.2.2 装配式建筑特点

与传统建筑相比，装配式建筑工程具有以下特点：

1）生产效率高。装配式建筑工程通常采用定型化、标准化、模数化预制构件，这些预制件可通过高度机械化和半自动化的预制生产线进行工业化生产，提高生产效率。在施工管理过程中，信息化、数字化管理有利于建筑产业发展升级。

2）建设周期短。装配式建筑工程主要构件由工厂预制完成，在施工现场采用机械设备进行装配，大大减少现浇作业，不受传统建筑的混凝土浇筑、养护等工序影响，也不受雨雪等不良天气影响，保证了工期。

3）绿色环保。工厂预制可以严格控制废水、废料和噪声污染。现场安装湿作业少，现场堆放材料少，有效减少现场施工及对周围环境的污染，符合绿色环保要求。

4）可持续发展。预制构件通过严格的设计和施工，可大大减少材料消耗量。同时可以利用大量废旧原料生产预制产品，如钢材、工业废料、矿渣等，促进社会可持续发展。

5）劳动力减少，劳动条件转好。在工厂预制生产构件采用机械化和半自动化的生产设备，现场装配也采用机械化施工方式，这样极大地替代了现场作业劳动力。由于装配式建筑工程主要部品部件由工厂预制生产，工人工作场所也从施工现场转至工厂，工人劳动条件好于施工现场。

1.3 工程造价的含义及构成

1.3.1 工程造价的含义

按照国家标准《工程造价术语标准》（GB/T 50875—2013）的定义，工程造价是指工程项目在建设期预计或实际支出的建设费用。

工程造价的直意就是工程的建造价格，也就是建设工程产品的价格。这里所说的工程，泛指一切建设工程，包括房屋建筑工程、公路工程、铁路工程、水利水电工程、市政公用工程、矿业工程、民航工程、机电工程等。这里所说的造价，即建造价格，站在投资者的角度，有“工程投资”“买价”的含义；站在施工承包商的角度，又有“工程价格”“成本”的含义。

按照建设产品价格属性和价值的构成原理，由于所处的角度不同，工程造价有两种不同的含义。第一种含义，工程造价是指建设一项工程预期开支或实际开支的全部固定资产投资费用。第二种含义，工程造价是指工程价格，即为建成一项工程，预计或实际在工程发承包交易活动中所形成的建筑安装工程费用。

（1）第一种含义的工程造价　工程造价的第一种含义是从投资者或业主的角度来定义的。投资者选定一个工程项目投资，为了获得投资项目的预期收益，就需要对项目进行策划、决策、招标投标、勘察设计、施工建造，直到竣工验收和交付使用等一系列投资管理活动。在上述投资管理活动中所花费的全部费用，就构成了工程造价。从这个意义上说，建设工程造价就是建设工程项目固定资产的总投资。

固定资产是指在社会再生产过程中可供长时间反复使用，单位价值在规定限额以上，并在其使用过程中不改变其实物形态的物质资料，如建筑物、机械设备、运输工具等。

投资是投资主体为了特定的目的，以达到预期收益的资金垫付行为。固定资产投资是指专用于建设和形成固定资产的投资。按照我国现行规定，固定资产投资可划分为工程建设投资、更新改造投资、房地产开发投资和其他固定资产投资四部分。其中工程建设投资是用于新建、改建、扩建和重建项目的资金投入行为，是形成新增固定资产，扩大生产能力和工程效益的主要手段。

（2）第二种含义的工程造价　工程造价的第二种含义是从市场交易的角度来定义的。在市场经济的条件下，工程造价是指以建设工程这种特定的商品形式作为交易对象，通过招投标或其他交易方式，在各方进行反复测算的基础上，最终由市场形成的价格。这里的工程，既可以是涵盖范围很大的一个建设项目，也可以是其中一个单项工程或单位工程，甚至也可以是整个建设工程中的某个阶段，如土地开发工程、建筑工程、装饰工程、安装工程等。随着经济发展、技术进步，分工的细化和市场的不断完善，工程建设的中间产品也会越来越多，商品交换会更加频繁，工程价格的种类和形式也会更为丰富。随着投资主体的多元格局、资金来源的多种渠道，使相当一部分建设工程的最终产品作为商品进入了流通领域，如写字楼、公寓、工业厂房、仓库、商业设施和商品住宅小区等，都是投资者为实现投资利润最大化而生产的建筑产品，它们的价格是商品交易中现实存在的，是一种有加价的工程价格。

通常，人们把工程造价的第二种含义认定为工程发承包价格，也称建筑安装工程造价，即完成一个工程项目的建筑工程、装饰工程、安装工程、设备及其他相关项目的全部费用。一般而言，工程发承包价格是工程造价中一种重要的，也是最典型的价格交易形式。它是在建筑市场通过招投标和公平竞争，由投资者和承包商两个市场主体共同认可的价格。建筑安装工程造价在项目固定资产中占有50%~60%的份额，是工程建设中最活跃的部分，也是建筑市场交易的主要对象之一。

工程造价的两种含义实质上是以不同角度把握同一事物的本质，它们既是一个统一体，又是相互区别的。最主要的区别在于需求主体和供给主体在市场追求的经济利益不同，因而管理的性质和管理的目标不同。从管理性质上讲，前者属于投资管理范畴，后者属于价格管理范畴。从管理目标上讲，作为项目投资费用，投资者关注的是降低工程造价，以最小的投入获取最大的经济效益，因此完善项目功能，提高工程质量，降低投资费用，按期交付使用，是投资者始终追求的目标。作为工程价格，承包商所关注的是利润和高额利润，对一个确定的建设项目而言，他们追求的是较高的工程造价，在成本不变的情况下，以获得更多的利润。不同的管理目标，反映不同的经济利益，但他们之间的矛盾正是市场的竞争机制和利益风险机制的必然反映。

由于所处的角度不同，对市场经济条件下的投资者（业主）来说，工程造价就是工程投资、就是建筑产品的“买价”，也是投资者作为市场供给主体“出售”建设项目时确定价格和衡量投资经济效益的尺度。对施工承包商来说，工程造价就是建筑产品的“卖价”，降低建设项目的成本，将会得到更多的收益。正确理解工程造价的两种含义，是为了不断发展和完善工程造价的管理内容，提高工程造价的管理水平，推动工程建设的顺利进行。

1.3.2 工程造价的特点及计价特征

由于工程建设的特点，使工程造价具有以下特点：

（1）工程造价的大额性　任何一项建设工程，不仅实物形体庞大，耗费的资源数量多，构造复杂，而且造价高昂。动辄需要投资几百万、几千万甚至几十亿元人民币的资金。工程造价的大额性涉及工程建设项目各个参与主体的重大经济利益，同时对宏观经济产生重大影响。因此，工程造价的数量越大，其节约的潜力就越大。所以，加强工程造价的管理可以取得巨大的经济效益，这也决定了工程造价的特殊地位。

（2）工程造价的单件性　任何一个工程项目都有特定的用途，由于其功能、规模各不相同，使得每一项工程的结构、造型、平面布置、设备配置和内外装饰都有不同要求。工程所处地区、地段和时段不同，其投资费用也不同。这些工程内容和实物形态的个体性和差异性，决定了工程项目需要单件设计、单件施工，决定了工程项目需要单件计算价格，也就是工程造价的单件性。

（3）工程造价的动态性　任何一项工程从决策到竣工交付使用，都有一个较长的建设期。在建设期间，存在许多影响工程造价的动态因素，如现场条件、设计变更，材料价格、人工费用、索赔事件甚至计价政策的变化，这些都会影响工程造价的变动。所以工程造价在整个建设期处于不确定状态，不能事先确定其变化后的准确数值，只有在竣工结算后，才能最终确定工程的实际价格。这就是工程造价的动态性。所以，工程造价必须考虑可变因素和风险因素。

（4）工程造价的层次性　工程造价的层次性取决于工程的层次性。一个建设项目往往含有多个单项工程，一个单项工程又是由多个单位工程组成。单位工程又可分为多个分部分项工程。与此相适应，工程造价也应该反映这些层次组成。因此，工程造价可分为建设工程总造价、单项工程造价、单位工程造价。单位工程造价还可以细分为分部工程费用和分项工程费用。

（5）工程造价的地区性　工程项目是固着在大地上的，不能移动。工程项目有地区性，工程造价也有地区性。地区性使工程造价水平、计价因素、工程造价的可变性和竞争性等，均产生很大差异。这种差异既表现在国内、省内地区不同，则工程造价不同，也表现在国内、国外不同，则造价差异更大。所以，应充分注意工程造价的地区性。

（6）工程造价的专业性　建设工程按专业可分成许多类，如建筑工程、市政工程、公路工程、水利水电工程、矿山工程、铁路工程、电信工程等。不同的专业其工程造价具有不同的特点。由于各个专业性质、特点不同，计量规范和计价标准不同，计价的水平也有差别，由此导致了工程造价的多专业性。各个专业工程造价之间的专业差别是客观事物的自然反映，是始终存在的，因此，工程造价的计价和管理必须考虑专业性的特点。

工程计价，即计算工程造价。工程造价的特点决定了工程计价具有如下特征：

（1）计价的单件性　建设工程产品的价格既受到个体差别性的影响，也受到工程所处不同地区气候、地质、地震、水文等自然条件和当地技术经济条件的影响，这些决定了每项工程不会重复生产，其价格具有单件性。因此，建设工程产品不能像其他工业产品那样按品种、规格批量定价，必须根据工程的具体情况，对每一个建设产品单独计算造价。任何工程的计价都是指特定空间一定时限的价格，即使是完全相同的工程，由于建设地点或施工时间不同，仍必须进行单独计价。

（2）计价的多次性　建设工程是一种特殊的经济活动，具有周期长、规模大、造价高的特点。其建设过程要按照工程建设程序分阶段进行。为了适应工程建设过程中不同阶段对造价的不同要求，同时适应工程项目管理的需要，在不同阶段，需要多次性分阶段计算工程造价。这个计价过程也是逐步细化、逐步深化和逐步接近实际造价的过程。

1）投资估算。在编制项目建议书和可行性研究阶段，按照有关规定，应编制投资估算。投资估算是指以方案设计或可行性研究文件为依据，按照规定的程序、方法和依据，对拟建项目所需总投资及其构成进行的预测和估计。投资估算是决策、筹集资金和控制造价的主要依据。投资估算经主管部门批准后，即作为国家对该项目的计划控制造价。

2）设计概算。在初步设计阶段，按照有关规定，需编制初步设计的概算造价，习惯称之为设计概算。设计概算是指以初步设计文件为依据，按照规定的程序、方法和依据，对建设项目总投资及其构成进行的概略计算。设计概算比投资估算的准确性要高，但它受投资估算的控制。设计概算造价可分为工程项目概算总造价、单项工程概算综合造价、单位工程概算造价三个层次。设计概算经主管部门批准后，即为控制拟建项目工程造价的最高限额。

3）修正设计概算。修正设计概算是指在技术设计阶段，根据技术设计的要求，通过对初步设计概算进行修正调整后编制的工程造价。在一般情况下，修正设计概算不能超过概算造价。

4）工程预算。工程预算是指以施工图设计文件为依据，按照规定的程序、方法和依据，在工程施工前对工程项目的工程费用进行的预测与计算。工程预算的造价比设计概算的造价更为详尽和准确。国家投资项目的预算造价受概算造价的控制，按照工程预算使用场合及使用对象的不同，工程预算目前主要有以下形式：

① 施工图预算。施工图预算是指在施工图设计完成以后，根据施工图和工程量计算规则计算工程量，再按照主管部门制定的预算定额、费用定额和其他取费文件等编制的单位工程或单项工程预算价格的文件。

② 工程量清单。工程量清单是指建设工程的分部分项工程项目、措施项目、其他项目、规费项目和税金项目的名称和相应数量等的明细清单。

③ 招标控制价。招标控制价是指根据国家或省级建设行政主管部门颁发的有关计价定额和计价办法，依据拟订的招标文件和招标工程量清单，结合工程具体情况计算的工程造价，招标控制价应与招标文件一起公开发布，它是招标工程的最高投标限价。招标控制价由建设单位（即招标人）编制，也可以委托具有相应资质的工程造价咨询公司编制。招标控制价既是工程项目招标的依据，也是投资方筹建建设资金，进行工程造价管理的主要依据。

④ 投标报价。投标报价是指投标人投标时响应招标文件要求所报出的在已标价工程量清单中标明的总价。投标报价是投标人（施工单位）竞争工程项目的主要依据，应根据自己的企业定额和市场行情编制。投标报价若中标也是施工单位进行施工准备的依据。

5）签约合同价。签约合同价是指发承包双方在合同中约定的工程造价，包括了分部分项工程费、措施项目费、其他项目费、规费和税金的合同总金额。通过招标投标发包的工程，中标价就是合同价，也是经过市场竞争确定的工程承包价格。签约合同价是根据不同的建设市场价格行情，各个工程的特点和施工企业管理水平比较，经公平、公开竞争后，承发包双方共同认可的成交价格。但签约合同价不是工程最后决算的工程造价。根据计价方法的不同，建设工程合同有很多类型，不同类型合同的合同价内涵也会有所不同。

6）结算价。结算价分为期中结算价、终止结算价与竣工结算价。在施工过程中，根据施工合同规定的结算方式和时间，按照合同规定的工程价款的调整方法，对承包商按月（或分阶段）完成的工程内容进行结算，支付相应工程进度款，称为期中结算价。期中结算价是反映不同施工阶段完成工程量或工程形象进度的实际价格。终止结算价是指工程项目因故终止建造施工，建设单位与承包商对已完成工程进行造价清算的一种结算价。竣工结算价是指发、承包双方根据国家有关法律、法规规定和合同约定，在承包人完成合同约定的全部工作后，对最终工程价款的调整和确定，反映的是工程项目最终实际造价。竣工结算文件一般由承包商编制，建设单位审核，也可委托具有相应资质的工程造价咨询公司审核。

7）竣工决算价。竣工决算价是指工程竣工决算阶段，以实物数量和货币指标为计量单位，综合反映竣工项目从筹建开始到项目竣工交付使用为止的全部建设费用。竣工决算文件由建设单位编制，上报主管部门审查。

工程计价的多次性是建设项目的特点所决定的，与工程建设程序的各个阶段密切联系，各个阶段需要的工程造价形式不同，要求不一样，但都是工程造价成果文件的表现形式。将各个阶段工程造价的形成和管理联系成一个系统，就构成了建设项目全过程造价管理。建设程序与工程造价的逻辑关系如图 1-4 所示。

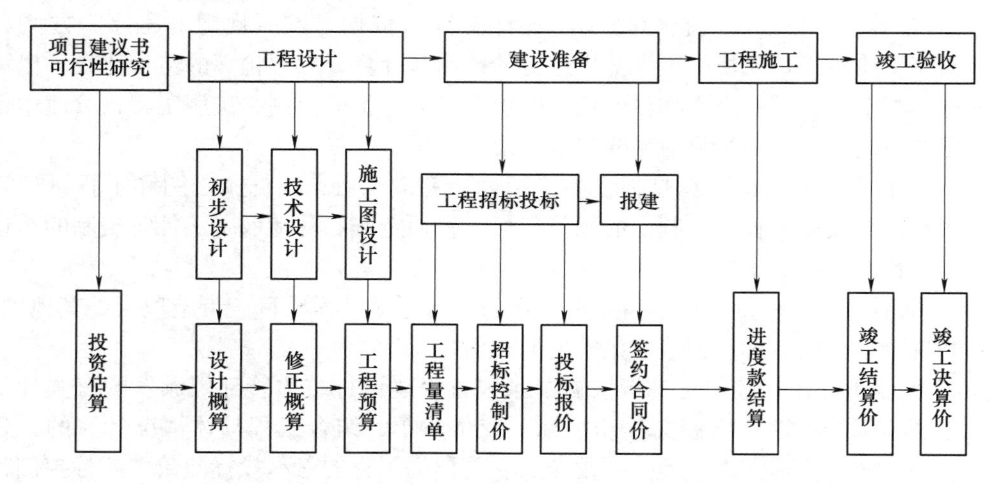

图 1-4　建设程序与工程造价的逻辑关系

（3）计价的组合性　工程造价采用“组合计价”的计价方法。这种方法是将工程项目由大到小地进行分解，即将一个建设项目的施工任务分解为单项工程、单位工程、分部工程和分项工程。先进行分项工程计价，再进行组合，依此完成分部工程、单位工程和单项工程的计价，经过逐步组合和汇总，最后形成一个建设项目的工程造价。所以，工程造价计价时的计算量很大。工程造价的组合性是由计价对象的组合性决定的。

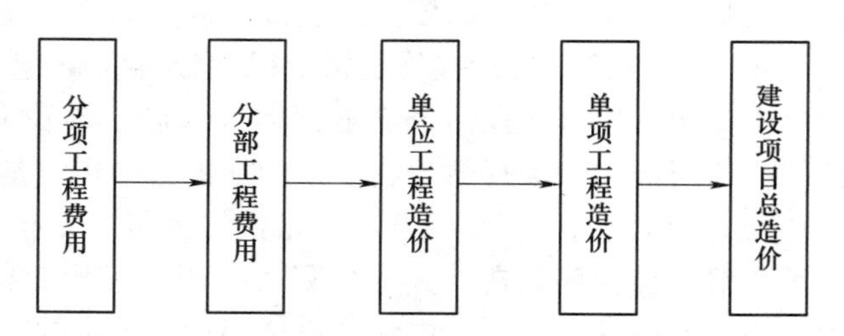

图 1-5　工程造价的计价组合过程和顺序

工程造价的计价组合过程和顺序如图 1-5 所示。

（4）计价方法的多样性　建设项目的多次计价有其各不相同的计价依据，在各个阶段的计价也有不同的作用，每次计价的精确度要求也各不相同，由此决定了计价方法的多样性。例如，投资估算的方法有设备系数法、生产能力指数估算法等；计算概算、预算造价的方法有单价法和实物法等。不同的方法有不同的适用条件，计价时应根据具体情况加以选择。

（5）计价依据的复杂性　由于工程造价的构成复杂，影响的因素较多，决定了计价依据的复杂性。计价依据主要可分为以下七类：

1）工程量计算依据，包括可行性研究报告、设计文件、计量规范、定额等。

2）人工、材料、机械等实物消耗量计算依据，包括投资估算指标、概算定额、预算定额等。

3）工程单价计算依据，包括计价规范、计价定额中人工单价、材料价格、机械台班费等。

4）设备单价计算依据，包括设备原价、设备运杂费、进口设备关税等。

5）措施费、管理费和工程建设其他费用计算依据。

6）政府规定的税、费。

7）物价指数和工程造价指数。

1.3.3　工程造价的构成

按照我国现行规定，建设工程项目总投资是为完成工程建设并达到使用要求或生产条件，在建设期内预计或实际投入的全部费用的总和。生产性建设项目总投资由建设投资、建设期利息和流动资金三部分构成；非生产性建设项目总投资包括建设投资和建设期利息两部分，其中建设投资和建设期利息之和等于固定资产投资，固定资产投资与建设项目工程总造价在量上相等。所以，建设项目工程总造价就是项目的固定资产投资。

工程造价中的主要构成部分是建设投资，建设投资是为了完成工程建设项目，在建设期内投入并且形成现金流出的全部费用，按照国家规定，建设投资包括工程费用、工程建设其他费用和预备费三部分。

工程费用是指建设期内直接用于工程建设、设备购置及其安装的建设投资，可以分为建筑安装工程费用和设备及工器具购置费用。

工程建设其他费用是指建设期发生的建设投资土地使用费、与项目建设以及未来生产经营有关的其他项目费用，但不包括在工程费用中的费用。

预备费是指在建设期内为各种不可预见因素的变化而预留的可能增加的费用，包括基本预备费和价差预备费。

固定资产投资还包括固定资产投资方向调节税，该税种目前仍然存在，但按照国家规定已暂停征收。

我国现行建设项目总投资构成如图1-6所示。

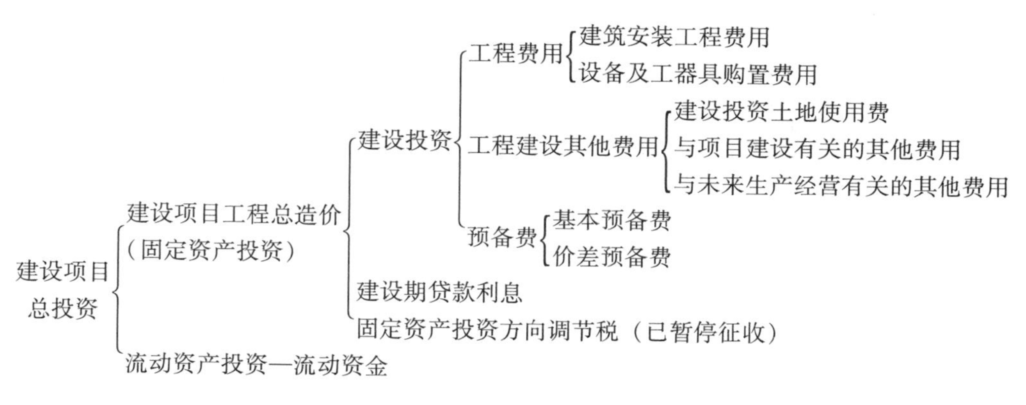

图1-6　我国现行建设项目总投资构成

1.3.4　建筑安装工程费用项目组成

为了加强工程建设的管理，有利于合理确定工程造价，提高建设投资效益，国家统一规定了建筑安装工程费用项目的组成。这是我国工程造价管理体系的特点之一，即工程造价组成具有规范性和规定性。这样规定有利于统一工程建设的标准，使建设项目特别是国家投资建设项目各方参与主体在编制投资估算、设计概算、工程预算、工程结算、工程招投标、工程造价指标等方面的工作有了共同的依据。

建设项目工程总造价中，最主要也是最活跃的是建筑安装工程费用。建筑安装工程费用也称为建筑安装工程造价。按照我国住房城乡建设部和财政部发布的《建筑安装工程费用项目组成》（建标〔2013〕44 号）文件规定，将建筑安装工程费用项目组成划分两种组成形式：

1. 建筑安装工程费用按费用构成要素划分

建筑安装工程费用按费用构成要素可以划分为人工费、材料费（包括工程设备费）、施工机具使用费、企业管理费、利润、规费和税金。其具体组成如图 1-7 所示。

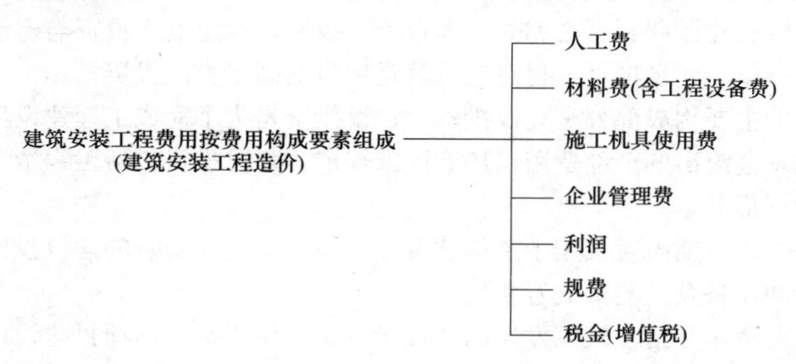

图 1-7　我国现行建筑安装工程费用（按费用构成要素）组成

按费用构成要素划分的建筑安装工程费用项目组成如图 1-8 所示。

（1）人工费　人工费是指按工资总额构成规定，支付给从事建筑安装工程施工的生产工人和附属生产单位工人的各项费用。其内容包括：

1）计时工资或计件工资是指按计时工资标准和工作时间或对已做工作按计件单价支付给个人的劳动报酬。

2）奖金是指对超额劳动和增收节支支付给个人的劳动报酬。如节约奖、劳动竞赛奖等。

3）津贴、补贴是指为了补偿职工特殊或额外的劳动消耗和因其他特殊原因支付给个人的津贴，以及为了保证职工工资水平不受物价影响支付给个人的物价补贴。如流动施工津贴、特殊地区施工津贴、高温（寒）作业临时津贴、高空津贴等。

4）加班加点工资是指按规定支付的在法定节假日工作的加班工资和在法定日工作时间外延时工作的加点工资。

5）特殊情况下支付的工资是指根据国家法律、法规和政策规定，因病、工伤、产假、计划生育假、婚丧假、事假、探亲假、定期休假、停工学习、执行国家或社会义务等原因按计时工资标准或计时工资标准的一定比例支付的工资。应该注意的是，这里的人工费组成，实质上是人工费单价的组成，但计算人工费的基本要素有两个，即人工工日消耗量和人工工日工资单价。这里的工日，是人工消耗量的计量单位，一个工人正常工作 8 小时为一个工日。

① 人工工日消耗量，是指在正常施工生产条件下，生产单位建筑安装产品（分部分项工程或结构构件）必须消耗的某种技术等级的人工工日数量。它由分部分项工程所综合的各个工序施工劳动定额包括的人工工日组成。

② 人工工日工资单价，包括生产工人计时工资或计件工资、奖金、津贴补贴、加班加点工资及特殊情况下支付的工资。

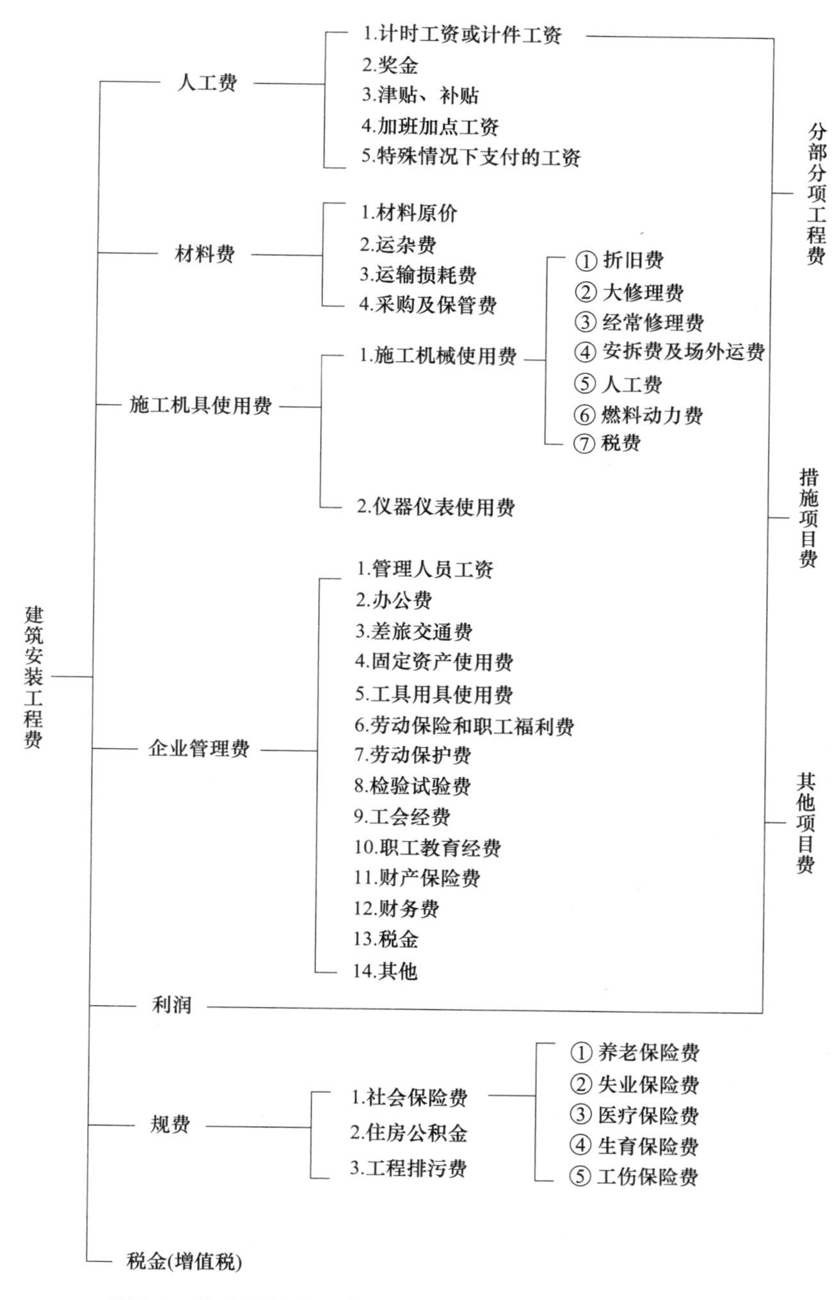

图 1-8 按费用构成要素划分的建筑安装工程费用项目组成

（2）材料费　材料费是指施工过程中耗费的原材料、辅助材料、构配件、零件、半成品或成品、工程设备的费用。其内容包括：

1）材料原价，是指材料、工程设备的出厂价格或商家供应价格。

2）运杂费，是指材料、工程设备自来源地运至工地仓库或指定堆放地点所发生的全部费用。

3）运输损耗费，是指材料在运输装卸过程中不可避免的损耗。

4）采购及保管费，是指为组织采购、供应和保管材料、工程设备的过程中所需要的各项费用。包括采购费、仓储费、工地保管费、仓储损耗。

工程设备是指构成或计划构成永久工程一部分的机电设备、金属结构设备、仪器装置及其他类似的设备和装置。

与人工费同样的，这里的材料费的组成实质上也是材料单价的组成，在工程中具体计算材料费时，既要涉及材料单价，还要考虑材料的消耗量。所以，计算材料费的基本要素是材料消耗量与材料单价。

① 材料消耗量。材料消耗量是指在合理和节约使用材料的条件下，生产单位建筑安装产品（分部分项工程或结构构件）必须消耗的一定品种规格的原材料、辅助材料、构配件、零件、半成品等的数量标准。它包括材料净用量和材料不可避免的损耗量，即：

$$\text{材料消耗量} = \text{材料净用量} + \text{材料损耗量} \tag{1-1}$$

② 材料单价。材料单价是指建筑材料从其来源地到达施工工地仓库或堆场后直至出库形成的价格，又称为材料预算价格。材料单价包括了材料原价、材料运杂费、运输损耗费、采购及保管费，材料费的基本计算公式为：

$$\text{材料费} = \sum(\text{材料消耗量} \times \text{材料单价}) \tag{1-2}$$

在确定材料单价时，涉及材料原价和材料运杂费，对同一种材料，因来源地、供应厂家或运输距离不同，有几种价格时，要根据材料来源地、运输距离等，采用加权平均的方法计算材料原价和运杂费。运输损耗费一般通过损耗率来规定损耗标准，采购及保管费也是通过规定采购及保管费率来确定费用数量。

运输损耗费计算公式为：

$$\text{运输损耗费} = (\text{材料原价} + \text{运杂费}) \times \text{运输损耗率} \tag{1-3}$$

采购及保管费计算公式为：

$$\text{采购及保管费} = (\text{材料原价} + \text{运杂费} + \text{运输损耗费}) \times \text{采购及保管费率} \tag{1-4}$$

上述四项费用的计算，可以综合成一个计算公式：

$$\text{材料费(材料预算价格)} = [(\text{材料原价} + \text{运杂费}) \times (1 + \text{运输损耗率})] \times (1 + \text{采购及保管费率}) \tag{1-5}$$

（3）施工机具使用费　施工机具使用费是指施工作业所发生的施工机械、仪器仪表使用费或其租赁费。

1）施工机械使用费以施工机械台班耗用量乘以施工机械台班单价表示，施工机械台班单价应由下列七项费用组成：

① 折旧费：指施工机械在规定的使用年限内，陆续收回其原值的费用。

② 大修理费：指施工机械按规定的大修理间隔台班进行必要的大修理，以恢复其正常

功能所需的费用。

③ 经常修理费：指施工机械除大修理以外的各级保养和临时故障排除所需的费用。包括为保障机械正常运转所需替换设备与随机配备工具附具的摊销和维护费用，机械运转中日常保养所需润滑与擦拭的材料费用及机械停滞期间的维护和保养费用等。

④ 安拆费及场外运费：安拆费指施工机械（大型机械除外）在现场进行安装与拆卸所需的人工、材料、机械和试运转费用以及机械辅助设施的折旧、搭设、拆除等费用；场外运费指施工机械整体或分体自停放地点运至施工现场或由一施工地点运至另一施工地点的运输、装卸、辅助材料及架线等费用。

⑤ 人工费：指机上司机（司炉）和其他操作人员的人工费。

⑥ 燃料动力费：指施工机械在运转作业中所消耗的各种燃料及水、电等。

⑦ 税费：指施工机械按照国家规定应缴纳的车船使用税、保险费及年检费等。

2）仪器仪表使用费是指工程施工所需使用的仪器仪表的摊销及维修费用。

施工机具使用费计算公式为：

$$\text{施工机具使用费} = \text{施工机械使用费} + \text{仪器仪表使用费} \tag{1-6}$$

同样，施工机械使用费的组成实际上是施工机械台班单价的组成，计算施工机械使用费的基本要素是施工机械台班消耗量和机械台班单价，一台机械正常工作 8h 为一个机械台班。计算施工机械使用费既要考虑机械台班单价，也要考虑机械台班消耗量。

① 施工机械台班消耗量，是指在正常施工条件下，生产单位建筑安装产品（分部分项工程或结构构件）必须消耗的某类某种型号施工机械的台班数量。

② 机械台班单价，由七项费用组成，包括台班折旧费、台班大修费、台班经常修理费、台班安拆费及场外运费、台班人工费、台班燃料动力费及台班车船税费。

施工机械使用费计算公式为：

$$\text{施工机械使用费} = \sum(\text{施工机械台班消耗量} \times \text{机械台班单价}) \tag{1-7}$$

$$\begin{aligned}\text{机械台班单价} = {} & \text{台班折旧费} + \text{台班大修费} + \text{台班经常修理费} + \\ & \text{台班安拆费及场外运费} + \text{台班人工费} + \text{台班燃料动力费} + \text{台班车船税费}\end{aligned} \tag{1-8}$$

目前在工程建设中，大量使用租赁的建筑机械，此时计算公式为：

$$\text{施工机械使用费} = \sum(\text{施工机械台班消耗量} \times \text{机械台班租赁单价}) \tag{1-9}$$

仪器仪表使用费计算公式为：

$$\text{仪器仪表使用费} = \text{工程使用的仪器仪表摊销费} + \text{维修费} \tag{1-10}$$

（4）企业管理费　企业管理费是指建筑安装企业组织施工生产和经营管理所需的费用。内容包括：

1）管理人员工资，是指按规定支付给管理人员的计时工资、奖金、津贴补贴、加班加点工资及特殊情况下支付的工资等。

2）办公费，是指企业管理办公用的文具、纸张、账表、印刷、邮电、书报、办公软件、现场监控、会议、水电、烧水和集体取暖降温（包括现场临时宿舍取暖降温）等费用。

3）差旅交通费，是指职工因公出差、调动工作的差旅费、住勤补助费，市内交通费和误餐补助费，职工探亲路费，劳动力招募费，职工退休、退职一次性路费，工伤人员就医路费，工地转移费以及管理部门使用的交通工具的油料、燃料等费用。

4）固定资产使用费，是指管理和试验部门及附属生产单位使用的属于固定资产的房屋、设备、仪器等的折旧、大修、维修或租赁费。

5）工具用具使用费，是指企业施工生产和管理使用的不属于固定资产的工具、器具、家具、交通工具和检验、试验、测绘、消防用具等的购置、维修和摊销费。

6）劳动保险和职工福利费，是指由企业支付的职工退职金、按规定支付给离休干部的经费，集体福利费、夏季防暑降温、冬季取暖补贴、上下班交通补贴等。

7）劳动保护费，是企业按规定发放的劳动保护用品的支出。如工作服、手套、防暑降温饮料以及在有碍身体健康的环境中施工的保健费用等。

8）检验试验费，是指施工企业按照有关标准规定，对建筑以及材料、构件和建筑安装物进行一般鉴定、检查所发生的费用，包括自设试验室进行试验所耗用的材料等费用。不包括新结构、新材料的试验费，对构件做破坏性试验及其他特殊要求检验试验的费用和建设单位委托检测机构进行检测的费用，对此类检测发生的费用，由建设单位在工程建设其他费用中列支。但对施工企业提供的具有合格证明的材料进行检测不合格的，该检测费用由施工企业支付。

9）工会经费，是指企业按《工会法》规定的全部职工工资总额比例计提的工会经费。

10）职工教育经费，是指按职工工资总额的规定比例计提，企业为职工进行专业技术和职业技能培训，专业技术人员继续教育、职工职业技能鉴定、职业资格认定以及根据需要对职工进行各类文化教育所发生的费用。

11）财产保险费，是指施工管理用财产、车辆等的保险费用。

12）财务费，是指企业为施工生产筹集资金或提供预付款担保、履约担保、职工工资支付担保等所发生的各种费用。

13）税金，是指企业按规定缴纳的房产税、车船使用税、土地使用税、印花税、城市维护建设税、教育费附加、地方教育附加等。

14）其他包括技术转让费、技术开发费、投标费、业务招待费、绿化费、广告费、公证费、法律顾问费、审计费、咨询费、保险费等。

企业管理费一般按照计算基数与企业管理费费率的乘积计算，按照计算基数的不同，企业管理费一般有两种计算基数，即以定额人工费为计算基数和以定额人工费与定额机械费之和为计算基数。

（5）利润　建筑安装工程造价中的利润，是指施工企业完成所承包工程获得的盈利。利润的计算因计算基数的不同而不同，利润一般有两种计算基数，即以定额人工费为计算基数和以定额人工费与定额机械费之和为计算基数。

（6）规费　规费是指按国家法律、法规规定，由省级政府和省级有关权力部门规定必须缴纳或计取的费用。建设单位和施工企业均应按照省、自治区、直辖市或行业建设主管部门发布标准计算规费，不得作为竞争性费用。规费包括：

1）社会保险费：是指在社会保险基金的筹集过程当中，企业和企业职工按照规定的数额和期限向社会保险管理机构缴纳的费用。包括：

① 养老保险费：是指企业按照规定标准为职工缴纳的基本养老保险费。

② 失业保险费：是指企业按照规定标准为职工缴纳的失业保险费。

③ 医疗保险费：是指企业按照规定标准为职工缴纳的基本医疗保险费。

④ 生育保险费：是指企业按照规定标准为职工缴纳的生育保险费。

⑤ 工伤保险费：是指企业按照规定标准为职工缴纳的工伤保险费。

2）住房公积金：是指企业按规定标准为职工缴纳的住房公积金。

3）工程排污费：是指按规定缴纳的施工现场工程排污费。

社会保险费应以定额人工费为计算基础，根据工程所在地省、自治区、直辖市或行业建设主管部门规定费率计算。住房公积金也应以定额人工费为计算基础，根据工程所在地省、自治区、直辖市或行业建设主管部门规定费率计算。

工程排污费等其他应列而未列入的规费应按工程所在地环境保护等部门规定的标准缴纳，按实计取列入。

（7）税金（增值税） 建筑安装工程费用中的增值税按税前造价乘以增值税税率确定。

1）采用一般计税方法时增值税的计算。当采用一般计税方法时，建筑业增值税税率为9%，计算式为增值税=税前造价×9%。

税前造价包括人工费、材料费、施工机具使用费、企业管理费、利润和规费之和，各费用项目均以不包含增值税可抵扣进项税额的价格计算。

特别需要说明，“营改增”实施后，城市维护建设税、教育费附加以及地方教育附加的计算基数均为应纳增值税额（即销项税中进项税额），但由于在工程造价的前期预测时，无法明确可抵扣的进项税额的具体数额，造成此三项附加税无法计算。因此，根据《关于印发〈增值税会计处理规定〉的通知》（财会〔2016〕22号），城市维护建设税、教育费附加以及地方教育附加在企业管理费中核算。

2）采用简易计税方法时增值税的计算。根据《营业税改征增值税试点实施办法》《营业税改征增值税试点有关事项的规定》以及《关于建筑服务等营改增试点政策的通知》的规定，简易计税适用范围主要有以下几种情况。

① 小规模纳税人发生应税行为适用简易计税方法计税。小规模纳税人，即应税服务的年应征增值税销售额（以下称应税服务年销售额）未超过500万元（≤500万元）的纳税人。应税服务年销售额超过规定标准的其他个人不属于一般纳税人；非企业性单位、不经常提供应税服务的企业和个体工商户，应税服务年销售额超过一般纳税人标准可选择按照小规模纳税人纳税。

② 一般纳税人以清包工方式提供的建筑服务，可以选择适用简易计税方法计税。以清包工方式提供建筑服务，是指施工方不采购建筑工程所需的材料或只采购辅助材料，并收取人工费、管理费或者其他费用的建筑服务。

③ 一般纳税人为甲供工程提供的建筑服务，可以选择适用简易计税方法计税。甲供工程，是指全部或部分设备、材料、动力由工程发包方自行采购的建筑工程。其中建筑工程总承包单位为房屋建筑的地基和基础、主体结构提供工程服务，建设单位自行采购全部或部分钢材、混凝土、砌体材料、预制构件的，适用简易计税方法计税。

④ 一般纳税人为建筑工程老项目提供的建筑服务，可以选择适用简易计税方法计税。建筑工程老项目是指《建筑工程施工许可证》注明的合同开工日期在2016年4月30日前的建筑工程项目；未取得《建筑工程施工许可证》的，建筑工程承包合同注明的开工日期在2016年4月30日前的建筑工程项目。

当采用简易计税方法时，建筑业增值税税率为3%，计算式为增值税=税前造价×3%。

税前造价包括人工费、材料费、施工机具使用费、企业管理费、利润和规费之和，各费用项目均以包含增值税进项税额的含税价格计算。

2. 建筑安装工程费用按工程造价形成顺序划分

建筑安装工程费用按工程造价形成顺序划分，可以划分为分部分项工程费、措施项目费、其他项目费、规费和税金。其具体组成如图 1-9 所示。

建筑安装工程费用按工程造价形成顺序组成（建筑安装工程造价）
- 分部分项工程费
- 措施项目费
- 其他项目费
- 规费
- 税金(增值税)

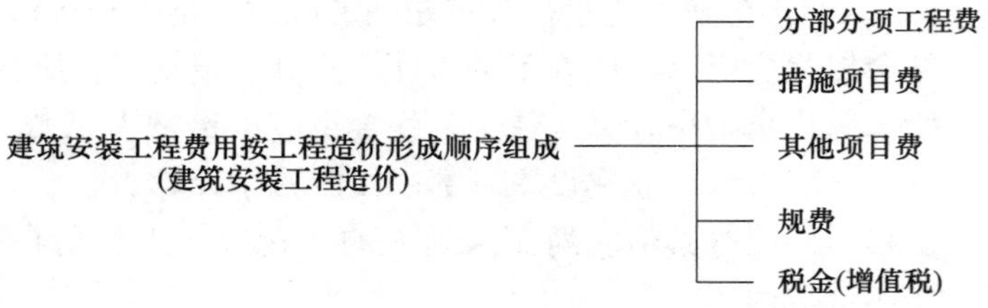

图 1-9 我国现行建筑安装工程费用（按工程造价形成顺序）组成

按造价形成划分的建筑安装工程费用项目组成如图 1-10 所示。

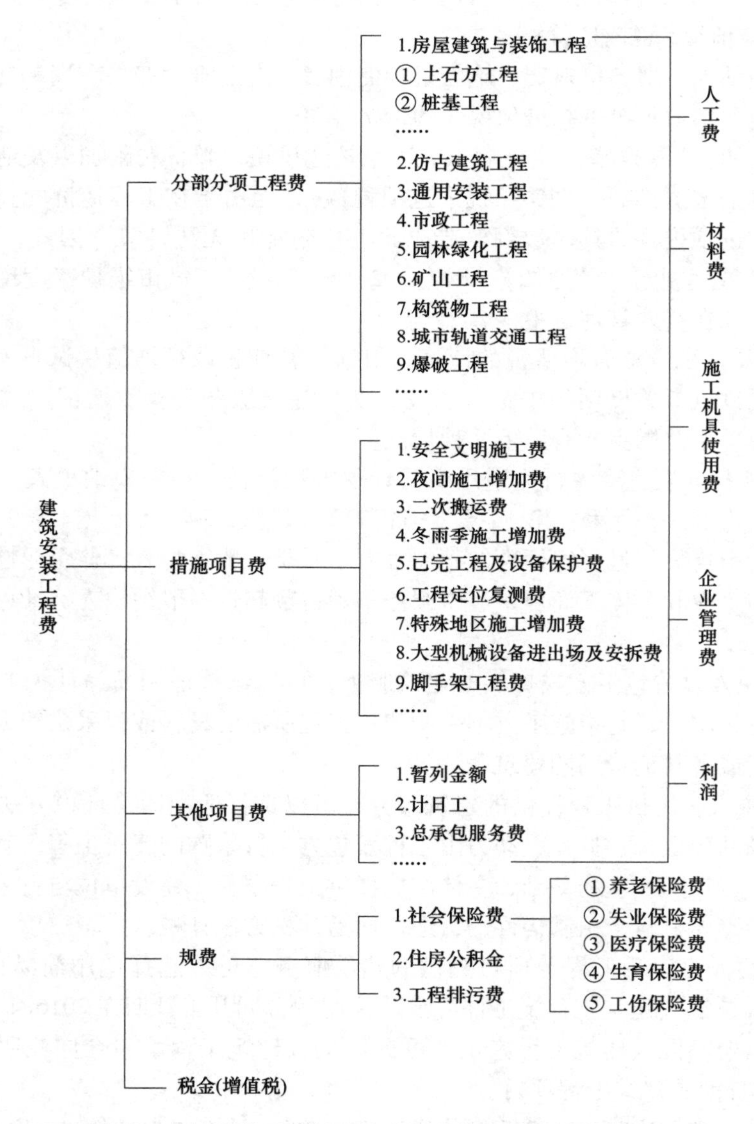

图 1-10 按造价形成划分的建筑安装工程费用项目组成

（1）分部分项工程费　分部分项工程费是指各专业工程的分部分项工程应予列支的各项费用。

分部分项工程是“分部工程”和“分项工程”的总称，分部分项工程费是构成工程造价的最基本也是最重要的单元。在现行国家计量规范或行业计量规范中，已经按照专业特点对分部分项工程进行了划分，在工程计量及计价中直接采用，如房屋建筑与装饰工程划分的土石方工程、地基处理与桩基工程、砌筑工程、钢筋及钢筋混凝土工程等。

专业工程是指按现行国家计量规范划分的房屋建筑与装饰工程、仿古建筑工程、通用安装工程、市政工程、园林绿化工程、矿山工程、构筑物工程、城市轨道交通工程、爆破工程等各类工程。

计算分部分项工程费的两个基本要素是分部分项工程量及综合单价，它们也是构成工程造价的最重要的两个基本要素。

分部分项工程费计算公式为：

$$分部分项工程费 = \sum(分部分项工程量 \times 综合单价) \tag{1-11}$$

式中　分部分项工程量——按照国家计量规范划分的分部分项工程项目及规定的计算规则计算的各分部分项工程的工程量，是工程计量的主要工作。

综合单价——由人工费、材料费、施工机具使用费、企业管理费和利润以及一定范围的风险费用组成的单价，计算综合单价是工程计价的主要工作。

（2）措施项目费　措施项目费是指为完成建设工程施工，发生于该工程施工前和施工过程中的技术、生活、安全、环境保护等方面的费用。内容包括：

1）安全文明施工费：是指按照国家法律、法规等规定，施工单位在合同履行中为保证安全施工、文明施工、保护现场内外环境和搭拆临时设施所采用的措施，以及购置和更新施工安全防护用具、设施、改善安全生产条件和作用环境等所需要的费用。建筑工程安全文明施工费由环境保护费、文明施工费、安全施工费、临时设施费组成。

① 环境保护费：是指施工现场为达到环保部门要求所需要的各项费用。

② 文明施工费：是指施工现场文明施工所需要的各项费用。

③ 安全施工费：是指施工现场安全施工所需要的各项费用。

④ 临时设施费：是指施工企业为进行建设工程施工所必须搭设的生活和生产用的临时建筑物、构筑物和其他临时设施费用。包括临时设施的搭设、维修、拆除、清理费或摊销费等。

安全文明施工费必须按照国家或省级、行业建设主管部门的规定计算，在招标或投标中不得作为竞争性费用。

安全文明施工费的计算公式为：

$$安全文明施工费 = 计算基数 \times 安全文明施工费费率(\%) \tag{1-12}$$

式中的计算基数，应按以下三种情况确定：

A. 计算基数为定额基价（定额分部分项工程费+定额中可以计量的措施项目费）。

B. 计算基数为定额人工费。

C. 计算基数为定额人工费+定额机械费。

安全文明施工费费率由工程造价管理机构根据各专业工程的特点综合确定。

表 1-1 为四川省规定的建筑工程在市区时安全文明施工基本费费率（一般计税法），基本费费率含扬尘污染防治等增加费费率。

表 1-1 四川省安全文明施工基本费费率表（一般计税法）（工程在市区时）

序号	项目名称	工程类型	取费基础	基本费费率(%)
1	环境保护费		分部分项工程量清单项目定额人工费+单价措施项目定额人工费	0.77
2	文明施工费	房屋建筑与装饰工程、仿古建筑工程、构筑物工程		3.26
		单独装饰工程、单独通用安装工程		1.54
		市政工程		2.64
		城市轨道交通工程		2.64
		园林绿化工程、总平、运动场工程		1.41
		维修加固工程、拆除工程		1.41
		单独土石方、单独地基处理与边坡支护工程、单独桩基工程		1.41
3	安全施工基本费费率	房屋建筑与装饰工程、仿古建筑工程、构筑物工程		5.68
		单独装饰工程、单独通用安装工程		2.42
		市政工程		3.39
		城市轨道交通工程		3.39
		园林绿化工程、总平、运动场工程		2.25
		维修加固工程、拆除工程		2.25
		单独土石方、单独地基处理与边坡支护工程、单独桩基工程		1.85
4	临时设施基本费费率	房屋建筑与装饰工程、仿古建筑工程、构筑物工程		4.29
		单独装饰工程、单独通用安装工程		3.93
		市政工程		4.49
		城市轨道交通工程		4.49
		园林绿化工程、总平、运动场工程		3.55
		维修加固工程、拆除工程		3.12
		单独土石方、单独地基处理与边坡支护工程、单独桩基工程		3.12

2）夜间施工增加费：是指因夜间施工所发生的夜班补助费、夜间施工降效、夜间施工照明设备摊销及照明用电等费用。

夜间施工增加费计算公式为：

$$夜间施工增加费 = 计算基数 \times 夜间施工增加费费率(\%) \tag{1-13}$$

计算基数应按定额人工费或（定额人工费+定额机械费）确定。

夜间施工增加费费率可以由工程造价管理机构根据各专业工程特点和调查资料综合分析

后确定。施工企业也可依据自身的技术水平和管理能力自主确定。

3）二次搬运费：是指因施工场地条件限制而发生的材料、构配件、半成品等一次运输不能到达堆放地点，必须进行二次或多次搬运所发生的费用。

二次搬运费的计算公式为：

$$二次搬运费=计算基数\times 二次搬运费费率(\%) \tag{1-14}$$

同样，计算基数应按照定额人工费或（定额人工费+定额机械费）确定。

二次搬运费费率可以由工程造价管理机构根据各专业工程特点和调查资料综合分析后确定。也可以由施工企业依据自身的技术水平和管理能力自主确定。

4）冬雨季施工增加费：是指在冬季或雨季施工需增加的临时设施、防滑、排除雨雪，人工及施工机械效率降低等费用。

冬雨季施工增加费计算公式为：

$$冬雨季施工增加费=计算基数\times 冬雨季施工增加费费率(\%) \tag{1-15}$$

计算基数一般按定额人工费或（定额人工费+定额机械费）确定。

冬雨季施工增加费费率可以由工程造价管理机构根据各专业工程特点和调查资料综合分析后确定。施工企业也可依据自身的技术水平和管理能力自主确定。

5）已完工程及设备保护费是指竣工验收前，对已完工程及设备采取的必要保护措施所发生的费用。

已完工程及设备保护费计算公式为：

$$已完工程及设备保护费=计算基数\times 已完工程及设备保护费费率(\%) \tag{1-16}$$

计算基数一般应按照定额人工费或（定额人工费+定额机械费）确定。

已完工程及设备保护费费率可以由工程造价管理机构根据工程的特点综合确定，也可以由施工企业依据自身的技术水平和管理能力自主确定。

6）工程定位复测费是指工程施工过程中进行全部施工测量放线和复测工作的费用。

工程定位复测费根据工程的具体特点、要求和产生费用的实际情况确定。

7）特殊地区施工增加费是指工程在沙漠或其边缘地区、高海拔、高寒、原始森林等特殊地区施工增加的费用。

特殊地区施工增加费根据工程所处地区情况、环境要求和施工难度具体确定。

8）大型机械设备进出场及安拆费是指机械整体或分体自停放场地运至施工现场或由一个施工地点运至另一个施工地点，所发生的机械进出场运输及转移费用及机械在施工现场进行安装、拆卸所需的人工费、材料费、机械费、试运转费和安装所需的辅助设施的费用。

大型机械设备进出场及安拆费通常按照机械设备的使用数量以台次为单位计算。

9）脚手架工程费是指施工需要的各种脚手架搭、拆、运输费用以及脚手架购置费的摊销（或租赁）费用。

脚手架分为自有和租赁两种，采取不同的计算方法。

上述措施项目均为各专业工程均可列支的通用措施项目。除此之外，典型的混凝土、钢筋混凝土模板及支架被列为房屋建筑与装饰工程的专业工程措施项目。

10）混凝土、钢筋混凝土模板及支架费是指混凝土施工过程中需要的各种模板制作、模板安装、拆除、整理堆放及场内外运输、清理模板黏结物及模内杂物、刷隔离剂等费用。

模板及支架同样分自有和租赁两种，采取不同的计算方法。

11）垂直运输费。垂直运输费由以下各项组成：

① 垂直运输机械的固定装置、基础制作、安装费。

② 行走式垂直运输机械轨道的铺设、拆除、摊销费。

垂直运输费的计算，通常是按照建筑面积以“m^2”为单位进行计算，也可以按照施工工期日历天数以“天”为单位计算，后一种计算方式由于工期的变化较大，因而不常采用。

12）超高施工增加费。当单层建筑物檐口高度超过20m，多层建筑物超过6层时，通常需计算超高施工增加费，超高施工增加费由以下各项组成：

① 建筑物超高引起的人工工效降低以及由于人工工效降低引起的机械降效费。

② 高层施工用水加压水泵的安装、拆除及工作台班费。

③ 通信联络设备的使用及摊销费。

超高施工增加费一般按照建筑物超高部分的建筑面积以“m^2”为单位计算。

其他措施项目费如施工排水、降水费等费用的内容及计算规则可以参见各类专业工程的现行国家或行业计量规范。

（3）其他项目费　其他项目费是指分部分项工程项目费、措施项目费所包含的内容以外，因招标人的特殊要求而发生的与拟建工程有关的其他费用项目。

1）暂列金额是指建设单位在工程量清单中暂定并包括在工程合同价款中的一笔款项。用于施工合同签订时尚未确定或者不可预见的所需材料、工程设备、服务的采购，施工中可能发生的工程变更、合同约定调整因素出现时的工程价款调整以及发生的索赔、现场签证确认等的费用。

暂列金额是由建设单位暂定和掌握使用并包括在合同价之内的一笔款项，不直接属施工企业所有，只有按照合同约定事项实际发生且施工企业完成后，才能成为施工企业的应得金额。

暂列金额费用的设定，主要是考虑建设项目成本的预先控制问题。工程项目的建造规律，决定了设计需要根据工程进展不断地进行优化和调整，建设单位的需求可能会随工程建设进展出现变化，工程建设过程还存在其他诸多不确定性因素，消化这些因素必然会影响合同价格的调整，暂列金额正是应这类不可避免的价格调整而设立的，可达到合理确定工程造价的目的。

2）计日工是指在施工过程中，施工企业完成建设单位提出的施工图以外的零星项目或工作所需的费用。

计日工是为了解决施工现场发生的零星工作的费用计算方式而设立的。计日工以完成零星工作所消耗的人工工时、材料数量、施工机械台班进行计量，计日工单价的确定，应考虑由于计日工往往用于一些突发性的额外工作，事先又不能商定价格，施工企业组织实施也具有一定的烦琐性，所以计日工单价水平应该高于合同内正常工作的单价水平。

3）总承包服务费是指总承包人为配合、协调建设单位进行的专业工程发包，对建设单位自行采购的材料、工程设备等进行保管以及施工现场管理、竣工资料汇总整理等服务所需的费用。

总承包服务费是为了解决建设单位在法律、法规允许的条件下进行专业工程分包以及自行采购供应材料、设备时，要求总承包人对建设单位分包的专业工程提供协调和配合服务（如分包人使用总包人的脚手架、水电接驳等）；对供应的材料、设备提供收、发和保管服务以及对施工现场进行统一管理；对竣工结算资料进行统一汇总整理等并向总承包人支付的费用。

其他项目中的暂估价，是对暂时不能确定价格的材料、设备和专业工程的一种估价行为，属于最终确定材料、设备和专业工程价格的一种过渡过程，不属于新的费用，也就不是建筑安装工程费用的组成。

（4）规费、税金　按造价形成划分的建筑安装工程费用项目组成中的规费和税金，其定义和包含的内容与按费用构成要素划分的建筑安装工程费用项目组成完全一样，这里不再重复叙述。

1.4 工程量清单计价原理

1.4.1 工程量清单的定义及相关概念

工程量清单是指载明建设工程分部分项工程、措施项目、其他项目的名称和相应数量以及规费项目、税金项目等内容的明细清单。在建设工程发承包及实施过程的不同阶段，又可分为“招标工程量清单”“已标价工程量清单”等。招标工程量清单是指招标人依据国家标准、招标文件、设计文件以及施工现场实际情况编制的，随招标文件发布供投标报价的工程量清单，包括对其的说明和表格。已标价工程量清单是指构成合同文件组成部分的投标文件中已标明价格，经算术性错误修正（如有）且承包人已确认的工程量清单，包括对其的说明和表格。

1. 分部分项工程量清单

分部分项工程是“分部工程”和“分项工程”的总称。分部工程是单项或单位工程的组成部分，系按结构部位、路段长度及施工特点或施工任务将单项或单位工程划分为若干分部的工程。例如，房屋建筑与装饰工程分为土石方工程、地基处理与边坡支护工程、桩基工程、砌筑工程、混凝土及钢筋混凝土工程、金属结构工程、木结构工程、门窗工程、屋面及防水工程、保温、隔热、防腐工程、楼地面装饰工程、墙、柱面装饰与隔断、幕墙工程、天棚工程、油漆、涂料、裱糊工程等分部工程。分项工程是分部工程的组成部分，是按不同施工方法、材料、工序及路段长度等将分部工程划分为若干个分项或项目的工程。例如，钢筋工程可划分为现浇构件钢筋、预制构件钢筋、钢筋网片、钢筋笼、先张法预应力钢筋、后张法预应力钢筋、预应力钢丝、预应力钢绞线、支撑钢筋（铁马）等分项工程。一个完整的分部分项工程项目清单必须包括项目编码、项目名称、项目特征、计量单位和工程量计算规则等五大要件。

（1）项目编码　分部分项工程量清单的项目编码，应采用12位阿拉伯数字表示。1~9位应按各专业工程计量规范附录的规定设置，其中1、2位为专业工程代码：01—房屋建筑与装饰工程；02—仿古建筑工程；03—通用安装工程；04—市政工程；05—园林绿化工程；06—矿山工程；07—构筑物工程；08—城市轨道交通工程；09—爆破工程；3、4位为附录分类顺序码，5、6位为分部工程顺序码，7~9位为分项工程项目名称顺序码，10~12位为清单项目名称顺序码。项目编码的含义如图1-11所示。

（2）项目名称　分部分项工程量清单的项目名称应按各专业工程计量规范附录的项目

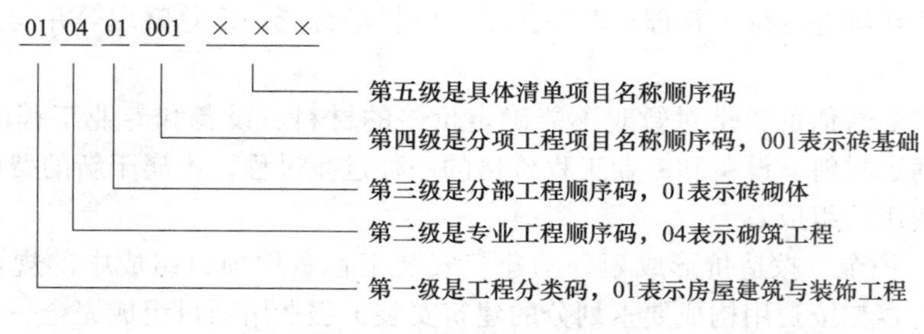

图 1-11 项目编码的含义

名称结合拟建工程的实际确定。“项目名称”为分项工程项目名称，是形成分部分项工程量清单项目名称的基础。即在编制分部分项工程量清单时，以专业工程计量规范附录中的分项工程项目名称为基础，考虑该项目的规格、型号、材质等特征要求，结合拟建工程的实际情况，使其工程量清单项目名称具体化、细化，以反映影响工程造价的主要因素。

（3）项目特征 项目特征是构成分部分项工程量清单项目、措施项目自身价值的本质特征。它是发包人针对某个项目向投标人发出的信息，也是投标人针对某个项目投标报价的重要依据，是确定一个清单项目综合单价不可缺少的重要依据，在编制工程量清单时，必须对项目特征进行准确和全面的描述。

（4）计量单位 分部分项工程量清单的计量单位应按各专业工程计量规范附录中规定的计量单位确定。在工程量清单中，计量单位一般取定为基本单位，而不采用扩大的计量单位。这一点是工程量清单计价与定额计价的最大不同。

（5）工程量计算规则 工程量计算规则是指对清单项目工程量的计算规定。分部分项工程量清单中的工程数量，应按各专业工程计算规范附录中规定的工程量计算规则计算。由于清单工程量仅作为投标人投标报价的共同基础，工程结算的数量是按合同双方认可的最终完成的工程量确定的。

2. 措施项目清单

措施项目是指为完成工程项目施工，发生于该工程施工准备和施工过程中的技术、生活、安全、环境保护等方面的项目。

清单计价规范中将措施项目划分为两类，一类是单价措施项目，另一类是总价措施项目。

（1）单价措施项目 可以精确计算工程量的措施项目，称为“单价措施项目”。对单价措施项目，在编制工程量清单时必须列出项目编码、项目名称、项目特征、计量单位和工程量。

单价措施项目的项目编码、项目名称、项目特征、计量单位、工程量计算规则应按照计算规范分部分项工程的有关规定执行。对于房屋建筑与装饰工程，单价措施项目主要有脚手架工程，混凝土模板及支架（撑），垂直运输，超高施工增加，大型机械设备进出场及安拆，施工排水、降水等。

（2）总价措施项目 费用的发生与使用时间、施工方法或者两个以上工序相关，与实际完成的实体工程量的多少关系不大的措施项目，称为“总价措施项目”。对于总价措施项目，编制工程量清单时，必须按计算规范规定的项目编码、项目名称确定清单项目，不必描述项目特征和确定计量单位。

3. 其他项目清单

其他项目是指分部分项工程、措施项目所包含的内容以外，因招标人的特殊要求而发生的与拟建工程有关的其他费用项目，其他项目组成其他项目清单。工程建设标准的高低、工程的复杂程度、工程的工期长短、工程的组成内容、发包人对工程管理要求等都会直接影响其他项目清单的具体内容，在编制清单过程中，编制人一般按暂列金额、暂估价（包括材料暂估单价、工程设备暂估单价、专业工程暂估价）、计日工、总承包服务费等进行列项，其不足部分，编制人可根据工程的具体情况进行补充。

（1）暂列金额　暂列金额是招标人在工程量清单中暂定并包括在工程合同价款中的一笔款项。其用于工程合同签订时尚未确定或者不可预见的所需材料、工程设备、服务的采购，施工中可能发生的工程变更、合同约定调整因素出现时的合同价款调整以及发生的索赔、现场签证确认等的费用。

暂列金额的数额由招标人暂定并掌握使用。计算时，应根据工程特点，按有关计价规定估算。

（2）暂估价　暂估价是指招标人在工程量清单中提供的用于支付必然发生但暂时不能确定价格的材料、工程设备的单价以及专业工程的金额，包括材料暂估单价、工程设备暂估单价和专业工程暂估价。它是招标人在招标阶段预见肯定要发生，只是因为标准不明确或者需要由专业承包人完成，暂时又无法确定具体价格时采用的一种价格形式。暂估价中的材料、工程设备暂估单价应根据工程造价信息或参照市场价格估算，列出明细表；专业工程暂估价一般应是综合暂估价，应当包括除规费和税金以外的管理费、利润等费用。编制时应分不同专业，按有关计价规定估算，列出明细表。

（3）计日工　计日工是指在施工过程中，承包人完成发包人提出的工程合同范围以外的零星项目或工作，按合同中约定的单价计价的一种方式。这里所指的零星项目或工作一般是指合同约定之外的或者因变更而产生的、工程量清单中没有相应项目的额外项目或工作，尤其是那些难以事先商定价格的额外项目或工作。计日工表中列出的人工、材料、施工机械台班，是为将来可能发生的零星项目或工作做的单价准备，计日工表中清单编制人一般应根据经验，通过估算给出一个比较贴近实际的暂定数量。计日工的数额大小与承包商没有关系，竣工结算时，应该按照实际完成的零星项目或工作结算。

（4）总承包服务费　总承包服务费是指总承包人为配合协调发包人进行的专业工程分包，对发包人自行采购的材料、工程设备等进行保管以及施工现场管理、竣工资料汇总整理等服务所需的费用。这里的分包是指在法律、法规允许的条件下进行专业工程发包。招标人应当在其他项目清单中给出总承包服务费的项目，并明确分包的具体内容。

4. 规费和税金项目清单

规费是指根据国家法律、法规规定，由省级政府或者省级有关权力部门规定施工企业必须缴纳的，应计入建筑安装工程造价的费用。规费项目清单一般应按社会保险费（包括养老保险费、失业保险费、医疗保险费、工伤保险费、生育保险费），住房公积金，工程排污费等进行列项。如果出现以上未包括的项目，应根据省级政府或省级有关权力部门的规定列项。

税金是指国家税法规定的应计入建筑安装工程造价内的增值税、城市维护建设税、教育费附加和地方教育附加。包括了目前国家税法规定的应计入建筑安装工程造价内的税种。如国家税法发生变化或地方政府及税务部门依据职权对税种进行了调整，应对税金项目清单进行相应调整。

1.4.2 工程量清单的特点及作用

工程量清单作为建设工程招标投标阶段的重要文件有以下特点：

1）采用工程量清单方式招标的项目，招标工程量清单必须作为招标文件的组成部分，其准确性和完整性应由招标人负责。

2）工程量清单必须和招标文件规定的技术标准、设计图一致。

3）工程量清单应根据各专业工程计算规范规定的项目编码、项目名称、项目特征、计量单位和工程量计算规则进行编制。

4）招标工程量清单中所列的工程数量是估算的或设计的预计数量，仅作为投标的共同基础，不能作为最终结算与支付的依据。

工程量清单作为建设工程全过程造价管理的重要文件有以下作用：

1）招标工程量清单是工程量清单计价的基础，应作为编制招标控制价、投标报价、计算或调整工程量、索赔等的依据之一。

2）已标价工程量清单中的单价或总额包括了人工费、材料和工程设备费、施工机械使用费、企业管理费、利润，以及合同中明示的所有责任、义务和一般风险。

3）在合同履行过程中，已标价工程量清单是办理结算、确定工程造价的依据。

1.4.3 工程计价的基本体系

建设工程既是一种产品，也应是一种商品，进入市场交易，也就必然同其他商品一样，有其形成的造价及交易的价格，其价格构成也应当同其他商品一样，也应包括各种活劳动和物化劳动的消耗，以及所创造的社会价值。但工程产品的划分对象，建设阶段和本身施工又具有独特的技术经济特征，因而其造价构成就具有自己的特征。

就工程产品的价格构成特点而言，除了物质消耗、劳动报酬、盈利三部分同其他商品一样外，还由于工程产品竣工后，一般不发生物理运动，因而其价格构成就不包括一般商品的生产性流通费用。比如：商品的运输、包装等。同时，正是这一特征，产品是固定在一个地方，和大地连在一起的。所以，其价格构成就应包括所使用的土地的价值，这一特征是其他商品通常不具有的。另外，由于工程产品的建造是一项复杂的系统工程，建造过程中，涉及多个责任主体。如：投资方或业主方、承包商或建造施工方、勘察设计单位、工程监理公司、造价咨询等中介机构、工程主管部门及相关政府职能部门等。因此，其价格构成也应包括与上述各部门发生的建设相关费用。另外，工程产品具有生产周期长、单件性、体积大、交易在先、生产在后等技术经济特点，故其造价具有大额性、个别差异性、地区及动态性、不同项目层次性、不同建设阶段的组合性等特点，这也就决定了其计价特征及计价体系的多样化和系统性。

正是由于工程产品的价格构成具有上述特征，就一个工程项目而言，这就需要在不同建设阶段，针对不同的工程对象，由不同的单位或人员，根据不同阶段的方案或设计图，施工组织设计或施工方案等内容，采用不同计价依据和计价方法，根据不同时期和不同地区的造价经济信息及造价指数，用不同的方式、方法，进行各种类型的造价计算，即对工程产品进行计价，实际上，这就形成了建设工程的造价计价体系。

从广义理解，工程造价应反映项目从筹建到竣工投产或使用全过程的投资费用，其组成就主要包括：建筑安装工程费、设备及工器具购置设费、工程建设其他费用、预备费用、建设时期贷款利息等投资的基本组成。同时，对生产性项目，还应包括流动资金等流动资产投资。而对上述各项费用的计算，有些项目是按实发生而确定的，有些是政策文件规定的费用，有些是由市场报价、合同约定形成的，而有些是需要事前通过专业计算而预计形成的，也就是人们通称的“预算”，而这部分的计算与计价也是最复杂、最专业的。因此，通过对上述费用的分析，就可看出工程造价的计算应是一个贯穿建设全过程的计价体系。

工程产品周期长、规模大、造价高。其主要计价特征之一就是要分阶段多次性计价，以保证造价计价与控制的科学合理性，按照工程建设的各阶段划分，工程造价计价体系主要分为：

1）建设项目建议书阶段的初步估算及可行性研究阶段的投资估算。

2）建设项目初步设计阶段的设计总概算或设计综合概算（包括修正设计概算）。

3）建设项目施工图设计阶段的工程预算。

4）工程招投标阶段的招标控制价及签约合同价的确定。

5）承包商的施工成本预算，通常简称施工预算。

6）工程施工中的价款结算及工程竣工后的工程结算。

7）建设项目业主最终的投资费用总决算及汇总。

上述计价体系中，投资估算、设计概算、工程预算及招标控制价，在属性上讲，仅是只有业主一个主体的事前预期计算价格。严格意义上讲，它并不是完全的工程产品价格，只表示对工程造价的事前造价预计，都可以理解为：预先一算，即“预算”。在国外，这个阶段的造价计算通称为工程估价。而招投标阶段的招标控制价和签订的合同价、企业的施工成本预算等，也是工程实施过程中前期产品价格的预计价格。只有工程竣工后，交易主体双方认可的工程结算价才是工程产品实际的建造价格。而项目最终的决算才是工程的最终投资费用的总和，即建设项目总投资。

上述工程造价体系中，按阶段划分的体系是工程造价计价与确定最常用的计价程序，在这个体系中，前一阶段确定的工程造价，是后一阶段工程造价的控制数额及标准，后一阶段的工程造价，一般不能超过前一阶段的造价控制数额。具体来讲，要用投资估算价控制设计方案的选择及规模标准等，并相应控制初步设计概算。用设计概算控制技术阶段的修正设计概算，用设计概算或修正概算通过优化设计或限额设计等手段控制工程预算。而工程预算是工程项目临界施工的最准确的预期造价值，有着承上启下的作用：对上受投资估算及设计概算的控制，对下控制招投标过程的控制价以及施工过程中变更、索赔等造价管理。因此，施工图阶段的工程预算的编制是工程造价的计价与确定最主要的内容。实际上，也是施工图造价最准确的一算，它无论是对设计图的经济评价，还是确定招标控制价及控制结算与决算，都有着十分重要的作用。

1.4.4 工程计价的方法

工程造价的计价是指在建设项目的各阶段，按照一定的程序、依据和方法，对计价对象的造价构成内容进行计算和确定的过程，也简称工程计价。其造价形成过程主要包括工程计价对象的工程量计算和造价构成计算两个环节。合理、及时、准确地计算出工程产品的价格，是为了满足工程建设过程中，不同主体在建设各阶段对造价控制与管理的需要。在项目建设过程中，造价的计算与合理确定是一直贯穿整个过程的，同时和工程造价的控制与管理过程是两个并行的、各有侧重点又相互联系的有机工作过程。

工程建设是一项综合、系统的经济活动过程，具有建设和使用周期长、规模大、造价额高、动态性及地区性强等特点。其计价具有单件性、阶段性及多次性、层次组合性及专业性等特点。工程产品的计价原理与方法，必然有自己的特殊性，其造价形成过程与形成机制必然与其他商品不完全相同。一个工程项目是单件性与多样性的集合体，每一个建设项目都要按照业主的需求进行单独设计，单独施工，不像其他商品一样可以大规模批量重复生产。所以，其计价就只能按照一定的计价程序和计价方法进行，即将项目进行结构分解，划分为可以按照计价定额的技术参数或清单计价规范所要求的参数来测算价格的基本构造单元（如定额项目、清单项目），再计算出基本构造单元的费用和综合其他造价构成内容的费用，这就解决了工程计价的基本问题。

一个建设项目可以分解为一个或几个单项工程，一个单项工程又由一个或几个单位工程综合组成，而一个单位工程也是一个复杂的综合体，从计量和计价的技术层面讲，还需要进一步的划分才具有操作性。进一步把分部工程按照不同的施工方法、不同的构造、不同的规格加以更为细致的分解，划分为简单细小的分项工程后，就得到了工程计量计价的基本构造要素：分项工程。这就是计价的基本构造单元，即计价的定额项目或清单项目。

从以上看出，结构分解层次越多，基本构造单元就越细，其计算也就更精确。而这些基本单元的工程实物量可以通过国家颁布的工程量计算规范的规则计算，它直接反映了工程项目的规模及主要内容。分项工程的实物量确定后，再确定其单位价格和计算其费用就形成了工程的造价。所以，工程计价的主要原理就是把工程首先分解至最基本的构造单元，结合其计量单位及计算规则计算出基本构造单元的工程量，再确定其合理的单价（如综合单价），使用一定的计价方法和程序，按照造价的形成顺序，进行分部组合计价汇总，就计算出了相应工程项目的工程造价。

从工程造价计价程序和造价形成机制看，工程造价计价主要有两大计价方法：工程定额计价方法和工程量清单计价方法。本教材主要介绍工程量清单计价方法。

工程量清单计价方法适用于工程承发包阶段及工程实施阶段的工程造价计价活动，是我国从2003年起借鉴国外以市场竞争形成价格的工程计价体系而发展起来的一种方法。对使用国有资金投资或国有投资为主的建设工程必须实行工程量清单计价方法，目前我国采用的工程量清单计价方法，其构成单元的清单项目是采用的综合单价计价的，其建筑安装工程的造价按其构成要素包括：人工费、材料费、施工机具使用费、企业管理费、利润、规费和税金。按其造价形成顺序，清单计价费用组成分为：分部分项工程费、措施项目费、其他项目费、规费和税金。

我国目前采用的工程量清单计价方法是综合单价的计价方式。同工程定额计价法相比，主要区别在于计价的构成和造价的形成机制不同，国家发布的《建设工程工程量清单计价规范》（GB 50500—2013）规定，工程量清单计价价款应包括完成招标文件规定的工程量清单项目所需的全部费用。工程量清单计价方法的关键在于综合单价的计算及确定，在编制招标控制价或投标报价时，其综合单价的确定由编制人计算确定。国家及地方为了指导工程量清单计价，也颁发了配套的综合单价清单定额，一般招标控制价编制时参照该定额综合单价执行。在招投标工程中，企业投标时，应结合工程特点、自身企业定额及施工管理水平，自主确定其综合单价并报价竞争，单价高低和风险是由企业自主承担的，这就真正实现了企业的自主定价及市场形成价格的竞争机制，逐步建立以工程成本为中心的报价制度，实现了我国工程造价计价与管理和国际惯例接轨的目标。

1.4.5 工程量清单计价的特点及作用

工程量清单计价方法是区别于传统的定额计价方法的一种计价方法，即市场定价的方法。它是由建设工程产品的买方和卖方在建设市场上根据供求关系的状况，掌握工程造价信息的情况下进行公平、公开地竞争定价，从而最终形成工程价格即工程造价。因此，可以说工程量清单计价方法是建设市场建立、发展和完善过程中的必然产物。工程量清单计价的主要依据是国家发布的《建设工程工程量清单计价规范》以及《房屋建筑与装饰工程工程量计算规范》（GB 50854—2013）等专业的计量规范。工程量清单计价方法已经成为我国建筑产品价款计算的基本制度。

1. 工程量清单计价的特点

1）强制性工程量清单计价的强制性主要表现在以下三方面：一是规定全部使用国有资金投资或国有资金投资为主的工程建设项目，必须采用工程量清单计价。这里的“国有资金”是指国家财政性的预算内或预算外资金、国家机关、国有企事业单位和社会团体的自有资金及借贷资金，国家通过对发行政府债券或外国政府及国际金融机构举借主权外债所筹集的资金也应视为国有资金。“国有资金投资为主”的工程是指国有资金占总投资额50%以上或虽不足50%，但国有资产投资者实质上拥有控股权的工程。二是规定了工程量清单的组成内容及编制格式，并规定采用工程量清单招标的，工程量清单必须作为招标文件的组成部分。三是明确了施工企业在投标报价中不能作为竞争的费用范围，如规费、税金安全文明施工费等。

2）实用性工程量清单计价依据计价规范。规范内容全面，涵盖了建设工程施工准备阶段的工程量清单编制、建设工程招标控制价和建设工程投标报价的编制，建设工程承、发包施工合同的签订及合同价款的约定；工程施工过程中工程量的计量与价款支付，索赔与现场签证，工程价款调整；工程竣工后竣工结算的办理和工程计价争议的处理等。每一个计价阶段，都有“章”可依，有“规”可循。“暂列金额”“暂估价”“计日工”等项的设立，与国际惯例接轨，具有很现实的指导意义。并且规范所列工程量清单项目及计算规则的项目名称表现的是工程实体项目，项目名称明确清晰，工程量计算规则简洁明了，项目特征和工程（工作）内容的设置易于编制招标人编制工程量清单和投标人进行投标报价。

3）满足竞争的需要。招标投标过程本身就是一个竞争的过程，招标人给出工程量清单，投标人根据统一的工程量清单，依据企业的定额和市场价格信息填报综合单价（此单价中一般包括成本、利润），不同的投标人其综合单价是不同的，综合单价的高低取决于投标人及其企业的技术和管理水平等因素；工程量清单规定的措施项目中，投标人具体采用什么措施，如模板、脚手架、临时设施、施工排水等详细内容可由投标人根据企业的施工组织设计等确定，从而形成了企业整体实力的相互竞争。

4）提供了一个平等的竞争条件。采用原来的工程预算来投标报价，由于诸多原因，不同投标企业的编制人员水平有差异，计算出的工程量也不同，报价相差甚远，容易造成招标投标过程中的不合理。而工程量清单报价为投标者提供一个平等竞争的条件，相同的工程量，由企业根据自身的实力来填报不同的综合单价，符合商品交换的一般性原则。

5）体现公平、公正、公开的原则。采用工程量清单计价方式招标，工程量清单必须作为招标文件的组成部分，其准确性和完整性由招标人负责。投标人依据工程量清单进行投标报价，对工程量清单负有核实的义务，更不具有修改和调整的权力。工程量清单作为投标人报价的共同平台，其准确性——数量不算错，其完整性——不缺项漏项，均应由招标人负责。

计价规范还特别规定，实行工程量清单招标应按规范依据编制招标控制价，在招标时公布，不上调或下浮，并报造价管理机构备案。如果投标人的投标报价高于招标控制价，其投标应予以拒绝。同时赋予了投标人对招标人不按规范的规定编制招标控制价进行投诉的权利，真正体现了招投标的公开、公平、公正原则。

6）有利于工程款的拨付和工程造价的最终确定。中标后，业主要与中标施工企业签订施工合同，在工程量清单报价基础上的中标价就成了合同价的基础。已标价工程量清单上的综合单价也就成了拨付工程款的依据。业主根据施工企业完成的工程量，可以很容易地确定进度款的拨付额。工程竣工后，再根据设计变更、工程量的增减乘以相应单价，业主也很容易确定工程的最终造价。

7）有利于实现风险的合理分担。采用工程量清单计价的方式后，投标人只对自己所报的成本、单价等负责，而对工程量的变更或计算错误等不负责任；相应的，对于这一部分风险则应由业主承担，因此符合风险合理分担与责权利关系对等的一般原则。

8）有利于业主对投资的控制。采用传统的定额计价方式编制工程预算，业主对因设计变更、工程量的增减所引起的工程造价变化不会及时引起重视，往往到竣工结算时，才清楚工程造价的变化大小，但常常为时已晚，这种“事后算账”已无法主动控制项目投资。而采用工程量清单计价的方法时，在发生设计变更或工程量增减时，能马上知道其工程造价的变化大小，这样业主就能根据投资情况来决定是否变更或进行方案比较，采用最为合理、经济的处理方法，这种方法即为在“过程”中有效地控制投资额。

2. 工程量清单计价的作用

1）提供了一种市场形成价格的新的计价方法。工程造价形成的主要阶段是在招投标阶段。在工程招标投标过程中，招标人依据规范编制出统一的工程量清单，各投标企业在这一同等的平台上进行投标报价时必须考虑工程本身的特点，企业自身的施工技术水平、管理能力和市场竞争能力，同时必须考虑诸如工程进度、投资规模、资源计划等因素。在综合分析这些因素影响后，对投标报价做出灵活机动地调整，使报价能够比较准确地反映工程实际并与市场条件吻合。只有这样才能把投标定价的自主权真正交给招标单位和投标单位，并最终通过市场来配置资源，决定工程造价。真正实现市场机制决定工程造价。

2）简化了工程造价的计价方法，方便清单招标快速报价，提高了工程计价效率。在传统的定额计价模式下，工程计价程序烦琐、复杂，工程中部分费用性质比较模糊，给发包人对工程造价的计价与管理带来很多不便。而工程量清单计价规范中工程费用的构成项目清晰明了，有利于发包人对工程造价构成的理解和管理。并且清单计价中采用实体和非实体分离，分部分项工程量清单项目是按综合实体划分的，项目设置不含施工方法。施工方法、施工手段等措施项目单列，由投标人自主决定采取合理施工方案，项目划分清楚，互不包含，既有利于投标人对投标报价的编制，又有利于评标。

3）为承发包双方解决工程计价纠纷提供了依据，规范中规定了招投标阶段的招标控制价和投标报价的编制方法，将现行法规与工程实施全过程中遇到的实际问题融于一体，对工程施工过程中工程量的计量与价款支付方式和方法做了明确规定，并且对索赔与现场签证、工程价款调整、工程竣工后竣工结算的办理和工程计价争议的处理方式进行了明确说明，使得规范成为工程施工中承发包双方工程计价和解决争端的有效依据。

1.4.6 招标工程量清单的编制

招标工程量清单应以单位（项）工程为单位编制，应由分部分项工程项目清单、措施项目清单、其他项目清单、规费和税金项目清单组成。招标工程量清单应由具有编制能力的招标人或受其委托，具有相应资质的工程造价咨询人编制。招标工程量清单必须作为招标文件的组成部分，其准确性和完整性由招标人负责。

1. 招标工程量清单的编制依据

1）《建设工程工程量清单计价规范》和相关工程的国家计量规范。

2）国家或省级、行业建设主管部门颁布的计价定额和办法。

3）建设工程设计文件及相关资料。

4）与建设工程有关的标准、规范、技术资料。

5）拟定的招标文件。

6）施工现场情况、地勘水文资料、工程特点及常规施工方案。

7）其他相关资料。

2. 招标工程量清单的组成

按照《建设工程工程量清单计价规范》的规定，招标工程量清单组成的主要内容如下：

1）招标工程量清单封面。

2）工程量清单总说明。

3）分部分项工程量清单与计价表。

4）措施项目清单与计价表。

5）其他项目清单与计价表。

6）规费项目清单与计价表。

7）税金项目清单与计价表。

3. 分部分项工程项目清单的编制

分部分项工程项目清单是指完成拟建工程的工程项目数量的明细清单。分部分项工程项目清单必须载明项目编码、项目名称、项目特征、计量单位和工程量五大要件。必须根据相关工程现行国家计量规范规定的项目编码、项目名称、项目特征、计量单位和工程量计算规则进行编制。

（1）项目编码　同一招标工程的项目编码不得有重码。当同一标段（或合同段）的一份工程量清单中含有多个单位工程且工程量清单是以单位工程为编制对象时，在编制工程量清单时应特别注意对项目编码10~12位的设置不得有重码的规定。例如一个标段（或合同段）的工程量清单中含有三个单位工程，每一单位工程中都有项目特征相同的实心砖墙砌体，在工程量清单中又需反映三个不同单位工程的实心砖墙砌体工程量时，则第一个单位工程的实心砖墙的项目编码应为010401003001，第二个单位工程的实心砖墙的项目编码应为010401003002，第三个单位工程的实心砖墙的项目编码应为010401003003，并分别列出各单位工程实心砖墙的工程量。

（2）项目名称　分部分项工程量清单的项目名称应按相关工程现行国家计量规范附录的项目名称结合拟建工程的实际确定。例如“现浇构件钢筋”分项工程在形成工程量清单项目名称时可细化为“现浇 HPB300 钢筋”“现浇 HRB335 钢筋”“现浇 HRB400 钢筋”等。随着新材料、新技术、新的施工工艺的不断出现和应用，如果遇到相关工程现行国家计量规范附录没有的项目，编制人可做相应补充，并报工程造价管理机构备案。

（3）项目特征　在编制工程量清单时，必须对项目特征进行准确和全面的描述。因为工程量清单的项目特征是构成分部分项工程量清单项目自身价值的本质特征，是确定和填报综合单价不可缺少的重要依据，但有些项目特征用文字往往难以准确和全面地描述清楚。因此，为达到规范、简捷、准确、全面描述项目特征的要求，在描述工程量清单项目特征时应按以下原则进行：项目特征描述的内容应按相关工程现行国家计量规范附录中的规定，结合拟建工程的实际，能满足确定综合单价的需要；若采用标准图集或施工图能够全部或部分满足项目特征描述的要求，项目特征描述可直接用“详见××图集”或“××图号”的方式；对不能满足项目特征描述要求的部分，仍应用文字描述。

为了能够根据项目特征进行准确报价，对项目特征具体的描述可按以下要求进行：

1）必须描述的内容如下：①涉及正确计量计价的必须描述：如门窗洞口尺寸或框外围尺寸；②涉及结构要求的必须描述：如混凝土强度等级（C20 或 C25）；③涉及施工难易程度的必须描述：如抹灰的墙体类型（砖墙或混凝土墙）；④涉及材质要求的必须描述：如花岗石的品种、厚度等。

2）可不描述的内容如下：①对项目特征或计量计价没有实质影响的内容可以不描述：如混凝土柱高度、断面大小等；②应由投标人根据施工工方案确定的可不描述：如预裂爆破的单孔深度及装药量等；③应由投标人根据当地材料确定的可不描述：如混凝土拌合料使用的石子种类、粒径及砂的种类等；④应由施工措施解决的可不描述：如现浇混凝土板、梁的标高等。

3）可不详细描述容如下：①无法准确描述的可不详细描述：如土壤类别可描述为综合等（对工程所在具体地点来讲，应由投标人根据地勘资料确定土壤类别，决定报价）；②标准图集或施工图标注明确的，可直接采用“详见××图集”或“××图号”等；还有一些项目可不详细描述，但清单编制人在项目特征描述中应注明由投标人自行选定，如“挖基础土方”中的土方运距等。

另外，“项目特征”与“工程内容”是两个不同性质的规定。项目特征必须描述，因其讲的是工程实体的特征，直接决定工程的价值；工程内容无须描述，因其主要讲的是操作程序，二者不能混淆。例如砖砌体的实心砖墙，按照《房屋建筑与装饰工程工程量计算规范》“项目特征”栏的规定，就必须描述砖的品种：是页岩砖、还是煤灰砖；砖的规格：是标准砖还是非标准砖，是非标准砖就应注明规格尺寸；砖的强度等级：是 MU10、MU15 还是 MU20；因为砖的品种、规格、强度等级直接关系到砖的价格。还必须描述墙体类型：是混水墙，还是清水墙，清水是双面，还是单面，或者是“一斗一卧”、围墙等；因为墙体类型直接影响砌砖的工效以及砖、砂浆的消耗量。必须描述砌筑砂浆的种类：是混合砂浆，还是水泥砂浆。还应描述砂浆的强度等级：是M5、M7.5还是M10等，因为不同种类、不同强度等级、不同配合比的砂浆，其价格是不同的。由此可见，这些描述均不可少，因为其中任何一项都影响了实心砖墙项目综合单价的确定。而关于实心砖墙的工程内容中包括的“砂浆制作、运输，砌砖，刮缝，砖压顶砌筑，材料运输”就不必描述。因为发包人没必要指出承包人要完成实心砖墙的砌筑还需要制作、运输砂浆，还需要砌砖、勾缝，还需要材料运输。不描述这些工程内容，承包人也必然操作这些工序，才能完成最终验收的砖砌体。

（4）计量单位　分部分项工程量清单的计量单位应按相关工程现行国家计量规范附录中规定的计量单位确定。一般情况下，以重量计算的项目以吨或千克（t或kg）为单位；以体积计算的项目以立方米（m^3）为单位；以面积计算的项目以平方米（m^2）为单位；以长度计算的项目，以米（m）为单位；以自然计量单位计算的项目以个、套、块、樘、组、台等为单位。当计量单位有两个或两个以上时，应根据所编工程量清单项目的特征要求，选择最适宜表现该项目特征并方便计量的单位。例如，门窗工程的计量单位已有“樘”和“m^2”两个计量单位，实际工作中，就应选择最适宜、最方便计量的单位来表示。

工程计量时每一项目汇总的有效位数应遵守以下规定：①以“t”为单位，应保留小数点后三位数字，第四位小数四舍五入；②以“m、m^2、m^3、kg”为单位，应保留小数点后两位数字，第三位小数四舍五入；③以“个、件、根、组、系统”为单位，应取整数。

（5）工程量计算规则　分部分项工程量清单中的工程量，应按相关工程现行国家计量规范附录中规定的工程量计算规则计算。工程量计算规则是指对清单项目工程量的计算规定，清单编制人应该按照相关工程现行国家计量规范附录中规定的工程量计算规则，对每一项的工程量进行准确计算，从而避免业主承受不必要的工程索赔。

在编制工程量清单过程中，若出现附录中未包括的项目，编制人应作补充，并报省级或行业工程造价管理机构备案。补充项目的编码由各专业工程计算规范附录规定的专业工程代码与B和三位阿拉伯数字组成，并应从B001起顺序编制（例如房屋建筑与装饰工程如需补充项目，则其编码应从01B001开始起顺序编制），同一招标工程的项目不得重码。工程量清单中还需附有补充项目的项目名称、项目特征、计量单位、工程量计算规则、工程内容。例如钢管桩的补充项目见表1-2。

表1-2　桩基工程（编码：010301）

项目编码	项目名称	项目特征	计量单位	工程量计算规则	工程内容
01B001	预应力管桩	1. 地层描述 2. 送桩长度/单桩长度 3. 钢管材质、管径、壁厚 4. 管桩填充材料种类 5. 桩倾斜度 6. 预应力钢材种类	m/根	按设计图示尺寸以桩长（包括桩尖）或根数计算	1. 桩制作、运输 2. 打桩、试验桩、斜桩 3. 送桩 4. 管桩填充材料、刷防护材料

4. 措施项目清单的编制

措施项目清单是指为完成工程项目施工，发生于该工程施工准备和施工过程中的技术、生活、安全、环境保护等方面项目的清单。

计量规范中将措施项目划分为两类：一类是总价措施项目，另一类是单价措施项目。

总价措施项目是指其费用的发生和金额的大小与使用时间、施工方法或者两个以上工序相关，与实际完成的实体工程量的多少关系不大，典型的是安全文明施工、夜间施工增加和冬雨季施工增加、二次搬运等，以“项”计价。

单价措施项目是指可以计算工程量的项目，典型的是脚手架工程，用分部分项工程量清单的方式采用综合单价。

计量规范附录中列出了总价措施项目的内容，作为措施项目列项的参考。计量规范中的总价措施项目见表 1-3。

表 1-3　总价措施项目

序号	项目名称
1	安全文明施工费（含环境保护、文明施工、安全施工、临时设施）
2	夜间施工增加
3	冬雨季施工增加
4	二次搬运
5	已完工程及设备保护

（1）单价措施项目清单的编制　单价措施项目清单的编制与分部分项工程清单的编制完全相同，必须列明项目编码、项目名称、项目特征、计量单位、工程量，并按照计量规范的有关规定执行。某房屋建筑工程综合脚手架的分部分项工程和单价措施项目清单与计价表见表 1-4。

表 1-4　分部分项工程和单价措施项目清单与计价表

<table>
<tr><th rowspan="3">序号</th><th rowspan="3">项目编码</th><th rowspan="3">项目名称</th><th rowspan="3">项目特征</th><th rowspan="3">计量单位</th><th rowspan="3">工程量</th><th colspan="3">金额（元）</th></tr>
<tr><th rowspan="2">综合单价</th><th rowspan="2">合价</th><th>其中</th></tr>
<tr><th>定额人工费</th></tr>
<tr><td>1</td><td>011701001001</td><td>综合脚手架</td><td>1. 建筑物性质：民用建筑
2. 结构形式：框剪结构
3. 檐口高度：60m
4. 层数：20 层</td><td>m²</td><td>12000</td><td></td><td></td><td></td></tr>
</table>

（2）总价措施项目清单的编制　编制总价措施项目清单，必须按计量规范规定的项目编码、项目名称确定清单项目，不必描述项目特征和确定计量单位。某房屋建筑工程的安全文明施工总价措施项目清单与计价表见表 1-5。

表1-5 总价措施项目清单与计价表

序号	项目编码	项目名称	计算基础	费率（%）	金额（元）	调整费率（%）	调整后金额（元）	备注
1	011704001001	安全文明施工费	定额人工费					

注：安全文明施工费的“计算基础”中可为“定额基价”“定额人工费”或“定额人工费+定额机械费”，由各地工程造价管理部门规定。

措施项目清单的编制需考虑多种因素，除工程本身的因素以外，还涉及水文、气象、环境、安全等因素。一般情况下，措施项目清单的编制依据主要有现场情况、地勘水文资料、工程特点；常规施工方案；与建设工程有关的标准、规范、技术资料；拟定的招标文件；建设工程设计文件及相关资料等。

由于影响措施项目设置的因素太多，计量规范不可能将施工中可能出现的措施项目一一列出。在编制措施项目清单时，因工程情况不同，出现计量规范附录中未列的措施项目，清单编制人或投标人可根据工程的具体情况对措施项目清单作补充。

5. 其他项目清单的编制

其他项目清单是指分部分项工程清单和措施项目清单以外，该工程项目施工中可能发生的其他费用的清单。工程建设标准的高低，工程的复杂程度、工期长短、组成内容，发包人对工程管理要求等都会直接影响其他项目清单的具体内容，在编制清单过程中，编制人一般按暂列金额、暂估价（包括材料暂估单价、工程设备暂估单价、专业工程暂估价）、计日工、总承包服务费等进行编制，对于其不足部分，编制人可根据工程的具体情况进行补充。

（1）暂列金额　暂列金额是招标人在工程量清单中暂定并包括在工程合同价款中的一笔款项，是招标人用于施工合同签订时尚未确定或者不可预见的所需材料、工程设备、服务的采购，施工中可能发生的工程变更、合同约定调整因素出现时的合同价款调整以及发生的索赔、现场签证确认等的费用。

暂列金额的数额由发包人暂定并掌握使用。计算时，应根据工程特点，按有关计价规定估算。

（2）暂估价　暂估价是指招标人在工程量清单中提供的用于支付必然发生但暂时不能确定价格的材料、工程设备的单价以及专业工程的金额，是招标人在招标阶段预见肯定要发生，只是因为标准不明确或者需要由专业承包人完成，暂时无法确定具体价格时采用的一种价格形式。暂估价中的材料、工程设备暂估单价应根据工程造价信息或参照市场价格估算，列出明细表；专业工程暂估价一般应是综合暂估价，应当包括除规费和税金以外的管理费、利润等取费。编制时应分不同专业，按有关计价规定估算，列出明细表。

（3）计日工　计日工是指在施工过程中，承包人完成发包人提出的施工图以外的零星项目或工作，按合同中约定的单价计价的一种方式。零星项目或工作一般是指合同约定之外的或者因变更而产生的、工程量清单中没有相应项目的额外项目或工作，尤其是那些难以事先商定价格的额外项目或工作。计日工表中列出的人工、材料、施工机械台班，是为将来可能发生的零星项目或工作做的单价准备，计日工表中清单编制人一般应根据经验，通过估算给出一个比较贴近实际的暂定数量。计日工的数额大小与承包商没有关系，竣工结算时，应该按照实际完成的零星项目或工作结算。

（4）总承包服务费　总承包人为配合协调发包人进行的专业工程分包，对发包人自行采购的材料、工程设备等进行保管以及施工现场管理、竣工资料汇总整理等服务所需的费用。这里的分包是指在法律、法规允许的条件下进行专业工程发包。招标人应当在其他项目清单中列出总承包服务费的项目，并明确分包的具体内容。

6. 规费项目清单

规费项目清单是指根据国家法律、法规规定，由省级政府或者省级有关权力部门规定必须缴纳的，应计入建筑安装工程造价的费用的清单。规费项目清单一般应按社会保险费（包括养老保险费、失业保险费、医疗保险费、工伤保险费、生育保险费）、住房公积金、工程排污费等进行列项；如出现以上未包括的项目，应根据省级政府或省级有关权力部门的规定列项。

7. 税金项目清单

税金项目清单是指国家税法规定的应计入建筑安装工程造价内的增值税、城市维护建设税、教育费附加和地方教育附加等的清单，包括目前国家税法规定的应计入建筑安装工程造价内的税种。如国家税法发生变化或地方政府及税务部门依据职权对税种进行了调整，应对税金项目清单进行相应调整。

1.4.7　招标控制价的编制

1. 招标控制价的概念

招标控制价是指招标人根据国家或省级、行业建设主管部门颁发的有关计价依据和办法，以及拟定的招标文件和招标工程量清单，结合工程具体情况编制的招标工程的最高投标限价。

2. 招标控制价的要求

规范规定，我国国有资金投资的工程建设项目必须实行工程量清单招标，招标人应负责编制招标控制价。由于我国对国有资金投资项目的投资控制实行的是投资概算审批制度，因此国有资金投资的工程在招标过程中，招标人编制的招标控制价超过批准的概算时，招标人应将其报原概算审批部门审核。招标控制价编制完成后，不应上调或下浮。同时，为了体现招标的公平、公正性，防止招标人有意抬高或压低工程造价，招标人应在招标文件中如实公布招标控制价，并应将招标控制价报工程所在地或有该工程管辖权的行业管理部门的工程造价管理机构备查。投标人的投标报价高于招标控制价的，其投标应予以拒绝。

3. 招标控制价的作用

在工程量清单计价招投标活动中，准确合理的招标控制价不仅能够保护招标人的利益不受到损失，还能保证工程招标成功以至工程建设的顺利进行。招标控制价的作用主要体现在以下几方面：

1）招标控制价是招标人用于对招标工程发包的最高投标限价，可有效控制投资，防止恶性哄抬报价带来的投资风险。招标控制价是按照一定的规范、标准以及市场信息价格编制的用于限制投标价的最高额，在正常建设环境和合理管理的条件下，工程造价应被控制在此范围内。因此招标控制价也可作为业主投资控制的依据。

2）可使各投标人自主报价、公平竞争，符合市场规律，投标人自主报价，不受标底的左右。在定额计价模式下，招投标活动中往往以投标人的报价是否接近招标人的标底作为能否中标的决定条件，违背了市场经济规律，限制了投标企业之间的自由竞争，也打击了企业的积极性。招标控制价的出现摒弃了标底作为中标选择的方法，使投标企业处于同一平等条件下自主报价，体现了自由竞争的原则。

3）提高了透明度，避免了暗箱操作、寻租等违法活动的产生。由于招标控制价采用公开的原则，避免了以往有标底时期各投标人采用非正常手段获取保密标底的行为，使招投标活动更加合法合规地进行，体现了公平、公正、公开的原则。

4. 招标控制价的编制

按照《建设工程工程量清单计价规范》的规定，国有资金投资的建设工程招标，招标人必须编制招标控制价。招标控制价应由具有编制能力的招标人或受其委托具有相应资质的工程造价咨询人编制和复核。招标控制价应按照相关规定编制，不应上调或下浮。招标人应在发布招标文件时公布招标控制价。

（1）编制招标控制价的依据

1）《建设工程工程量清单计价规范》（GB 50500）。

2）国家或省级、行业建设主管部门颁布的计价定额和计价办法。

3）建设工程设计文件及相关资料。

4）拟定的招标文件及招标工程量清单。

5）与建设项目相关的标准、规范、技术资料。

6）施工现场情况、工程特点及常规施工方案。

7）工程造价管理机构发布的工程造价信息，当工程造价信息没有发布时，参照市场价。

8）其他的相关资料。

（2）招标控制价的组成

1）招标控制价封面。

2）工程项目计价总说明。

3）建设项目招标控制价汇总表。

4）单项工程招标控制价汇总表。

5）单位工程招标控制价汇总表。

6）分部分项工程量清单与计价表。

7）单价措施项目清单与计价表。

8）总价措施项目清单计价表。

9）其他项目清单与计价汇总表。

10）规费、税金项目计价表。

（3）分部分项工程费编制　分部分项工程费用是指完成工程量清单列出的各分部分项工程量所需的费用，包括人工费、材料费、机械使用费、企业管理费、利润以及一定范围内的风险费用。

《建设工程工程量清单计价规范》规定：分部分项工程费应根据招标文件中的分部分项工程量清单项目的特征描述及有关要求，按综合单价计算。

采用综合单价计价，是工程量清单计价方法的一个重要特征。按照《建设工程工程量清单计价规范》的规定，综合单价是完成一个规定清单项目所需的人工费、材料和工程设备费、施工机具使用费和企业管理费、利润以及一定范围内的风险费用。现阶段的综合单价也是不完全单价，没有包括总价措施项目费、规费和税金等费用。综合单价中的风险费用的考虑和计算也是目前工程造价管理中的重要问题。

分部分项工程费计价，其实质就是综合单价的组价问题。一般情况下，综合单价的组价方法有以下两种：

1）依据定额计算。针对工程量清单中的一个项目描述的特征，按照与工程量清单计价配套的有关计价定额的项目划分和工程量计算规则进行计算，并对需要换算的项目进行换算，根据各地规定对人工费、材料单价、机械费等进行调整，最后得出该项目的综合单价。

2）根据实际费用估算。针对工程量清单中的一个项目描述的特征，按照实际可能发生的费用项目进行有关费用估算并考虑风险费用，然后再除以清单工程量得出该项目的综合单价。比如，某基础土方工程，工程量清单中项目描述的特征为土方开挖、土方运输，工程量1000m^3。在清单组价时，首先根据工程实际情况、施工组织设计，确定采用反铲挖掘机对基坑开挖，自卸汽车运土，基底加宽施工工作面每边300mm、确定堆弃土地点及运距15km；然后，计算出实际的挖土方量为1200m^3；根据市场上的反铲挖掘机挖土和自卸汽车运土15km以及包括人工修边捡底及一定的风险的每立方米单价（假如为15元/m^3），计算出机械土方施工的费用（18000元）；汇总1200m^{3}土方工程施工所需的各项估算费用及管理费、预期利润（假如为1800元）；最后，将总费用除以1000m^3，得出每立方米的综合单价（即19.8元/m^3）。

在编制招标控制价时，分部分项工程费应根据拟定的招标文件中的分部分项工程量清单项目的特征描述及有关要求计价，综合单价中应包括招标文件中划分的应由投标人承担的风险范围及其费用，招标文件中没有明确的，应提请招标人明确。招标工程量清单提供了暂估单价的材料和工程设备，按暂估的单价计入综合单价。

（4）措施项目费编制　措施项目费是指为完成工程项目施工，发生于该工程施工准备和施工过程中的技术、生活、安全、环境保护等方面的措施项目所需要的费用。

措施项目清单计价应根据拟建工程的具体施工方案或者施工组织设计进行计价，对于可以计算工程量的措施项目，应按照单价措施项目清单计价，即应按分部分项工程量清单的方式采用综合单价计价，如混凝土、钢筋混凝土模板及支架、脚手架等措施费用的组价；对于措施费用的发生和金额与实际完成的实体工程量的大小关系不大的措施项目，应按总价措施项目清单计价，以“项”为单位，用费率方式计算。如安全文明施工费、夜间施工增加费、二次搬运费等。

在编制招标工程量清单时，招标人提出的措施项目清单是根据一般情况确定的，没有考虑不同投标人的“个性”。由于各投标人拥有的施工装备、技术水平和采用的施工方法有所差异，因此在编制招标控制价时，措施项目费应根据拟定的招标文件中的措施项目清单，依据国家或省级、行业建设主管部门颁发的计价定额和计价办法规定的标准计算。措施项目清单中的安全文明施工费应按照国家或省级、行业建设主管部门的规定的标准计取，不得作为竞争性费用。

（5）其他项目费用的编制　其他项目是指暂列金额、暂估价（包括材料暂估单价、工程设备暂估单价、专业工程暂估价）、计日工、总承包服务费。其他项目的具体内容应根据拟建工程的具体情况确定。

1）编制招标控制价时的暂列金额，由招标人根据工程特点、工期长短，按有关计价规定进行估算确定，一般可按分部分项工程项目清单费用的10%~15%为参考。

2）暂估价中的材料单价。在编制招标控制价时，应根据招标工程量清单中提供的单价计入综合单价；暂估价中的专业工程金额应分不同专业，按有关计价规定估算。招标人在工程量清单中提供的暂估价的材料和专业工程属于依法必须招标的，由承包人和招标人共同通过招标确定材料单价与专业工程分包价；若材料和专业工程不属于依法必须招标的，经发、承包双方协商确认单价后计价。

3）计日工。在编制招标控制价时，计日工项目和数量应按其他项目清单列出的项目和数量。一般情况下，计日工中的人工单价和施工机械台班单价应按工程造价管理机构公布的单价计算，计日工中的材料单价应按工程造价管理机构发布的工程造价信息中的材料单价计算，工程造价信息未发布材料单价的材料，其价格应按市场调查确定的单价计算。

4）总承包服务费。在编制招标控制价时，应根据招标工程量清单列出的内容和要求估算。一般情况下，招标人仅要求对分包的专业工程进行总承包管理和协调时，按分包的专业工程估算造价的1.5%计算；招标人要求对分包的专业工程进行总承包管理和协调，并要求提供配合服务时，根据招标文件中列出的配合服务内容和提出的要求，按分包的专业工程估算造价的3%~5%计算；招标人自行供应材料的，按招标人供应材料价值的1%计算。

（6）规费和税金的编制　规费和税金应按国家或省级、行业建设主管部门的规定计算。编制招标控制价时，规费标准有幅度的，按上限计列。税金应按工程在市区，工程在县城、镇，工程不在城市、县城、镇三种不同情况按不同费率计取。

1.4.8 投标报价的编制

1. 投标报价的概念

投标报价是投标人投标时响应招标文件要求所报出的对已标价工程量清单汇总后标明的总价。

2. 投标报价的要求

投标人应依据招标文件及其招标工程量清单自主确定投标报价，投标报价不得低于工程成本。投标报价编制时，投标人必须按招标工程量清单填报价格；项目编码、项目名称、项目特征、计量单位、工程量必须与招标工程量清单一致。国有资金投资的工程，招标人编制并公布招标控制价的，投标人的投标不能高于招标控制价，否则，其投标作废标处理。

投标报价与招标控制价有如下区别：

1）编制主体不同。投标报价是在工程招标发包过程中，由投标人按照招标文件的要求编制并不能高于招标控制价。招标控制价是在工程招标发包过程中，由招标人根据有关计价规定计算编制。

2）编制依据不同。招标控制价与投标报价虽然在编制过程中都要依据工程设计文件、《建设工程工程量清单计价规范》以及相关的计价定额和办法，但投标报价是投标人根据工程特点并结合自身的施工技术、装备和管理水平，并主要根据市场价格信息等资料自主确定的价格。招标控制价是招标人根据社会平均水平编制的，并主要依据工程造价管理机构发布的工程造价信息的价格。

3）编制目的不同。投标报价是投标人希望达成工程承包交易的期望价格；招标控制价是招标人用于限制最高投标价的。从某种意义上说，招标控制价尽可能地保证业主的投资额充足，同时又将工程造价限制在一定范围内。例如，在计取部分费用时，招标控制价通常按足额费率标准计算，而投标报价可由投标人根据工程情况或企业自身特点自主计算，如夜间施工、二次搬运、冬雨季施工、总承包服务费、规费等。

3. 投标报价的编制

按照《建设工程工程量清单计价规范》的规定，投标报价应由投标人或受其委托具有相应资质的工程造价咨询人编制。投标人应按照相关规定自主确定投标报价，且投标报价不得低于工程成本。同时，投标人必须按招标工程量清单填报价格。项目编码、项目名称、项目特征、计量单位、工程量必须与招标工程量清单一致。投标人的投标报价高于招标控制价的应予废标。

（1）编制投标报价的依据

1）《建设工程工程量清单计价规范》（GB 50500）。

2）国家或省级、行业建设主管部门颁布的计价办法。

3）企业定额，国家或省级、行业建设主管部门颁发的计价定额和计价办法。

4）招标文件、招标工程量清单及其补充通知、答疑纪要。

5）建设工程设计文件及相关资料。

6）施工现场情况、工程特点及投标时拟定的施工组织设计或施工方案。

7）与建设项目相关的标准、规范等技术资料。

8）市场价格信息或工程造价管理机构发布的工程造价信息。

9）其他的相关资料。

（2）投标报价的组成

1）投标报价封面。

2）工程项目计价总说明。

3）建设项目投标报价汇总表。

4）单项工程投标报价汇总表。

5）单位工程投标报价汇总表。

6）分部分项工程量清单与计价表。

7）单价措施项目清单与计价表。

8）总价措施项目清单计价表。

9）其他项目清单与计价汇总表。

10）规费、税金项目计价表。

（3）投标报价各项费用的编制　从上述投标报价的组成可以看出，其与招标控制价的组成基本一样。在编制各项费用时，采用的方式方法也基本相同。主要不同点有：

1）编制依据略有不同。在采用定额方面，招标控制价的编制只能使用政府主管部门发布的计价定额；而投标报价的编制优先采用企业定额，也可以参照计价定额执行。

在采用材料单价时，招标控制价的编制应采用政府主管部门发布的材料信息价，只有当信息价缺价时，才能采用材料市场价。而投标报价的编制应优先采用材料市场价，也可以按照信息价执行。

上述规定充分体现了工程量清单计价方法关于投标人自主确定投标报价的原则。

2）分部分项工程费编制。在编制投标报价时，分部分项工程工程量必须是招标工程量清单提供的工程量，综合单价应依据招标文件及其招标工程量清单中的分部分项工程量清单项目的特征描述确定计算，综合单价中应包括招标文件中划分的应由投标人承担的风险范围及其费用。其中，人工费依据企业定额和市场价格计算，也可以按国家或省级、行业建设主管部门颁布的计价定额和计价办法的规定计算；材料费依据企业定额和市场价格计算，也可以按国家或省级、行业建设主管部门颁布的计价定额和计价办法的规定计算，招标工程量清单提供了暂估单价的材料和工程设备，按暂估的单价计入综合单价；机械费依据企业定额和市场价格计算，也可以按国家或省级、行业建设主管部门颁布的计价定额和计价办法的规定计算；综合费依据企业定额结合市场和企业具体情况计算，也可以按国家或省级、行业建设主管部门颁布的计价定额和计价办法的规定计算。

3）措施项目费编制。在编制投标报价时，投标人应根据招标文件中的措施项目清单及投标时拟定的施工组织设计或施工方案，依据企业定额和市场价格自主计算，也可以按国家或省级、行业建设主管部门颁布的计价定额和计价办法的规定计算。另外，投标人投标时可根据招标工程实际情况结合施工组织设计或施工方案，对招标人所列的措施项目进行增补。投标人对招标文件编列的措施项目或投标施工组织设计或施工方案中已有的措施项目未报价的，若中标，结算时不得增加或调整相应措施项目的措施费。对安全文明施工费，在投标报价时投标人应按招标人列出的金额填写，不得变化具体金额数值。

4）其他项目费编制。对暂列金额，在投标报价时投标人应按招标人在其他项目清单中列出的金额填写，不得增加或减少。对材料暂估价，投标人投标报价时，应按招标人在其他项目清单中列出的材料单价计入综合单价；专业工程暂估价应按招标人在其他项目清单中列出的金额填写，并进入合同价。对计日工报价时，投标人应按招标人在其他项目清单中列出的项目和数量，自主确定综合单价并计算计日工费用。编制竣工结算时，计日工的费用应按发包人实际签证确认的数量和合同约定的相应项目综合单价计算。对总承包服务费投标报价时，投标人应依据招标人在招标文件中列出的分包专业工程内容和供应材料设备情况，按照招标人提出的协调、配合与服务要求和施工现场管理需要由投标人自主确定；编制竣工结算时，总承包服务费应依据合同约定的金额计算，发、承包双方依据合同约定对总承包服务费进行了调整的，应按调整后的金额计算。

5）规费编制。对规费，在投标报价时，应按国家或省级、行业建设主管部门对投标人核定的费率计取。

1.5 装配式建筑工程计量与计价范围及步骤

1.5.1 装配式建筑工程计量与计价范围

建设工程工程量清单计量与计价依据主要包括工程量清单计价和计量规范，国家、省级或行业主管部门颁布的计价定额和计价办法，建设工程设计文件及招标要求，与建设项目相关的标准、规范、技术资料，施工现场情况、工程特点及施工方案及价格信息等。装配式建筑工程工程量清单计量与计价依据的主要国家标准为《建设工程工程量清单计价规范》（GB 50500）、《房屋建筑与装饰工程工程量计算规范》（GB 50854）、《装配式建筑工程消耗量定额》（TY01—01（01）—2016）、各省市建设行政主管部门颁布的计价定额或计价依据等。装配式建筑工程主要包括装配式混凝土结构工程、装配式钢结构工程和装配式木结构工程，在《房屋建筑与装饰工程工程量计算规范》（GB 50854）中涉及范围对应清单项目分别位于附录E混凝土及钢筋混凝土工程、附录F金属结构工程、附录G木结构工程、附录S措施项目。其中：

1）装配式混凝土结构工程对应清单附录E混凝土及钢筋混凝土工程具体内容有：

项目编码：010503001，项目名称：实心柱

项目编码：010503002，项目名称：单梁

项目编码：010503003，项目名称：叠合梁

项目编码：010503004，项目名称：整体板

项目编码：010503005，项目名称：叠合板

项目编码：010503006，项目名称：实心剪力墙板

项目编码：010503007，项目名称：夹心保温剪力墙板

项目编码：010503008，项目名称：叠合剪力墙板

项目编码：010503009，项目名称：外挂墙板

项目编码：010503010，项目名称：女儿墙

项目编码：010503011，项目名称：楼梯

项目编码：010503012，项目名称：阳台

项目编码：010503013，项目名称：凸（飘）窗

项目编码：010503014，项目名称：空调板

项目编码：010503015，项目名称：压顶

项目编码：010503016，项目名称：其他构件

2）钢结构工程对应清单附录F金属结构工程具体内容有：

项目编码：010601001，项目名称：钢网架

项目编码：010602001，项目名称：钢屋架

项目编码：010602002，项目名称：钢托架

项目编码：010602003，项目名称：钢桁架

项目编码：010602004，项目名称：钢桥架

项目编码：010603001，项目名称：实腹钢柱

项目编码：010603002，项目名称：空腹钢柱

项目编码：010603003，项目名称：钢管柱

项目编码：010604001，项目名称：钢梁

项目编码：010604002，项目名称：钢吊车梁

项目编码：010605001，项目名称：钢板楼板

项目编码：010605002，项目名称：钢板墙板

项目编码：010606001，项目名称：钢支撑、钢拉条

项目编码：010606002，项目名称：钢檩条

项目编码：010606003，项目名称：钢天窗架

项目编码：010606004，项目名称：钢挡风架
项目编码：010606005，项目名称：钢墙架
项目编码：010606006，项目名称：钢平台
项目编码：010606007，项目名称：钢走道
项目编码：010606008，项目名称：钢梯
项目编码：010606009，项目名称：钢护栏
项目编码：010606010，项目名称：钢漏斗
项目编码：010606011，项目名称：钢板天沟
项目编码：010606012，项目名称：钢支架
项目编码：010606013，项目名称：零星钢构件
项目编码：010606014，项目名称：高强螺栓
项目编码：010606015，项目名称：支座连接
项目编码：010606016，项目名称：剪力栓钉
项目编码：010606017，项目名称：钢构件制作
3）装配式木结构工程对应清单附录G木结构工程具体内容有：
项目编码：010701001，项目名称：屋架
项目编码：010702001，项目名称：木柱
项目编码：010702002，项目名称：木梁
项目编码：010702003，项目名称：木檩
项目编码：010702004，项目名称：木楼梯
项目编码：010702005，项目名称：其他木构件
项目编码：010703001，项目名称：屋面木基层
4）装配式建筑工程对应清单附录S措施项目具体内容有：脚手架工程、施工运输工程、施工降排水及其他工程、总价措施项目，其中总价措施项目工程量清单项目设置及包含范围见表1-3。

1.5.2 装配式建筑工程计量与计价步骤

装配式建筑工程工程量清单计价的编制步骤如下。

1. 准备工作

收集资料，熟悉施工图、了解和掌握现场情况及施工组织设计或施工方案等资料、熟练掌握计价定额及有关规定的要求，如与工程量清单计价法配套的计价定额（或预算定额），因为工程量清单计价时，需要组合综合单价，各地区已发布了与工程量清单计价法配套的计价定额（或预算定额）。收集资料清单如表1-6所示。

表1-6 工程量清单计价法收集资料一览表

序号	资料分类	资 料 内 容
1	国家规范	国家或省级、行业建设主管部门颁发的计价办法
2		《建设工程工程量清单计价规范》
3		《房屋建筑与装饰工程工程量计算规范》等九册计量规范

（续）

序号	资料分类	资 料 内 容
4	地方标准、定额	××地区建筑安装工程消耗量标准
5		××地区建设工程工程量清单预算定额
6		××地区建设工程工程量清单计价定额
7		××地区人工费调整系数、材料信息价、规费等管理办法
8	建设项目有关资料	设计文件、施工图、标准图集等
9		施工现场情况、工程特点及常规施工方案
10		经批准的初步设计概算或修正概算
11	其他有关资料	

2. 划分工程项目

工程量清单计价方法下的划分工程项目，必须与现行国家发布的各专业工程计量规范的项目一致，正确地选用计量规范和计算规则，编制正确的招标工程量清单。

3. 计算工程量

在工程量清单计价法中，计算清单工程量必须采用现行国家发布的计量规范，如《房屋建筑与装饰工程工程量计算规范》等规定的计算规则，而不能采用与工程量清单计价法配套的计价定额中的计算规则。虽然各地区有配套工程量清单计价法的计价定额及定额计算规则，但它只能在组合综合单价时使用，而计算招标工程量清单的工程量时不能采用。

4. 编制招标工程量清单

招标工程量清单是招标人依据国家标准、招标文件、设计文件以及施工现场实际情况，按照《建设工程工程量清单计价规范》以及《房屋建筑与装饰工程工程量计算规范》等计量规范的规定编制，包括对其的说明和表格。招标工程量清单随招标文件发布，作为编制招标控制价的依据，作为所有投标人投标报价的共同基础。

5. 工程量清单项目组价

需要注意的是，由于工程量清单项目编制的综合性，每个工程量清单项目可能包括一个或几个子目，每个子目相当于一个定额子目，因此工程量清单项目组价的结果是计算该清单项目的综合单价。

6. 分析综合单价

工程量清单的工程数量，按照国家发布的现行相应专业工程计量规范规定的工程量计算规则计算。一个工程量清单项目由一个或几个定额子目组成，将各定额子目的综合单价汇总累加，再除以该清单项目的工程数目，即可求得该清单项目的综合单价。

综合单价中人工、材料、机械台班的净用量、损耗量和价格水平，企业管理费、利润的取费标准，风险费用的考虑因素和取费高低，是综合单价分析的主要重点。它们既是构成综合单价的资源要素，也是进行工程期中结算、竣工结算、强化工程造价全过程控制和管理的主要因素。

7. 费用计算

在工程量计算、综合单价分析经复查无误后，即可进行分部分项工程费、措施项目费、其他项目费、规费和税金的计算，从而汇总得出工程造价。

其具体计算方法如下：

$$分部分项工程费 = \sum(分部分项工程量 \times 分部分项工程项目综合单价) \quad (1\text{-}17)$$

其中，分部分项工程项目综合单价由人工费、材料费、机械费、管理费和利润组成，并考虑风险因素。

措施项目费分为单价措施项目费与总价措施项目费两种。按现行国家发布的各专业工程计量规范应予计量措施项目，即单价措施项目；不宜计量的措施项目为总价措施项目。

$$单价措施项目费 = \sum(措施项目工程量 \times 措施项目综合单价) \quad (1\text{-}18)$$

$$总价措施项目 = \sum(措施项目 \times 费率) \quad (1\text{-}19)$$

其中，单价措施项目综合单价的构成与分部分项工程项目综合单价构成类似。

$$单位工程造价 = 分部分项工程费 + 措施项目费 + 其他项目费 + 规费 + 税金 \quad (1\text{-}20)$$

本章小结

装配式建筑是工程建设行业中的重要组成部分，它符合国家发展宏观战略，与工程经济、工程技术、工程管理等息息相关。本章通过对装配式建筑国内外发展状况的介绍，使读者了解和掌握装配式建筑类型和特点，明确学习的对象。通过学习工程造价的基本概念、特点及计价特征等，掌握工程造价的基础知识，为进一步学习后续工程造价知识体系奠定基础。通过对建设项目工程造价构成的学习，分清和理解两种工程造价构成的划分，掌握按构成要素划分的人工费、材料费、施工机具使用费、企业管理费、利润、规费和税金的具体组成，掌握按造价形成顺序划分的分部分项工程费、措施项目费、其他项目费、规费和税金的具体构成，并熟练掌握此两种划分的内在联系。

读者通过对工程量清单的定义及相关概念、特点及作用学习，掌握工程量清单的基本知识。通过对工程量清单计价基本体系、计价方法的学习，掌握工程量清单计价方法，并掌握招标工程量清单和招标控制价及投标报价的编制程序和必要步骤，达到对工程量清单计价方法熟练掌握的目的。

本章结合计价计量规范，明确装配式建筑工程的计量与计价涉及的范围，为后面章节的装配式建筑工程的计量与计价做好铺垫。

习题

1. 什么是装配式建筑？什么是装配率？
2. 简述装配式建筑类型及特点。
3. 简述工程造价含义及其特点。
4. 建筑安装工程费用项目组成是如何划分的？
5. 按费用构成要素划分的建筑安装工程费用由哪些费用组成？
6. 按造价形成顺序划分的建筑安装工程费用由哪些费用组成？
7. 工程计价基本体系包括哪些内容？

8. 简述分部分项工程量清单的“五大要件”？
9. 什么是暂列金额？什么是暂估价？
10. 简述工程量清单计价方法。
11. 什么是招标工程量清单？招标工程量清单编制过程是什么？
12. 招标控制价与投标报价的区别有哪些？

第2章 装配式混凝土结构工程计量与计价

2.1 装配式混凝土结构工程概述

装配式混凝土结构包括多种类型，其中由预制混凝土构件通过可靠方式进行连接并与现场后浇混凝土、水泥基灌浆料形成整体的装配式混凝土结构，称为装配整体式混凝土结构，也是我国目前装配式混凝土结构主要采用的结构形式。应用较广泛的装配整体式混凝土结构体系主要包括装配整体式混凝土框架结构、装配整体式混凝土剪力墙结构、装配整体式混凝土框架—现浇剪力墙结构。

国家标准《装配式建筑评价标准》（GB/T 51129—2017）明确了“预制率”和“装配率”的定义，其中预制率是指工业化建筑室外地坪以上的主体结构和围护结构中，预制构件部分的混凝土用量占对应构件混凝土总用量的体积比，是衡量装配式建筑技术水平的重要指标。预制构件包括：叠合板、叠合梁、预制柱、预制剪力墙、预制内隔墙、预制楼梯、预制阳台、预制外墙板等。预制率是主体结构和外围护结构采用预制构件的比率，只有最大限度地采用预制构件才能充分体现工业化建筑的特点和优势。装配率是指工业化建筑中预制构件、建筑部品的数量（或面积）占同类构件或部品总数量（或面积）的比率。建筑部品包括：非承重内隔墙、集成式厨房、集成式卫生间、预制管道井、预制排烟道、护栏等。装配率体现了工业化建筑的装配化程度，最大限度地采用工厂生产的建筑部品进行装配施工，能够充分体现工业化建筑的特点和优势，而过低的装配率则难以体现装配化的优势。

2.1.1 装配式混凝土结构工程主要部品部件

装配式混凝土结构工程部件是指在工厂预先生产制作完成，构成建筑结构系统的结构构件及其他构件的统称。装配式混凝土结构工程部品是由工厂生产，构成外围护系统、设备与管线系统、内装系统的建筑单一产品或复合产品组装而成的功能单元的统称。其中，外围护系统是指由建筑外墙、屋面、外门窗及其他部品部件等组合而成，用于分隔建筑室内外环境的部品部件的整体。下面主要介绍预制框架柱、预制剪力墙、叠合梁、叠合板、预制楼梯、预制阳台、预制外挂墙板、预制内隔墙。

1. 预制框架柱

装配式混凝土结构工程中，预制构件的拆分主要以物理单元为对象，如以层高为单位拆分柱子，以跨度为单位拆分梁，以周边为边界拆分板等。装配整体式结构中一般部位的框架柱采用预制柱，但重要或关键部位的框架柱应现浇，比如穿层柱、跃层柱、斜柱，高层框架结构中地下室部分及首层柱。预制柱构件的范围通常从下层楼板的顶面开始，到上层楼盖中较低一根梁的底面结束，成为一个预制单元。柱的纵向钢筋在底部与连接套筒相连，在顶部伸出混凝土表面、穿过框架节点，并留出足够长度与上层预制柱连接，但也有采用多层柱作为预制单元的体系。上下层预制柱连接位置为柱底接缝，宜设置在楼面标高处。由于抗震性能的重要性且框架柱的纵向钢筋直径较大，钢筋连接方式宜采用套筒灌浆连接。图 2-1 所示为预制柱及节点连接。

图 2-1　预制柱及节点连接

预制柱安装流程为：找平→柱吊装就位→柱支撑安装→柱纵筋套筒灌浆→预制柱上侧节点核心区浇筑前安装柱头钢筋定位板。图 2-2 所示为预制柱安装流程。

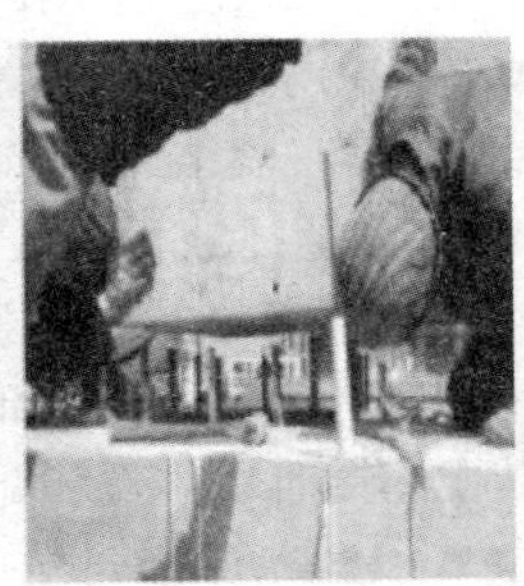

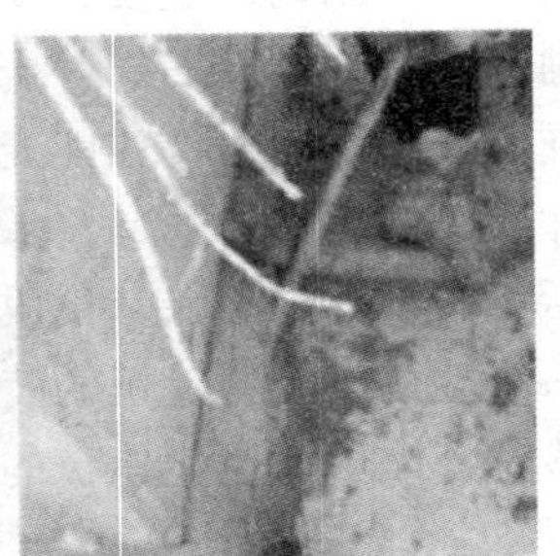

图 2-2　预制柱安装流程

2. 预制剪力墙

与装配式框架结构相比，装配式剪力墙结构的构件拆分更加重要。由于框架结构中受力构件（如柱、梁）的截面相对较小，构件重量较轻，运输、吊装比较方便，而剪力墙构件平面尺寸大，同时混凝土用量大且重量大，因此在构件拆分时须结合运输条件和安装机械设备条件，合理确定拆分方案。考虑生产条件，预制剪力墙一般采用平面单元，为了与楼盖结构可靠连接，其高度方向上的范围包括下层楼板顶面与上层楼板底面之间。竖向上，一般在剪力墙底部设置钢筋的连接区域，下层剪力墙的钢筋穿过楼板现浇层，伸入上层剪力墙的连接套筒或预留孔道，通过注浆完成连接。在平面内，预制剪力墙典型拆分的方式有边缘构件现浇、非边缘构件预制；边缘构件部分预制、水平钢筋连接环套环；外墙全预制、现浇部分设置在内墙等。

预制剪力墙可以将墙体完全预制或做成中空叠合板剪力墙，图 2-3 所示为预制剪力墙。剪力墙的主筋需要在现场完成连接。在预制剪力墙外表面反打上外保温及饰面材料。在一般部位的剪力墙可采用部分预制、部分现浇，也可全部预制，底部加强部位的剪力墙宜现浇，预制剪力墙底部接缝宜设置在楼面标高处，接缝高度宜为 20mm，接缝宜采用灌浆料填实，接缝处后浇混凝土上表面应设置粗糙面。

图 2-3　预制剪力墙

预制剪力墙截面形式宜采用一字形，也可采用 L 形、T 形或 U 形，预制墙板洞口宜居中布置，如图 2-4 所示。

图 2-4　预制墙板洞口居中布置

楼层内相邻预制剪力墙之间连接接缝应现浇形成整体式接缝，当接缝位于纵横墙交接处的约束边缘构件区域时，约束边缘构件的阴影区域宜全部采用后浇混凝土，并应在后浇段内设置封闭箍筋。预制剪力墙之间接缝如图 2-5 所示。

预制剪力墙安装流程为：设置钢质垫块→墙支撑安装→接缝灌浆→坐浆料封浆。在预制构件及其支承构件间设置钢质垫片的目的是可通过垫片调整预制构件的底部标高，可通过在构件底部四角加塞垫片调整构件安装的垂直度。图 2-6 所示为预制剪力墙安装流程。

图 2-5　预制剪力墙之间接缝

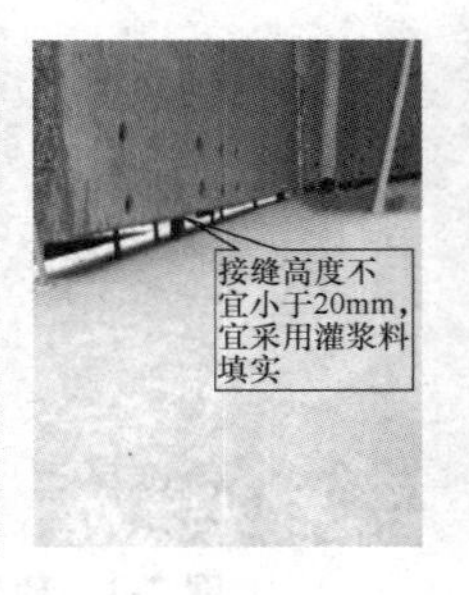

图 2-6　预制剪力墙安装流程

3. 叠合梁

叠合梁是一种预制混凝土梁与现场后浇混凝土结合而形成的整体受弯构件（图 2-7）。叠合梁是分两次浇捣混凝土的梁，第一次在预制场做成预制梁；第二次在施工现场进行。一般框架梁的横截面为矩形或T形，当楼盖结构为预制板装配式楼盖时，为减少结构所占的高度，增加建筑净空，框架梁截面常为十字形或花篮形，在装配整体式框架结构中，常将预制梁做成T形截面，在预制板安装就位后，再现浇部分混凝土，即形成所谓的叠合梁。为了给伸入支座的板钢筋提供锚固，装配整体式框架结构的梁，往往采用下部分预制、上部分现场浇筑的叠合梁形式，其中现浇部分和预制部分的叠合界面不高于楼板的下边缘。

图 2-7　叠合梁

当采用叠合梁时，常常也采用叠合板，梁板的后浇层一起浇筑。在梁受弯时，叠合界面主要承受剪力作用，越靠近梁的中性轴，界面剪力越大。叠合梁预制部分的截面形式有矩形截面和凹口截面，如图2-8所示。

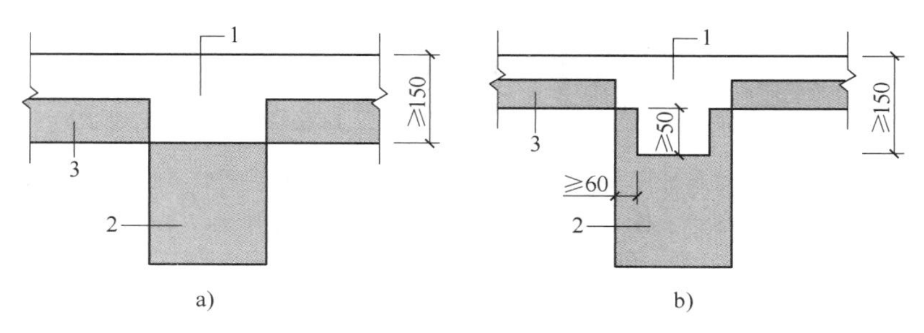

图2-8 叠合梁预制部分的截面形式

a）矩形截面 b）凹口截面

1—后浇混凝土叠合层 2—预制梁 3—预制板

叠合梁施工时，先将叠合梁的预制部分吊装就位，再安装叠合板预制板，将预制板侧的钢筋伸入梁顶预留空间。如果叠合梁上已经安装上部纵向受力钢筋，梁纵向钢筋将阻碍预制板侧钢筋下行，使之无法就位。因此，叠合梁的上部纵向钢筋往往不先安装在预制梁上，等叠合板吊装就位后，再在工地现场进行安装、绑扎。为方便上部纵向钢筋安装，对于抗震要求不高的叠合梁，可采用组合封闭箍筋形式，即箍筋有一个U形开口箍和一个箍筋帽组合而成，开口箍部分在预制梁生产阶段与梁下部纵向受力钢筋和其他构造钢筋一起埋入预制梁体，待梁的上部纵向钢筋放入梁体后，再在现场安装箍筋帽，并完成绑扎。但在抗震等级为一、二级的叠合框架梁的梁端箍筋加密区不宜采用组合封闭箍筋形式，宜采用整体封闭箍筋。叠合梁箍筋形式如图2-9所示。

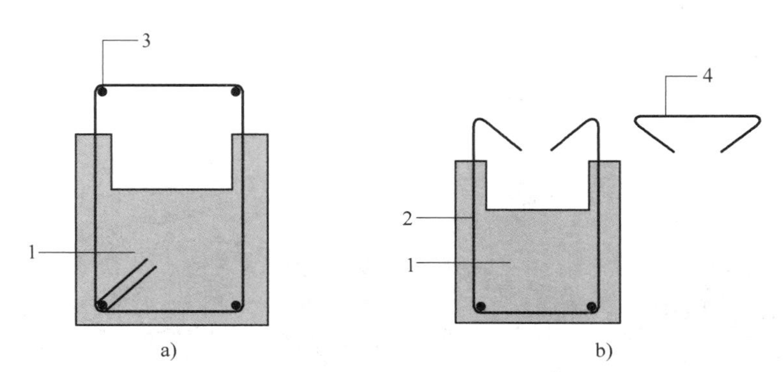

图2-9 叠合梁箍筋形式

a）整体封闭箍筋 b）组合封闭箍筋

1—预制梁 2—开口箍筋 3—上部纵向钢筋 4—箍筋帽

叠合梁的拼接节点宜在受力较小截面，梁下部纵向钢筋在后浇段内宜采用机械连接或焊接连接，上部纵向钢筋在后浇段内应连续。叠合梁连接节点示意图如图2-10所示。

叠合梁安装在预制墙安装前，其安装流程为：梁支撑安装→梁吊装就位→调节梁水平与垂直度→梁钢筋连接→梁灌浆套筒灌浆。叠合梁安装流程如图2-11所示。

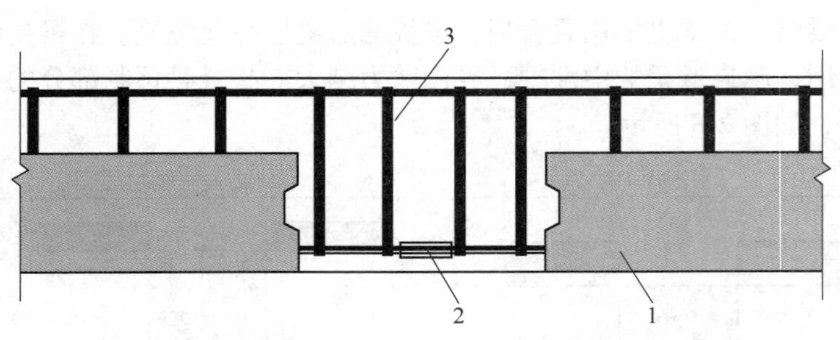

图 2-10 叠合梁连接节点示意图

1—预制梁 2—钢筋连接接头 3—后浇段

图 2-11 叠合梁安装流程

4. 叠合板

叠合板有预制板和现浇层复合组成，预制板在施工时作为永久性模板承受施工荷载，在结构施工完成后与现浇层一起形成整体，传递结构荷载。叠合板有钢筋混凝土叠合板、预应力混凝土叠合板、带肋叠合板、箱式叠合板等多种形式。叠合板的预制板在施工期间承受施工荷载，应具有足够承载能力和刚度，其厚度不宜小于60mm，图 2-12 所示为叠合板。对于跨度大于 3m 的叠合板，宜采用桁架钢筋混凝土叠合板。

图 2-12 叠合板预制板

以下例举几种典型的、常见的叠合板。

（1）桁架钢筋混凝土叠合板　桁架钢筋混凝土叠合板包括预制层和现浇层，预制层中包括钢筋桁架及其底部混凝土层，钢筋桁架主要由下弦钢筋、上弦钢筋和连接两者的腹杆钢筋组成。在预制板内设置钢筋桁架，可增加预制板的整体刚度和水平界面抗剪性能，钢筋桁架的下弦与上弦可作为楼板的下部和上部受力钢筋使用，施工阶段验算预制板的承载力及变形时，可考虑桁架钢筋的作用，减少预制板下的临时支撑。桁架钢筋混凝土叠合板如图 2-13 所示。

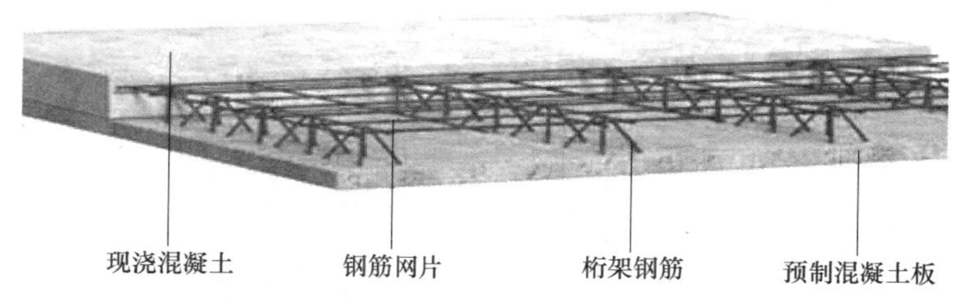

图 2-13　桁架钢筋混凝土叠合板

叠合板可根据预制板接缝构造、支座构造、长宽比按单向板或双向板设计，叠合板之间的接缝可采用分离式接缝和整体式接缝两种构造措施，其中分离式接缝适用于以预制板搁置线为支承边的单向叠合板，整体式接缝适用于四边支承的双向叠合板。

（2）PK 预应力混凝土叠合板　PK 是中文“拼装、快速”的首写字母，PK 预应力混凝土叠合板是一种新型装配整体式预应力混凝土楼板，简称 PK 板。它是以倒 T 形预应力混凝土预制带肋薄板为底板，肋上预留椭圆形孔，孔内穿置横向非预应力受力钢筋，然后再浇筑叠合层混凝土从而形成整体双向受力楼板。可根据需要设计成单向板或双向板。由于板肋的存在，增大了新、老混凝土接触面，板肋预留孔洞内后浇叠合层混凝土与横向穿孔钢筋形成的抗剪销栓，能保证叠合层混凝土与预制带肋底板形成整体，协调受力并共同承载，加强了叠合面的抗剪性能。PK 预应力混凝土叠合板如图 2-14 所示。

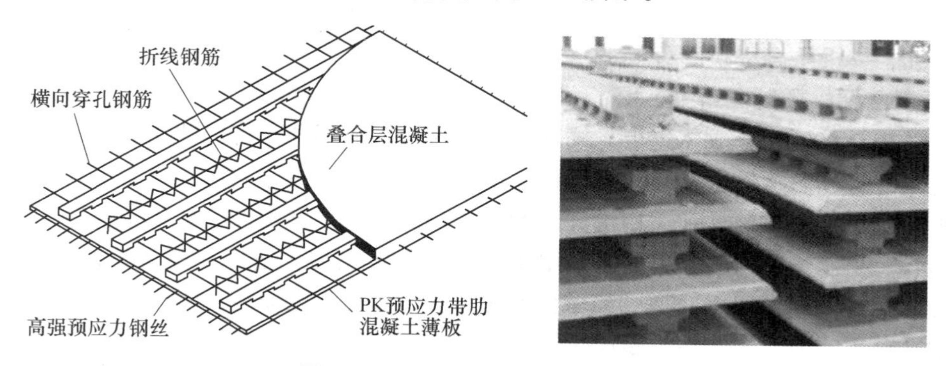

图 2-14　PK 预应力混凝土叠合板

PK 预应力混凝土叠合板的预制构件为倒 T 形带肋预制薄板。由于设置了板肋，使得预制构件在运输及施工过程中不易折断，且可有效控制预应力反拱值。试验结果表明，叠合后的双向楼板具有整体性、抗裂性好，刚度大，承载力高等优点。此外，预留孔洞可方便布置楼板内的预埋管线。PK 预应力混凝土叠合板底板实现了工厂化制作，规模化生产，施工阶段不需要铺设模板，仅需要设置少量支撑，可有效节省木模板和支撑，减小现场作业量；施工简便、快捷，施工工业容易掌握，可有效缩短工期。

（3）SP预应力空心楼板　SP大板生产技术是美国SPANCRETE公司的专利。SP预应力空心楼板是一种预应力混凝土结构构件，采用高强度、低松弛预应力钢绞线及干硬性混凝土冲捣挤压成型生产，具有跨度大、承载力高、尺寸精确、平整度好、抗震、防火、保温、隔声效能佳的特点。该产品适用于混凝土框架结构、钢结构及砖混结构的楼板、屋面板以及墙板，在工业与民用建筑中，具有广泛的应用前景。SP预应力空心楼板如图2-15所示。

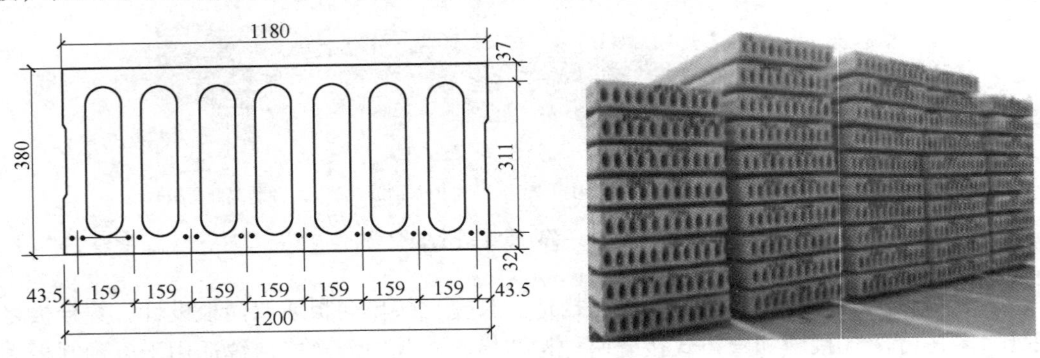

图2-15　SP预应力空心楼板

SP预应力空心楼板具有环保、节能、隔声、抗震、阻燃、延性好、临破坏前有较大挠度、板安全度高等多种优点。使用SP预应力空心楼板的楼面、墙面，板块组合灵活，开洞方便，可满足各种建筑平面的需要。在大跨度建筑中，SP预应力空心楼板可简化建筑结构，减少承重柱和梁柱，降低建筑造价。SP预应力空心楼板可不加面层材料直接用作楼面和顶棚的面层，也可以在SP预应力空心楼板表面制作假面砖，干粘石等饰面，直接用作板面，既可省去抹灰工序，省工省钱，又可避免抹灰经常出现的裂缝。

叠合板安装流程为：预制板支撑安装→预制板吊装就位→预制板位置校正→绑扎叠合板负弯矩钢筋，支设叠合板拼缝处等后浇区域模板。

5. 预制楼梯、预制阳台

预制楼梯是将楼梯分成休息板、楼梯梁、楼梯段三个部分，将构件在加工厂或施工现场预制，施工时将预制构件进行装配、焊接。预制楼梯根据构件尺度不同分为小型构件装配式楼梯、中型构件装配式楼梯和大型构件装配式楼梯三类。小型构件装配式楼梯的主要特点是构件小而轻，易制作，但施工繁而慢，湿作业多，耗费人力，适用于施工条件较差的地区；中型构件装配式楼梯一般以楼梯段和平台各作为一个构件装配而成；大型构件装配式楼梯是将楼梯梁平台预制成一个构件，断面可做成板式或空心板式、双梁槽板式或单梁式。这种楼梯主要用于工业化程度高的大型装配式建筑中，或用于建筑平面设计和结构布置有特别需要的场所。预制楼梯如图2-16所示。预制楼梯与支承构件之间宜采用一端为固定铰、一端滑动的简支连接。

预制楼梯的施工流程为：定位放线→清理安装面、设置垫片、铺设砂浆→安装休息平台板→安装楼梯段→楼梯端支座固定（焊接、灌缝）。

预制阳台可分为预制叠合阳台和全预制阳台（图2-17）。一般的阳台主要由混凝土制成的阳台底板、阳台栏杆或栏板构成。装配式预制阳台是将阳台底板及与阳台栏杆或栏板连接件在工厂内预制完成，在施工现场吊装及安装完成。其中预制叠合阳台板常用钢筋桁架叠合

图 2-16　预制楼梯

板，而全预制阳台的表面的平整度可以和模具的表面一样平或者做成凹陷的效果，地面坡度和排水口也在工厂预制完成。

图 2-17　预制叠合阳台和全预制阳台

预制叠合阳台的施工流程为：定位放线→安装底部支撑并调整→安装构件→绑扎叠合层钢筋→浇筑叠合层混凝土→拆除模板。

6. 预制外挂墙板、预制内隔墙

预制外挂墙板是安装在主体结构上，起围护、装饰作用的非承重预制混凝土外墙板（图 2-18）。外挂墙板采用外饰面反打技术，将保温及预制构件一体化，防水、防火及保温性能得到提高，可实现建筑外立面无砌筑、无抹灰、无外架的绿色施工。预制外挂墙板主要有预制普通外挂墙板和预制夹心外挂墙板，其中预制夹心外墙板目前国内通常采用的是非组合式的夹心墙板，其外叶墙板仅作为荷载，内叶墙板受力。预制外挂墙板与主体结构的连接节点采用柔性连接点支承方式。预制普通外挂墙板的厚度不宜小于 120mm，宜双层双向配筋。预制夹心外墙板外叶墙板的厚度不宜小于 50mm，内叶墙板的厚度不宜小于 80mm，保温材料的厚度不宜小于 30mm，受力的内叶墙板宜双层双向配筋。

预制内隔墙是指在预制厂或加工厂制成供建筑装配用的混凝土板型构件（图 2-19），可以提高工厂化、机械化施工程度，减少现场湿作业，节约现场用工，克服季节影响，缩短建筑施工周期。预制内隔墙在工程预制时可以预埋管线，减少现场二次开槽，降低现场工作量。推广采用绿色材料 ALC 板或蒸压陶粒混凝土板，其具有自重轻、安装便捷、无抹灰等特点。

图 2-18 预制外挂墙板

图 2-19 预制内隔墙

2.1.2 装配式混凝土结构工程主要材料

装配式混凝土结构工程主要材料有混凝土、钢筋和钢材、钢筋连接材料等。

1. 混凝土

混凝土是由胶凝材料（如水泥）、颗粒状集料（也称为骨料，如粗骨料碎石或卵石，细骨料砂）、水以及必要时加入的外加剂和掺合料按一定比例配制，经均匀搅拌，密实成型，养护硬化而成的一种人工石材。砂、石在混凝土中起骨架作用，并抑制水泥的收缩；水泥和水形成水泥浆，包裹在粗细骨料表面并填充骨料间的空隙。水泥浆体在硬化前起润滑作用，使混凝土拌合物具有良好的工作性能，硬化后将骨料胶结在一起，形成坚强的整体。混凝土的性质包括混凝土拌合物的和易性、强度、变形及耐久性等。

（1）和易性　和易性又称工作性，是指混凝土拌合物在一定的施工条件下，便于各种施工工序的操作，以保证获得均匀密实的混凝土的性能。和易性是一项综合技术指标，包括流动性（稠度）、黏聚性和保水性三个主要方面。

（2）强度　强度是混凝土硬化后的主要力学性能，反映混凝土抵抗荷载的量化能力。混凝土强度包括抗压、抗拉、抗剪、抗弯、抗折及黏结强度。其中以抗压强度最大，抗拉强度最小。混凝土的强度等级应按照其立方体抗压强度标准值确定，采用符号“C”，计量单位为MPa，如C30表示混凝土抗压强度标准值为30MPa。

（3）变形　混凝土的变形包括非荷载作用下的变形和荷载作用下的变形。非荷载作用下的变形有化学收缩、干湿变形及温度变形等。水泥用量过多，在混凝土的内部易产生化学收缩而引起微细裂缝。

（4）耐久性　混凝土耐久性是指混凝土在实际使用条件下抵抗各种破坏因素作用，长期保持强度和外观完整性的能力。包括混凝土的抗冻性、抗渗性、抗蚀性及抗碳化能力等。

为改善城市环境，减少城市噪声和粉尘污染，加强城市建设管理，商品混凝土使用范围越来越广。商品混凝土使混凝土生产由粗放型生产向集约化大生产转变，实现了混凝土生产的专业化、商品化和社会化，是实现建筑工业化的重要改革。严格地讲，商品混凝土是指混凝土的工艺和产品，而不是混凝土的品种。商品混凝土是以集中搅拌、远距离运输的方式向建筑工地供应一定要求的混凝土，它包括混合物搅拌、运输、泵送和浇筑等工艺过程。装配式混凝土结构中，商品混凝土既应用于预制构件生产中，还应用于施工现场后浇混凝土区域中。

1）预制构件用混凝土。在装配式混凝土结构施工过程中，预制混凝土构件在养护成型后，需要经过存储、运输、吊装、连接等工序后才能应用于建筑本身。考虑到上述过程对混凝土构件难以预计的荷载组合影响，因此有必要提高对预制混凝土构件质量的要求。

混凝土原材料应符合下列要求：水泥宜采用强度等级不低于42.5的硅酸盐、普通硅酸盐水泥，质量应符合现行国家标准《通用硅酸盐水泥》（GB 175）的规定；细骨料宜选用细度模数为2.3~3.0的中粗砂，质量应符合现行国家标准《普通混凝土用砂、石质量及检验方法标准》（JGJ 52）的规定，不得使用海砂；粗骨料宜选用5~25mm碎石，质量应符合现行国家标准《普通混凝土用砂、石质量及检验方法标准》的规定；粉煤灰应符合现行国家标准《用于水泥和混凝土中的粉煤灰》（GB/T 1596）中的Ⅰ级或Ⅱ级各项技术性能及质量指标；拌合用水应符合现行国家标准《混凝土用水标准》（JGJ 63）的规定；外加剂品种应通过试验室进行试配后确定，质量应符合现行国家标准《混凝土外加剂》（GB 8076）、《混凝土外加剂应用技术规范》（GB 50119）等和有关环境保护的规定。当使用含氯化物的外加剂时，混凝土中氯化物的总含量应符合现行国家标准《混凝土质量控制标准》（GB 50164）的规定；严禁将含有氯化物的外加剂用于预应力混凝土预制构件的生产。

混凝土还应符合下列要求：混凝土配合比设计应符合现行国家标准《普通混凝土配合比设计规程》（JGJ 55）的相关规定和设计要求；混凝土中氯化物和碱总含量应符合现行国家标准《混凝土结构设计规范》（GB 50010）相关要求和设计要求；混凝土中不得掺加对钢材有锈蚀作用的外加剂；预制构件混凝土强度等级不宜低于C30；预应力混凝土构件的混凝土强度等级不宜低于C40，且不应低于C30。

2）现场后浇用混凝土。现阶段国内装配式混凝土建筑主要采用的是将预制混凝土构件进行可靠连接并在连接部位浇筑混凝土而形成整体的方式，即装配整体式混凝土结构。可见，预制构件的连接需要在施工现场进行浇筑混凝土作业。

装配式混凝土建筑中，现浇混凝土的强度等级不应低于C25。此外，由于预制构件间的连接区段往往较小，以至于施工时作业面小，混凝土浇筑和振捣质量难以保证，因此结合部位和接缝处的现浇混凝土宜采用自密实混凝土，其他部位的现浇混凝土也建议采用自密实混凝土。

自密实混凝土是指具有高流动性、均匀性和稳定性，浇筑时无须外力振捣，能够在自重作用下流动并充满模板空间的混凝土。配置自密实混凝土宜采用硅酸盐水泥或普通硅酸盐水泥，不宜采用铝酸盐水泥、硫铝酸盐水泥等凝结时间短、流动性损失大的水泥；应合理选择骨料的级配，粗骨料最大公称粒径不宜大于20mm，复杂形状的结构以及有特殊要求的工程，粗骨料最大公称粒径不宜大于16mm。自密实混凝土宜采用集中搅拌方式生产，其搅拌时间应比非自密实混凝土适当延长，且不应少于60s；运输时应保持运输车的滚筒以3~5r/min匀速转动，卸料前宜高速旋转20s以上。此外，应保持自密实混凝土泵送和浇筑过程的连续性。

2. 钢筋与钢材

（1）钢筋　钢筋是指钢筋混凝土用和预应力钢筋混凝土用钢材（如钢丝、钢绞线），其横截面为圆形，有时为带有圆角的方形，包括光圆钢筋、带肋钢筋、扭转钢筋。其中钢筋混凝土用钢筋是指钢筋混凝土配筋用的直条或盘条状钢材，其外形分为光圆钢筋和变形钢筋两种，交货状态为直条和盘圆两种。光圆钢筋实际上就是普通低碳钢的小圆钢和盘圆。变形钢筋是表面带肋的钢筋，通常带有2道纵肋和沿长度方向均匀分布的横肋，横肋的外形为螺旋形、人字形、月牙形三种。钢筋一般用公称直径的毫米数表示。钢筋在混凝土中主要承受拉应力，变形钢筋由于肋的作用，和混凝土有较大的黏结能力，因而能更好地承受外力的作用。以下介绍几种预制混凝土构件内常用钢筋形式。

1）纵向受力钢筋。装配式混凝土建筑所使用的钢筋宜采用高强度钢筋。纵向受力普通钢筋宜采用HRB400、HRB500、HRBF400、HRBF500钢筋，其中梁、柱纵向受力普通钢筋应采用HRB400、HRB500、HRBF400、HRBF500钢筋。钢筋的强度标准值应具有不小于95%的保证率。

普通钢筋采用套筒灌浆连接和浆锚搭接连接时，钢筋应采用热轧带肋钢筋。热轧钢筋的肋，可以使钢筋与灌浆料之间产生足够的摩擦力，有效地传递应力，从而形成可靠的连接接头。

2）钢筋锚固板。锚固板是指设置于钢筋端部用于钢筋锚固的承压板。钢筋锚固板的锚固性能安全可靠，施工工艺简单，加工速度快，有效地减少了钢筋的锚固长度，从而节约了钢材。钢筋锚固板是解决节点核心区钢筋拥堵的有效方法，具有广阔的发展前景。

按照发挥钢筋抗拉强度的机理不同，锚固板分为全锚固板和部分锚固板。全锚固板是指依靠锚固板承压面的混凝土承压作用发挥钢筋抗拉强度的锚固板；部分锚固板是指依靠埋入长度范围内钢筋与混凝土的黏结和锚固板承压面的混凝土承压作用共同发挥钢筋抗拉强度的锚固板，图2-20所示为钢筋锚固板及其受力机理。

应按照不同分类确定锚固板尺寸，且应符合下列要求：

① 全锚固板承压面积不应小于钢筋公称面积的9倍。

② 部分锚固板承压面积不应小于钢筋公称面积的4.5倍。

③ 锚固板厚度不应小于被锚固钢筋直径的1倍。

④ 当采用不等厚或长方形锚固板时，除应满足上述面积和厚度要求外，尚应通过国家、省部级主管部门组织的产品鉴定。

3）钢筋焊接网。钢筋焊接网是指具有相同或不同直径的纵向和横向钢筋，分别以一定间距垂直排列，全部交叉点均用电阻点焊焊接在一起的钢筋网片。图2-21所示为钢筋焊接

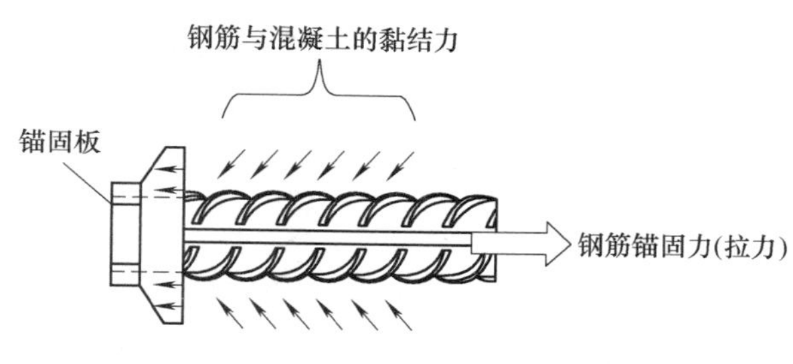

图 2-20　钢筋锚固板及其受力机理

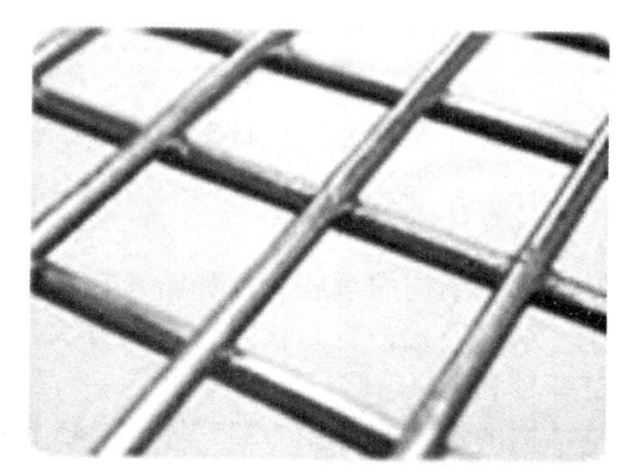

图 2-21　钢筋焊接网

网。钢筋焊接网适合工厂化生产、规模化生产，效益高、符合环境保护要求，适应建筑工业化发展趋势。

在预制混凝土构件中，尤其是墙板、楼板等板类构件中，推荐使用钢筋焊接网，以提高生产效率。在进行结构布置时，应合理确定预制构件的尺寸和规格，便于钢筋焊接网的使用。钢筋焊接网应符合相关现行行业标准的规定。

4）吊装预埋件。为了节约材料、方便施工、吊装可靠，并避免外露金属件的锈蚀，预制构件的吊装方式宜优先采用内埋式螺母、内埋式吊杆或预留吊装孔。吊装用内埋式螺母、吊杆、吊钉等应根据相应的产品标准和应用技术规程选用，其材料应符合国家现行相关标准的规定，如果采用钢筋吊环，应采用未经冷加工的 HPB300 钢筋制作。图 2-22 所示为吊装预埋件。

（2）钢材　钢材的分类方法多种多样，主要有以下几种：

按品质分类分为普通钢（P 的质量分数≤0.045%，S 的质量分数≤0.050%）；优质钢（P、S 的质量分数≤0.035%）；高级优质钢（P 的质量分数≤0.035%，S 的质量分数≤0.030%）。

按化学成分分为碳素钢和合金钢。其中，碳素钢又分为低碳钢（C 的质量分数≤0.25%）、中碳钢（0.25≤C 的质量分数≤0.60%）、高碳钢（C 的质量分数≥0.60%）；合金钢又分为低合金钢（合金元素总的质量分数<5%）、中合金钢（5%≤合金元素总的质量分数≤10%）、高合金钢（合金元素总的质量分数>10%）。

按成形方法分类分为锻钢、铸钢、热轧钢、冷拉钢。

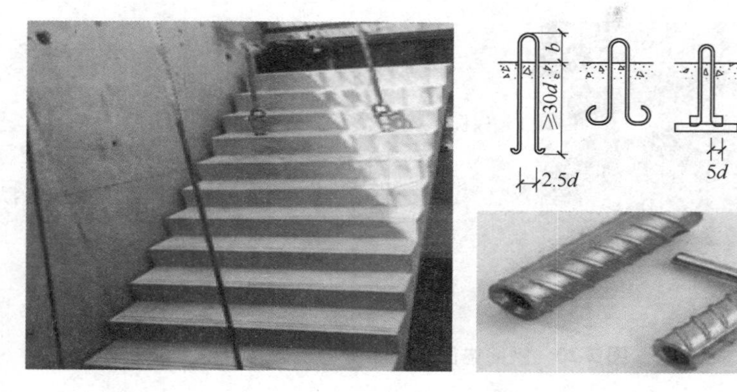

图 2-22　吊装预埋件

按金相组织分类分为退火状态的亚共析钢（铁素体+珠光体）、共析钢（珠光体）、过共析钢（珠光体+渗碳体）、莱氏体钢（珠光体+渗碳体）。正火状态的珠光体钢、贝氏体钢、马氏体钢、奥氏体钢。

为保证承重结构的承载能力和防止在一定条件下出现脆性破坏，应根据结构的重要性、荷载特征、结构形式、应力状态、连接方法、钢材厚度和工作环境等因素综合考虑，选用合适的钢材牌号和材性。

承重结构的钢材宜采用 Q235 钢、Q345 钢、Q390 钢和 Q420 钢，其质量应符合相关现行国家标准的规定。当采用其他牌号的钢材时，尚应符合相应有关标准的规定和要求。

3. 钢筋连接材料

装配式混凝土建筑中，钢筋连接方式不单有传统的焊接、机械连接和搭接，还有钢筋套筒灌浆连接和浆锚搭接连接。尤其预制承重构件的纵向受力钢筋连接是装配式混凝土结构中最为关键的技术，装配式混凝土结构正是在连接技术的进步与革新的基础上得到应用和发展的。目前，国内外比较成熟的纵向预制承重构件的钢筋连接技术主要有套筒灌浆连接和浆锚搭接连接两种方式，其中钢筋套筒灌浆连接应用更为广泛。

（1）套筒灌浆连接　连接套筒包括全灌浆套筒和半灌浆套筒两种形式，如图 2-23 所示。全灌浆套筒宜采用优质碳素结构钢或球墨铸铁加工制造，半灌浆套筒应采用优质碳素结构钢加工制造。

a)

b)

图 2-23　连接套筒

a）全灌浆套筒　b）半灌浆套筒

全灌浆套筒为两端均采用灌浆方式与钢筋连接；半灌浆套筒为一端采用灌浆方式与钢筋连接，而另一端采用非灌浆方式与钢筋连接（通常采用螺纹连接）。套筒灌浆连接如图 2-24 所示。

图 2-24　套筒灌浆连接

（2）浆锚搭接连接　浆锚搭接连接是指在预制混凝土构件中采用特殊工艺制成的孔道中插入需搭接的钢筋，并灌注水泥基灌浆料而实现的钢筋搭接连接方式，适用于较小直径的钢筋（$d \leqslant 20$mm）的连接，其连接长度较大。图 2-25 所示为钢筋约束浆锚搭接连接。目前，我国的孔洞成型技术种类较多，尚无统一的论证，因此《钢筋套筒灌浆连接应用技术规程》要求纵向钢筋采用浆锚搭接连接时，对预留孔成孔工艺、孔道形状和长度、构造要求、灌浆料和被连接钢筋，应进行力学性能以及适用性的试验验证。

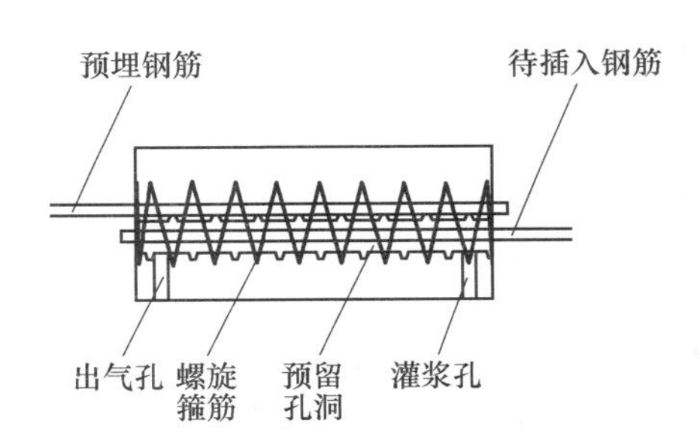

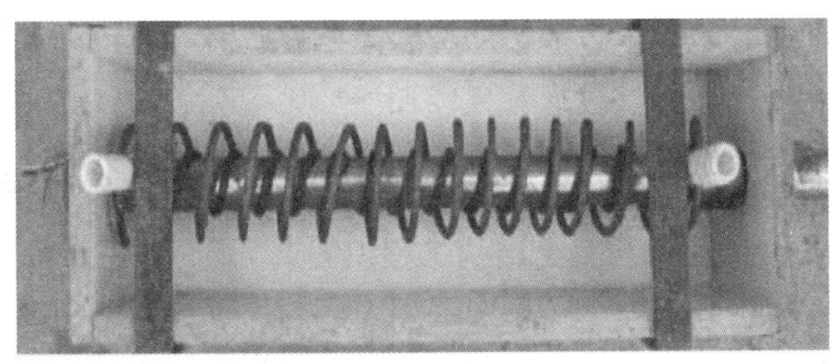

图 2-25　钢筋约束浆锚搭接连接

目前，国内金属波纹管浆锚搭接连接是比较成熟的技术，金属波纹管浆锚搭接连接时墙板主要受力钢筋采用插入一定长度的钢套筒或预留金属波纹管孔洞，灌入高性能灌浆料形成的钢筋搭接连接接头，图 2-26 所示为金属波纹管浆锚搭接连接及其连接机理。

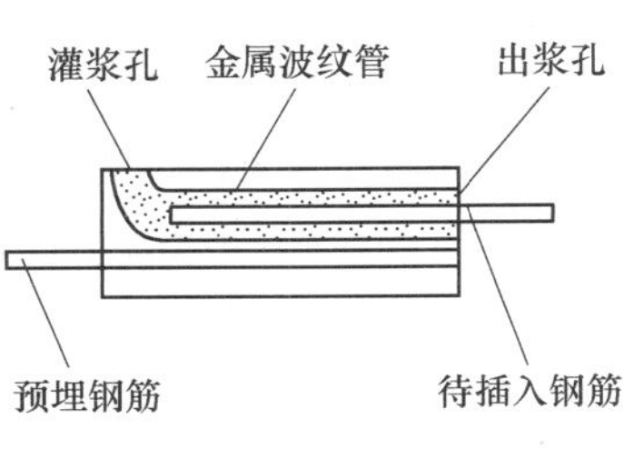

图 2-26　金属波纹管浆锚搭接连接及其连接机理

（3）灌浆料　灌浆料是一种有水泥、细骨料、多种混凝土外加剂预拌而成的水泥基干混材料，现场按照要求加水搅拌均匀后形成自流浆体，具有黏度好、流动性好、强度高、微膨胀、不收缩等优点，适合于产业化、装配式住宅预制构件的连接，也可用于大型设备基础的二次灌浆、钢结构柱脚的灌浆等，表 2-1 为套筒灌浆料的技术性能。

表 2-1　套筒灌浆料的技术性能

技术指标		标准要求
流动度/mm	初始	≥300
	30min	≥260
抗压强度/MPa	1d	≥35
	3d	≥60
	28d	≥85
竖向膨胀率（%）	3h	≥0.02
	24h 与 3h 差值	0.02~0.5
氯离子含量（%）		≤0.03
泌水率（%）		0

钢筋连接用套筒灌浆料的性能指标相对于普通的灌浆料略有不同。钢筋连接用套筒灌浆料强度更高，膨胀率更高，流动度略低。钢筋连接用套筒灌浆料要在钢筋连接的套筒中起到连接作用，借此增强与钢筋、套筒内侧间的正向作用力，钢筋即借由该正向力与粗糙表面产生的摩擦力，来传递钢筋应力，所以必须具有较高的抗压强度，较高的膨胀率，但钢筋连接用套筒灌浆料并不需要过高的流动度。

2.1.3　装配式混凝土结构工程识图与部分构造

1. 装配式混凝土结构工程识图

装配式混凝土结构施工图组成和传统现浇结构施工图组成相同，也是由建筑施工图、结构施工图和设备施工图组成。除传统现浇结构的基本图样组成外，装配式混凝土结构施工图还增加了与装配化施工相关的各种图示与说明。在建筑设计总说明中，添加了装配式建筑设计专项说明。在进行装配施工的楼层平面图和相关详图中，需要分别表示出预制构件和后浇混凝土部分。对各类预制构件给出尺寸控制图。根据项目需要，提供 BIM 模型图。在结构设计总说明中添加装配式结构专项说明，对构件预制生产和现场装配施工的相关要求进行专项说明。对各类预制构件给出模板图和配筋图。

（1）预制混凝土剪力墙　预制混凝土剪力墙（简称预制剪力墙）平面布置图应按标准层绘制，内容包括预制剪力墙、现浇混凝土墙体、后浇段、现浇梁、楼面梁、水平后浇带和圈梁等。剪力墙平面布置图应标注结构楼层标高，并注明上部嵌固部位位置。在平面布置图中，应标注未居中承重墙体与轴线的定位，需标明预制剪力墙的门窗洞口、结构洞的尺寸和定位，还需标明预制剪力墙的装配方向。在平面布置图中，还应标注水平后浇带和圈梁的位置。

预制剪力墙编号由墙板代号、序号组成，并应符合表 2-2 的规定。

表 2-2　预制混凝土剪力墙编号

预制墙板类型	代号	序号
预制外墙	YWQ	××
预制内墙	YNQ	××

在编号中，如若干预制剪力墙的模板、配筋、各类预埋件完全一致，仅墙厚与轴线的关系不同，也可将其编为同一预制剪力墙编号，但应在图中注明与轴线的几何关系。

序号可为数字，或数字加字母。例如：

YWQ1：表示预制外墙，序号为 1。

YNQ5a：某工程有一块预制混凝土内墙板与已编号的 YNQ5 除线盒位置外，其他参数均相同。为方便起见，将该预制内墙板序号编为 5a。

1）标准图集中内叶墙板编号及示例。标准图集的预制混凝土剪力墙外墙由内叶墙板、保温层和外叶墙板组成，工程中常用内叶墙板类型区分不同的外墙板。标准图集中的内叶墙板共有 5 种类型，编号规则见表 2-3，编号示例见表 2-4。

表 2-3　标准图集中的内叶墙板编号规则

预制内叶墙板类型	示意图	编　号
无洞口外墙		WQ – ×× ×× 无洞口外墙；标志宽度；层高
一个窗洞高窗台外墙	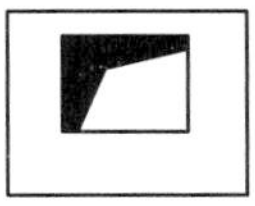	WQC1 – ×× ×× – ×× ×× 一窗洞外墙(高窗台)；标志宽度；层高；窗宽；窗高
一个窗洞矮窗台外墙	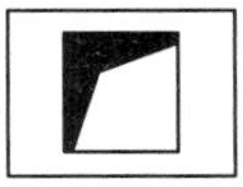	WQCA – ×× ×× – ×× ×× 一窗洞外墙(矮窗台)；标志宽度；层高；窗宽；窗高
两窗洞外墙	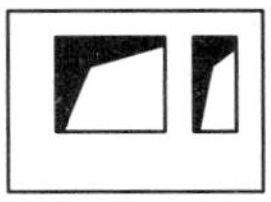	WQC2 – ×× ×× – ×× ×× – ×× ×× 两窗洞外墙；标志宽度；层高；左窗宽；左窗高；右窗宽；右窗高
一个门洞外墙	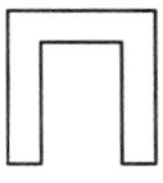	WQM – ×× ×× – ×× ×× 一门洞外墙；标志宽度；层高；门宽；门高

表 2-4 标准图集中的内叶墙板编号示例 （单位：mm）

预制墙板类型	示意图	编号	标志宽度	层高	门/窗宽	门/窗高	门/窗宽	门/窗高
无洞口外墙		WQ-1828	1800	2800	—	—	—	—
一个窗洞高窗台外墙		WQC1-3028-1514	3000	2800	1500	1400	—	—
一个窗洞矮窗台外墙		WQCA-3028-1518	3000	2800	1500	1800	—	—
两窗洞外墙		WQC2-4828-0614-1514	4800	2800	600	1400	1500	1400
一个门洞外墙		WQM-3628-1823	3600	2800	1800	2300	—	—

① 无洞口外墙：WQ-××××。WQ 表示无洞口外墙板；四个数字中前两个数字表示墙板标志宽度（按 dm 计），后两个数字表示墙板适用层高（按 dm 计）。

② 一个窗洞高窗台外墙：WQC1-××××-××××。WQC1 表示一个窗洞高窗台外墙板，窗台高度 900mm（从楼层建筑标高起算）；第一组四个数字，前两个数字表示墙板标志宽度（按 dm 计），后两个数字表示墙板适用层高（按 dm 计）；第二组四个数字，前两个数字表示窗洞口宽度（按 dm 计），后两个数字表示窗洞口高度（按 dm 计）。

③ 一个窗洞矮窗台外墙：WQCA-××××-××××。WQCA 表示一个窗洞矮窗台外墙板，窗台高度 600mm（从楼层建筑标高起算）；第一组四个数字，前两个数字表示墙板标志宽度（按 dm 计），后两个数字表示墙板适用层高（按 dm 计）；第二组四个数字，前两个数字表示窗洞口宽度（按 dm 计），后两个数字表示窗洞口高度（按 dm 计）。

④ 两窗洞外墙：WQC2-××××-××××-××××。WQC2 表示两个窗洞外墙板，窗台高度 900mm（从楼层建筑标高起算）；第一组四个数字，前两个数字表示墙板标志宽度（按 dm 计），后两个数字表示墙板适用层高（按 dm 计）；第二组四个数字，前两个数字表示左侧窗洞口宽度（按 dm 计），后两个数字表示左侧窗洞口高度（按 dm 计）；第三组四个数字，前两个数字表示右侧窗洞口宽度（按 dm 计），后两个数字表示右侧窗洞口高度（按 dm 计）。

⑤ 一个门洞外墙：WQM-××××-××××。WQM 表示一个门洞外墙板；第一组四个数字，前两个数字表示墙板标志宽度（按 dm 计），后两个数字表示墙板适用层高（按 dm 计）；第二组四个数字，前两个数字表示门洞口宽度（按 dm 计），后两个数字表示门洞口高度（按 dm 计）。

2）标准图集中外叶墙板类型及图示。当选用的预制外墙板的外叶板图样与标准图集中不同时，需给出外叶墙板尺寸。标准图集中的外叶墙板共有两种类型（图 2-27）。

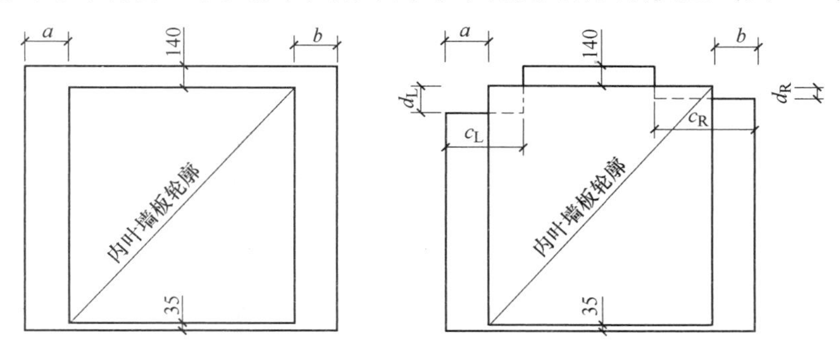

图 2-27　标准图集中的外叶墙板内表面图

① 标准外叶墙板 wy-1（a、b），按实际情况标注。其中，a、b 分别是外叶墙板与内叶墙板左右两侧的尺寸差值。

② 带阳台板外叶墙板 wy-2（a、b、c_L 或 c_R、d_L 或 d_R），按实际情况标注。其中，c_L 或 c_R、d_L 或 d_R 分别是阳台板处外叶墙板缺口尺寸。

3）标准图集中预制内墙板编号及示例。标准图集中的预制内墙板共有 4 种类型，分别为：无洞口内墙、固定门垛内墙、中间门洞内墙和刀把内墙。预制内墙板编号规则及墙板示意图见表 2-5，编号示例见表 2-6。

表 2-5　标准图集中预制内墙板编号规则及墙板示意图

预制内墙板类型	示意图	编　号
无洞口内墙		NQ - ×× ×× 无洞口内墙　层高　标志宽度
固定门垛内墙		NQM1 - ×× ×× - ×× ×× 一门洞内墙(固定门垛)　层高　门宽　门高　标志宽度
中间门洞内墙		NQM2 - ×× ×× - ×× ×× 一门洞内墙(中间门洞)　层高　门宽　门高　标志宽度
刀把内墙		NQM3 - ×× ×× - ×× ×× 一门洞内墙(刀把内墙)　层高　门宽　门高　标志宽度

表 2-6 标准图集中预制内墙板编号示例 （单位：mm）

预制墙板类型	示意图	编号	标志宽度	层高	门/窗宽	门/窗高
无洞口内墙		NQ-2128	2100	2800	—	—
固定门垛内墙		NQM1-3028-0921	3000	2800	900	2100
中间门洞内墙		NQM2-3029-1022	3000	2900	1000	2200
刀把内墙		NQM3-3329-1022	3300	2900	1000	2200

① 无洞口内墙：NQ-××××。NQ 表示无洞口内墙板；四个数字中前两个数字表示墙板标志宽度（按 dm 计），后两个数字表示墙板适用层高（按 dm 计）。

② 固定门垛内墙：NQM1-××××-××××。NQM1 表示固定门垛内墙板，门洞位于墙板一侧，有固定宽度 450mm 门垛（指墙板上的门垛宽度，不含后浇混凝土部分）；第一组四个数字，前两个数字表示墙板标志宽度（按 dm 计），后两个数字表示墙板适用层高（按 dm 计）；第二组四个数字，前两个数字表示门洞口宽度（按 dm 计），后两个数字表示门洞口高度（按 dm 计）。

③ 中间门洞内墙：NQM2-××××-××××。NQM2 表示中间门洞内墙板，门洞位于墙板中间；第一组四个数字，前两个数字表示墙板标志宽度（按 dm 计），后两个数字表示墙板适用层高（按 dm 计）；第二组四个数字，前两个数字表示门洞口宽度（按 dm 计），后两个数字表示门洞口高度（按 dm 计）。

④ 刀把内墙：NQM3-××××-××××。NQM3 表示刀把内墙板，门洞位于墙板侧边，无门垛，墙板似刀把形状；第一组四个数字，前两个数字表示墙板标志宽度（按 dm 计），后两个数字表示墙板适用层高（按 dm 计）；第二组四个数字，前两个数字表示门洞口宽度（按 dm 计），后两个数字表示门洞口高度（按 dm 计）。

4）后浇段的表示。后浇段编号由后浇段类型代号和序号组成，表达形式应符合表 2-7 所示的规定。

表 2-7 后浇段编号

后浇段类型	代号	序号
约束边缘构件后浇段	YHJ	××
构造边缘构件后浇段	GHJ	××
非边缘构件后浇段	AHJ	××

在编号中，如若干后浇段的截面尺寸与配筋均相同，仅截面与轴线关系不同时，可将其编为同一后浇段号；约束边缘构件后浇段包括有翼墙和转角墙两种；构造边缘构件后浇段包括构造边缘翼墙、构造边缘转角墙、边缘暗柱三种。例如：

YHJ1：表示约束边缘构件后浇段，编号为 1。

GHJ5：表示构造边缘构件后浇段，编号为 5。

AHJ3：表示非边缘构件后浇段，编号为 3。

后浇段信息一般会集中注写在后浇段表中，后浇段表中表达的内容包括：

① 注写后浇段编号，绘制该后浇段的截面配筋图，标注后浇段几何尺寸。

② 注写后浇段的起止标高，自后浇段根部往上以变截面位置或截面未变但配筋改变处为界分段注写。

③ 注写后浇段的纵向钢筋和箍筋，注写值应与表中绘制的截面配筋对应。纵向钢筋注写直径和数量；后浇段箍筋、拉筋的注写方式与现浇剪力墙结构墙柱箍筋的注写方式相同。

④ 预制墙板外露钢筋尺寸应标注至钢筋中线，保护层厚度应标注至箍筋外表面。

5）预制混凝土叠合梁编号。预制混凝土叠合梁编号由代号和序号组成，表达形式应符合表 2-8 所示的规定。

表 2-8 预制混凝土叠合梁编号

名称	代号	序号
预制叠合梁	DL	××
预制叠合连梁	DLL	××

在编号中，如若干预制叠合梁的截面尺寸与配筋均相同，仅梁与轴线关系不同时，可将其编为同一叠合梁编号，但应在图中注明与轴线的几何关系。例如：

DL1：表示预制叠合梁，编号为 1。

DLL5：表示预制叠合连梁，编号为 5。

6）预制外墙模板编号。当预制外墙节点处需设置连接模板时，可采用预制外墙模板。预制外墙模板编号由代号和序号组成，表达形式应符合表 2-9 所示的规定。

表 2-9 预制外墙模板编号

名称	代号	序号
预制外墙模板	JM	××

序号可为数字，或数字加字母。例如：

JM1：表示预制外墙模板，编号为 1。

预制外墙模板表内容包括：平面图中编号、所在层号、所在轴号、外叶墙板厚度、构件重量、数量、构件详图页码（图号）。

（2）叠合楼盖　叠合楼盖施工图主要包括预制底板平面布置图、现浇层配筋图、水平后浇带或圈梁布置图。叠合楼盖的制图规则适用于以剪力墙、梁为支座的叠合楼（屋）面板施工图。

1）叠合楼盖施工图的表示方法。所有叠合板块应逐一编号，相同编号的板块可择其一做集中标注，其他仅注写置于圆圈内的板编号。当板面标高不同时，在板编号的斜线下标注标高高差，下降为负（-）。叠合板编号由叠合板代号和序号组成，表达形式应符合表2-10所示的规定。

表 2-10　叠合板编号

叠合板类型	代号	序号
叠合楼面板	DLB	××
叠合屋面板	DWB	××
叠合悬挑板	DXB	××

序号可为数字，或数字加字母。例如：

DLB3：表示楼面板为叠合板，编号为3。

DWB2：表示屋面板为叠合板，编号为2。

DXB1：表示悬挑板为叠合板，编号为1。

2）叠合楼盖现浇层的标注。叠合楼盖现浇层注写方法与《混凝土结构施工图平面整体表示方法制图规则和构造详图（现浇混凝土框架、剪力墙、梁、板）》（16G101—1）的“有梁楼盖板平法施工图的表示方法”相同，同时应标注叠合板编号。

3）标准图集中叠合板底板编号。预制底板平面布置图中需要标注叠合板编号、预制底板编号、各块预制底板尺寸和定位。当选用标准图集中的预制底板时，可选类型详见《桁架钢筋混凝土叠合板（60mm厚底板）》（15G366—1），可直接在板块上标注标准图集中的底板编号。当自行设计预制底板时，可参照标准图集的编号规则进行编号（表2-11）。

表 2-11　叠合板底板编号

叠合板底板类型	编　号
单向板	DBD ×× - ×× ×× - × 桁架钢筋混凝土叠合板用底板(单向板) 预制底板厚度(cm) 后浇叠合层厚度(cm) 底板跨度方向钢筋代号：1–4 标志宽度(dm) 标志跨度(dm)
双向板	DBS × - ×× - ×× ×× - ×× - δ 桁架钢筋混凝土叠合板用底板(双向板) 叠合板类型(1为边板，2为中板) 预制底板厚度(cm) 后浇叠合层厚度(cm) 调整宽度 底板跨度方向及宽度方向钢筋代号 标志宽度(dm) 标志跨度(dm)

标准图集中预制底板编号规则如下：

① 单向板：DBD××-××××-×：DBD表示桁架钢筋混凝土叠合板用底板（单向板），DBD后第一个数字表示预制底板厚度（按cm计），DBD后第二个数字表示后浇叠合层厚度（按

cm 计）；第一组四个数字中，前两个数字表示预制底板的标志跨度（按 dm 计），后两个数字表示预制底板的标志宽度（按 dm 计）；第二组数字表示预制底板跨度方向钢筋代号。单向板底板钢筋编号见表 2-12。

表 2-12 单向板底板钢筋编号

代号	1	2	3	4
受力钢筋规格及间距	⏀8@ 200	⏀8@ 150	⏀10@ 200	⏀10@ 150
分布钢筋规格及间距	⏀6@ 200	⏀6@ 200	⏀6@ 200	⏀6@ 200

② 双向板：DBS×-××-××××-××-δ：DBS 表示桁架钢筋混凝土叠合板用底板（双向板），DBS 后面的数字表示叠合板类型，其中 1 为边板，2 为中板；第一组两个数字中，第一个数字表示预制底板厚度（按 cm 计），第二个数字表示后浇叠合层厚度（按 cm 计）；第二组四个数字中，前两个数字表示预制底板的标志跨度（按 dm 计），后两个数字表示预制底板的标志宽度（按 dm 计）；第三组两个数字表示预制底板跨度及宽度方向钢筋代号；最后的 δ 表示调整宽度（指后浇缝的调整宽度）。双向板底板跨度、宽度方向钢筋代号组合见表 2-13。

表 2-13 双向板底板跨度、宽度方向钢筋代号组合

宽度方向钢筋		⏀8@ 200	⏀8@ 150	⏀10@ 200	⏀10@ 150
跨度方向钢筋	⏀8@ 200	11	21	31	41
	⏀8@ 150	—	22	32	42
	⏀8@ 100	—	—	—	43

③ 预制底板为单向板时，应标注板边调节缝和定位。预制底板为双向板时，应标注接缝尺寸和定位。当板面标高不同时，标注底板标高高差，下降为负（-）。同时应绘出预制底板表。预制底板表中需要标明叠合板编号、板块内的预制底板编号及其与叠合板编号的对应关系、所在楼层、构件重量和数量、构件详图页码（自行设计构件为图号）、构件设计补充内容（线盒、预留洞位置等）。例如：

DBD67-3324-2：表示单向受力叠合板用底板，预制底板厚度为 60mm，后浇叠合层厚度为 70mm，预制底板的标志跨度为 3300mm，预制底板的标志宽度为 2400mm，底板跨度方向配筋为⏀8@ 150。

DBS1-67-3924-22：表示双向受力叠合板用底板，拼装位置为边板，预制底板厚度为 60mm，后浇叠合层厚度为 70mm，预制底板的标志跨度为 3900mm，预制底板的标志宽度为 2400mm，底板跨度方向、宽度方向配筋均为⏀8@ 150。

4）叠合底板接缝。叠合楼盖预制底板接缝需要在平面上标注其编号、尺寸和位置，并需给出接缝的详图。叠合板底板接缝编号见表 2-14。

表 2-14 叠合板底板接缝编号

名称	代号	序号
叠合板底板接缝	JF	××
叠合板底板密拼接缝	MF	—

① 当叠合楼盖预制底板接缝选用标准图集时，可在接缝选用表中写明节点选用图集号、页码、节点号和相关参数。

② 当自行设计叠合楼盖预制底板接缝时，需由设计单位给出节点详图。例如：

JF1：表示叠合板之间的接缝，编号为1。

5）水平后浇带和圈梁标注。需在平面上标注水平后浇带或圈梁位置，水平后浇带编号由代号和序号组成（表2-15）。水平后浇带信息可集中注写在水平后浇带表中，表的内容包括：平面中的编号、所在平面位置、所在楼层及配筋。

表2-15 水平后浇带编号

类型	代号	序号
水平后浇带	SHJD	××

例如，SHJD3：表示水平后浇带，编号为3。

（3）预制钢筋混凝土阳台板、空调板及女儿墙 预制钢筋混凝土阳台板、空调板及女儿墙（简称“预制阳台板、预制空调板及预制女儿墙”）的制图规则适用于装配式剪力墙结构中的预制钢筋混凝土阳台板、空调板及女儿墙的施工图设计。

1）预制阳台板、空调板及女儿墙的编号。预制阳台板、空调板及女儿墙施工图应包括按标准层绘制的平面布置图、构件选用表。平面布置图中需要标注预制构件编号、定位尺寸及连接做法。

叠合式预制阳台板现浇层注写方法与《混凝土结构施工图平面整体表示方法制图规则和构造详图（现浇混凝土框架、剪力墙、梁、板）》（16G101—1）的“有梁楼盖板平法施工图的表示方法”相同，同时应标注叠合楼盖编号。预制阳台板、空调板及女儿墙的编号由构件代号、序号组成，并符合表2-16所示的要求。

表2-16 预制阳台板、空调板及女儿墙的编号

预制构件类型	代号	序号
阳台板	YYTB	××
空调板	YKTB	××
女儿墙	YNEQ	××

在女儿墙编号中，如若干女儿墙的厚度尺寸和配筋均相同，仅墙厚与轴线关系不同时，可将其编为同一墙身号，但应在图中注明与轴线的位置关系。序号可为数字，或数字加字母。例如：

YYTB3a：某工程有一块预制阳台板与已编号的YYTB3除洞口位置外，其他参数均相同，为方便起见，将该预制阳台板序号编为3a。

YKTB2：表示预制空调板，编号为2。

YNEQ5：表示预制女儿墙，编号为5。

2）标准图集中预制阳台板的编号。当选用标准图集中的预制阳台板、空调板及女儿墙时，可选型号参见《预制钢筋混凝土阳台板、空调板及女儿墙》（15G368—1）（表2-17）。

表2-17 标准图集中预制阳台板、空调板及女儿墙编号

预制构件类型	编号
阳台板	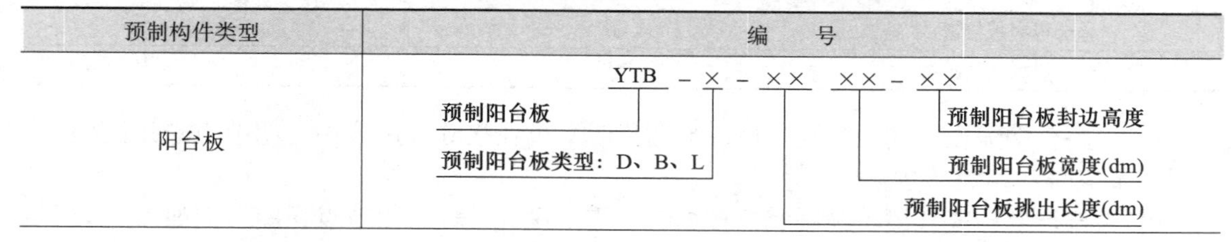

（续）

预制构件类型	编　号
空调板	KTB － ×× － ××× 预制空调板（KTB） 预制空调板挑出长度(cm)（××） 预制空调板宽度(cm)（×××）
女儿墙	NEQ － ×× － ×× ×× 预制女儿墙（NEQ） 预制女儿墙类型：J1、J2、Q1、Q2（××） 预制女儿墙长度(dm)（××） 预制女儿墙高度(dm)（××）

标准图集中的预制阳台板规格及编号形式为：YTB-×-××××-××，各参数意义如下：

① YTB表示预制阳台板。

② YTB后第一组为单个字母D、B或L，表示预制阳台板类型。其中，D表示叠合板式阳台，B表示全预制板式阳台，L表示全预制梁式阳台。

③ YTB后第二组四个数字，表示阳台板尺寸。其中，前两个数字表示阳台板悬挑长度（按dm计，从结构承重墙外表面算起），后两个数字表示阳台板宽度对应房间开间的轴线尺寸（按dm计）。

④ YTB后第三组两个数字，表示预制阳台封边高度。04表示封边高度为400mm，08表示封边高度为800mm，12表示封边高度为1200mm。当为全预制梁式阳台时，无此项。例如：

YTB-D-1024-08：表示预制叠合板式阳台，挑出长度为1000mm，阳台开间为2400mm，封边高度800mm。

3）标准图集中预制空调板编号。标准图集中的预制空调板规格及编号形式为：KTB-××-×××，各参数意义如下：

① KTB表示预制空调板。

② KTB后第一组两个数字，表示预制空调板长度（按cm计，挑出长度从结构承重墙外表面算起）。

③ KTB后第二组三个数字，表示预制空调板宽度（按cm计）。例如：

KTB-84-130：表示预制空调板，构件长度为840mm，宽度为1300mm。

4）标准图集中预制女儿墙编号。标准图集中的预制女儿墙规格及编号形式为NEQ-××-××××，各参数意义如下：

① NEQ表示预制女儿墙。

② NEQ后第一组两个数字，表示预制女儿墙类型，分为J1、J2、Q1和Q2型。其中，J1型代表夹心保温式女儿墙（直板）、J2型代表夹心保温式女儿墙（转角板）、Q1型代表非保温式女儿墙（直板）、Q2型代表非保温式女儿墙（转角板）。

③ NEQ后第二组四个数字，为预制女儿墙尺寸。其中，前两个数字表示预制女儿墙长度（按dm计），后两个数字表示预制女儿墙高度（按dm计）。例如：

NEQ-J1-3614：表示夹心保温式女儿墙，长度为3600mm，高度为1400mm。

5）预制阳台板、空调板及女儿墙平面布置图注写内容。

① 预制构件编号。

② 各预制构件的平面尺寸、定位尺寸。

③ 预留洞口尺寸及相对于构件本身的定位尺寸（与标准构件中留洞位置一致时可不标）。

④ 楼层结构标高。

⑤ 预制钢筋混凝土阳台板、空调板结构完成面与结构标高不同时的标高高差。

⑥ 预制女儿墙厚度、定位尺寸、女儿墙墙顶标高。

6）预制女儿墙表主要内容。

① 平面图中的编号。

② 选用标准图集的构件编号，自行设计构件可不写。

③ 所在楼层号和轴线号，轴号标注方法与外墙板相同。

④ 内叶墙厚。

⑤ 构件重量。

⑥ 构件数量。

⑦ 构件详图页码：选用标准图集构件需注写图集号和相应页码，自行设计构件需注写施工图图号。

⑧ 如果女儿墙内叶墙板与标准图集中的一致，外叶墙板有区别，可对外叶墙板调整后选用。

⑨ 备注中可标明该预制构件是“标准构件”“调整选用”或“自行设计”。

7）预制阳台板、空调板构件表主要内容。

① 预制构件编号。

② 选用标准图集的构件编号，自行设计构件可不写。

③ 板厚（mm），叠合式还需注写预制底板厚度，表示方法为×××（××）。

④ 构件重量。

⑤ 构件数量。

⑥ 所在层号。

⑦ 构件详图页码：选用标准图集构件需注写图集号和相应页码，自行设计构件需注写施工图图号。

⑧ 备注中可标明该预制构件是“标准构件”或“自行设计”。

2. 装配式混凝土结构工程部分构造

装配式混凝土结构工程总体构造首先要求连接节点具有足够的整体性，尽量减少构件和节点的类型和数量，应使节点发挥良好的承载能力和延性，同时能保证安装方便。

PC 构件之间连接有干式连接和湿式连接两大类。干式连接是通过预埋件焊接或螺栓连接、搁置、销栓等方式连接，干式连接现场不需浇混凝土，只有少量的坐浆和注浆，我国规范规定的装配式整体结构中只用在仅承受竖向力、不承受侧向力情况下，如楼板、次梁、双 T 板等，简支楼梯等也可用干式连接。但若承受侧向力，如地震作用下，抗侧力构件之间的连接必须是湿式连接，如 PC 柱、PC 墙等竖向构件采用湿式连接。湿式连接的传力途径为后浇混凝土、灌浆料或坐浆材料直接传递压力，连接钢筋传递拉力，连接钢筋及后浇混凝土、灌浆料或坐浆材料均可承受弯矩，结合面混凝土的黏结强度、键槽或者粗糙面、钢筋的摩擦抗剪作用、销栓抗剪作用承担剪力。其中构件结合面有以下构造要求。

预制构件与后浇混凝土、灌浆料、坐浆材料的结合面应设置粗糙面及键槽，图2-28所示为露骨料粗糙面及键槽。粗糙面的面积不宜小于结合面的80%。

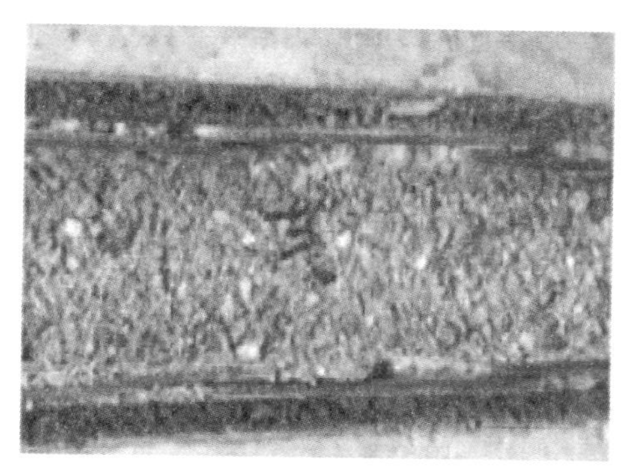

图2-28 露骨料粗糙面及键槽

预制板顶面粗糙面凹凸深度不应小于4mm；预制梁顶面粗糙面凹凸深度不应小于6mm，端面键槽（计算确定）宜同时设粗糙面，凹凸深度不应小于6mm；预制柱底键槽（考虑灌浆排气）宜同时设粗糙面，凹凸深度不应小于6mm；预制柱顶面粗糙面凹凸深度不应小于6mm；预制墙顶、底面粗糙面凹凸深度大于6mm，侧面粗糙面凹凸深度不应小于6mm，也可设键槽。

（1）叠合板构造 叠合板的预制板厚度不宜小于60mm，后浇混凝土叠合层厚度不应小于60mm。跨度大于3m的叠合板，宜采用桁架钢筋混凝土叠合板；跨度大于6m的叠合板，宜采用预应力混凝土预制板；板厚大于180mm的叠合板，宜采用混凝土空心板，当叠合板的预制板采用空心板时，板端空腔应封堵。

目前国内最为广泛使用的预制底板是钢筋桁架混凝土叠合板，在钢筋桁架混凝土叠合板中，桁架钢筋是施工时预制板的主要受力骨架，应沿主要受力方向布置，距离板边不应大于300mm，间距不宜小于600mm。为了保证钢筋组成的桁架具有足够的刚度，桁架钢筋的弦杆直径不宜小于8mm，腹杆直径不应小于4mm。桁架钢筋弦杆的混凝土保护层厚度不应大于15mm，图2-29所示为叠合板的预制板设置桁架钢筋构造示意。

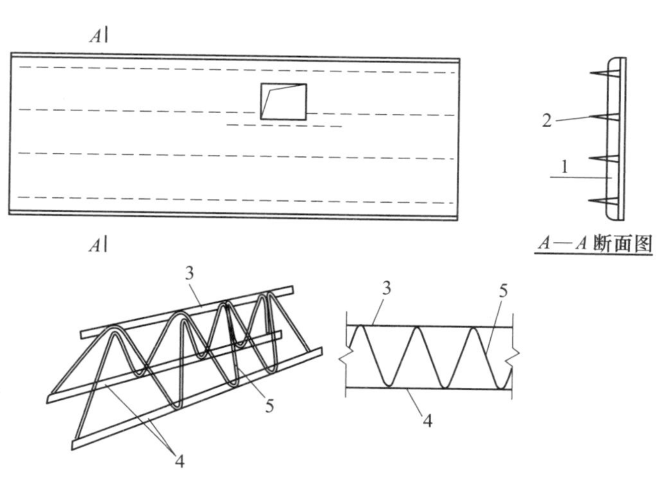

图2-29 叠合板的预制板设置桁架钢筋构造示意

1—预制板 2—桁架钢筋 3—上弦钢筋 4—下弦钢筋 5—格构钢筋

预制板与后浇混凝土叠合层之间的接合面应设置粗糙面，粗糙面的面积不宜小于接合面的 80%，凹凸深度不应小于 4mm。在叠合板的跨度较大，有相邻悬挑板的上部钢筋锚入等情况下，叠合板的预制板与叠合层之间的叠合面，在外力、温度等作用下会产生较大的水平剪力，应采取合理的措施保证叠合面的抗剪强度。当有桁架钢筋时，桁架钢筋的腹杆可作为提高叠合面抗剪的措施。当没有采用桁架钢筋时，若单向板的跨度大于 4m，或双向板的短向跨度大于 4m 时，应在支座 1/4 跨度范围内配置界面抗剪构造钢筋来保证水平界面的抗剪强度。当采用悬挑叠合板，悬挑叠合板的上部纵向受力钢筋锚固在相邻叠合板的后浇混凝土范围内时，应在悬挑叠合板及其钢筋的锚固范围内配置截面抗剪构造钢筋。抗剪构造钢筋可采用马镫形状，间距不宜大于 400mm，直径不宜小于 6mm。马镫钢筋宜伸到叠合板上、下部纵向钢筋处，预埋在预制板内的总长度不应小于 15d，水平段长度不应小于 50mm。

（2）叠合梁构造　采用叠合梁时，楼板一般采用叠合板，梁、板的后浇层一起浇筑。为了优化叠合界面的受剪，同时保证后浇区域具有良好的整体性，框架梁后浇混凝土叠合层厚度不宜小于 150mm，次梁的后浇混凝土叠合层厚度不宜小于 120mm，图 2-30 所示为叠合梁截面示意。当板的总厚度小于梁的后浇层厚度要求时，单纯为了增加叠合面的高度而增加板的厚度，对板的自重增加过多，不利于结构受力和工程造价，可以采用凹口截面的预制梁，凹口深度不宜小于 50mm，同时凹口边厚度不宜小于 60mm，以防止运输、安装过程中的磕碰损伤。预制梁与后浇混凝土叠合层之间的接合面应设置粗糙面，粗糙面的面积不宜小于接合面的 80%，粗糙面凹凸深度不应小于 6mm。

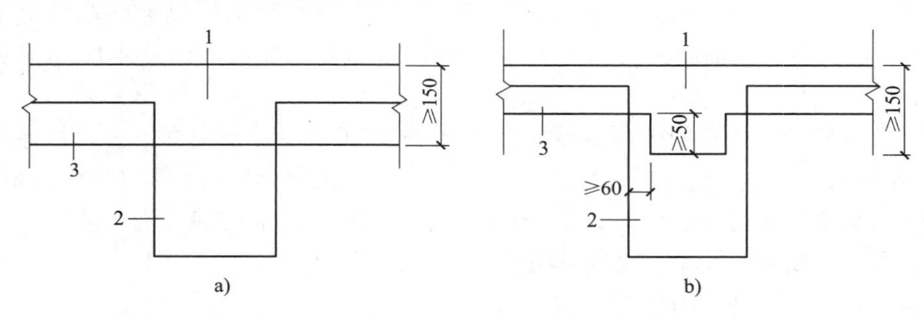

图 2-30　叠合梁截面示意

a）矩形截面预制梁　b）凹口截面预制梁

1—后浇混凝土叠合层　2—预制梁　3—预制板

试验表明，键槽的抗剪承载能力要大于粗糙面，且易于控制加工质量和检验。预制梁的端面应设置键槽，并宜设置粗糙面。键槽的尺寸和数量应经计算确定，其深度不宜小于 30mm，宽度不宜小于深度的 3 倍，不宜大于深度的 10 倍。可以采用贯通截面宽度的键槽，也可采用不贯通宽度的键槽，当采用后者时，槽口距离截面边缘不宜小于 50mm。键槽间距宜等于键槽宽度，键槽端部斜面倾角不宜大于 30°，图 2-31 所示为梁端键槽构造示意。

叠合梁可采用对接连接，连接处应设置后浇段，后浇段的长度应满足梁下部纵向钢筋连接作业的空间需求；梁下部纵向钢筋在后浇段内宜采用机械连接、套筒灌浆连接或焊接连接；后浇段内的箍筋应加密，箍筋间距不应大于 5d（d 为纵向钢筋直径），且不应大于 100mm。

（3）预制剪力墙构造　预制剪力墙宜采用一字形，也可采用 L 形、T 形或 U 形；开洞预制剪力墙洞口宜居中布置，洞口两侧的墙肢宽度不应小于 200mm，洞口上方连梁高度不

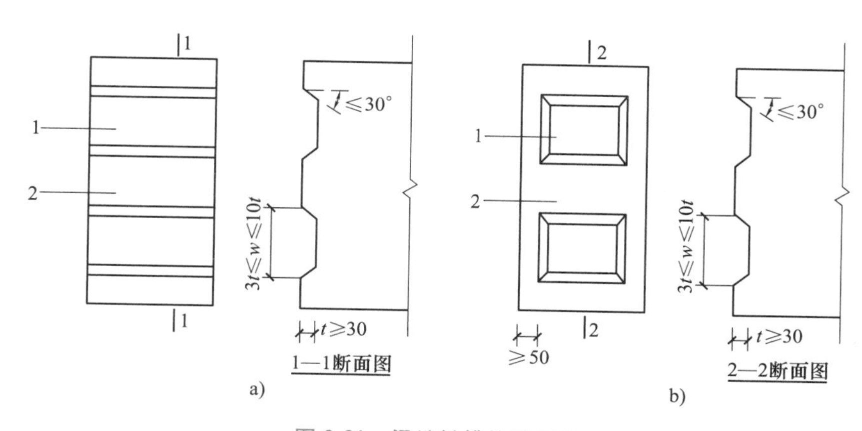

图 2-31　梁端键槽构造示意

a）键槽贯通截面　b）键槽不贯通截面

1—键槽　2—梁端面

宜小于250mm。预制剪力墙的连梁不宜开洞；当须开洞时，洞口宜预埋套管，洞口上、下截面的有效高度不宜小于梁高的1/3，且不宜小于200mm；被洞口削弱的连梁截面应进行承载力验算，洞口处应配置补强纵向钢筋和箍筋；补强纵向钢筋的直径不应小于12mm。预制剪力墙开有边长小于800mm的洞口且在结构整体计算中不考虑其影响时，应沿洞口周边配置补强钢筋；补强钢筋的直径不应小于12mm，截面面积不应小于同方向被洞口截断的钢筋面积；该钢筋自孔洞边角算起伸入墙内的长度，非抗震设计时不应小于 l_a，抗震设计时不应小于 l_{aE}。当采用套筒灌浆连接时，自套筒底部至套筒顶部并向上延伸300mm范围内，预制剪力墙的水平分布筋应加密，图2-32所示为钢筋套筒灌浆连接部位水平分布钢筋的加密构造示意。加密区水平分布筋的最大间距及最小直径应符合表2-18所示加密区水平分布钢筋的规定。套筒上端第一道水平分布钢筋距离套筒顶部不应大于50mm。

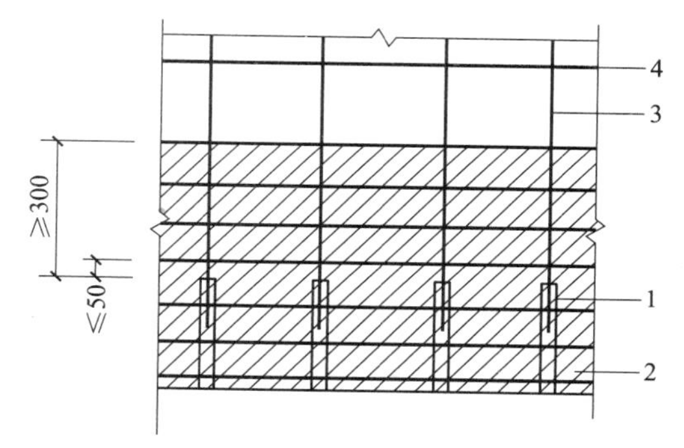

图 2-32　钢筋套筒灌浆连接部位水平分布钢筋的加密构造示意

1—灌浆套筒　2—水平分布钢筋加密区域（阴影区域）

3—竖向钢筋　4—水平分布钢筋

表 2-18　加密区水平分布钢筋的规定

抗震等级	最大间距/mm	最小直径/mm
一、二级	100	8
三、四级	150	8

当预制外墙采用夹心墙板时，外叶墙板厚度不应小于50mm，且外叶墙板应与内叶墙板可靠连接；夹心外墙板的夹层厚度不宜大于120mm；当作为承重墙时，内叶墙板应按剪力墙进行设计。预制夹心外墙板在国内外均有广泛的应用，具有结构、保温、装饰一体化的特

点。预制夹心外墙板根据其在结构中的作用，可以分为承重墙板和非承重墙板两类。当其作为承重墙板时，与其他结构构件共同承担垂直力和水平力；当其作为非承重墙板时，仅作为外围护墙体使用。预制夹心外墙板根据其内、外叶墙板间的连接构造，又可以分为组合墙板和非组合墙板。组合墙板的内、外叶墙板可通过拉结件的连接共同工作；非组合墙板的内、外叶墙板不共同受力，外叶墙板仅作为荷载，通过拉结件作用在内叶墙板上。当作为承重墙时，内叶墙板的要求与普通剪力墙板的要求完全相同。

（4）预制柱构造　由于柱节点区钢筋来源方向多，钢筋数量多，而空间狭小，连接作业面受到限制。为了保证节点区大小，矩形柱的截面宽度或圆柱直径不宜小于400mm，且不宜小于同方向梁宽的1.5倍；柱纵向受力钢筋直径不宜小于20mm；柱纵向受力钢筋在柱底采用套筒灌浆连接时，柱箍筋加密区长度不应小于纵向受力钢筋连接区域长度与500mm之和；套筒上端第一道箍筋距离套筒顶部不应大于50mm。图2-33所示为钢筋采用套筒灌浆连接时柱底箍筋加密区域构造示意。采用预制柱及叠合梁的装配整体式框架中，柱底接缝宜设置在楼面标高处，图2-34所示为预制柱底接缝构造示意。后浇节点区混凝土上表面应设置粗糙面，柱纵向受力钢筋应贯穿后浇节点区，柱底接缝厚度宜为20mm，并应采用灌浆料填实。

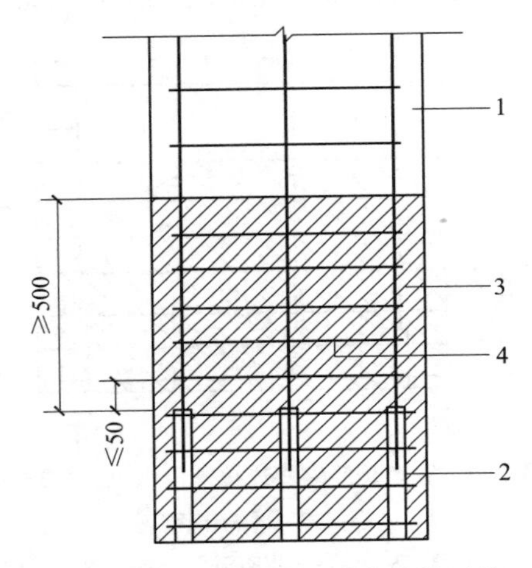

图2-33　钢筋采用套筒灌浆连接时柱底箍筋加密区域构造示意

1—预制柱　2—套筒灌浆连接接头
3—箍筋加密区（阴影区域）　4—加密区箍筋

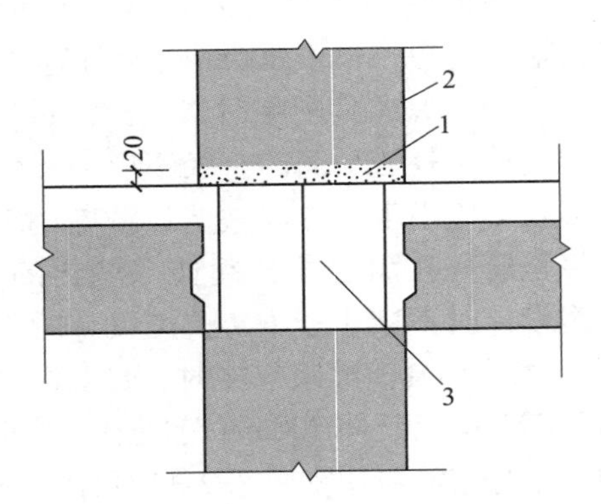

图2-34　预制柱底接缝构造示意

1—后浇节点区混凝土上表面粗糙面
2—接缝灌浆层　3—后浇区

采用预制柱及叠合梁的装配整体式框架节点，梁纵向受力钢筋应伸入后浇节点区内锚固或连接。对框架中间层中节点，其两侧的梁下部纵向受力钢筋宜锚固在后浇节点区内，也可采用机械连接或焊接的方式直接连接；梁的上部纵向受力钢筋应贯穿后浇节点区。对框架中间层端节点，当柱截面尺寸不满足梁纵向受力钢筋的直线锚固要求时，宜采用锚固板锚固，也可采用90°弯折锚固。对框架顶层中节点，梁纵向受力钢筋的构造应符合前述规定，柱纵向受力钢筋宜采用直线锚固；当梁截面尺寸不满足直线锚固要求时，宜采用锚固板锚固。对框架顶层端节点，梁下部纵向受力钢筋应锚固在后浇节点区内，且宜采用锚固板的锚固方式。

在预制柱叠合梁框架节点中，梁钢筋在节点中锚固及连接方式是决定施工可行性以及节点受力性能的关键。梁、柱构件尽量采用较粗直径、较大间距的钢筋布置方式，节点区的主梁钢筋较少，有利于节点的装配施工，保证施工质量。设计过程中，应充分考虑施工装配的可行性，合理确定梁、柱截面尺寸及钢筋的数量、间距和位置等。在中间节点中，两侧梁的钢筋在节点区内锚固时，位置可能冲突，可采用弯折避让的方式，弯折角度不宜大于 1∶6。节点区施工时，应注意合理安排节点区箍筋、预制梁、梁上部钢筋的安装顺序，控制节点区箍筋的间距满足要求。

（5）接缝构造　叠合板可单向或双向布置。叠合板之间的接缝，可采用两种构造措施，即分离式接缝和整体式接缝。分离式接缝适用于以预制板的搁置线为支承边的单向叠合板，而整体式接缝适用于四边支承的双向叠合板。分离式接缝板缝边界主要传递剪力，弯矩传递能力较差，为了保证接缝不发生剪切破坏，同时控制接缝处裂缝的开展，应在接缝处紧邻预制板顶面设置垂直于板缝的附加钢筋，附加钢筋截面面积不宜小于预制板中该方向钢筋面积，钢筋直径不宜小于 6mm、间距不宜大于 250mm。当预制板侧接缝可实现钢筋与混凝土连续受力时，可视为整体式接缝，一般采用后浇带形式对整体式接缝进行处理，为了保证后浇带具有足够宽度来完成钢筋在后浇带中的连接或锚固连接，并保证后浇带混凝土与预制混凝土的整体性，后浇带宽度不宜小于 200mm，其两侧板底纵向受力钢筋可在后浇带中通过焊接、搭接或弯折锚固等方式进行连接。

目前，国内较多采用将相邻预制墙板间竖向拼缝的连接节点设计成利用一定宽度的后浇混凝土带，从而结合成整体式接缝形式，并区分约束边缘构件和构造边缘构件的不同做法。当接缝位于纵横墙交接处的约束边缘构件区域时，约束边缘构件的阴影区域（图 2-35）宜全部采用后浇混凝土，并应在后浇段内设置封闭箍筋。

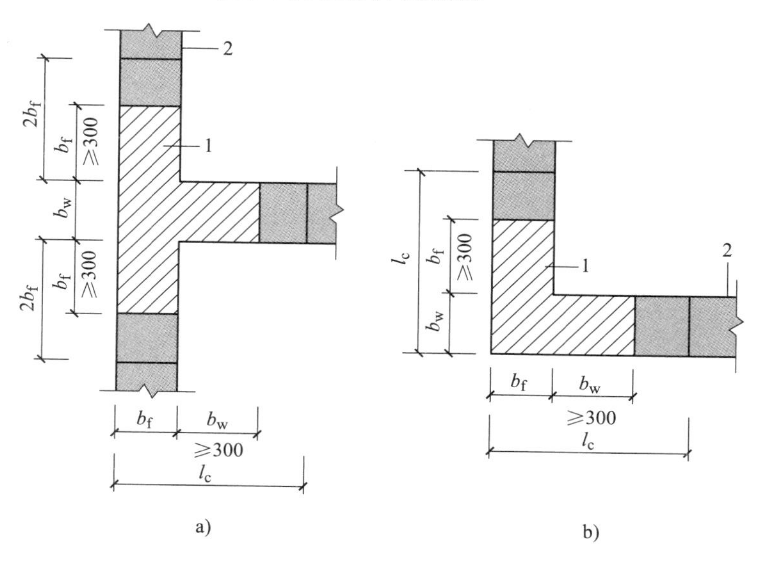

图 2-35　约束边缘构件的阴影区域全部后浇构造示意

a）有翼墙　b）转角墙

1—后浇段　2—预制剪力墙

注：阴影区域为斜线填充范围；l_c 为约束边缘构件沿墙肢的长度。

当接缝位于纵横墙交接处的构造边缘构件区域时，构造边缘构件宜全部采用后浇混凝土（图 2-36），当仅在一面墙上设置后浇段时，后浇段的长度不宜小于 300mm（图 2-37）。

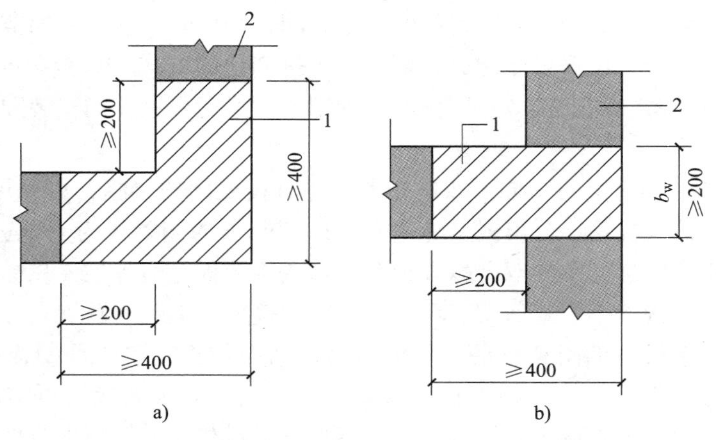

图 2-36　构造边缘构件全部后浇构造示意

a）转角墙　b）有翼墙

1—后浇段　2—预制剪力墙

注：阴影区域为构造边缘构件范围。

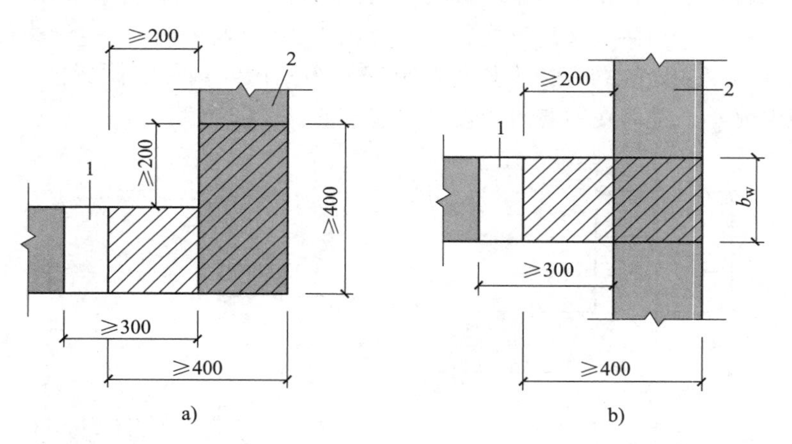

图 2-37　构造边缘构件部分后浇构造示意

a）转角墙　b）有翼墙

1—后浇段　2—预制剪力墙

注：阴影区域为构造边缘构件范围。

后浇连接带部位边缘构件内的配筋及构造要求按相应的现浇结构设计，预制剪力墙的水平分布钢筋在后浇段内的锚固、连接应符合现行国家标准《混凝土结构设计规范》（GB 50010）的有关规定。非边缘构件位置，相邻预制剪力墙之间设置后浇段的宽度不应小于墙厚且不宜小于 200mm，后浇段内应设置不少于 4 根竖向钢筋，钢筋直径不应小于墙体竖向分布钢筋直径且不应小于 8mm。

2.2 装配式混凝土结构工程计量

采用工程量清单计价方法，其目的是由招标人提供工程量清单，投标人通过工程量清单复核，结合企业管理水平，依据市场价格水平，行业成本水平及所掌握的价格信息自主报价。工程量清单的“五大要件”中的项目编码、项目名称、项目特征、计量单位已在第 1 章做了详细介绍，本节不再赘述。工程量清单项目中工程量计算正确与否，直接关系到工程造价确定的准确合理与否，故正确掌握工程量清单中工程量计算方法，对于清单编制人及投标人都很重要，否则将给招标方、投标方带来相关风险。本节主要依据《建设工程工程量清单计价规范》和《房屋建筑与装饰工程工程量计算规范》对装配式混凝土结构工程的工程量计算规则和方法进行介绍。

装配式混凝土结构工程在《房屋建筑与装饰工程工程量计算规范》（征求意见稿）位于附录 E 混凝土及钢筋混凝土工程下，涉及清单项目（编码为 010503）中包括实心柱、单梁、叠合梁、整体板、叠合板、实心剪力墙板、夹心保温剪力墙板、叠合剪力墙板、外挂墙板、女儿墙、楼梯、阳台、凸（飘）窗、空调板、压顶、其他构件等分项工程；另外，涉及装配式混凝土结构工程的后浇混凝土有叠合梁板、叠合剪力墙、装配构件梁柱连接、装配构件墙柱连接等分项工程。

《房屋建筑与装饰工程工程量计算规范》（征求意见稿）关于装配式混凝土结构工程及相关后浇混凝土计量有关说明：

1）装配式混凝土与装配整体式混凝土结构中的预制混凝土构件按“0503 装配式预制混凝土构件”中的相关项目编码列项。

2）装配式预制板的类型系指桁架板、网架板、PK 板等。

3）装配式预制剪力墙墙板的部位系指内墙、外墙。

4）单独预制的凸（飘）窗按凸（飘）窗项目编码列项，依附于外墙板制作的凸（飘）窗，按相应墙板项目编码列项。

5）装配式构件安装包括构件固定所需临时支撑的搭设及拆除，支撑（含支撑用预埋铁件）种类及搭设方式如采用特殊工艺需注明，可在项目特征中额外说明。

6）现浇混凝土结构中的后浇带、装配整体式混凝土结构中的现场后浇混凝土按“0504 后浇混凝土”中的相关项目编码列项。

7）墙板或柱等预制垂直构件之间设计采用现浇混凝土墙连接的，当连接墙的长度在 2m 以内时，按连接墙、柱项目编码列项，长度超过 2m 的，按“0501 现浇混凝土构件”中的短肢剪力墙项目编码列项。

8）叠合楼板或整体楼板之间设计采用现浇混凝土板带拼缝的，板带混凝土浇捣工程量并入“叠合梁、板”工程量内。

需要强调的是，装配式混凝土与装配整体式混凝土结构中的预制混凝土构件按“0503 装配式预制混凝土构件”中的相关项目编码列项，不能与非装配式规范标准设计的“0502 一般预制混凝土构件”中相关项目混淆。

2.2.1 实心柱计量

实心柱（项目编码 010503001）

计量单位：m^3

项目特征：①构件规格或图号；②安装高度；③混凝土强度等级；④钢筋连接方式。

工程量计算规则：按成品构件设计图示尺寸以体积计算。不扣除构件内钢筋、预埋铁件、配管、套管、线盒及单个面积≤0.3m^2的孔洞、线箱等所占体积，构件外露钢筋体积亦不再增加。预制实心柱实物如图 2-38 所示。

图 2-38 预制实心柱实物

【例 2-1】 某框架结构工程采用装配式混凝土柱、梁、板体系施工，图 2-39a 所示为该框架结构二层柱、梁平面布置图，层高 3.6m，PCZ-1 实心柱立面图如图 2-39b 所示，预制实心柱截面尺寸为 400mm×400mm，混凝土强度等级为 C30，采用套筒灌浆工艺连接，所有构件均利用现场塔式起重机吊装就位。试计算图示实心柱工程量及编制其工程量清单。

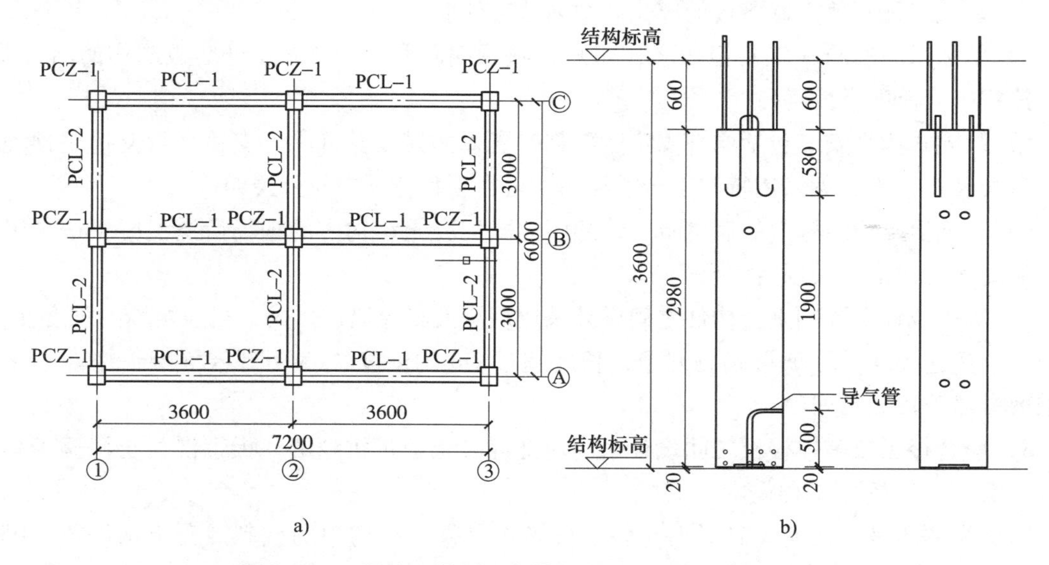

图 2-39 二层柱、梁平面布置图及 PCZ-1 实心柱立面图

a）该框架结构二层柱、梁平面布置图 b）PCZ-1 实心柱立面图

解：实心柱以m^3计量，计算规则为按成品构件设计图示尺寸以体积计算。不扣除构件内钢筋、预埋铁件、配管、套管、线盒及单个面积≤0.3m^2的孔洞、线箱等所占体积，构件外露钢筋体积亦不再增加。

实心柱工程量：$V=[0.4\times0.4\times(3.6-0.6-0.02)\times9]m^3=4.29m^3$

其工程量清单见表2-19。

表2-19 实心柱工程量清单

序号	项目编码	项目名称	项目特征	计量单位	工程量
1	010503001001	实心柱	1. 构件规格：柱截面尺寸400mm×400mm，混凝土高度2980mm； 2. 混凝土强度等级：C30； 3. 钢筋连接方式：套筒灌浆工艺连接； 4. 吊装机械：塔式起重机； 5. 场内运距：投标人自行考虑	m^3	4.29

2.2.2 单梁及叠合梁计量

1. 单梁（项目编码010503002）

计量单位：m^3

项目特征：①构件规格或图号；②安装高度；③混凝土强度等级；④钢筋连接方式。

工程量计算规则：按成品构件设计图示尺寸以体积计算。不扣除构件内钢筋、预埋铁件、配管、套管、线盒及单个面积≤0.3m^2的孔洞、线箱等所占体积，构件外露钢筋体积亦不再增加。

2. 叠合梁（项目编码010503003）

计量单位：m^3

项目特征：①构件规格或图号；②安装高度；③混凝土强度等级；④钢筋连接方式。

工程量计算规则：按成品构件设计图示尺寸以体积计算。不扣除构件内钢筋、预埋铁件、配管、套管、线盒及单个面积≤0.3m^2的孔洞、线箱等所占体积，构件外露钢筋体积也不再增加。叠合梁实物如图2-40所示。

a)

b)

图2-40 叠合梁实物

a）双面预制叠合梁 b）预制叠合梁

【例 2-2】 某框架结构工程采用装配式混凝土柱、梁、板体系施工，图 2-39a 所示为该框架结构二层柱、梁平面布置图，层高 3.6m，PCL-1（PCL-2）叠合梁立面图、断面图、剖面图如图 2-41 所示，叠合梁混凝土截面尺寸为 250mm×400mm，混凝土强度等级为 C30，梁顶纵筋及支座负筋现场绑扎浇筑梁柱节点混凝土方式连接，所有构件均利用现场塔式起重机吊装就位。试计算图示叠合梁工程量及编制其工程量清单。

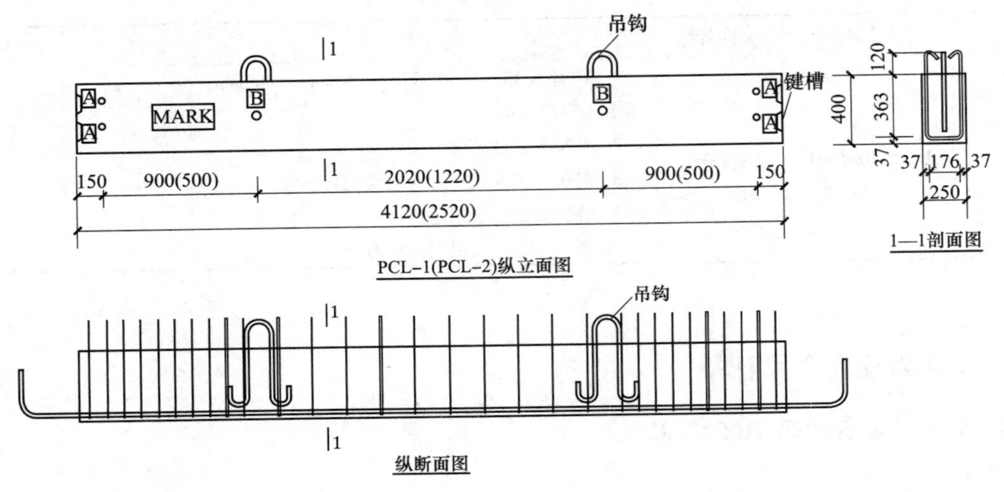

图 2-41 叠合梁立面图、断面图、剖面图

解： 叠合梁以 m^3 计量，计算规则为按成品构件设计图示尺寸以体积计算。不扣除构件内钢筋、预埋铁件、配管、套管、线盒及单个面积 ≤0.3m^2 的孔洞、线箱等所占体积，构件外露钢筋体积也不再增加。

PCL-1 工程量：$V=(0.25\times0.4\times4.12\times6)\text{m}^3=2.47\text{m}^3$

PCL-2 工程量：$V=(0.25\times0.4\times2.52\times6)\text{m}^3=1.51\text{m}^3$

叠合梁工程量：$V=(2.47+1.51)\text{m}^3=3.98\text{m}^3$

其工程量清单见表 2-20。

表 2-20 叠合梁工程量清单

序号	项目编码	项目名称	项目特征	计量单位	工程量
1	010503003001	叠合梁	1. 构件规格：叠合梁截面尺寸 250mm × 400mm，PCL-1（PCL-2）长度分别为 4.12m（2.52m）； 2. 混凝土强度等级：C30； 3. 钢筋连接方式：现场绑扎连接； 4. 吊装机械：塔式起重机； 5. 场内运距：投标人自行考虑	m^3	3.98

2.2.3　整体板及叠合板计量

1. 整体板（项目编码010503004）

计量单位：m^3

项目特征：①类型；②构件规格或图号；③安装高度；④混凝土强度等级。

工程量计算规则：按成品构件设计图示尺寸以体积计算。不扣除构件内钢筋、预埋铁件、配管、套管、线盒及单个面积≤0.3m^2的孔洞、线箱等所占体积，构件外露钢筋体积亦不再增加。整体板实物如图2-42a所示。

2. 叠合板（项目编码010503005）

计量单位：m^3

项目特征：①类型；②构件规格或图号；③安装高度；④混凝土强度等级。

工程量计算规则：按成品构件设计图示尺寸以体积计算。不扣除构件内钢筋、预埋铁件、配管、套管、线盒及单个面积≤0.3m^2的孔洞、线箱等所占体积，构件外露钢筋体积亦不再增加。叠合板实物如图2-42b所示。

a)

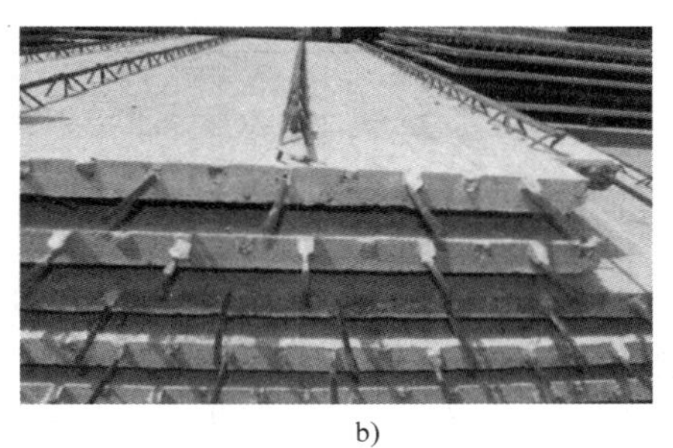

b)

图2-42　整体板和叠合板实物

a）整体板实物　b）叠合板实物

【例2-3】　某建筑采用装配式混凝土结构体系，二层A~C/1~3轴线装配式预制柱、梁、板平面布置图如图2-43a所示，PCB构件平面图、剖面图示意如图2-43b所示，层高3.6m。

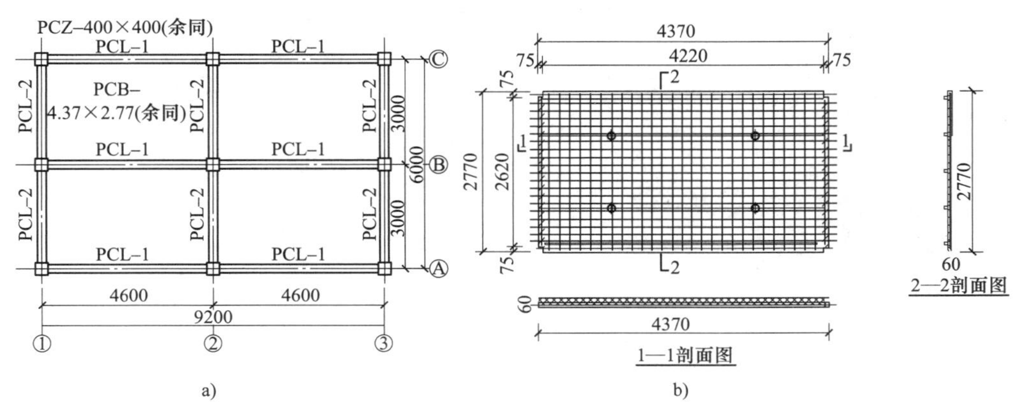

图2-43　PCB构件示意图

a）预制柱、梁、板平面布置图　b）PCB构件平面图、剖面图示意图预制叠合板厚度60mm，混凝土强度等级为C30。所有构件均利用现场塔式起重机吊装。试计算图示叠合板工程量及编制其工程量清单。

解：叠合板以m^3计量，计算规则为按成品构件设计图示尺寸以体积计算。不扣除构件内钢筋、预埋铁件、配管、套管、线盒及单个面积≤0.3m^2的孔洞、线箱等所占体积，构件外露钢筋体积亦不再增加。

PCB工程量：$V=(4.37\times2.77\times0.06\times4)m^3=2.91m^3$

其工程量清单见表2-21。

表2-21　叠合板工程量清单

序号	项目编码	项目名称	项目特征	计量单位	工程量
1	010503005001	叠合板	1. 类型、规格：厚度60mm叠合板、规格详图； 2. 混凝土强度等级：C30； 3. 吊装机械：塔式起重机； 4. 场内运距：投标人自行考虑	m^3	2.91

2.2.4　剪力墙板计量

1. 实心剪力墙板（项目编码010503006）

计量单位：m^3

项目特征：①部位；②构件规格或图号；③安装高度；④混凝土强度等级；⑤钢筋连接方式；⑥填缝料材质。

工程量计算规则：按成品构件设计图示尺寸以体积计算。不扣除构件内钢筋、预埋铁件、配管、套管、线盒及单个面积≤0.3m^2的孔洞、线箱等所占体积，构件外露钢筋体积亦不再增加。实心剪力墙板实物如图2-44所示。

图2-44　实心剪力墙板实物

【例2-4】　某建筑采用装配式混凝土结构体系，二层B~C/1~3轴线墙体平面布置如图2-45a所示，外围四周装配式墙体由预制叠合剪力墙、预制实心剪力墙（顶部角落混凝土缺口尺寸为300mm×400mm，其立面示意如图2-45b所示）和预制叠合填充实心剪力墙组成，内墙板由预制叠合剪力墙和预制填充实心剪力墙（其立面示意如图2-45c所示）组成，混凝土等级为C30，钢筋连接采用套筒灌浆工艺连接，填缝料材质为水泥基灌浆料，现场吊装配置型钢扁担，采用塔式起重机吊装就位。试计算图示实心剪力墙板工程量及编制其工程量清单。

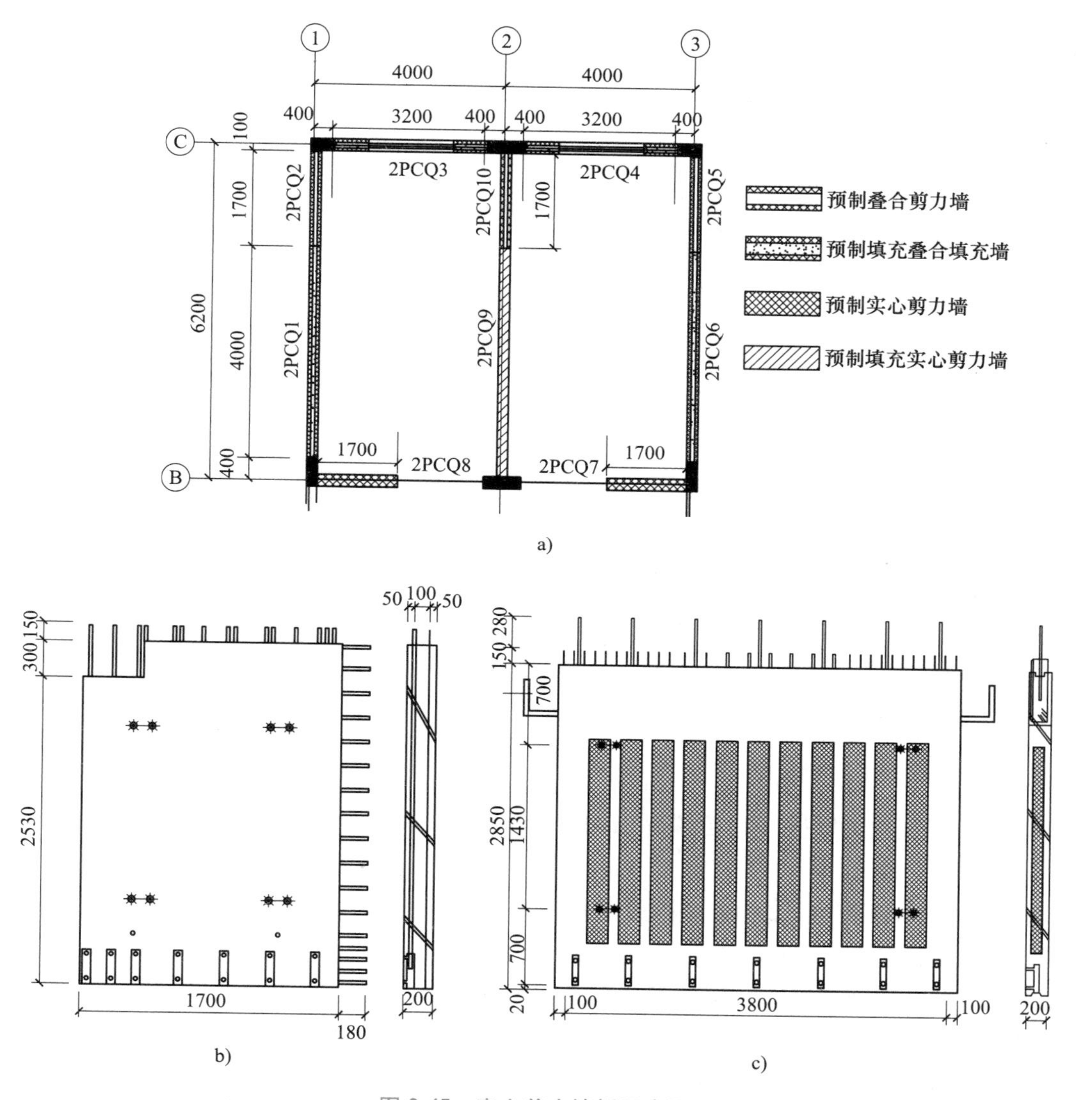

图2-45　实心剪力墙板示意图

a）墙体平面布置图　b）预制实心剪力墙立面示意图　c）预制填充实心剪力墙立面示意图

解：实心剪力墙板以m^3计量，计算规则为按成品构件设计图示尺寸以体积计算。不扣除构件内钢筋、预埋铁件、配管、套管、线盒及单个面积≤0.3m^2的孔洞、线箱等所占体积，构件外露钢筋体积亦不再增加。

预制实心剪力墙B/1~3轴线（PCQ7、PCQ8）工程量：

$$V=\{[1.7\times(2.53+0.3)-0.3\times0.4]\times0.2\times2\}m^3=1.88m^3$$

预制填充实心剪力墙 2/B～C 轴线（PCQ9）工程量：$V=[4\times(2.85-0.02)\times0.2]m^3=2.26m^3$

其工程量清单见表 2-22。

表 2-22 实心剪力墙板工程量清单

序号	项目编码	项目名称	项目特征	计量单位	工程量
1	010503006001	预制实心剪力墙	1. 部位：B/1～3 轴线； 2. 构件类型、规格：预制实心剪力墙，2.85m×1.7m×0.2m； 3. 混凝土强度等级：C30； 4. 钢筋连接方式：套筒灌水泥基灌浆料连接； 5. 吊装机械：塔式起重机； 6. 场内运距：投标人自行考虑	m^3	1.88
2	010503006002	预制填充实心剪力墙	1. 部位：2/B～C 轴线； 2. 构件类型、规格：预制填充实心剪力墙，2.85m×1.7m×0.2m； 3. 混凝土强度等级：C30； 4. 钢筋连接方式：套筒灌水泥基灌浆料连接； 5. 吊装机械：塔式起重机； 6. 场内运距：投标人自行考虑	m^3	2.26

2. 夹心保温剪力墙板（项目编码 010503007）

计量单位：m^3

项目特征：①部位；②构件规格或图号；③安装高度；④混凝土强度等级；⑤钢筋连接方式；⑥填缝料材质。

工程量计算规则：按成品构件设计图示尺寸以体积计算。不扣除构件内钢筋、预埋铁件、配管、套管、线盒及单个面积≤$0.3m^2$的孔洞、线箱等所占体积，构件外露钢筋体积亦不再增加。夹心保温墙板实物如图 2-46a 所示。

3. 叠合剪力墙板（项目编码 010503008）

计量单位：m^3

项目特征：①部位；②构件规格或图号；③安装高度；④混凝土强度等级；⑤钢筋连接方式；⑥填缝料材质。

工程量计算规则：按成品构件设计图示尺寸以体积计算。不扣除构件内钢筋、预埋铁件、配管、套管、线盒及单个面积≤$0.3m^2$的孔洞、线箱等所占体积，构件外露钢筋体积亦不再增加。叠合剪力墙板实物如图 2-46b 所示。

a)

b)

图 2-46 夹心保温墙板和叠合剪力墙板实物

a）夹心保温墙板实物 b）叠合剪力墙板实物

【例 2-5】 某建筑采用装配式混凝土结构体系，二层 B～C/1～3 轴线墙体平面布置图如图 2-47a 所示，外围四周装配式墙体由预制叠合剪力墙（图 2-47b），预制实心剪力墙和预制

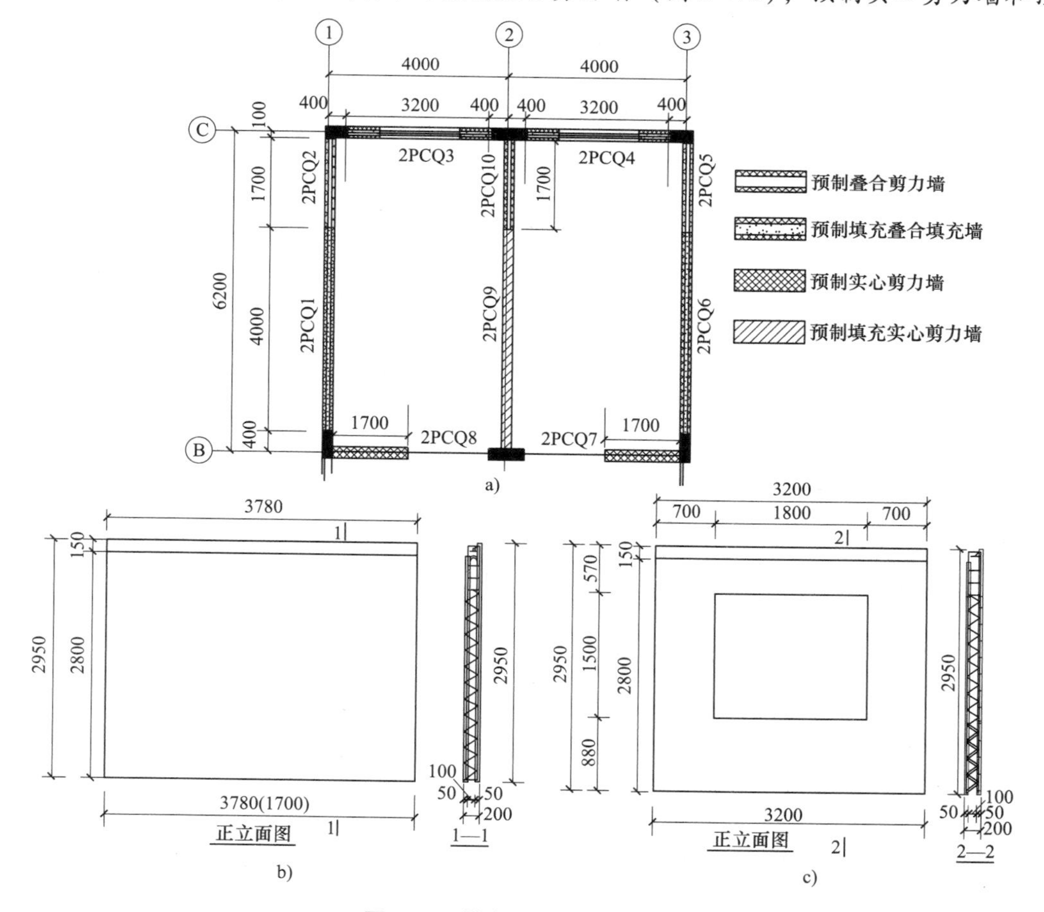

图 2-47 叠合剪力墙板示意图

a）墙体平面布置图 b）叠合剪力墙板（墙长为 3.78m/1.7m）立面及断面示意图

c）叠合剪力墙板（墙长为 3.2m）立面及断面示意图

叠合填充墙（图 2-47c）组成，内墙板由预制叠合剪力墙和预制填充实心剪力墙组成，混凝土等级为 C30，钢筋连接采用套筒灌浆工艺连接，填缝料材质为水泥基灌浆料，现场吊装配置型钢扁担，采用塔式起重机吊装就位。试计算图示叠合剪力墙板工程量及编制其工程量清单。

解：叠合剪力墙板以 m^3 计量，计算规则为按成品构件设计图示尺寸以体积计算。不扣除构件内钢筋、预埋铁件、配管、套管、线盒及单个面积≤0.3m^2 的孔洞、线箱等所占体积，构件外露钢筋体积亦不再增加。

预制叠合剪力墙板（PCQ2、PCQ10、PCQ5）工程量：

$$V=[(1.7\times2.80\times0.05+1.7\times2.95\times0.05)\times3]m^3=1.47m^3$$

预制叠合剪力墙板（PCQ1、PCQ6）工程量：

$$V=[(3.78\times2.80\times0.05+3.78\times2.95\times0.05)\times2]m^3=2.17m^3$$

预制叠合剪力墙板（PCQ3、PCQ4）工程量：

$$V=\{[(3.2\times2.80-1.5\times1.8)\times0.05+(3.2\times2.95-1.5\times1.8)\times0.05]\times2\}m^3=1.30m^3$$

预制叠合剪力墙板工程量：$V=(1.47+2.17+1.30)m^3=4.94m^3$

其工程量清单见表 2-23。

表 2-23 预制叠合剪力墙板工程量清单

序号	项目编码	项目名称	项目特征	计量单位	工程量
1	010503008001	叠合剪力墙板	1. 部位：平面布置详图； 2. 构件类型、规格：预制叠合剪力墙板，规格立面、断面详图； 3. 混凝土强度等级：C30； 4. 钢筋连接方式：套筒灌水泥基灌浆料连接； 5. 吊装机械：塔式起重机； 6. 场内运距：投标人自行考虑	m^3	4.94

2.2.5 外挂墙板、女儿墙计量

1. 外挂墙板（项目编码 010503009）

计量单位：m^3

项目特征：①构件规格或图号；②安装高度；③混凝土强度等级；④钢筋连接方式；⑤填缝料材质。

工程量计算规则：按成品构件设计图示尺寸以体积计算。不扣除构件内钢筋、预埋铁件、配管、套管、线盒及单个面积≤0.3m^2的孔洞、线箱等所占体积，构件外露钢筋体积亦不再增加。外挂墙板实物如图 2-48a 所示。

2. 女儿墙（项目编码 010503010）

计量单位：m^3

a)

b)

图 2-48　预制外挂墙板及女儿墙实物
a）预制外挂墙板实物　b）预制女儿墙实物

项目特征：①构件规格或图号；②安装高度；③混凝土强度等级；④钢筋连接方式；⑤填缝料材质。

工程量计算规则：按成品构件设计图示尺寸以体积计算。不扣除构件内钢筋、预埋铁件、配管、套管、线盒及单个面积≤0.3m^2的孔洞、线箱等所占体积，构件外露钢筋体积亦不再增加。预制女儿墙实物图如图 2-48b 所示。

【例 2-6】　某二层框架结构屋面女儿墙、压顶采用预制装配式工艺施工。该工程屋面女儿墙平面布置图如图 2-49a 所示，预制装配式女儿墙构件 PCNEQ-1 立面图如图 2-49b 所示，墙厚 200mm，混凝土强度等级 C30，女儿墙底部采用预埋套筒灌浆工艺连接。其余各女儿墙构件除长度尺寸有异外（其中 PCNEQ-1 长度为 7.19m，PCNEQ-2 长度为 2.99m，PCNEQ-3 长度为 2.39m，PCNEQ-4 长度为 2.99m，PCNEQ-5 长度为 4.79m，PCNEQ-6 长度为 5.99m），其他信息皆与 PCNEQ-1 相同。所有构件均利用现场塔式起重机吊装就位。试计算图示女儿墙工程量及编制其工程量清单。

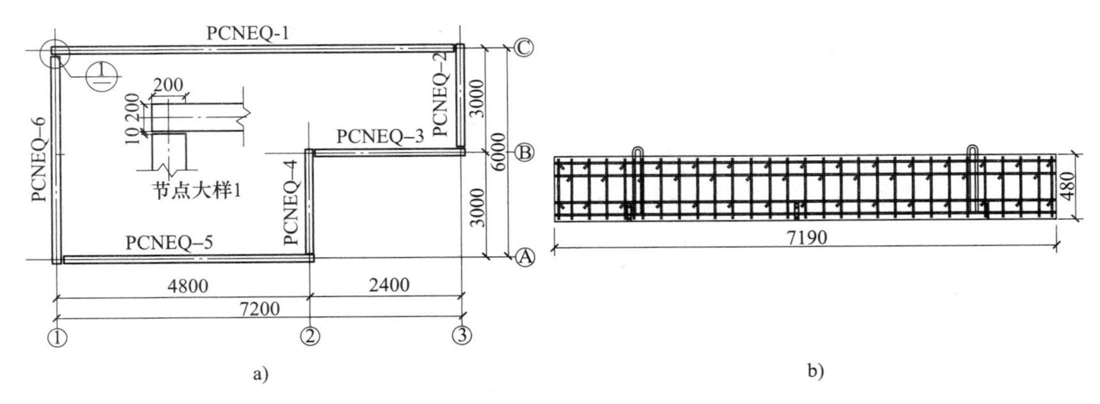

a)　　b)

图 2-49　屋面女儿墙示意图
a）女儿墙平面布置图　b）女儿墙构件 PCNEQ-1 立面图

解：女儿墙以 m^3 计量，计算规则为按成品构件设计图示尺寸以体积计算。不扣除构件内钢筋、预埋铁件、配管、套管、线盒及单个面积≤0.3m^{2}的孔洞、线箱等所占体积，构件外露钢筋体积亦不再增加。

PCNEQ-1 工程量：$V=(7.19\times0.48\times0.2)\mathrm{m}^3=0.69\mathrm{m}^3$

PCNEQ-2 工程量：$V=(2.99\times0.48\times0.2)\mathrm{m}^3=0.29\mathrm{m}^3$

PCNEQ-3 工程量：$V=(2.39\times0.48\times0.2)\mathrm{m}^3=0.23\mathrm{m}^3$

PCNEQ-4 工程量：$V=(2.99\times0.48\times0.2)\mathrm{m}^3=0.29\mathrm{m}^3$

PCNEQ-5 工程量：$V=(4.79\times0.48\times0.2)\mathrm{m}^3=0.46\mathrm{m}^3$

PCNEQ-6 工程量：$V=(5.99\times0.48\times0.2)\mathrm{m}^3=0.58\mathrm{m}^3$

女儿墙工程量小计：$V=(0.69+0.29+0.23+0.29+0.46+0.58)\mathrm{m}^3=2.54\mathrm{m}^3$

其工程量清单见表 2-24。

表 2-24 女儿墙工程量清单

序号	项目编码	项目名称	项目特征	计量单位	工程量
1	010503010001	女儿墙	1. 构件规格：截面尺寸 480mm×200mm； 2. 混凝土强度等级：C30； 3. 钢筋连接方式：套筒灌浆工艺连接； 4. 吊装机械：塔式起重机； 5. 场内运距：投标人自行考虑	m^3	2.54

2.2.6 楼梯、阳台、凸（飘）窗、空调板、压顶及其他构件计量

1. 楼梯（项目编码 010503011）

计量单位：m^3

项目特征：①楼梯类型；②构件规格或图号；③混凝土强度等级；④灌缝材质。

工程量计算规则：按成品构件设计图示尺寸以体积计算。不扣除构件内钢筋、预埋铁件、配管、套管、线盒及单个面积≤0.3m^{2}的孔洞、线箱等所占体积，构件外露钢筋体积亦不再增加。预制楼梯实物如图 2-50a 所示。

a)　　　b)

图 2-50 预制楼梯和阳台实物

a）预制楼梯实物　b）预制阳台实物

【例 2-7】　某装配式预制楼梯平面布置图如图 2-51a 所示，1—1 断面图如图 2-51b 所示，楼梯上下部销键预留洞均为 ϕ50，上下固定铰端均由 C 级螺栓锚固，灌缝材质为水泥基浆料，楼梯两侧，预制构件混凝土强度等级为 C30，利用现场塔式起重机吊装就位。试计算图示楼梯工程量及编制其工程量清单。

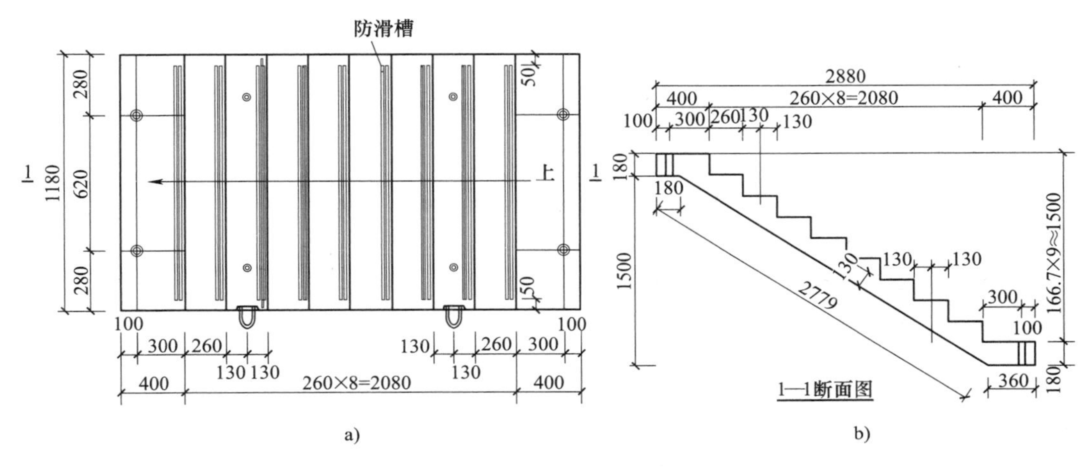

图 2-51　预制楼梯示意

a）楼梯平面布置图　b）1—1 断面图

解：楼梯以 m^3 计量，计算规则为按成品构件设计图示尺寸以体积计算。不扣除构件内钢筋、预埋铁件、配管、套管、线盒及单个面积≤0.3m^2的孔洞、线箱等所占体积，构件外露钢筋体积亦不再增加。可将楼梯 1—1 断面图添加辅助线，如图 2-52 所示。

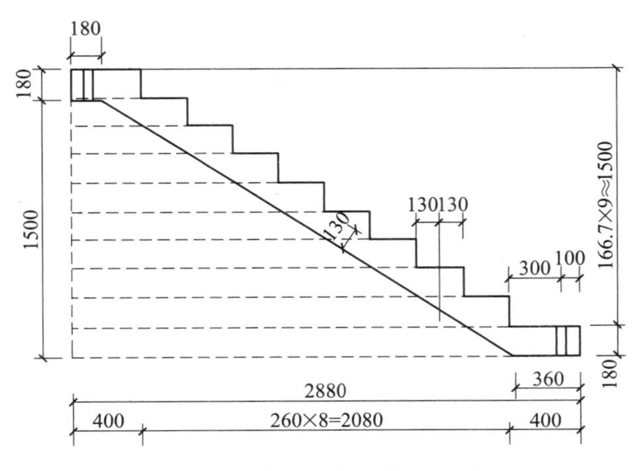

图 2-52　添加辅助线的楼梯 1—1 断面图

每一阶矩形面积（自下而上）：

$S_1=[(0.4+2.08+0.4)\times0.18]m^2=0.52m^2$

$S_2=[(0.4+2.08)\times0.167]m^2=0.41m^2$

$S_3=[(0.4+2.08-0.26)\times0.167]m^2=0.37m^2$

$S_4=[(0.4+2.08-0.26\times2)\times0.167]m^2=0.33m^2$

$S_5=[(0.4+2.08-0.26\times3)\times0.167]m^2=0.28m^2$

$S_6=[(0.4+2.08-0.26\times4)\times0.167]m^2=0.24m^2$

$S_7=[(0.4+2.08-0.26\times5)\times0.167]m^2=0.20m^2$

$S_8=[(0.4+2.08-0.26\times6)\times0.167]m^2=0.15m^2$

$S_9=[(0.4+2.08-0.26\times7)\times0.167]m^2=0.11m^2$

$S_{10}=(0.4\times0.167)m^2=0.07m^2$

每一阶矩形面积之和小计：$S=(0.52+0.41+0.37+0.33+0.28+0.24+0.20+0.15+0.11+0.07)m^2=2.68m^2$

左下角梯形面积：$S=[(0.18+2.88-0.36)\times1.5\div2]m^2=2.03m^2$

楼梯侧面面积：$S=(2.68-2.03)m^2=0.65m^2$

预制楼梯工程量小计：$V=(0.65\times1.18)m^3=0.77m^3$

其工程量清单见表2-25。

表2-25　预制楼梯工程量清单

序号	项目编码	项目名称	项目特征	计量单位	工程量
1	010503011001	预制楼梯	1. 楼梯类型、规格：直跑式无休息平台，规格详图； 2. 混凝土强度等级：C30； 3. 灌缝材质：水泥基浆料； 4. 吊装机械：塔式起重机； 5. 场内运距：投标人自行考虑	m^3	0.77

2. 阳台（项目编码010503012）

计量单位：m^3

项目特征：①构件类型；②构件规格或图号；③混凝土强度等级；④灌缝材质。

工程量计算规则：按成品构件设计图示尺寸以体积计算。不扣除构件内钢筋、预埋铁件、配管、套管、线盒及单个面积≤0.3m^2的孔洞、线箱等所占体积，构件外露钢筋体积亦不再增加。预制阳台实物如图2-50b所示。

【例2-8】　某高层装配式剪力墙住宅层高2.85m，檐口高度98.5m，各楼层阳台采用现浇悬挑梁施工工艺连接安装，某层A户型装配式阳台平面布置示意图如图2-53a所示，左侧装配式阳台平面布置图如图2-53b所示，阳台正立面图及2—2断面图如图2-53c所示。预制构件混凝土强度等级为C30，灌缝材质为水泥基浆料，利用现场塔式起重机吊装就位。试计算图示左侧阳台工程量及编制其工程量清单。

解： 阳台以m^3计量，计算规则为按成品构件设计图示尺寸以体积计算。不扣除构件内钢筋、预埋铁件、配管、套管、线盒及单个面积≤0.3m^2的孔洞、线箱等所占体积，构件外露钢筋体积亦不再增加。

阳台板工程量：$V=[(3.015+0.6)\times(0.515+1)\times0.1]m^3=0.55m^3$

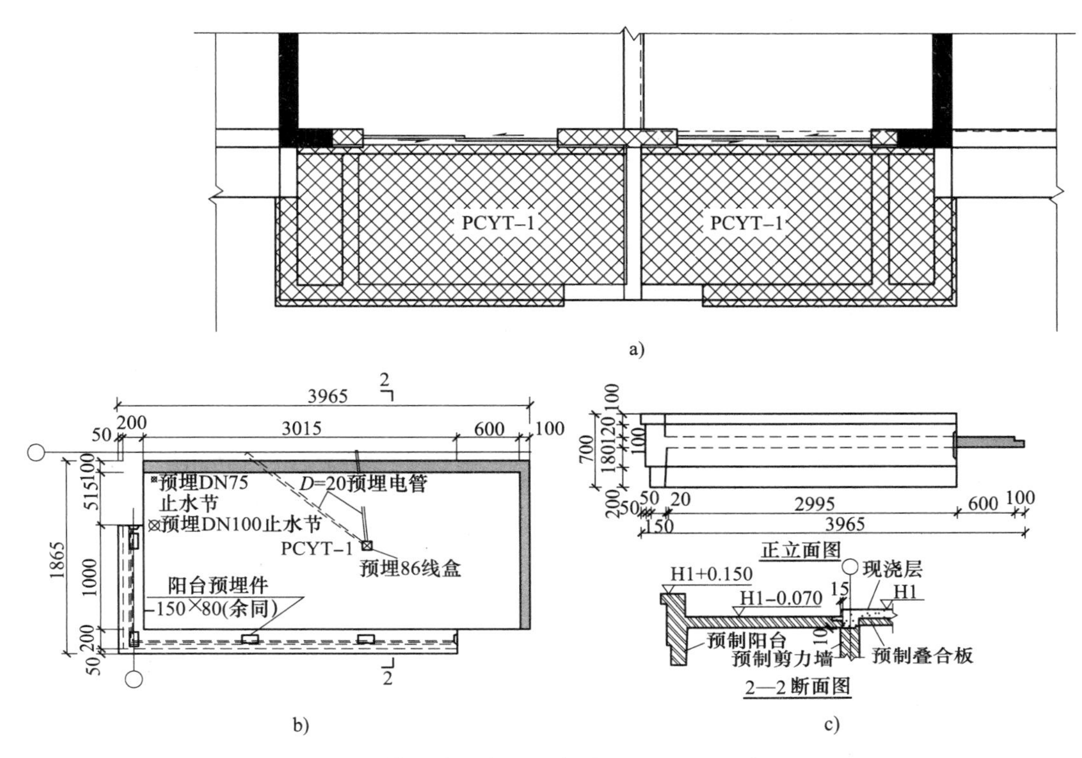

图 2-53　装配式阳台平面布置图正立面图及断面图

a）装配式阳台平面布置示意图　b）左侧装配式阳台平面布置图　c）阳台正立面图及 2—2 断面图

外侧上部线条工程量：$V=[(1+0.2+0.05+3.015)\times(0.05+0.05+0.15)\times0.1]\text{m}^3$

$=0.11\text{m}^3$

外侧中部线条工程量：$V=[(1+0.2+3.015)\times(0.05+0.05+0.15)\times(0.12+0.1+0.18)]\text{m}^3$

$=0.42\text{m}^3$

外侧下部线条工程量：$V=[(1+0.2-0.05+3.015)\times(0.15+0.17)\div2\times0.2]\text{m}^3=0.13\text{m}^3$

阳台工程量小计：$V=(0.55+0.11+0.42+0.13)\text{m}^3=1.21\text{m}^3$

其工程量清单见表 2-26。

表 2-26　阳台工程量清单

序号	项目编码	项目名称	项目特征	计量单位	工程量
1	010503012001	阳台	1. 构件类型、规格：装配式阳台，规格详图； 2. 混凝土强度等级：C30； 3. 灌缝材料：水泥基浆料； 4. 吊装机械：塔式起重机； 5. 场内运距：投标人自行考虑	m^3	1.21

3. 凸（飘）窗（项目编码 010503013）

计量单位：m^3

项目特征：①构件类型；②构件规格或图号；③混凝土强度等级；④灌缝材质。

工程量计算规则：按成品构件设计图示尺寸以体积计算。不扣除构件内钢筋、预埋铁件、配管、套管、线盒及单个面积≤0.3m^2的孔洞、线箱等所占体积，构件外露钢筋体积亦不再增加。预制凸窗实物如图2-54a所示。

a)

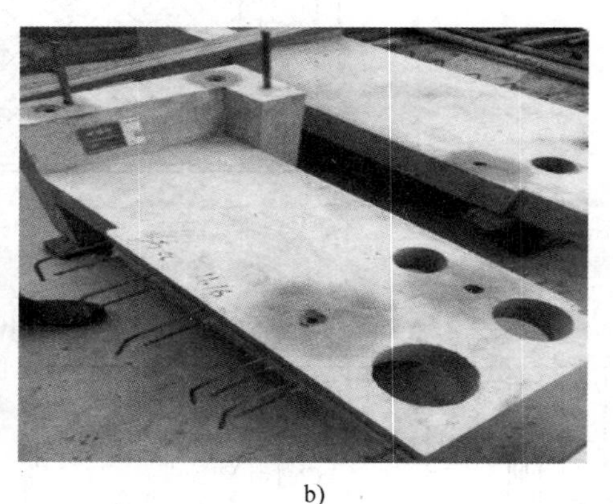

b)

图2-54 预制凸窗和空调板实物

a）预制凸窗实物 b）预制空调板实物

【例2-9】 某高层装配式剪力墙住宅层高2.85m，檐口高度98.5m，各楼层凸窗及室外空调机位搁板采用一体式预制装配式施工工艺安装，某层A户型装配式一体式凸窗及室外空调机位搁板平面布置示意图及三维立体示意图如图2-55a所示，1—1剖面图、2—2剖面图如图2-55b所示，俯视图、底视图如图2-55c所示。预制构件混凝土强度等级为C30，采用预埋套筒灌浆工艺连接，灌缝材质为水泥基浆料，利用现场塔式起重机吊装就位。已知现浇梁截面尺寸均为200mm×400mm，试计算图示凸窗及室外空调机位搁板工程量及编制其工程量清单。

解： 凸（飘）窗以m^3计量，计算规则为按成品构件设计图示尺寸以体积计算。不扣除构件内钢筋、预埋铁件、配管、套管、线盒及单个面积≤0.3m^2的孔洞、线箱等所占体积，构件外露钢筋体积亦不再增加。

背板工程量：$V=[(3.8-0.2)\times(2.83-0.14)\times0.2]m^3=1.94m^3$

左端侧面立柱工程量 $V=\{[(0.31+0.14)\times0.4+(1.65+0.25-0.1)\times(0.049+0.151)+0.38\times0.4]\times0.2\}m^3=0.14m^3$

中部侧墙工程量：$V=(2.83\times0.13\times0.6)m^3=0.22m^3$

右侧端墙工程量：$V=(2.83\times0.2\times0.6)m^3=0.34m^3$

凸窗顶板工程量：$V=(0.6\times2.2\times0.1)m^3=0.13m^3$

凸窗底板工程量：$V=[2.2\times0.6\times0.1+(0.4+2.2-0.1)\times0.15\times0.1]m^3=0.17m^3$

空调板工程量：$V=(1.27\times0.6\times0.1+1.27\times0.15\times0.1)m^3=0.10m^3$

窗洞占位工程量：$V=(1.65\times2\times0.2)m^3=0.66m^3$

该一体式凸窗及室外空调机位搁板工程量小计：$V=(1.94+0.14+0.22+0.34+0.13+0.17+0.10-0.66)m^3=2.38m^3$

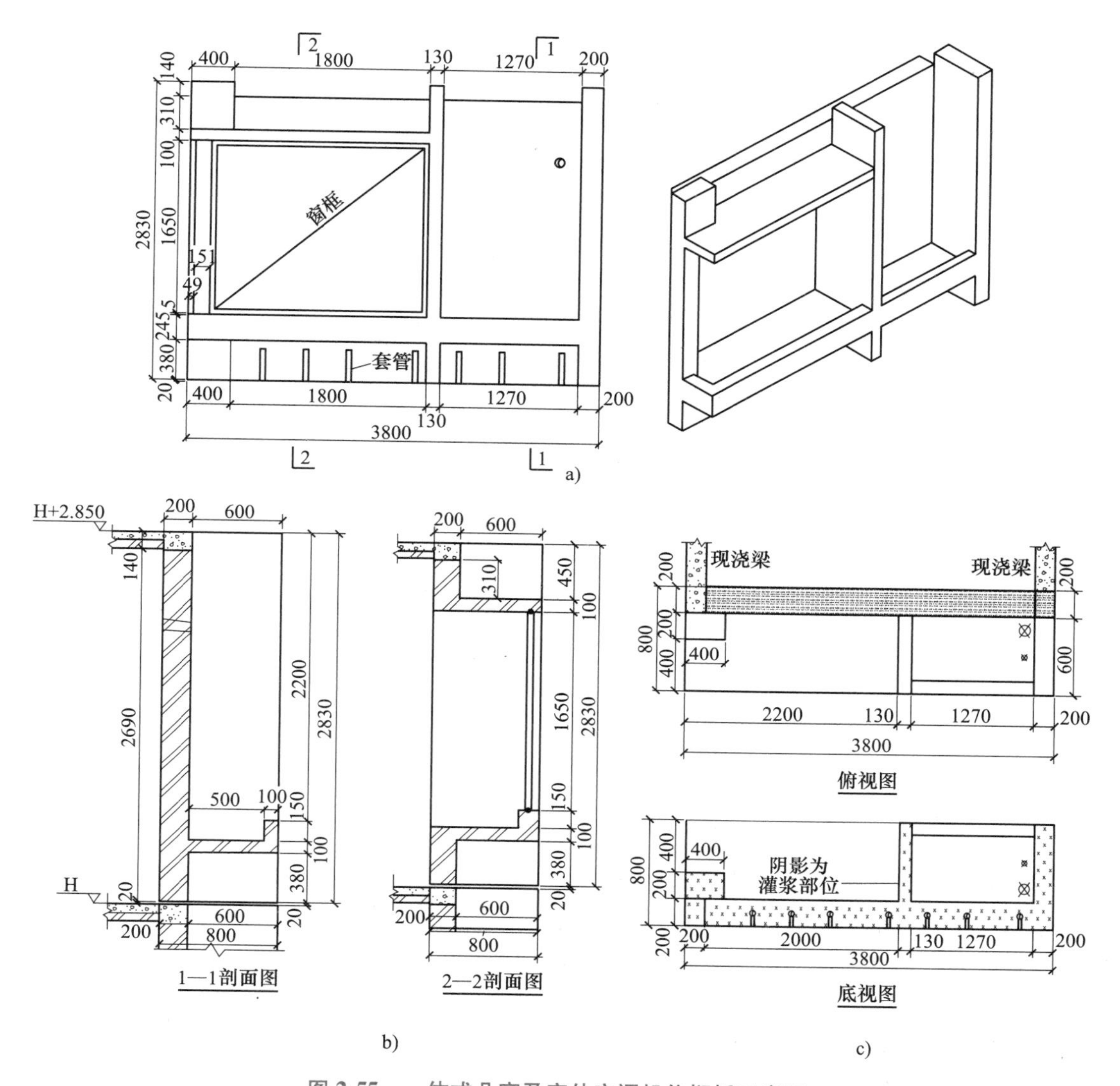

图 2-55　一体式凸窗及室外空调机位搁板示意图

a）平面布置示意图及三维立体示意图　b）1—1 剖面图、2—2 剖面图　c）俯视图、底视图

其工程量清单见表 2-27。

表 2-27　一体式凸窗及室外空调机位搁板工程量清单

序号	项目编码	项目名称	项目特征	计量单位	工程量
1	010503013001	一体式凸窗及室外空调机位搁板	1. 构件类型、规格：一体式凸窗及室外空调机位搁板，规格详图； 2. 混凝土强度等级：C30； 3. 灌缝材质：水泥基浆料； 4. 吊装机械：塔式起重机； 5. 场内运距：投标人自行考虑	m^3	2.38

4. 空调板（项目编码 010503014）

计量单位：m^3

项目特征：①构件类型；②构件规格或图号；③混凝土强度等级；④灌缝材质。

工程量计算规则：按成品构件设计图示尺寸以体积计算。不扣除构件内钢筋、预埋铁件、配管、套管、线盒及单个面积≤0.3m^2的孔洞、线箱等所占体积，构件外露钢筋体积亦不再增加。预制凸窗和空调板实物如图 2-54 所示。

5. 压顶（项目编码 010503015）

计量单位：m^3

项目特征：①构件类型；②构件规格或图号；③混凝土强度等级；④灌缝材质。

工程量计算规则：按成品构件设计图示尺寸以体积计算。不扣除构件内钢筋、预埋铁件、配管、套管、线盒及单个面积≤0.3m^2的孔洞、线箱等所占体积，构件外露钢筋体积亦不再增加。

6. 其他构件（项目编码 010503016）

计量单位：m^3

项目特征：①构件类型；②构件规格或图号；③混凝土强度等级；④灌缝材质。

工程量计算规则：按成品构件设计图示尺寸以体积计算。不扣除构件内钢筋、预埋铁件、配管、套管、线盒及单个面积≤0.3m^2的孔洞、线箱等所占体积，构件外露钢筋体积亦不再增加。

2.3 装配式混凝土结构工程计价

工程量清单计价模式下的装配式混凝土结构分部分项工程综合单价计取流程为：首先依据清单的项目特征属性进行相关计价定额选取；然后依据计价定额中对应的计算规则进行定额工程量计算；再结合定额相关说明查看是否需要调整，如人工费系数、材料用量系数、综合单价系数等调整；最后结合当地当期人工费、材料单价、机械费等进行费用调整。本节结合地方配套的 2015 年《四川省建设工程工程量清单计价定额——房屋建筑与装饰工程》（简称 2015《计价定额》）进行组价，一般有以下三种情形。

1）当某分项工程的工程量清单的项目特征、计量单位及工程量计算规则与《计价定额》对应的定额项目包含的内容、计量单位及工程量计算规则完全一致，进行定额组价只有该定额项目对应时，清单项目综合单价=定额项目综合单价。

2）当某分项工程的工程量清单的计量单位及工程量计算规则与《计价定额》对应的定额项目的计量单位及工程量计算规则一致，但清单项目特征包含多个定额项目的工程内容，进行定额组价需多个定额项目组成时，清单项目综合单价=Σ（定额项目综合单价）。

3）当某分项工程的工程量清单的项目特征、计量单位及工程量计算规则与《计价定额》对应的定额项目包含的内容、计量单位及工程量计算规则不一致时，进行定额组价需分别计算合计时，清单项目综合单价=（Σ 该项目清单所包含的各定额项目工程量×定额综合单价）÷该清单项目工程量。

1. 装配式混凝土结构工程计价定额（2015 年《四川省建设工程工程量清单计价定额——补充定额及定额解释（一）》，简称《装配计价定额》）说明

1）《装配计价定额》是为适应建筑装配化而采用的新技术、新工艺、新材料的要求，依据国家、省有关产品标准、设计规范、施工及验收规范、技术操作规程、质量评定标准、安全操作规程等结合四川省实际而编制的。

2）《装配计价定额》只限于采用装配式建筑中使用。

3）《装配计价定额》内容包括：预制钢筋混凝土柱、梁、叠合梁（底梁）、叠合楼板（底板）、外墙板、内墙板、女儿墙、楼梯、阳台板、空调板、预埋套管、注浆、叠合板支撑、梁、叠合梁支撑、墙支撑、维护外脚手架等定额项目。《计价定额》未包括的项目应按 2015 年《四川省建设工程工程量清单计价定额》相关册有关定额项目执行。

4）装配式钢筋混凝土预制构件按外购成品考虑，混凝土等级和钢筋含量产生的费用差包含在成品构件成品价格中。

5）装配式钢筋混凝土预制构件成品价位到现场堆放点的价格包括：钢筋、预埋件（含安装预埋件，套筒预埋除外）、混凝土和保温、装饰材料费、成品制作费、模板费、预埋管线费、运输、上下车费、包装费、现场堆放支架及构件厂家的管理费、利润和税金等全部费用。《装配计价定额》中装配式钢筋混凝土预制构件为成品基价，其调整按 2015 年《四川省建设工程工程量清单计价定额》总说明有关规定执行。

6）柱和梁不分矩形或异形，均按梁、柱项目执行。

7）柱、叠合楼板项目中已经包括接头灌浆工作内容，不再另行计算。

8）墙柱交接处、墙墙交接处，其现浇部分执行 2015 年《四川省建设工程工程量清单计价定额——房屋建筑与装饰工程》相应项目，具体规定如下：

① 现浇混凝土及模板按构造柱项目执行，其人工乘以 1.3 系数。

② 钢筋按现浇混凝土钢筋项目执行，其定额人工乘以 1.3 系数。

9）叠合板及叠合梁上以叠合板间现浇混凝土执行有梁板项目，叠合板间现浇带模板执行后浇带项目。

10）装配式钢筋混凝土预制构件的支撑及维护外脚手架按周转使用考虑。阳台支撑按叠合楼板支撑项目执行。

11）装配式钢筋混凝土预制构件的吊装费按 2015《四川省建设工程工程量清单计价定额——房屋建筑与装饰工程》垂直运输中框剪相应项目执行。檐高 50m 以上的垂直运输定额项目，按起重力矩 1000kN · m 以内的自升式塔式起重机考虑，若与定额不同时，由甲乙双方协商确定。

2. 装配式混凝土结构工程在《装配计价定额》工程量计算规则

1）装配式钢筋混凝土预制构件的工程量均按设计施工图示尺寸以体积计算。不扣除构件内钢筋、预埋铁件管线及其他预埋物等所占体积。

2）装配式墙、板安装，不扣除单个面积≤0. 3m^2的孔洞所占体积。

3）装配式钢筋混凝土楼梯安装工程量应按扣除空心踏步板空洞后体积以“m^3”计算。

4）预埋套筒、注浆按数量以“个”计算。

5）墙间空腹注浆按所注浆的长度以“m”计算。

6）叠合板支撑按支撑的叠合板构件体积计算（不扣除单个面积≤0. 3m^2的空洞、柱、墙、垛所占体积）。

7）墙板、柱支撑体系按竖向构件的垂直投影面积（不扣除门窗洞口、空圈洞口等所占面积，不扣除单个面积≤0.3m^2的空洞所占面积）计算，外墙按单侧计，内墙按双侧计，柱按1/2周长计。

8）围护外脚手架按建筑物外墙外边线乘以建筑物高度（设计室外地坪至檐口高度，女儿墙或挑檐反口超过1.2m时，算至女儿墙或挑檐反口顶面）以面积计算，建筑物凸出或凹进部分并入外脚手架工程量。

9）烟道、通风道按实体积以“m^3”计算。

2.3.1 实心柱计价

实心柱综合单价计取是结合《装配计价定额》中装配式建筑钢筋混凝土构件相应子项执行，其中装配式建筑钢筋混凝土构件章节包括装配式预制混凝土构件安装、装配式构件套筒及注浆、预制构件支撑和附着式围护外脚手架等4个分部工程，共计24项分项工程。以下构件综合单价计取进行了详细定额组价及调整的演示，便于读者结合计价定额及各费用要素价格查看。在计算过程中，由于篇幅的原因，不能将全部构件综合单价计取一一详细列出。仅结合实际工程配图，通过例题对主要的、典型的构件综合单价进行演示计算。

【例2-10】 某框架结构工程采用装配式混凝土柱、梁、板体系施工，图2-39a为该框架结构二层柱、梁平面布置图，层高3.6m，PCZ-1实心柱立面图如图2-39b所示，预制实心柱截面尺寸为400mm×400mm，混凝土强度等级为C30，采用套筒灌浆工艺连接，预埋可调式套管数量为12个，所有构件均利用现场塔式起重机吊装就位。已编制的该预制实心柱分部分项工程清单与计价表见表2-28，已知政策性人工费调整幅度为40.5%，装配式钢筋混凝土预制柱单价为2650元/m^3，无收缩水泥砂浆单价为1350元/t，可调式钢筋套筒单价为58元/个，水单价为3.8元/m^3，柴油单价为7.5元/kg，柱体竖向构件支撑体系综合考虑，试采用增值税一般计税方法，计算该实心柱分部分项工程的综合单价与合价。

表2-28 实心柱分部分项工程清单与计价表

<table>
<tr><th rowspan="3">序号</th><th rowspan="3">项目编码</th><th rowspan="3">项目名称</th><th rowspan="3">项目特征</th><th rowspan="3">计量单位</th><th rowspan="3">工程量</th><th colspan="3">金额（元）</th></tr>
<tr><th rowspan="2">综合单价</th><th rowspan="2">合价</th><th>其中</th></tr>
<tr><th>定额人工费</th></tr>
<tr><td>1</td><td>010503001001</td><td>实心柱</td><td>1. 构件规格：柱截面尺寸400mm×400mm，混凝土高度2980mm；
2. 混凝土强度等级：C30；
3. 钢筋连接方式：套筒灌浆工艺连接；
4. 吊装机械及檐高：塔式起重机，檐高42.5m；
5. 支撑体系：柱体竖向构件支撑体系综合考虑</td><td>m³</td><td>4.29</td><td></td><td></td><td></td></tr>
</table>

解：按照2015年《四川省建设工程工程量清单计价定额——房屋建筑与装饰工程》及《四川省建设工程工程量清单计价定额——补充定额及定额解释（一）》（2015）计算综合单

价。依据项目特征描述，应选用（或借用）定额 AE0555（装配式预制混凝土柱）、AE0568（预埋套筒）、AE0572（垂直柱套筒灌浆）及 AE0577（装配式预制构件墙体支撑）计算。

注：装配式钢筋混凝土预制构件的吊装费不另计，建筑物垂直运输按2015年《四川省建设工程工程量清单计价定额——房屋建筑与装饰工程》（简称2015《计价定额》）相关项目执行。

（1）AE0555（装配式预制混凝土柱）调整

1）分别查计量规范和计价定额关于实心柱体积计量规则的规定，实心柱项目清单工程量=定额工程量。查2015《计价定额》A. E. 17 装配式建筑钢筋混凝土构件（补充）子目 AE0555（装配式预制混凝土柱），基价为2333.43 元/m^3。其中人工费 81.90 元/m^3，材料费 2235.19 元/m^3，综合费 16.34 元/m^3。

2）人工费调整。已知政策性人工费调整幅度为40.5%。

$$调整后人工费=[81.90×(1+40.5\%)]元/m^3=115.07 元/m^3$$

3）材料费调整。从定额 AE0555 可知，装配式预制混凝土柱使用的材料有：装配式钢筋混凝土预制柱、无收缩水泥砂浆、板枋材、预埋铁件等其他材料。

① 装配式钢筋混凝土预制柱价格调整。

A. 消耗量与单价。查装配式钢筋混凝土预制柱定额消耗量为 1m^3/m^3，定额单价 2150 元/m^3，已知装配式钢筋混凝土预制柱材料单价为 2650 元/m^3（不含税）。

B. 装配式钢筋混凝土预制柱调价后实际费用=(1×2650)元/m^3=2650 元/m^3。

② 无收缩水泥砂浆价格调整。

A. 消耗量与单价。查无收缩水泥砂浆定额消耗量为 0.051t/m^3，定额单价 1100 元/t，已知无收缩水泥砂浆材料单价为 1350 元/t（不含税）。

B. 无收缩水泥砂浆调价后实际费用=（0.051×1350）元/m^3=68.85 元/m^3。

③ 按已知题干条件，板枋材、预埋铁件等其他材料单价无变化，故不需要进行调整，费用为（0.008×1300+0.002×5+0.886×4+5.046×3）元/m^3=29.09 元/m^3。

④ 材料费合计=(2650+68.85+29.09)元/m^3=2747.94 元/m^3。

4）综合费无变化不调整，综合费=16.34 元/m^3。

5）调整后 AE0555（装配式预制混凝土柱）基价为：

$$(115.07+2747.94+16.34)元/m^3=2879.35 元/m^3$$

（2）AE0568（预埋套筒）调整

1）查计价定额关于预埋套筒计量规则的规定，预埋套筒项目定额工程量以“个”计量。查2015《计价定额》A. E. 17 装配式建筑钢筋混凝土构件（补充）项子目 AE0568（预埋套筒），基价为 51.24 元/个。其中人工费 4.82 元/个，材料费 45.45 元/个，综合费 0.97 元/个。

2）人工费调整。已知政策性人工费调整幅度为40.5%。

$$调整后人工费=[4.82×(1+40.5\%)]元/个=6.77 元/个$$

3）材料费调整。从定额 AE0568 可知，预埋套筒使用的材料仅有可调式钢筋套筒。

可调式钢筋套筒价格调整。

① 消耗量与单价。查可调式钢筋套筒定额消耗量为 1.01 个/个，定额单价 45 元/个，

已知可调式钢筋套筒材料单价为 58 元/个（不含税）。

② 可调式钢筋套筒调价后实际费用 =(1.01×58)元/个 = 58.58 元/个。

4）综合费无变化不调整，综合费 = 0.97 元/个。

5）调整后 AE0568（预埋套筒）基价为：

$$(6.77+58.58+0.97)\text{元/个}=66.32\text{元/个}$$

（3）AE0572（垂直柱套筒灌浆）调整

1）查计价定额关于垂直柱套筒灌浆计量规则的规定，垂直柱套筒灌浆项目定额工程量以“个”计量。查 2015《计价定额》A.E.17 装配式建筑钢筋混凝土构件（补充）项子目 AE0572（垂直柱套筒灌浆），基价为 14.11 元/个。其中人工费 2.58 元/个，材料费 11.02 元/个，综合费 0.51 元/个。

2）人工费调整。已知政策性人工费调整幅度为 40.5%。

$$\text{调整后人工费}=[2.58\times(1+40.5\%)]\text{元/个}=3.62\text{元/个}$$

3）材料费调整。从定额 AE0572 可知，垂直柱套筒灌浆使用的材料有：注浆料、水。

① 水价格调整。

A. 消耗量与单价。查水定额消耗量为 0.002m^3/个，定额单价 2 元/m^3，已知水单价为 3.8 元/m^3（不含税）。

B. 水调价后实际费用 =(0.002×3.8)元/个 = 0.01 元/个。

② 按已知题干条件，注浆料单价无变化，故不需要进行调整，费用为：

$$(1.148\times9.6)\text{元/个}=11.02\text{元/个}$$

③材料费合计 =（0.01+11.02）元/个 = 11.03 元/个。

4）综合费无变化不调整，综合费 = 0.51 元/个。

5）调整后 AE0572（垂直柱套筒灌浆）基价为：

$$(3.62+11.03+0.51)\text{元/个}=15.16\text{元/个}$$

（4）AE0577（装配式预制构件墙体支撑）调整

1）查计价定额关于柱体支撑计量规则的规定，柱体支撑项目定额工程量以垂直投影面积“m^2”计量，按 1/2 周长计取，则柱体支撑定额工程量为 $(0.4\times4\div2\times2.98)m^2=2.38m^2$。查 2015《计价定额》装配式预制柱体支撑定额缺项，借用 A.E.17 装配式建筑钢筋混凝土构件（补充）项子目 AE0577（装配式预制构件墙体支撑），基价为 22.84 元/m^2。其中人工费 6.21 元/m^2，材料费 13.26 元/m^2，机械费 1.75 元/m^2，综合费 1.62 元/m^2。

2）人工费调整。已知政策性人工费调整幅度为 40.5%。

$$\text{调整后人工费}=[6.21\times(1+40.5\%)]\text{元}/m^2=8.73\text{元}/m^2$$

3）按已知题干条件，材料单价均无变化，故不需要进行调整，费用为 13.26 元/m^2。

4）机械用柴油价格调整。

① 消耗量与单价。查定额 AE0577（装配式预制构件墙体支撑）机械用柴油消耗量为 0.166kg/m^2，定额单价 8.5 元/kg，已知机械用柴油单价为 7.5 元/kg（不含税）。

② 机械费调价后实际费用 =$[1.75-(8.5-7.5)\times0.166]$元/$m^2$ = 1.58 元/m^2。

5）综合费无变化不调整，综合费 = 1.62 元/m^2。

6）调整后 AE0577（装配式预制构件墙体支撑）基价为：

$$(8.73+13.26+1.58+1.62)\text{元}/m^2=25.19\text{元}/m^2$$

将以上各定额基价汇总转换为清单综合单价，转换后的预制实心柱综合单价为：

[(2879.35×4.29+66.32×12+15.16×12+25.19×2.38)/4.29]元/m^3=3121.24元/m^3。

将预制实心柱综合单价填入工程量清单并计算合价，得预制实心柱分部分项工程清单与计价表，见表2-29。其中定额人工费=(81.90×4.29+4.82×12+2.58×12+6.21×2.38)元=454.93元。

表2-29 实心柱分部分项工程清单与计价表

序号	项目编码	项目名称	项目特征	计量单位	工程量	金额（元）		
						综合单价	合价	其中 定额人工费
1	010503001001	实心柱	1. 构件规格：柱截面尺寸400mm×400mm，混凝土高度2980mm； 2. 混凝土强度等级：C30； 3. 钢筋连接方式：套筒灌浆工艺连接； 4. 吊装机械及檐高：塔式起重机，檐高42.5m； 5. 支撑体系：柱体竖向构件支撑体系综合考虑	m^3	4.29	3121.24	13390.12	454.93

2.3.2 单梁及叠合梁计价

单梁及叠合梁综合单价计取是结合《装配计价定额》中装配式建筑钢筋混凝土构件相应子项执行，其中装配式建筑钢筋混凝土构件章节包括装配式预制混凝土构件安装、装配式构件套筒及注浆、预制构件支撑和附着式围护外脚手架等4个分部工程，共计24项分项工程。以下对构件综合单价计取进行了详细定额组价及调整的演示，便于读者结合计价定额及各费用要素价格进行查看。在计算过程中，由于篇幅的原因，不能将全部构件综合单价计取一一详细列出。仅结合实际工程配图，通过例题对主要的、典型的构件综合单价进行演示计算。

【例2-11】 某框架结构工程采用装配式混凝土柱、梁、板体系施工，图2-39a所示为该框架结构二层柱、梁平面布置图，层高3.6m，PCL-1（PCL-2）叠合梁立面图、断面图、剖面图如图2-41所示，叠合梁混凝土截面尺寸为250mm×400mm，混凝土强度等级为C30，梁顶纵筋及支座负筋现场绑扎浇筑梁柱节点混凝土方式连接，所有构件均利用现场塔式起重机吊装就位。已编制的该叠合梁分部分项工程清单与计价表见表2-30，已知政策性人工费调整幅度为40.5%，装配式钢筋混凝土预制叠合梁单价为3190元/m^3，柴油单价为7.5元/kg，叠合梁支撑体系综合考虑，试采用增值税一般计税方法，计算该叠合梁分部分项工程的综合单价与合价。

表 2-30 叠合梁分部分项工程清单与计价表

序号	项目编码	项目名称	项目特征	计量单位	工程量	金额（元）		
						综合单价	合价	其中 定额人工费
1	010503003001	叠合梁	1. 构件规格：叠合梁截面尺寸 250mm×400mm，PCL-1（PCL-2）长度分别为 4.12m（2.52m）； 2. 混凝土强度等级：C30； 3. 钢筋连接方式：现场绑扎连接； 4. 吊装机械：塔式起重机； 5. 支撑体系：叠合梁支撑体系综合考虑	m^3	3.98			

解： 按照 2015 年《四川省建设工程工程量清单计价定额——房屋建筑与装饰工程》及《四川省建设工程工程量清单计价定额——补充定额及定额解释（一）》（2015）计算综合单价。依据项目特征描述，应选用定额 AE0557［装配式预制混凝土叠合梁（底梁）］、AE0575（装配式预制构件叠合梁支撑）计算。

注：装配式钢筋混凝土预制构件的吊装费不另计，建筑物垂直运输按 2015 年《四川省建设工程工程量清单计价定额——房屋建筑与装饰工程》（简称 2015《计价定额》）相关项目执行。

（1）AE0557［装配式预制混凝土叠合梁（底梁）］调整

1）分别查计量规范和计价定额关于叠合梁体积计量规则的规定，叠合梁项目清单工程量=定额工程量。查 2015《计价定额》A.E.17 装配式建筑钢筋混凝土构件（补充）子目 AE0557［装配式预制混凝土叠合梁（底梁）］，基价为 2348.46 元/m^3。其中人工费 83.86 元/m^3，材料费 2225.83 元/m^3，机械费 18.14 元/m^3，综合费 20.63 元/m^3。

2）人工费调整。已知政策性人工费调整幅度为 40.5%。

$$调整后人工费=[83.86\times(1+40.5\%)]元/m^3=117.82 元/m^3$$

3）材料费调整。从定额 AE0557 可知，装配式预制混凝土叠合梁（底梁）使用的材料有：装配式钢筋混凝土预制叠合梁、板枋材、低合金钢焊条 E43 系列、垫铁等其他材料。

① 装配式钢筋混凝土预制叠合梁价格调整。

A. 消耗量与单价。查装配式钢筋混凝土预制叠合梁定额消耗量为 1m^3/m^3，定额单价 2200 元/m^3，已知装配式钢筋混凝土预制叠合梁材料单价为 3190 元/m^3（不含税）。

B. 装配式钢筋混凝土预制叠合梁调价后实际费用=(1×3190)元/m^3=3190 元/m^3。

② 按已知题干条件，板枋材、低合金钢焊条 E43 系列、垫铁等其他材料单价无变化，故不需要进行调整，费用为（0.001×1300+2.26×8.5+1.331×4）元/m^3=25.83 元/m^3。

③ 材料费合计=(3190+25.83)元/m^3=3215.83 元/m^3。

4）机械费无变化不调整，机械费=18.14 元/m^3。

5）综合费无变化不调整，综合费=20.63 元/m^3。

6）调整后 AE0557［装配式预制混凝土叠合梁（底梁）］基价为：

$$(117.82+3215.83+18.14+20.63)\text{元/m}^3=3372.42\text{ 元/m}^3$$

（2）AE0575（装配式预制构件叠合梁支撑）调整

1）查计价定额关于叠合梁支撑计量规则的规定，叠合梁支撑项目定额工程量以叠合梁构件体积“m^3”计量，即定额工程量=清单工程量。查 2015《计价定额》A. E. 17 装配式建筑钢筋混凝土构件（补充）项子目 AE0575（装配式预制构件叠合梁支撑），基价为 201.44 元/m^3。其中人工费 57.80 元/m^3，材料费 55.32 元/m^3，机械费 63.20 元/m^3，综合费 25.12 元/m^3。

2）人工费调整。已知政策性人工费调整幅度为 40.5%。

$$\text{调整后人工费}=[57.80\times(1+40.5\%)]\text{元/m}^3=81.21\text{ 元/m}^3$$

3）按已知题干条件，材料单价均无变化，故不需要进行调整，费用为 55.32 元/m^3。

4）机械用柴油价格调整。

① 消耗量与单价。查定额 AE0575（装配式预制构件叠合梁支撑）机械用柴油消耗量为 5.983kg/m^3，定额单价 8.5 元/kg，已知机械用柴油单价为 7.5 元/kg（不含税）。

② 机械费调价后实际费用=$[63.20-(8.5-7.5)\times5.983]$元/$m^3$=57.22 元/$m^3$。

5）综合费无变化不调整，综合费=25.12 元/m^3。

6）调整后 AE0575（装配式预制构件叠合梁支撑）基价为：

$$(81.21+55.32+57.22+25.12)\text{元/m}^3=218.87\text{ 元/m}^3$$

将以上各定额基价汇总转换为清单综合单价，转换后的叠合梁综合单价为：

$$(3372.42+218.87)\text{元/m}^3=3591.29\text{ 元/m}^3$$

将叠合梁综合单价填入工程量清单并计算合价，得叠合梁分部分项工程清单与计价表，见表 2-31。其中定额人工费=$[(83.86+57.80)\times3.98]$元=563.81 元。

表 2-31　叠合梁分部分项工程清单与计价表

序号	项目编码	项目名称	项目特征	计量单位	工程量	金额（元）		
						综合单价	合价	其中 定额人工费
1	010503003001	叠合梁	1. 构件规格：叠合梁截面尺寸 250mm×400mm，PCL-1（PCL-2）长度分别为 4.12m（2.52m）； 2. 混凝土强度等级：C30； 3. 钢筋连接方式：现场绑扎连接； 4. 吊装机械：塔式起重机； 5. 支撑体系：叠合梁支撑体系综合考虑	m^3	3.98	3591.29	14293.33	563.81

2.3.3　整体板及叠合板计价

整体板及叠合板综合单价计取是结合《装配计价定额》中装配式建筑钢筋混凝土构件

相应子项执行，其中装配式建筑钢筋混凝土构件章节包括装配式预制混凝土构件安装、装配式构件套筒及注浆、预制构件支撑和附着式围护外脚手架等 4 个分部工程，共计 24 项分项工程。以下构件综合单价计取进行了详细定额组价及调整的演示，便于读者结合计价定额及各费用要素价格进行查看。在计算过程中，由于篇幅的原因，不能将全部构件综合单价计取一一详细列出。仅结合实际工程配图，通过例题对主要的、典型的构件综合单价进行演示计算。

【例 2-12】 某建筑采用装配式混凝土结构体系，二层 A~C/1~3 轴线装配式预制柱、梁、板平面布置如图 2-42a 所示，PCB 构件平面图、剖面图示意如图 2-43b 所示，层高 3.6m。预制叠合板厚度 60mm，混凝土强度等级为 C30。所有构件均利用现场塔式起重机吊装。已编制的该叠合楼板分部分项工程清单与计价表见表 2-32，已知政策性人工费调整幅度为 40.5%，装配式钢筋混凝土预制叠合楼板单价为 2698 元/m^3，水单价为 3.8 元/m^3，柴油单价为 7.5 元/kg，叠合楼板支撑体系综合考虑，试采用增值税一般计税方法，计算该叠合楼板分部分项工程的综合单价与合价。

表 2-32 叠合楼板分部分项工程清单与计价表

序号	项目编码	项目名称	项目特征	计量单位	工程量	金额（元）		
						综合单价	合价	其中
								定额人工费
1	010503005001	叠合板	1. 类型、规格：厚度 60mm 叠合板、规格详图； 2. 混凝土强度等级：C30； 3. 吊装机械：塔式起重机； 4. 支撑体系：叠合楼板支撑体系综合考虑	m^3	2.91			

解：按照 2015 年《四川省建设工程工程量清单计价定额——房屋建筑与装饰工程》及《四川省建设工程工程量清单计价定额——补充定额及定额解释（一）》（2015）计算综合单价。依据项目特征描述，应选用定额 AE0561［装配式预制混凝土叠合楼板（底板）］、AE0574（装配式预制构件叠合板支撑）计算。

注：装配式钢筋混凝土预制构件的吊装费不另计，建筑物垂直运输按 2015 年《四川省建设工程工程量清单计价定额——房屋建筑与装饰工程》（简称 2015《计价定额》）相关项目执行。

（1）AE0561［装配式预制混凝土叠合楼板（底板）］调整

1）分别查计量规范和计价定额关于叠合楼板体积计量规则的规定，叠合楼板项目清单工程量=定额工程量。查 2015《计价定额》A.E.17 装配式建筑钢筋混凝土构件（补充）子目 AE0561［装配式预制混凝土叠合楼板（底板）］，基价为 2130.53 元/m^3。其中人工费 99.00 元/m^3，材料费 1979.92 元/m^3，机械费 26.22 元/m^3，综合费 25.39 元/m^3。

2）人工费调整。已知政策性人工费调整幅度为40.5%。

调整后人工费=[99.00×(1+40.5%)]元/m^3=139.10元/m^3

3）材料费调整。从定额AE0561可知，装配式预制混凝土叠合楼板（底板）使用的材料有：装配式钢筋混凝土预制叠合楼板、板枋材、低合金钢焊条E43系列、水、预拌砂浆M7.5等其他材料。

① 装配式钢筋混凝土预制叠合楼板价格调整。

A. 消耗量与单价。查装配式钢筋混凝土预制叠合楼板定额消耗量为1m^3/m^3，定额单价1950元/m^3，已知装配式钢筋混凝土预制叠合楼板材料单价为2698元/m^3（不含税）。

B. 装配式钢筋混凝土预制叠合梁调价后实际费用=（1×2698）元/m^3=2698元/m^3。

② 水价格调整。

A. 消耗量与单价。查水定额消耗量为0.007m^3/m^3，定额单价2元/m^3，已知水单价为3.8元/m^3（不含税）。

B. 水调价后实际费用=(0.007×3.8)元/m^3=0.03元/m^3。

③ 按已知题干条件，板枋材、低合金钢焊条E43系列、拌砂浆M7.5等其他材料单价无变化，故不需要进行调整，费用为（0.003×1300+2.034×8.5+0.024×260+0.099×25）元/m^3=29.90元/m^3。

④ 材料费合计=(2698+0.03+29.90)元/m^3=2727.93元/m^3。

4）机械费无变化不调整，机械费=26.22元/m^3。

5）综合费无变化不调整，综合费=25.39元/m^3。

6）调整后AE0561［装配式预制混凝土叠合楼板（底板）］基价为：

(139.10+2727.93+26.22+25.39)元/m^3=2918.64元/m^3

（2）AE0574（装配式预制构件叠合板支撑）调整

1）查计价定额关于叠合楼板支撑计量规则的规定，叠合楼板支撑项目定额工程量以叠合楼板构件体积“m^3”计量，即定额工程量=清单工程量。查2015《计价定额》A.E.17装配式建筑钢筋混凝土构件（补充）项子目AE0574（装配式预制构件叠合板支撑），基价为98.72元/m^3。其中人工费30.09元/m^3，材料费39.59元/m^3，机械费18.96元/m^3，综合费10.08元/m^3。

2）人工费调整。已知政策性人工费调整幅度为40.5%。

调整后人工费=[30.09×(1+40.5%)]元/m^3=42.28元/m^3

3）按已知题干条件，材料单价均无变化，故不需要进行调整，费用为39.59元/m^3。

4）机械用柴油价格调整。

① 消耗量与单价。查定额AE0574（装配式预制构件叠合板支撑）机械用柴油消耗量为1.795kg/m^3，定额单价8.5元/kg，已知机械用柴油单价为7.5元/kg（不含税）。

② 机械费调价后实际费用=[18.96−(8.5−7.5)×1.795]元/m^3=17.17元/m^3。

5）综合费无变化不调整，综合费=10.08元/m^3。

6）调整后AE0574（装配式预制构件叠合板支撑）基价为：

(42.28+39.59+17.17+10.08)元/m^3=109.12元/m^3

将以上各定额基价汇总转换为清单综合单价，转换后的叠合楼板综合单价为：

(2918.64+109.12)元/m^3=3027.76元/m^3

将叠合楼板综合单价填入工程量清单并计算合价，得叠合楼板分部分项工程清单与计价表，见表 2-33。其中定额人工费 = [(99.00+30.09)×2.91] 元 = 375.65 元。

表 2-33　叠合楼板分部分项工程清单与计价表

序号	项目编码	项目名称	项目特征	计量单位	工程量	金额（元）		
						综合单价	合价	其中 定额人工费
1	010503005001	叠合板	1. 类型、规格：厚度 60mm 叠合板、规格详图； 2. 混凝土强度等级：C30； 3. 吊装机械：塔式起重机； 4. 支撑体系：叠合楼板支撑体系综合考虑	m^3	2.91	3027.76	8810.78	375.65

2.3.4　剪力墙板计价

剪力墙板综合单价计取是结合《装配计价定额》中装配式建筑钢筋混凝土构件相应子项执行，其中装配式建筑钢筋混凝土构件章节包括装配式预制混凝土构件安装、装配式构件套筒及注浆、预制构件支撑和附着式围护外脚手架等 4 个分部工程，共计 24 项分项工程。以下对构件综合单价计取进行了详细定额组价及调整的演示，便于读者结合计价定额及各费用要素价格查看。在计算过程中，由于篇幅的原因，不能将全部构件综合单价计取一一详细列出，仅结合实际工程配图，通过例题对主要的、典型的构件综合单价进行演示计算。

【例 2-13】　某建筑采用装配式混凝土结构体系，二层 B～C/1～3 轴线墙体平面布置图如图 2-45a 所示，外围四周装配式墙体由预制叠合剪力墙、预制实心剪力墙（顶部角落混凝土缺口尺寸为 300mm×400mm，其平面示意如图 2-45b 所示）和预制叠合填充实心剪力墙组成，内墙板由预制叠合剪力墙和预制填充实心剪力墙（图 2-45c）组成，混凝土等级为 C30，预制实心剪力墙预埋套管（$\phi16$）数量共计 14 个，预制填充实心剪力墙预埋套管（$\phi16$）数量共计 7 个，钢筋连接采用套筒灌浆工艺连接，填缝料材质为水泥基灌浆料，现场吊装配置型钢扁担，采用塔式起重机吊装就位。已编制的预制实心剪力墙分部分项工程清单与计价表见表 2-34，已知政策性人工费调整幅度为 40.5%，预制实心剪力墙单价为 2308 元/m^3，预制填充实心剪力墙单价为 2448 元/m^3，可调式钢筋套筒单价为 58 元/个，水单价为 3.8 元/m^3，柴油单价为 7.5 元/kg，墙体竖向构件支撑体系综合考虑，试采用增值税一般计税方法，计算预制实心剪力墙分部分项工程的综合单价与合价。

表 2-34 预制实心剪力墙分部分项工程清单与计价表

序号	项目编码	项目名称	项目特征	计量单位	工程量	金额（元）		
						综合单价	合价	其中 定额人工费
1	010503006001	预制实心剪力墙	1. 部位：B/1~3 轴线； 2. 构件类型、规格：预制实心剪力墙，2.85m×1.7m×0.2m； 3. 混凝土强度等级：C30； 4. 钢筋连接方式：套筒灌水泥基灌浆料连接； 5. 吊装机械：塔式起重机； 6. 支撑体系：墙体竖向构件支撑体系综合考虑	m^3	1.88			
2	010503006002	预制填充实心剪力墙	1. 部位：2 及 B~C 轴线； 2. 构件类型、规格：预制填充实心剪力墙，2.85m×1.7m×0.2m； 3. 混凝土强度等级：C30； 4. 钢筋连接方式：套筒灌水泥基灌浆料连接； 5. 吊装机械：塔式起重机； 6. 支撑体系：墙体竖向构件支撑体系综合考虑	m^3	2.26			

解：

1. 预制实心剪力墙

按照2015年《四川省建设工程工程量清单计价定额——房屋建筑与装饰工程》及《四川省建设工程工程量清单计价定额——补充定额及定额解释（一）》（2015）计算综合单价。依据项目特征描述，应选用定额 AE0564（装配式预制混凝土内墙板）、AE0568（预埋套筒）、AE0569（墙板套筒注浆 $\phi16$）及 AE0577（装配式预制构件墙体支撑）计算。

注：装配式钢筋混凝土预制构件的吊装费不另计，建筑物垂直运输按2015年《四川省建设工程工程量清单计价定额——房屋建筑与装饰工程》（简称2015《计价定额》）相关项目执行。

（1）AE0564（装配式预制混凝土内墙板）调整

1）分别查计量规范和计价定额关于预制剪力墙体积计量规则的规定，预制剪力墙项目清单工程量=定额工程量。查2015《计价定额》A.E.17 装配式建筑钢筋混凝土构件（补充）子目 AE0564（装配式预制混凝土内墙板），基价为 2682.55 元/m^3。其中人工费 72.30 元/m^3，材料费 2595.82 元/m^3，综合费 14.43 元/m^3。

2）人工费调整。已知政策性人工费调整幅度为 40.5%。

$$调整后人工费=[72.30\times(1+40.5\%)]元/m^3=101.58元/m^3$$

3）材料费调整。从定额 AE0564 可知，装配式预制混凝土内墙板使用的材料有：装配式钢筋混凝土预制内墙板、背贴式止水带、板枋材、预埋铁件等其他材料。

① 预制实心剪力墙价格调整。

A. 消耗量与单价。查预制实心剪力墙定额消耗量为 $1m^3/m^3$，定额单价 2300 元/m^3，已知预制实心剪力墙材料单价为 2308 元/m^3（不含税）。

B. 装配式钢筋混凝土预制柱调价后实际费用 =（1×2308）元/m^3 = 2308 元/m^3。

② 按已知题干条件，背贴式止水带、板枋材、预埋铁件等其他材料单价无变化，故不需要进行调整，费用为

(6.899×20+3.57×25+23.301×0.9+0.238×0.8+0.001×1300+0.011×5+3.291×14) 元/m^3 = 295.82 元/m^3。

③ 材料费合计 = (2308+295.82) 元/m^3 = 2603.82 元/m^3。

4）综合费无变化不调整，综合费 = 14.43 元/m^3。

5）调整后 AE0564（装配式预制混凝土内墙板）基价为：

(101.58+2603.82+14.43) 元/m^3 = 2719.83 元/m^3

（2）AE0568（预埋套筒）调整

1）查计价定额关于预埋套筒计量规则的规定，预埋套筒项目定额工程量以"个"计量。查 2015《计价定额》A.E.17 装配式建筑钢筋混凝土构件（补充）项子目 AE0568（预埋套筒），基价为 51.24 元/个。其中人工费 4.82 元/个，材料费 45.45 元/个，综合费 0.97 元/个。

2）人工费调整。已知政策性人工费调整幅度为 40.5%。

调整后人工费 = [4.82×(1+40.5%)] 元/个 = 6.77 元/个

3）材料费调整。从定额 AE0568 可知，预埋套筒使用的材料仅有可调式钢筋套筒。

可调式钢筋套筒价格调整。

① 消耗量与单价。查可调式钢筋套筒定额消耗量为 1.01 个/个，定额单价 45 元/个，已知可调式钢筋套筒材料单价为 58 元/个（不含税）。

② 可调式钢筋套筒调价后实际费用 = (1.01×58) 元/个 = 58.58 元/个。

4）综合费无变化不调整，综合费 = 0.97 元/个。

5）调整后 AE0568（预埋套筒）基价为：

(6.77+58.58+0.97) 元/个 = 66.32 元/个

（3）AE0569（墙板套筒注浆 $\phi16$）调整

1）查计价定额关于墙板套筒注浆计量规则的规定，墙板套筒注浆项目定额工程量以"个"计量。查 2015《计价定额》A.E.17 装配式建筑钢筋混凝土构件（补充）项子目 AE0569（墙板套筒注浆 $\phi16$），基价为 10.61 元/个。其中人工费 1.64 元/个，材料费 8.64 元/个，综合费 0.33 元/个。

2）人工费调整。已知政策性人工费调整幅度为 40.5%。

调整后人工费 = [1.64×(1+40.5%)] 元/个 = 2.30 元/个

3）材料费调整。从定额 AE0569 可知，墙板套筒注浆 $\phi16$ 使用的材料有：注浆料、水。

① 水价格调整。

A. 消耗量与单价。查水定额消耗量为 $0.001m^3$/个，定额单价 2 元/m^3，已知水单价为 3.8 元/m^3（不含税）。

B. 水调价后实际费用 = (0.001×3.8) 元/个 = 0.004 元/个。

② 按已知题干条件，注浆料单价无变化，故不需要进行调整，费用为：

(0.9×9.6)元/个=8.64元/个

③ 材料费合计=(0.004+8.64)元/个=8.64元/个。

4）综合费无变化不调整，综合费=0.33元/个。

5）调整后AE0569（墙板套筒注浆 ϕ16mm）基价为：

(2.3+8.64+0.33)元/个=11.27元/个

（4）AE0577（装配式预制构件墙体支撑）调整

1）查计价定额关于墙体支撑计量规则的规定，墙体支撑项目定额工程量以垂直投影面积"m^2"计量，外墙按单侧，内墙按双侧计取，则本内墙体支撑定额工程量为={[1.7×(2.53+0.3)-0.3×0.4]×2×2} m^2=18.76m^2。查2015《计价定额》A.E.17装配式建筑钢筋混凝土构件（补充）项子目AE0577（装配式预制构件墙体支撑），基价为22.84元/m^2。其中人工费6.21元/m^2，材料费13.26元/m^2，机械费1.75元/m^2，综合费1.62元/m^2。

2）人工费调整。已知政策性人工费调整幅度为40.5%。

调整后人工费=[6.21×(1+40.5%)]元/m^2=8.73元/m^2

3）按已知题干条件，材料单价均无变化，故不需要进行调整，费用为13.26元/m^2。

4）机械用柴油价格调整。

① 消耗量与单价。查定额AE0577（装配式预制构件墙体支撑）机械用柴油消耗量为0.166kg/m^2，定额单价8.5元/kg，已知机械用柴油单价为7.5元/kg（不含税）。

② 机械费调价后实际费用=[1.75-(8.5-7.5)×0.166]元/m^2=1.58元/m^2。

5）综合费无变化不调整，综合费=1.62元/m^2。

6）调整后AE0577（装配式预制构件墙体支撑）基价为：

(8.73+13.26+1.58+1.62)元/m^2=25.19元/m^2

将以上各定额基价汇总转换为清单综合单价，转换后的预制实心墙综合单价为

[(2719.83×1.88+66.32×14+11.27×14+25.19×18.76)÷1.88]元/m^3=3548.99元/m^3。

将预制实心墙综合单价填入工程量清单并计算合价，得预制实心剪力墙项目计价表，见表2-35。其中定额人工费=(72.30×1.88+4.82×14+1.64×14+6.21×18.76)元=342.86元。

2. 预制填充实心剪力墙

预制填充实心剪力墙与预制实心剪力墙综合单价计取程序及选用定额类似，不同点在于预制填充实心剪力墙材料单价为2448元/m^3，其套筒个数为7个，墙体支撑定额工程量为=[4×(2.85-0.02)×2]m^2=22.64m^2。在预制填充实心剪力墙基础上调整如下：

（1）调整后AE0564（装配式预制混凝土内墙板）基价为：

[2719.83+(2448-2308)×1]元/m^3=2859.83元/m^3

（2）调整后AE0568（预埋套筒）基价为：

(6.77+58.58+0.97)元/个=66.32元/个

（3）调整后AE0569（墙板套筒注浆 ϕ16）基价为：

(2.3+8.64+0.33)元/个=11.27元/个

（4）调整后AE0577（装配式预制构件墙体支撑）基价为：

(8.73+13.26+1.58+1.62)元/m^2=25.19元/m^2

将以上各定额基价汇总转换为清单综合单价，转换后的预制填充实心墙综合单价为

[(2859.83×2.26+66.32×7+11.27×7+25.19×22.64)/2.26]元/m³=3352.50元/m³。

将预制填充实心墙综合单价填入工程量清单并计算合价，得预制填充实心剪力墙项目计价表，见表2-35。其中定额人工费=(72.30×2.26+4.82×7+1.64×7+6.21×22.64)元=349.21元。

表2-35　预制实心剪力墙分部分项工程清单与计价表

序号	项目编码	项目名称	项目特征	计量单位	工程量	金额(元)		
						综合单价	合价	其中 定额人工费
1	010503006001	预制实心剪力墙	1. 部位:B/1~3轴线; 2. 构件类型、规格:预制实心剪力墙，2.85m×1.7m×0.2m; 3. 混凝土强度等级:C30; 4. 钢筋连接方式:套筒灌水泥基灌浆料连接; 5. 吊装机械:塔式起重机; 6. 支撑体系:墙体竖向构件支撑体系综合考虑	m³	1.88	3548.99	6672.10	342.86
2	010503006002	预制填充实心剪力墙	1. 部位:2/B~C轴线; 2. 构件类型、规格:预制填充实心剪力墙，2.85m×1.7m×0.2m; 3. 混凝土强度等级:C30; 4. 钢筋连接方式:套筒灌水泥基灌浆料连接; 5. 吊装机械:塔式起重机; 6. 支撑体系:墙体竖向构件支撑体系综合考虑	m³	2.26	3352.50	7576.65	349.21

2.3.5　外挂墙板、女儿墙计价

外挂墙板、女儿墙综合单价计取是结合《装配计价定额》中装配式建筑钢筋混凝土构件相应子项执行，其中装配式建筑钢筋混凝土构件章节包括装配式预制混凝土构件安装、装配式构件套筒及注浆、预制构件支撑和附着式围护外脚手架等4个分部工程，共计24项分项工程。以下对构件综合单价计取进行了详细定额组价及调整的演示，便于读者结合计价定额及各费用要素价格查看。在计算过程中，由于篇幅的原因，不能将全部构件综合单价计取一一详细列出。仅结合实际工程配图，通过例题对主要的、典型的构件综合单价进行演示计算。

【例2-14】　某二层框架结构屋面女儿墙、压顶采用预制装配式工艺施工。该工程屋面女儿墙平面布置图如图2-49a所示，预制装配式女儿墙构件PCNEQ-1立面图如图2-49b所示，墙厚200mm，混凝土强度等级C30，女儿墙底部采用预埋套筒(可调式钢筋ϕ16套筒共计21个)

灌浆工艺连接。其余各女儿墙构件除长度尺寸有异外(其中PCNEQ-1长度为7.19m,PCNEQ-2长度为2.99m,PCNEQ-3长度为2.39m,PCNEQ-4长度为2.99m,PCNEQ-5长度为4.79m,PCNEQ-6长度为5.99m),其他信息皆与PCNEQ-1相同。所有构件均利用现场塔式起重机吊装就位。已编制的预制女儿墙分部分项工程清单与计价表见表2-36,已知政策性人工费调整幅度为40.5%,预制女儿墙单价为2818元/m^3,可调式钢筋套筒单价为58元/个,水单价为3.8元/m^3,柴油单价为7.5元/kg,墙体竖向构件支撑体系综合考虑,试采用增值税一般计税方法,计算预制女儿墙分部分项工程的综合单价与合价。

表2-36　预制女儿墙分部分项工程清单与计价表

序号	项目编码	项目名称	项目特征	计量单位	工程量	金额(元)		
						综合单价	合价	其中 定额人工费
1	010503010001	女儿墙	1. 构件规格:截面尺寸480mm×200mm; 2. 混凝土强度等级:C30; 3. 钢筋连接方式:套筒灌浆工艺连接; 4. 吊装机械:塔式起重机; 5. 支撑体系:墙体竖向构件支撑体系综合考虑	m^3	2.54			

解:按照2015年《四川省建设工程工程量清单计价定额——房屋建筑与装饰工程》及《四川省建设工程工程量清单计价定额——补充定额及定额解释(一)》(2015)计算综合单价。依据项目特征描述,应选用定额AE0565(装配式预制混凝土女儿墙)、AE0568(预埋套筒)、AE0569(墙板套筒注浆ϕ16)及AE0577(装配式预制构件墙体支撑)计算。

注:装配式钢筋混凝土预制构件的吊装费不另计,建筑物垂直运输按2015年《四川省建设工程工程量清单计价定额——房屋建筑与装饰工程》(简称2015《计价定额》)相关项目执行。

1. AE0565(装配式预制混凝土女儿墙)调整

1)分别查计量规范和计价定额关于预制女儿墙体积计量规则的规定,预制女儿墙项目清单工程量=定额工程量。查2015《计价定额》A.E.17装配式建筑钢筋混凝土构件(补充)子目AE0565(装配式预制混凝土女儿墙),基价为3232.57元/m^3。其中人工费79.10元/m^3,材料费3137.69元/m^3,综合费15.78元/m^3。

2)人工费调整。已知政策性人工费调整幅度为40.5%。

$$调整后人工费=[79.10\times(1+40.5\%)]元/m^3=111.14元/m^3$$

3)材料费调整。从定额AE0565可知,装配式预制混凝土女儿墙使用的材料有:装配式钢筋混凝土预制女儿墙板、背贴式止水带、板枋材、预埋铁件等其他材料。

① 预制女儿墙板价格调整。

A. 消耗量与单价。查预制女儿墙定额消耗量为1m^3/m^3,定额单价2850元/m^3,已知预制女儿墙材料单价为2818元/m^3(不含税)。

B. 预制女儿墙调价后实际费用＝（1×2818）元/m^3＝2818元/m^3。

② 按已知题干条件，背贴式止水带、板枋材、预埋铁件等其他材料单价无变化，故不需要进行调整，费用为

$$(4.88×20+4.055×25+28.57×0.9+0.238×0.8+0.001×1300+0.009×5+4.39×14)元/m^3=287.69元/m^3$$

③ 材料费合计＝(2818+287.69)元/m^3＝3105.69元/m^3。

4）综合费无变化不调整，综合费＝15.78元/m^3。

5）调整后AE0565（装配式预制混凝土女儿墙）基价为：

$$(111.14+3105.69+15.78)元/m^3=3232.61元/m^3$$

2. AE0568（预埋套筒）调整

1）查计价定额关于预埋套筒计量规则的规定，预埋套筒项目定额工程量以“个”计量。查2015《计价定额》A.E.17装配式建筑钢筋混凝土构件（补充）项子目AE0568（预埋套筒），基价为51.24元/个。其中人工费4.82元/个，材料费45.45元/个，综合费0.97元/个。

2）人工费调整。已知政策性人工费调整幅度为40.5%。

$$调整后人工费=[4.82×(1+40.5\%)]元/个=6.77元/个$$

3）材料费调整。从定额AE0568可知，预埋套筒使用的材料仅有可调式钢筋套筒。

可调式钢筋套筒价格调整。

① 消耗量与单价。查可调式钢筋套筒定额消耗量为1.01个/个，定额单价45元/个，已知可调式钢筋套筒材料单价为58元/个（不含税）。

② 可调式钢筋套筒调价后实际费用＝(1.01×58)元/个＝58.58元/个。

4）综合费无变化不调整，综合费＝0.97元/个。

5）调整后AE0568（预埋套筒）基价为：

$$(6.77+58.58+0.97)元/个=66.32元/个$$

3. AE0569（墙板套筒注浆ϕ16）调整

1）查计价定额关于墙板套筒注浆计量规则的规定，墙板套筒注浆项目定额工程量以“个”计量。查2015《计价定额》A.E.17装配式建筑钢筋混凝土构件（补充）项子目AE0569（墙板套筒注浆ϕ16），基价为10.61元/个。其中人工费1.64元/个，材料费8.64元/个，综合费0.33元/个。

2）人工费调整。已知政策性人工费调整幅度为40.5%。

$$调整后人工费=[1.64×(1+40.5\%)]元/个=2.30元/个$$

3）材料费调整。从定额AE0569可知，墙板套筒注浆ϕ16使用的材料有：注浆料、水。

① 水价格调整。

A. 消耗量与单价。查水定额消耗量为0.001m^3/个，定额单价2元/m^3，已知水单价为3.8元/m^3（不含税）。

B. 水调价后实际费用＝(0.001×3.8)元/个＝0.004元/个。

② 按已知题干条件，注浆料单价无变化，故不需要进行调整，费用为：

$$(0.9×9.6)元/个=8.64元/个$$

③ 材料费合计＝(0.004+8.64)元/个＝8.64元/个。

4）综合费无变化不调整，综合费=0.33元/个。

5）调整后AE0569（墙板套筒注浆 ϕ16mm）基价为：

$$(2.30+8.64+0.33)元/个=11.27元/个$$

4. AE0577（装配式预制构件墙体支撑）调整

1）查计价定额关于墙体支撑计量规则的规定，墙体支撑项目定额工程量以垂直投影面积"m^2"计量，外墙按单侧，内墙按双侧计取，则本女儿墙支撑定额工程量=[（7.19+2.99+2.39+2.99+4.79+5.99）] m^2×0.48=12.64m^2。查2015《计价定额》A.E.17装配式建筑钢筋混凝土构件（补充）项子目AE0577（装配式预制构件墙体支撑），基价为22.84元/m^2。其中人工费6.21元/m^2，材料费13.26元/m^2，机械费1.75元/m^2，综合费1.62元/m^2。

2）人工费调整。已知政策性人工费调整幅度为40.5%。

$$调整后人工费=[6.21×(1+40.5\%)]元/m^2=8.73元/m^2$$

3）按已知题干条件，材料单价均无变化，故不需要进行调整，费用为13.26元/m^2。

4）机械用柴油价格调整。

① 消耗量与单价。查定额AE0577（装配式预制构件墙体支撑）机械用柴油消耗量为0.166kg/m^2，定额单价8.5元/kg，已知机械用柴油单价为7.5元/kg（不含税）。

② 机械费调价后实际费用=[1.75−(8.5−7.5)×0.166]元/m^2=1.58元/m^2。

5）综合费无变化不调整，综合费=1.62（元/m^2）。

6）调整后AE0577（装配式预制构件墙体支撑）基价为：

$$(8.73+13.26+1.58+1.62)元/m^2=25.19元/m^2$$

将以上各定额基价汇总转换为清单综合单价，转换后的预制女儿墙综合单价为：

[(3232.61×2.54+66.32×21+11.27×21+25.19×12.64)/2.54]元/m^2=3999.46元/m^3。

将预制女儿墙综合单价填入工程量清单并计算合价，得预制女儿墙分部分项工程清单与计价表，见表2-37。其中定额人工费=（79.10×2.54+4.82×21+1.64×21+6.21×12.64）元=415.07元。

表2-37　预制女儿墙分部分项工程清单与计价表

序号	项目编码	项目名称	项目特征	计量单位	工程量	金额（元）		
						综合单价	合价	其中 定额人工费
1	010503010001	女儿墙	1. 构件规格：截面尺寸480mm×200mm； 2. 混凝土强度等级：C30； 3. 钢筋连接方式：套筒灌浆工艺连接； 4. 吊装机械：塔式起重机； 5. 支撑体系：墙体竖向构件支撑体系综合考虑	m^3	2.54	3999.46	10158.63	415.07

2.3.6 楼梯、阳台、凸（飘）窗、空调板、压顶及其他构件计价

楼梯、阳台、凸（飘）窗、空调板、压顶及其他构件综合单价计取是结合《装配计价定额》中装配式建筑钢筋混凝土构件相应子项执行，其中装配式建筑钢筋混凝土构件章节包括装配式预制混凝土构件安装、装配式构件套筒及注浆、预制构件支撑和附着式围护外脚手架4个分部工程，共计24项分项工程。以下构件综合单价计取进行了详细定额组价及调整的演示，便于读者结合计价定额及各费用要素价格查看。在计算过程中，由于篇幅的原因，不能将全部构件综合单价计取一一详细列出。仅结合实际工程配图，通过例题对主要的、典型的构件综合单价进行演示计算。

【例2-15】 某装配式预制楼梯平面布置图如图2-51a所示，1—1断面图如图2-51b所示，楼梯上下部销键预留洞均为$\phi50$，上下固定铰端均由C级螺栓锚固，灌缝材质为水泥基浆料，楼梯两侧，预制构件混凝土强度等级为C30，利用现场塔式起重机吊装就位。已编制的预制楼梯分部分项工程清单与计价表见表2-38，已知政策性人工费调整幅度为40.5%，装配式钢筋混凝土预制楼梯为2350元/m^3，试采用增值税一般计税方法，计算预制女儿墙分部分项工程的综合单价与合价。

表2-38 预制楼梯分部分项工程清单与计价表

序号	项目编码	项目名称	项目特征	计量单位	工程量	金额（元）		
						综合单价	合价	其中 定额人工费
1	010503011001	预制楼梯	1. 楼梯类型、规格：直跑式无休息平台，规格详图； 2. 混凝土强度等级：C30； 3. 灌缝材质：水泥基浆料； 4. 吊装机械：塔式起重机； 5. 场内运距：投标人自行考虑	m^3	0.77			

解：按照2015年《四川省建设工程工程量清单计价定额——房屋建筑与装饰工程》及《四川省建设工程工程量清单计价定额——补充定额及定额解释（一）》（2015）计算综合单价。依据项目特征描述，应选用定额AE0560（装配式预制混凝土楼梯）计算。

注：装配式钢筋混凝土预制构件的吊装费不另计，建筑物垂直运输按2015年《四川省建设工程工程量清单计价定额—房屋建筑与装饰工程》（简称2015《计价定额》）相关项目执行。

AE0560（装配式预制混凝土楼梯）调整

1）分别查计量规范和计价定额关于预制楼梯体积计量规则的规定，预制楼梯项目清单工程量=定额工程量。查2015《计价定额》A.E.17装配式建筑钢筋混凝土构件（补充）子目AE0560（装配式预制混凝土楼梯），基价为2454.20元/m^3。其中人工费121.79元/m^3，材料费2286.33元/m^3，机械费17.93元/m^3，综合费28.15元/m^3。

2）人工费调整。已知政策性人工费调整幅度为40.5%。

调整后人工费＝[121.79×(1+40.5%)]元/m^3＝171.11元/m^3

3）材料费调整。从定额AE0560可知，装配式预制混凝土楼梯使用的材料有：装配式钢筋混凝土预制楼梯、低合金钢焊条E43系列、板枋材、垫铁等其他材料费。

① 预制楼梯价格调整。

A. 消耗量与单价。查预制楼梯定额消耗量为1m^3/m^3，定额单价2250元/m^3，已知预制楼梯材料单价为2350元/m^3（不含税）。

B. 预制楼梯调价后实际费用＝(1×2350)元/m^3＝2350元/m^3。

② 按已知题干条件，低合金钢焊条E43系列、板枋材、垫铁等其他材料单价无变化，故不需要进行调整，费用为：

(0.002×1300+1.35×8.5+9.563×0.8+2.361×3+1.88×4)元/m^3＝36.33元/m^3。

③ 材料费合计＝(2350+36.33)元/m^3＝2386.33元/m^3。

4）机械费无变化不调整，综合费＝17.93元/m^3。

5）综合费无变化不调整，综合费＝28.15元/m^3。

6）调整后AE0560（装配式预制混凝土楼梯）基价为：

(171.11+2386.33+17.93+28.15）元/m^3＝2603.52元/m^3

预制楼梯清单项目特征下仅对应一个计价定额，且清单工程量等于定额工程量，则调整后的定额基价即为该预制楼梯清单的综合单价，为：2603.52元/m^3。

将预制楼梯综合单价填入工程量清单并计算合价，得预制楼梯分部分项工程清单与计价表，见表2-39。其中定额人工费＝(121.79×0.77)元＝93.78元。

表2-39　预制楼梯分部分项工程清单与计价表

序号	项目编码	项目名称	项目特征	计量单位	工程量	金额（元）		
						综合单价	合价	其中 定额人工费
1	010503011001	预制楼梯	1. 楼梯类型、规格：直跑式无休息平台，规格详图； 2. 混凝土强度等级：C30； 3. 灌缝材质：水泥基浆料； 4. 吊装机械：塔式起重机； 5. 场内运距：投标人自行考虑	m^3	0.77	2603.52	2004.71	93.78

【例2-16】　某高层装配式剪力墙住宅层高2.85m，檐口高度98.5m，各楼层阳台采用现浇悬挑梁施工工艺连接安装，某层A户型装配式阳台平面布置示意如图2-53a所示，左侧装配式阳台平面布置如图2-53b所示，阳台前视图及2—2断面图如图2-53c所示。预制构件混凝土强度等级为C30，灌缝材质为水泥基浆料，阳台支撑体系综合考虑，利用现场塔式起重机吊装就位。已编制的预制阳台分部分项工程清单与计价表见表2-40，已知政策性人工费调整幅度为40.5%，装配式钢筋混凝土预制阳台为2765元/m^3，试采用增值税一般计税方法，

计算预制阳台分部分项工程的综合单价与合价。

表 2-40 预制阳台分部分项工程清单与计价表

<table>
<tr><th rowspan="3">序号</th><th rowspan="3">项目编码</th><th rowspan="3">项目名称</th><th rowspan="3">项目特征</th><th rowspan="3">计量单位</th><th rowspan="3">工程量</th><th colspan="3">金额（元）</th></tr>
<tr><th rowspan="2">综合单价</th><th rowspan="2">合价</th><th>其中</th></tr>
<tr><th>定额人工费</th></tr>
<tr><td>1</td><td>010503012001</td><td>阳台</td><td>1. 构件类型、规格：装配式阳台，规格详图；
2. 混凝土强度等级：C30；
3. 灌缝材质：水泥基浆料；
4. 吊装机械：塔式起重机；
5. 支撑体系：阳台支撑体系综合考虑</td><td>m^3</td><td>1.21</td><td></td><td></td><td></td></tr>
</table>

解： 按照2015年《四川省建设工程工程量清单计价定额——房屋建筑与装饰工程》及《四川省建设工程工程量清单计价定额——补充定额及定额解释（一）》（2015）计算综合单价。依据项目特征描述，应选用（或借用）定额 AE0558（装配式预制混凝土阳台板）、AE0574（装配式预制构件叠合板支撑）计算。

注：装配式钢筋混凝土预制构件的吊装费不另计，建筑物垂直运输按2015年《四川省建设工程工程量清单计价定额——房屋建筑与装饰工程》（简称2015《计价定额》）相关项目执行。

1. AE0558（装配式预制混凝土阳台板）调整

1）分别查计量规范和计价定额关于阳台体积计量规则的规定，阳台项目清单工程量=定额工程量。查2015《计价定额》A.E.17 装配式建筑钢筋混凝土构件（补充）子目 AE0558（装配式预制混凝土阳台板），基价为 2672.64 元/m^3。其中人工费 94.47 元/m^3，材料费 2543.90 元/m^3，机械费 12.69 元/m^3，综合费 21.58 元/m^3。

2）人工费调整。已知政策性人工费调整幅度为40.5%。

$$调整后人工费=[94.47\times(1+40.5\%)]元/m^3=132.73 元/m^3$$

3）材料费调整。从定额 AE0558 可知，装配式预制混凝土阳台板使用的材料有：装配式钢筋混凝土预制阳台、板枋材、低合金钢焊条 E43 系列、垫铁等其他材料。

① 装配式钢筋混凝土预制阳台价格调整。

A. 消耗量与单价。查装配式钢筋混凝土预制阳台定额消耗量为 $1m^3/m^3$，定额单价 2450 元/m^3，已知装配式钢筋混凝土预制阳台材料单价为 2765 元/m^3（不含税）。

B. 装配式钢筋混凝土预制阳台调价后实际费用=(1×2765)元/m^3=2765 元/m^3。

② 按已知题干条件，板枋材、低合金钢焊条 E43 系列、垫铁等其他材料单价无变化，故不需要进行调整，费用为 $(0.002\times1300+1.582\times8.5+2.024\times4+23.25\times3)$元/$m^3$=93.89 元/$m^3$。

③ 材料费合计=$(2765+93.89)$元/m^3=2858.89 元/m^3。

4）机械费无变化不调整，机械费=12.69 元/m^3。

5）综合费无变化不调整，综合费=21.58 元/m^3。

6）调整后 AE0558（装配式预制混凝土阳台板）基价为：

$$(132.73+2858.89+12.69+21.58)\text{ 元/m}^3=3025.89\text{ 元/m}^3$$

2. 阳台支撑费用借用 AE0574（装配式预制构件叠合板支撑）调整

1）查 2015《计价定额》预制阳台支撑缺项，可借用叠合板类似项，查计价定额关于叠合楼板支撑计量规则的规定，叠合楼板支撑项目定额工程量以叠合楼板构件体积“m^3”计量，即定额工程量=清单工程量。查 2015《计价定额》A. E. 17 装配式建筑钢筋混凝土构件（补充）项子目 AE0574（装配式预制构件叠合板支撑），基价为 98.72 元/m^3。其中人工费 30.09 元/m^3，材料费 39.59 元/m^3，机械费 18.96 元/m^3，综合费 10.08 元/m^3。

2）人工费调整。已知政策性人工费调整幅度为 40.5%。

$$\text{调整后人工费}=[30.09\times(1+40.5\%)]\text{ 元/m}^3=42.28\text{ 元/m}^3$$

3）按已知题干条件，材料单价均无变化，故不需要进行调整，费用为 39.59 元/m^3。

4）机械用柴油价格调整。

① 消耗量与单价。查定额 AE0574（装配式预制构件叠合板支撑）机械用柴油消耗量为 1.795kg/m^3，定额单价 8.5 元/kg，已知机械用柴油单价为 7.5 元/kg（不含税）。

② 机械费调价后实际费用=$[18.96-(8.5-7.5)\times1.795]$元/$m^3$=17.17 元/$m^3$。

5）综合费无变化不调整，综合费=10.08 元/m^3。

6）借用的 AE0574（装配式预制构件叠合板支撑）调整后基价为：

$$(42.28+39.59+17.17+10.08)\text{ 元/m}^3=109.12\text{ 元/m}^3$$

将以上各定额基价汇总转换为清单综合单价，转换后的阳台综合单价为：

$$3025.89+109.12=3135.01\text{ 元/m}^3$$

将阳台综合单价填入工程量清单并计算合价，得预制阳台分部分项工程清单与计价表，见表 2-41。其中定额人工费=$[(94.47+30.09)\times1.21]$元=150.72 元。

表 2-41　预制阳台分部分项工程清单与计价表

序号	项目编码	项目名称	项目特征	计量单位	工程量	金额（元）		
						综合单价	合价	其中 定额人工费
1	010503012001	阳台	1. 构件类型、规格：装配式阳台，规格详图； 2. 混凝土强度等级：C30； 3. 灌缝材质：水泥基浆料； 4. 吊装机械：塔式起重机； 5. 支撑体系：阳台支撑体系综合考虑	m^3	1.21	3135.01	3793.36	150.72

【例 2-17】　某高层装配式剪力墙住宅层高 2.85m，檐口高度 98.5m，各楼层凸窗及室外空调机位搁板采用一体式预制装配式施工工艺安装，某层 A 户型装配式一体式凸窗及室外空调机位搁板平面布置示意及三维立体示意如图 2-55a 所示，1—1 剖面图、2—2 剖面图如图 2-55b 所示，顶视图、底视图如图 2-55c 所示。预制构件混凝土强度等级为 C30，采用预

埋套筒灌浆工艺连接，预埋可调式套管（$\phi16$）数量为7个，灌缝材质为水泥基浆料，利用现场塔式起重机吊装就位。已编制的一体式凸窗及室外空调机位搁板分部分项工程清单与计价见表2-42，已知政策性人工费调整幅度为40.5%，预制一体式凸窗及室外空调机位搁板单价为2965元/m^3，可调式钢筋套筒单价为58元/个，水单价为3.8元/m^3，柴油单价为7.5元/kg，竖向构件支撑体系综合考虑，试采用增值税一般计税方法，计算预制一体式凸窗及室外空调机位搁板分部分项工程的综合单价与合价。

表2-42　预制一体式凸窗及室外空调机位搁板分部分项工程清单与计价表

序号	项目编码	项目名称	项目特征	计量单位	工程量	金额（元）		
						综合单价	合价	其中
								定额人工费
1	010503013001	一体式凸窗及室外空调机位搁板	1. 构件类型、规格：一体式凸窗及室外空调机位搁板，规格详图； 2. 混凝土强度等级：C30； 3. 灌缝材质：水泥基浆料； 4. 吊装机械：塔式起重机； 5. 支撑体系：竖向构件支撑体系综合考虑	m^3	2.38			

解：按照2015年《四川省建设工程工程量清单计价定额——房屋建筑与装饰工程》及《四川省建设工程工程量清单计价定额——补充定额及定额解释（一）》（2015）计算综合单价。依据项目特征描述，应选用（或借用）定额AE0563（装配式预制混凝土外墙板）、AE0568（预埋套筒）、AE0569（墙板套筒注浆$\phi16$）及AE0577（装配式预制构件墙体支撑）计算。

注：装配式钢筋混凝土预制构件的吊装费不另计，建筑物垂直运输按2015年《四川省建设工程工程量清单计价定额——房屋建筑与装饰工程》（简称2015《计价定额》）相关项目执行。

1. 借用AE0563（装配式预制混凝土外墙板）调整

1）查2015《计价定额》一体式凸窗及室外空调机位搁板缺项，借用预制外墙板类似项，分别查计量规范和计价定额关于预制凸窗及空调板体积计量规则的规定，预制一体式凸窗及室外空调机位搁板项目清单工程量=定额工程量。查2015《计价定额》A.E.17装配式建筑钢筋混凝土构件（补充）子目AE0563（装配式预制混凝土外墙板），基价为3239.68元/m^3。其中人工费78.25元/m^3，材料费3145.82元/m^3，综合费15.61元/m^3。

2）人工费调整。已知政策性人工费调整幅度为40.5%。

$$调整后人工费=[78.25\times(1+40.5\%)]元/m^3=109.94元/m^3$$

3）材料费调整。从定额AE0563可知，装配式预制混凝土外墙板使用的材料有：装配式钢筋混凝土预制外墙板、背贴式止水带、板枋材、预埋铁件等其他材料。

①将预制外墙板替换成预制一体式凸窗及室外空调机位搁板价格调整。

A. 消耗量与单价。查预制外墙板定额消耗量为1m^3/m^3，定额单价2850元/m^3，已知一体式凸窗及室外空调机位搁板材料单价为2965元/m^3（不含税）。

B. 装配式一体式凸窗及室外空调机位搁板调价后实际费用＝（1×2965）元/m^3＝2965元/m^3。

②按已知题干条件，背贴式止水带、板枋材、预埋铁件等其他材料单价无变化，故不需要进行调整，费用为：

$$(6.899\times20+3.57\times25+23.301\times0.9+0.238\times0.8+0.001\times1300+0.011\times5+3.291\times14)\text{元/m}^3=295.82\text{元/m}^3$$

③材料费合计＝(2965+295.82)元/m^3＝3260.82元/m^3。

4）综合费无变化不调整，综合费＝15.61元/m^3。

5）借用AE0563（装配式预制混凝土外墙板）调整后基价为：

$$(109.94+3260.82+15.61)\text{元/m}^3=3386.37\text{元/m}^3$$

2. AE0568（预埋套筒）调整

1）查计价定额关于预埋套筒计量规则的规定，预埋套筒项目定额工程量以“个”计量。查2015《计价定额》A.E.17装配式建筑钢筋混凝土构件（补充）项子目AE0568（预埋套筒），基价为51.24元/个。其中人工费4.82元/个，材料费45.45元/个，综合费0.97元/个。

2）人工费调整。已知政策性人工费调整幅度为40.5%。

$$\text{调整后人工费}=[4.82\times(1+40.5\%)]\text{元/个}=6.77\text{元/个}$$

3）材料费调整。从定额AE0568可知，预埋套筒使用的材料仅有可调式钢筋套筒。

可调式钢筋套筒价格调整。

① 消耗量与单价。查可调式钢筋套筒定额消耗量为1.01个/个，定额单价45元/个，已知可调式钢筋套筒材料单价为58元/个（不含税）。

② 可调式钢筋套筒调价后实际费用＝(1.01×58)元/个＝58.58元/个。

4）综合费无变化不调整，综合费＝0.97元/个。

5）调整后AE0568（预埋套筒）基价为：

$$(6.77+58.58+0.97)\text{元/个}=66.32\text{元/个}$$

3. AE0569（墙板套筒注浆ϕ16）调整

1）查计价定额关于墙板套筒注浆计量规则的规定，墙板套筒注浆项目定额工程量以“个”计量。查2015《计价定额》A.E.17装配式建筑钢筋混凝土构件（补充）项子目AE0569（墙板套筒注浆ϕ16），基价为10.61元/个。其中人工费1.64元/个，材料费8.64元/个，综合费0.33元/个。

2）人工费调整。已知政策性人工费调整幅度为40.5%。

$$\text{调整后人工费}=[1.64\times(1+40.5\%)]\text{元/个}=2.30\text{元/个}$$

3）材料费调整。从定额AE0569可知，墙板套筒注浆ϕ16使用的材料有注浆料、水。

① 水价格调整。

A. 消耗量与单价。查水定额消耗量为0.001m^3/个，定额单价2元/m^3，已知水单价为3.8元/m^3（不含税）。

B. 水调价后实际费用＝（0.001×3.8）元/个＝0.004元/个。

② 按已知题干条件，注浆料单价无变化，故不需要进行调整，费用为：

$$(0.9\times9.6)\text{元/个}=8.64\text{元/个}$$

③ 材料费合计＝（0.004+8.64）元/个＝8.64元/个。

4）综合费无变化不调整，综合费=0.33元/个。

5）调整后AE0569（墙板套筒注浆ϕ16）基价为：

$$(2.30+8.64+0.33)元/个=11.27元/个$$

4. 借用AE0577（装配式预制构件墙体支撑）调整

1）查计价定额关于墙体支撑计量规则的规定，墙体支撑项目定额工程量以垂直投影面积"m^2"计量，外墙按单侧，内墙按双侧计取，本题预制一体化凸窗及空调隔板类似外墙，则其支撑定额工程量为$=(3.8\times2.83-1.8\times0.14-1.27\times0.14)m^2=10.32m^2$。查2015《计价定额》A.E.17装配式建筑钢筋混凝土构件（补充）项子目AE0577（装配式预制构件墙体支撑），基价为22.84元/m^2。其中人工费6.21元/m^2，材料费13.26元/m^2，机械费1.75元/m^2，综合费1.62元/m^2。

2）人工费调整。已知政策性人工费调整幅度为40.5%。

$$调整后人工费=[6.21\times(1+40.5\%)]元/m^2=8.73元/m^2$$

3）按已知题干条件，材料单价均无变化，故不需要进行调整，费用为13.26元/m^2。

4）机械用柴油价格调整。

① 消耗量与单价。查定额AE0577（装配式预制构件墙体支撑）机械用柴油消耗量为0.166kg/m^2，定额单价8.5元/kg，已知机械用柴油单价为7.5元/kg（不含税）。

② 机械费调价后实际费用$=[1.75-(8.5-7.5)\times0.166]元/m^2=1.58元/m^2$。

5）综合费无变化不调整，综合费=1.62元/m^2。

6）调整后AE0577（装配式预制构件墙体支撑）基价为：

$$(8.73+13.26+1.58+1.62)元/m^2=25.19元/m^2$$

将以上各定额基价汇总转换为清单综合单价，转换后的预制一体式凸窗及室外空调机位搁板综合单价为：

$[(3386.37\times2.38+66.32\times7+11.27\times7+25.19\times10.32)/2.38]元/m^3=3728.80元/m^3$。

将预制一体式凸窗及室外空调机位搁板综合单价填入工程量清单并计算合价，得预制一体式凸窗及室外空调机位搁板分部分项工程清单与计价表，见表2-43。其中定额人工费$=(78.25\times2.38+4.82\times7+1.64\times7+6.21\times10.32)元=295.54元$。

表2-43　预制一体式凸窗及室外空调机位搁板分部分项工程清单与计价表

序号	项目编码	项目名称	项目特征	计量单位	工程量	金额（元）		
						综合单价	合价	其中 定额人工费
1	010503013001	一体式凸窗及室外空调机位搁板	1. 构件类型、规格：一体式凸窗及室外空调机位搁板，规格详图； 2. 混凝土强度等级：C30； 3. 灌缝材质：水泥基浆料； 4. 吊装机械：塔式起重机； 5. 支撑体系：竖向构件支撑体系综合考虑	m^3	2.38	3728.80	8862.64	295.54

2.4 装配式混凝土结构工程计量与计价注意要点

2.4.1　装配式混凝土结构工程计量注意要点

装配式混凝土结构工程计量过程中，需要注意的要点可大致归类为对计量规则的正确理解、正确识读装配式混凝土结构工程施工图、构件计算尺寸的准确应用、避免多计或漏计工程量，特别注意装配式构件涉及多个定额工程量计算等情况。

1. 对计量规则的正确理解

在进行工程量计算之前，应先熟悉并理解工程量计算规则的内涵，避免因理解有误造成工程量非合理性偏差。如各预制构件清单工程量计算规则均有表述“按成品构件设计图示尺寸以体积计算，不扣除构件内钢筋、预埋铁件、配管、套管、线盒及单个面积≤$0.3m^2$ 的孔洞、线箱等所占体积，构件外露钢筋体积亦不再增加。”特别强调预制构件的计算体积是成品构件混凝土包裹的体积（含内部钢筋、铁件等占位体积）。

2. 正确识读装配式混凝土结构工程施工图

正确识读装配式混凝土结构工程施工图包括全面识图和正确理解设计意图，全面识图包括识读设计说明、平立剖图、详图等，全面掌握图样内容，以更全面转化为具体清单项目及其项目特征描述，比如是否带预埋套管，采用何种填料等。正确理解设计意图，应结合空间想象力，还原实物的工程样貌，如叠合剪力墙内叶和外叶的高度往往不同，计量时应正确识图，正确计量。又如叠合梁板、梁柱节点等现场后浇混凝土部位的理解，哪些部位后浇混凝土工程量计入后浇叠合梁板，哪些部位后浇混凝土工程量计入后浇节点连接，以更准确分类列项。

3. 构件计算尺寸的准确应用

装配式混凝土结构工程中预制构件尺寸参数较多，如上述案例中预制一体化凸窗和空调搁板，组成构件较多且立体抽象感较强，对其各组成构件的尺寸参数应准确分解，准确应用。又如叠合墙面内叶和外叶的高度往往不同，计算混凝土体积时应分别计算后再合并工程量。

4. 避免多计或漏计工程量

就某些竖向预制构件而言，安装时往往与楼层结构标高间有 20mm 左右厚缝隙，需要灌注浆料；如预制实心柱、预制剪力墙板等，计算其工程量时应避免多计。又如预制墙体之间往往留 20mm 左右宽的缝隙，需要灌注浆料；如预制剪力墙板之间等，计算其工程量时应避免多计。又如竖向构件或节点连接往往有后浇混凝土区域，计算预制构件工程量时，应注意扣除后浇部位工程量。

5. 装配式构件涉及多个定额工程量计算

装配式预制构件清单项目特征描述往往包括预制构件安装、吊装、支撑或预埋套筒、注浆等，这种情况下，一个清单项目下对应有若干计价定额，若定额计算规则不同，则有若干不同定额工程量存在，如预制剪力墙的构件安装以体积“m^3”计量，支撑体系以面积“m^2”计量，套筒及注浆以“个”计量。

2.4.2 装配式混凝土结构工程计价注意要点

装配式混凝土结构工程计价过程中，特别是综合单价的计算时需要注意的要点可大致归类为正确理解工程量清单项目特征、计价定额的正确选用或借用、正确计算计价定额工程量、计价定额说明中调整系数应用、各费用要素政策性或动态调整等。

1. 正确理解工程量清单项目特征

分项工程综合单价应完全体现项目特征所包含内容价值，因此正确理解和正确分解项目特征尤为重要。如某分项工程项目特征描述有“预埋套筒及套筒注浆”，则综合单价里应结合组价定额分析是否综合考虑在预制构件成品价中，若没有，则应进行预埋套筒及套筒注浆定额组价。又如预制楼梯项目特征未描述支撑体系内容，计算楼梯综合单价应不含支撑费用。

2. 计价定额的正确选用或借用

依据项目特征进行计价定额的正确选用，是进行合理综合单价计取的必要环节。装配式预制构件的项目特征往往包括构件安装、吊装（另列项计取）、支撑或预埋套筒、注浆等，应结合计价定额包含内容进行项目特征对应分解。如某预制实心内墙板项目特征描述包括构件安装、吊装、套筒及套筒注浆、支撑体系，查询计价定额对应的定额有 AE0564（装配式预制混凝土内墙板）、AE0568（预埋套筒）、AE0569（墙板套筒注浆 $\phi16$）及 AE0577（装配式预制构件墙体支撑），该预制实心内墙板应选用上述定额进行综合单价计取。又如上述案例中预制一体化凸窗和空调搁板项目特征包括构件安装、吊装（另列项计取）、支撑或预埋套筒、注浆等内容，但该预制构件的安装和支撑体系定额缺项，参照类型项进行调整的原则，可选用或借用定额 AE0563（装配式预制混凝土外墙板）、AE0568（预埋套筒）、AE0569（墙板套筒注浆 $\phi16$）及 AE0577（装配式预制构件墙体支撑）进行综合单价计算。

3. 正确计算计价定额工程量

依据项目特征描述内容，正确选用了计价定额，接下来应正确依据定额计算规则计算定额工程量。当定额计算规则与清单计算规则相同时，定额工程量等于清单工程量，若不同则需要单独计算定额工程量。如预制剪力墙清单项目特征有描述支撑体系，清单工程量为该预制构件体积，而定额计算规则中以垂直面积计取，同时需要分外墙和内墙两类情形，因此应注意定额工程量计算。

4. 计价定额说明中调整系数应用

往往在正确选用计价定额和正确计算定额工程量后，还需要结合工程实际和项目特征描述，注意是否需进行定额调整系数应用。如墙柱交接处、墙墙交接处有后浇混凝土部分，查询定额说明有“执行 2015 年《四川省建设工程工程量清单计价定额——房屋建筑与装饰工程》相应项目，具体规定如下：现浇混凝土及模板按构造柱项目执行，其人工乘以 1.3 系数。钢筋按现浇混凝土钢筋项目执行，其定额人工乘以 1.3 系数”。

5. 各费用要素政策性或动态调整

由于计价定额中各费用要素的时效性及工程造价政策性较强，多年前发布的计价定额部分费用不能继续适用，需进行调整，如四川省建设工程造价总站关于对成都市等 19 个市、州 2015 年《四川省建设工程工程量清单计价定额》人工费调整的批复，从 2020 年 1 月 1 日起与 2015 年《四川省建设工程工程量清单计价定额》配套执行的房屋建筑与装饰工程成都市区人工费调整幅度为40.5%，则定额人工费应乘以1.405进行调整。又如定额中各成品预制构件材料单价与工程当地当期信息价或市场价有价差，应根据信息价或市场询价进行调整。再如某支撑体系定额中机械用柴油单价为8.5元/kg，某工程当地当期柴油信息价为7.5元/kg，则该机械费用也应进行调整。

本章小结

本章介绍了装配式混凝土结构工程的基本情况，方便读者了解和掌握装配式混凝土结构工程中主要部品部件，直观认识各类预制构件。介绍了装配式混凝土结构工程中应用的主要材料，使读者掌握相关材料性能及属性，为后续预制构件清单项目特征正确描述奠定基础，同时为后续材料单价的确定提供理论保障。介绍了装配式混凝土结构工程识图和部分构造，使读者具备该类结构图图样识读的基本能力，为照图计量，照图计价做好准备。

本章结合清单计量规范，介绍了装配式混凝土结构工程主要部品部件的工程量计算，通过大量案例详细演示了计算步骤和工程量清单的编制。结合计价定额，通过大量案例详细演示了主要预制构件综合单价计取步骤和工程量清单计价表的编制。最后总结了装配式混凝土结构工程计量与计价需注意的要点。

习题

1. 什么是装配式混凝土结构工程？
2. 简述叠合梁、叠合板、叠合剪力墙。
3. 简述装配式混凝土结构工程主要材料及其性能。
4. 简述装配式混凝土结构工程梁柱节点构造要求。
5. 简述装配式混凝土结构工程计量注意要点。
6. 简述装配式混凝土结构工程计价注意要点。
7. 某框架结构工程采用装配式混凝土柱、梁、板体系施工，檐口高度为42.5m，如图2-56所示，层高3.6m，预制实心柱截面尺寸为400mm×400mm，混凝土强度等级为C30，采用套筒灌浆工艺连接，预埋可调式套管数量为12个，叠合梁混凝土截面尺寸为250mm×400mm，混凝土强度等级为C30，梁顶纵筋及支座负筋现场绑扎浇筑梁柱节点混凝土方式连接，预制叠合板厚度60mm，混凝土强度等级为C30。所有构件均利用现场塔式起重机吊装就位。已知政策性人工费调整幅度为40.5%，装配式钢筋混凝土预制柱单价为2780元/m^3，叠合梁单价为3380元/m^3，叠合板单价为2960元/m^3，可调式钢筋套筒单价为58元/个，水单价为3.8元/m^3，柴油单价为7.5元/kg，预制构件支撑体系综合考虑，试采用增值税一般计税方法，计算该图示预制柱、叠合梁、叠合板的综合单价与合价。

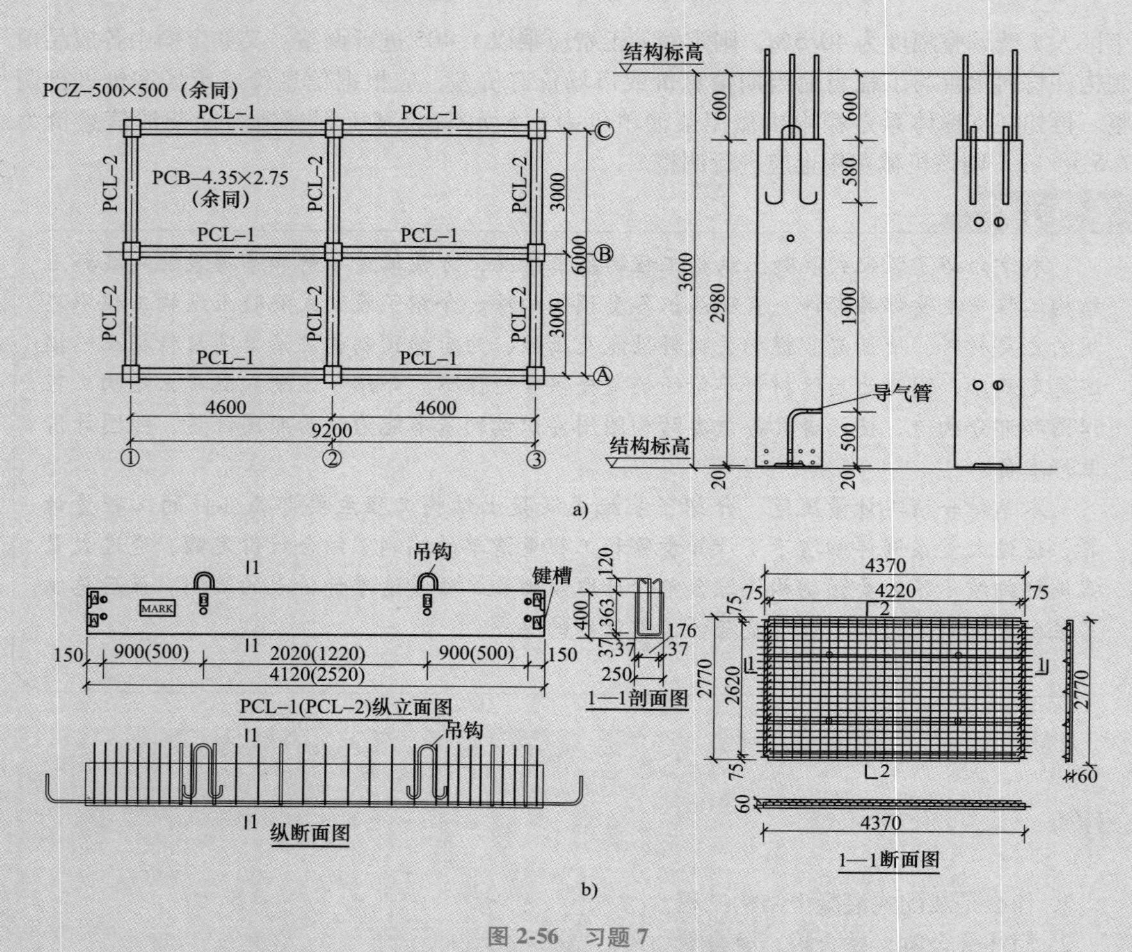

图 2-56　习题 7

a）梁柱平面布置图预制柱立面图　b）叠合梁纵立面及纵断面图叠合板平面图

第3章 钢结构工程计量与计价

3.1 钢结构工程概述

我国装配式钢结构建筑起步相对较晚，但发展速度很快。装配式钢结构建筑体系依据建筑高度及层数可以分为低多层装配式钢结构体系和中高层装配式钢结构体系两大种类，并有诸多不同结构体系与之对应。其中，低多层装配式钢结构体系包括集成房屋结构体系、模块化结构体系、冷弯薄壁型钢结构体系和轻型钢框架体系等，主要用于别墅、酒店、援建等项目。中高层装配式钢结构体系包括纯钢框架体系、钢框架-支撑体系、钢框架-剪力墙体系和钢框架-核心筒体系，主要用于住宅、办公楼等项目。在此基础上，通过技术创新，不断完善加工制作工艺，形成了新型装配式钢结构体系，如方钢管混凝土异性柱结构体系、高层装配式巨型钢结构体系、装配式空间钢网格盒式结构体系、装配式斜支撑节点钢框架体系、钢管混凝土组合束墙结构体系、多腔柱钢框架支撑结构体系等，此类新型钢结构体系创新主要体现为构件截面形式、梁柱连接节点形式、抗侧力体系、围护材料或连接的形式等方面。钢结构工程包括轻型门式刚架结构工程、重型厂房钢结构工程、多层及高层钢结构工程等。

3.1.1 钢结构工程主要部品部件

在钢结构中，典型构件及围护结构体系有钢柱、钢梁、钢支撑、檩条、压型钢板、楼（屋）面板体系、外墙板体系、内墙板体系等。

1. 钢柱

柱通常由柱头、柱身、柱脚三部分组成，柱头支撑上部结构并将其荷载传递给柱身，柱脚则把荷载由柱身传递给基础。钢柱按其截面形式可分为实腹式构件和格构式构件两种，如图3-1所示。

实腹式构件具有整体连通的截面，典型的四类截面形式为：第一类为热轧型钢截面，制造工作量最少是其优点，如圆钢、圆管、方管、角钢、槽钢、工字钢、H型钢、T型钢等受力较小的型钢截面（图3-2a），其中工字形或H形截面最为典型，圆钢因截面回转半径小，只宜作拉杆；钢管常在网架结构中用作球节点相连的杆件，也可用作桁架杆件，但无论是用作拉杆或压杆，都具有较大的优越性，但其价格较其他型钢略高；单角钢截面两主轴与角钢边不平行，若用角钢边与其他构件相连，不易做到轴心受力，因而常用于次要构件或受力不

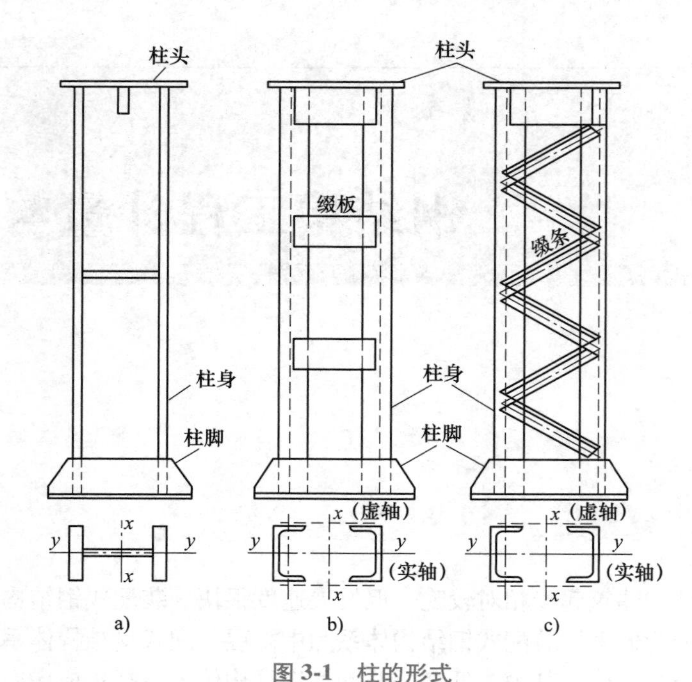

图 3-1 柱的形式

a）实腹式柱 b）格构式缀板柱 c）格构式缀条柱

大的拉杆；轧制普通工字型因两主轴方向的惯性矩相差较大，对其较难做到等刚度，除非沿其强轴 x 方向设置中间侧向支撑点；热轧 H 型钢由于翼缘宽度较大，且为等厚度，常用作柱截面，可节省制造工作量；热轧部分 T 型钢用作桁架的弦杆，可节省连接用的节点板；第二类为型钢或钢板连接而成的组合截面（图 3-2b）；第三类为一般桁架结构中的弦杆和腹杆，除 T 型钢外，也常采用角钢或双角钢组合截面（图 3-2c）；第四类为用于轻型结构中的冷弯型钢截面，如卷边和不卷边的角钢或槽钢与方管钢截面（图 3-2d）。

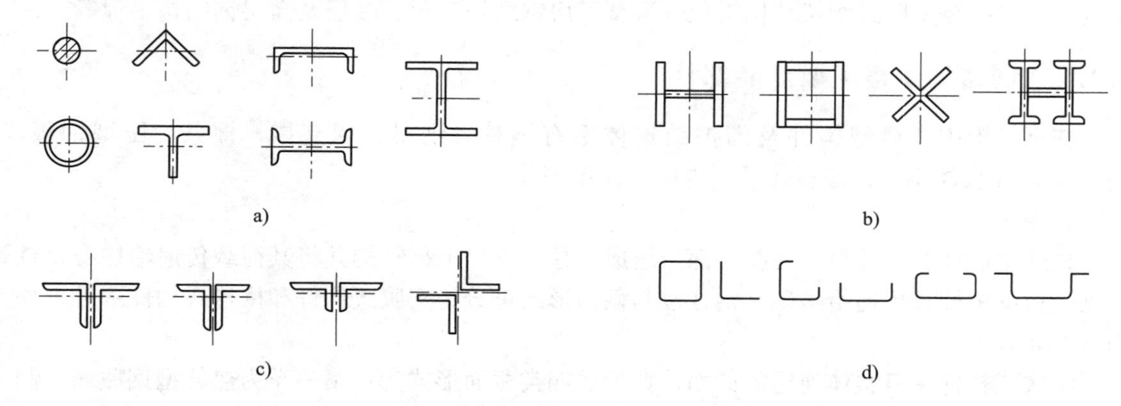

图 3-2 实腹式轴心受力构件的截面形式

a）型钢截面 b）组合截面 c）双角钢组合截面 d）冷弯薄壁型钢截面

实腹式柱与格构式柱区别：实腹式柱具有整体的截面，柱子本体纵向任意两个横截面均相同，最典型的是十字型钢、H 型钢、I 型钢、方钢、方管、槽钢、角钢等截面。实腹式柱实物如图3-3所示。

图3-3 实腹式柱实物

格构式轴心受力构件容易使压杆实现两主轴方向的等稳定，刚度大，抗扭性能好，用料较省，其构件截面一般由两个或多个分肢用缀件连接组成（图3-4），采用较多的是两分肢格构式构件。格构式构件是由型钢、钢管或组合截面杆件连接而成的杆系结构，一般由两个实腹式的柱肢组成，中间用缀条连接，通过分肢腹板的主轴称为实轴，通过分肢缀件的主轴称为虚轴。分肢常采用轧制槽钢或工字钢，承受荷载较大时可采用焊接工字形或槽形组合截面。缀件有缀条或缀板两种，一般设置在分肢翼缘两侧平面内，其作用是将各分肢连成整体，使其共同受力，并承受绕虚轴弯曲时产生的剪力。缀条由斜杆组成或斜杆与横杆共同组成，缀条常采用单角钢，与分肢翼缘组成桁架体系，使承受横向剪力时有较大的刚度。缀板常采用钢板，与分肢翼缘组成刚架体系。在构件产生绕虚轴弯曲而承受横向剪力时，缀板刚度比缀条格构式构件略低，所以通常用于受拉构件或压力较小的受压构件。

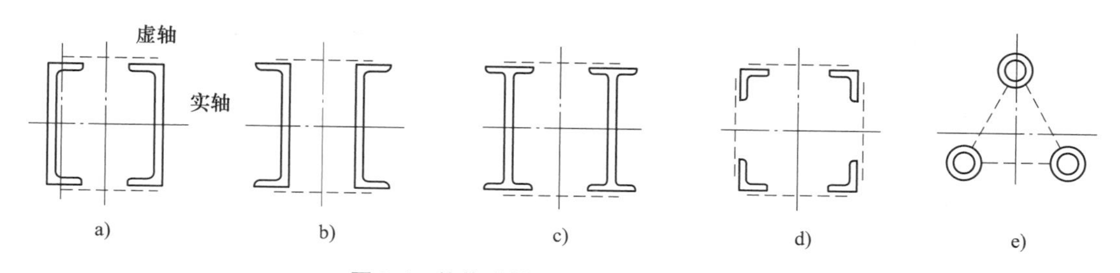

图3-4 格构式轴心受力构件的截面形式

a）槽钢双肢截面柱 b）槽钢双肢截面柱 c）工字钢截面双肢柱 d）四肢柱 e）三肢柱

格构式柱的截面分为两肢或多肢，各肢间用缀条或缀板联系，也是空腹柱一类。格构式柱实物如图3-5所示。格构柱用作压弯构件，多用于厂房框架柱和独立柱，截面一般为型钢或钢板设计成双轴对称或单轴对称截面。格构体系构件由肢件和缀材组成，肢件主要承受轴向力，缀材主要抵抗侧向力（相对于肢体轴向而言）。格构柱缀材形式主要有缀条和缀板。

2. 钢梁

钢梁可用于厂房中的吊车梁和工作平台梁、多层建筑中的楼面梁，分为型钢梁和组合梁。型钢梁用热轧成型的工字钢或槽钢等制成而成，型钢梁加工简单，但型钢截面尺寸受到

图 3-5 格构式柱实物

一定规格的限制。当荷载和跨度较大时，常采用组合梁，组合梁由钢板或型钢焊接或铆接而成，由于铆接费工费料，常以焊接为主。常用的焊接组合梁为由上、下翼缘板和腹板组成的 H 形截面和箱形截面，后者较费料，且制作工序较繁，但具有较大的抗弯刚度和抗扭刚度，适用于有侧向荷载和抗扭要求较高或梁高受到限制等情况，图 3-6 所示为 H 型钢梁。

图 3-6 H 型钢梁

钢梁加劲肋是在钢梁支座或有集中荷载处，为保证构件局部稳定并传递集中力所设置的条状加强件，可以提高梁的稳定性和抗扭性能。加劲肋有横向加劲肋、纵向加劲肋和短加劲肋，如图 3-7 所示。另外，在梁的支座处和上翼缘受有较大固定集中荷载处，宜设置支承加劲肋。加劲肋宜在腹板两侧成对配置，也可单侧配置，但支承加劲肋、重级工作制吊车梁的加劲肋不应单侧配置。

3. 钢支撑

在钢结构厂房中，支撑包括柱间支撑和屋面水平支撑、系杆、隅撑等，图 3-8 所示为钢结构厂房柱间支撑示意，图 3-9a 所示为钢结构厂房屋面水平支撑，图 3-9b 所示为屋面横向水平支撑详图，其主要作用是加强厂房结构的空间刚度，保证结构在安装和使用阶段的稳定性，并将风荷载、吊车制动荷载以及地震荷载等传至承重构件上。下面介绍系杆、隅撑两类支撑。

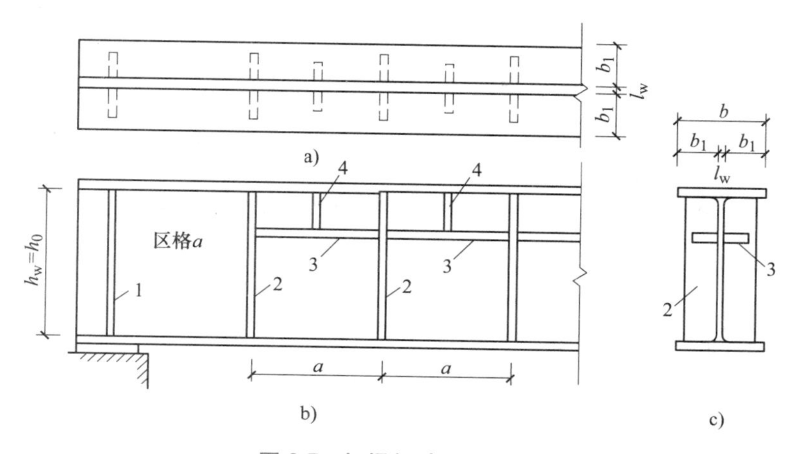

图 3-7　钢梁加劲肋示意图

1—支承加劲肋　2—横向加劲肋　3—纵向加劲肋　4—短加劲肋

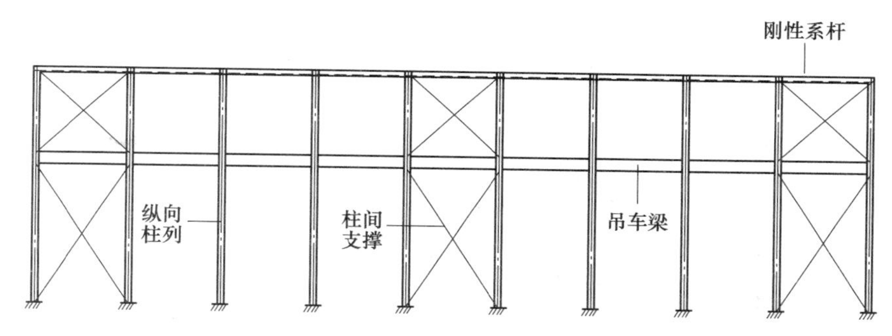

图 3-8　钢结构厂房柱间支撑示意

（1）系杆　为了保证未设横向水平支撑屋架的侧向稳定、减少弦杆的计算长度及传递水平荷载，应在横向水平支撑或竖向支撑的节点处，沿房屋纵向设置通长的系杆。系杆可分为刚性系杆和柔性系杆，既能承受拉力又能承受压力的系杆称为刚性系杆，如图 3-9a 所示，只能承受拉力的系杆称为柔性系杆，刚性系杆通常采用圆管或双肢角钢，柔性系杆常采用单角钢。

系杆在上下弦平面内按下列原则布置：

1）一般情况下，竖向支撑平面内的屋架上下弦节点处应设置通长的系杆。

2）在屋架支座节点处和上弦屋脊节点处应设置通长的刚性系杆。

3）当屋架横向水平支撑设在厂房两端或温度区段的第二开间时，则在支撑节点与第一榀屋架之间应设置刚性系杆。

（2）隅撑　当实腹式刚架斜梁的下翼缘或柱的内翼缘受压时，为了保证其平面外稳定，必须在受压翼缘布置隅撑（端部仅设置一道），作为侧向支承。隅撑的一端连在受压翼缘上，另一端直接连接在檩条上。隅撑连接如图 3-10 所示。

4. 檩条

檩条常用于钢结构厂房屋面，当采用冷弯薄壁型钢构件，其截面形式主要有 Z 形卷边和

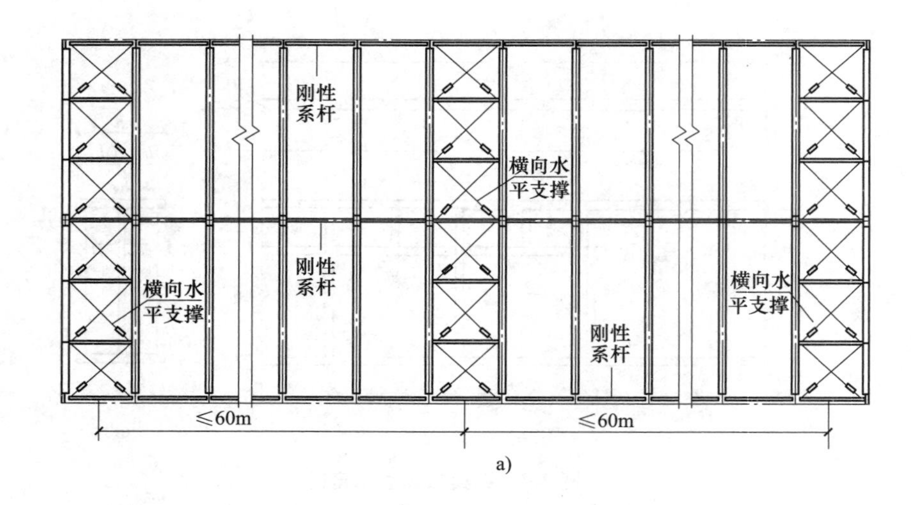

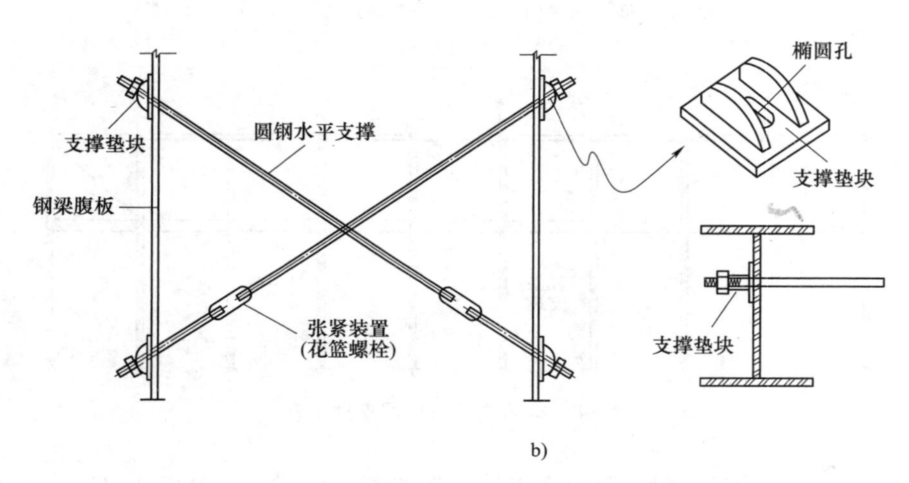

图 3-9 钢结构厂房屋面与屋面横向水平支撑详图

a）钢结构厂房屋面水平支撑 b）屋面横向水平支撑详图

C 形卷边两种，如图 3-11a、b、c 所示。当檩条跨度大于 9m 或屋面荷载较大时，宜采用高频焊 H 型构件或热轧轻型槽钢，如图 3-11d、e 所示。冷弯薄壁型钢檩条截面一般采用基板为 1.5～3.0mm 厚的薄钢板在常温下辊压而成，由于制作、安装简单，用钢量省，是目前轻型钢结构屋面工程中应用最普遍的截面形式。

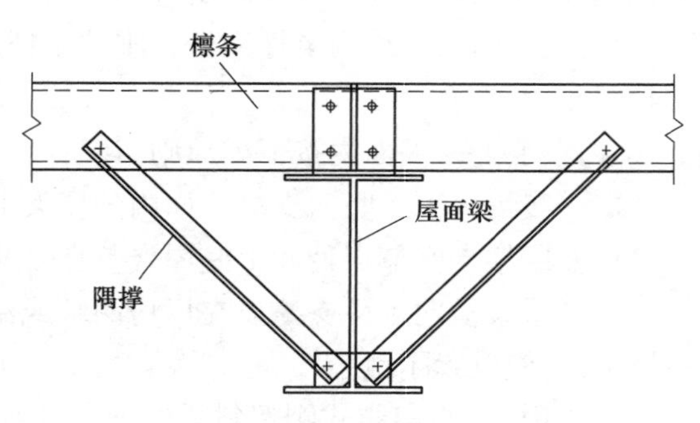

图 3-10 隅撑连接

冷弯开口薄壁型钢檩条的侧向抗弯能力较弱，稳定性较差，需要通过拉条上层布置（图 3-12a）或拉条上下双层平行布置（图 3-12b）来增强檩条的侧向抗弯刚度。

当屋面荷载较大或檩条跨度大于 9m 时，也可以选用轻型格构式檩条，格构式檩条又分

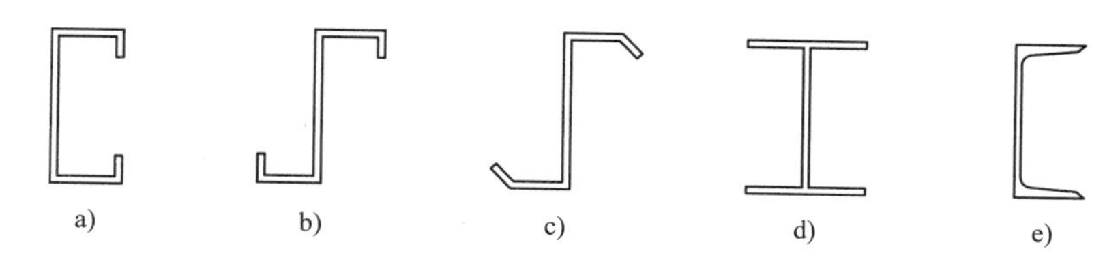

图 3-11　实腹式檩条

a）卷边 C 型钢　b）卷边 Z 型钢　c）斜卷边 Z 型钢　d）高频焊 H 型钢　e）热轧槽钢

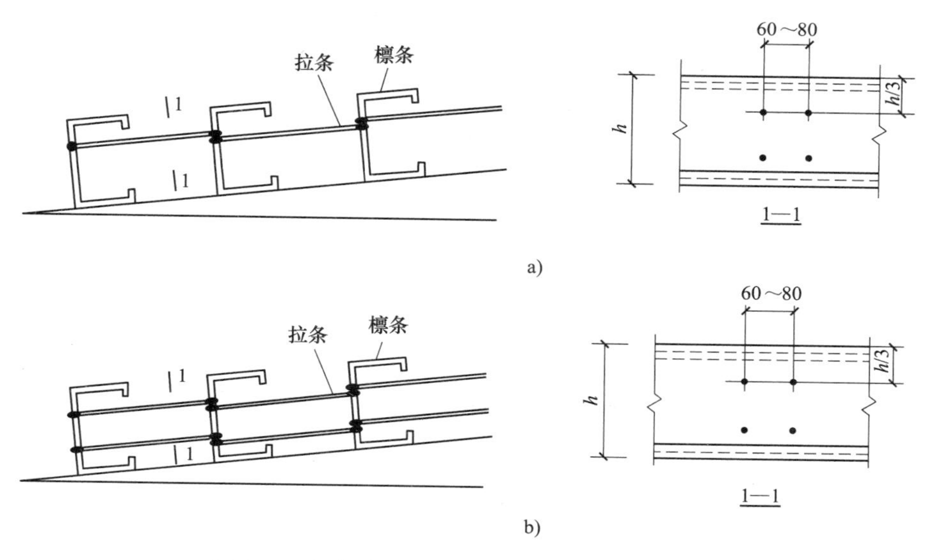

图 3-12　拉条上层布置及上下双层平行布置示意

a）拉条上层布置示意　b）拉条上下双层平行布置示意图

为平面桁架式和空间桁架式，平面桁架式檩条可分为两类：一类由角钢、槽钢和圆钢制成（图 3-13）；一类由冷弯薄壁型钢和圆钢制成（图 3-14）。这种檩条平面内刚度大，用钢量较低，但制作较复杂，且侧向刚度较差，需要与屋面材料、支撑等组成稳定的空间结构，适用于屋面荷载或檩距相对较小的屋面结构。空间桁架式檩条横截面呈三角形，如图 3-15 所示，由①、②、③三个平面桁架组成了一个完整的空间桁架体系，称为空间桁架式。这种檩条结构合理，受力明确，整体刚度大，但制作加工复杂，用钢量大，适用于跨度、荷载和檩距均较大的情况。

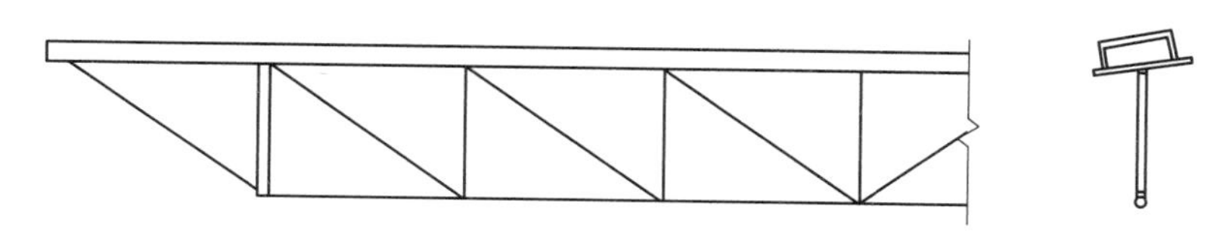

图 3-13　角钢、槽钢和圆钢制成平面桁架式檩条

5. 压型钢板

压型钢板是目前广泛用于钢结构墙体或屋面有檩体系中屋面板材料，是由镀锌冷轧薄钢板、镀铝锌冷轧薄板或在其基材上涂有彩色有机涂层的薄钢板辊压成型的各种波形板材。具

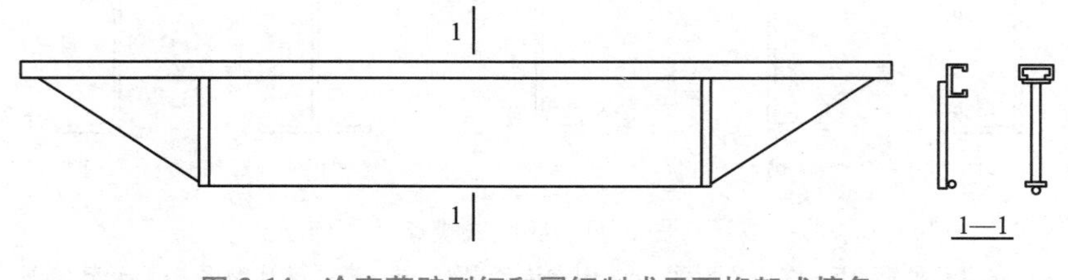

图 3-14　冷弯薄壁型钢和圆钢制成平面桁架式檩条

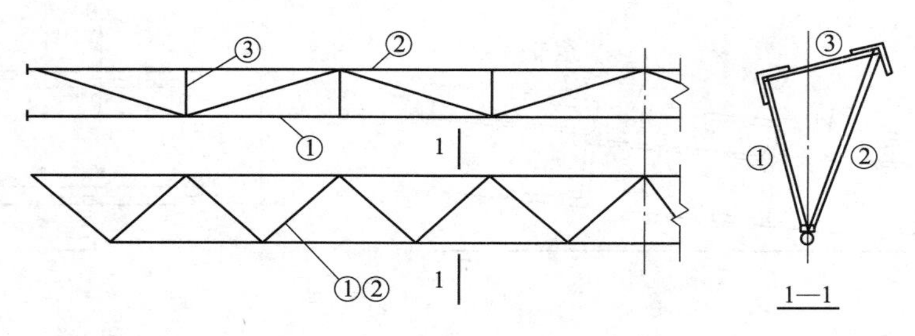

图 3-15　空间桁架式檩条

有轻质、高强、外形美观、色彩艳丽、施工方便、工业化生产等特点。其中用于屋面的压型钢板板厚一般为 0.5~1.0mm。压型钢板截面形式较多，根据压型钢板的截面波型和表面处理情况，压型钢板的分类、特点、截面形式及适应范围见表 3-1。

表 3-1　压型钢板的分类、特点、截面形式及适应范围

分类原则	类别	特点	使用范围	截面形式
单层压型钢板	低波型	波高小于 50mm	墙面围护材料	≤50mm
	中波型	波高在 50~75mm	组合楼板、一般屋面围护材料	50~75mm
	高波形	波高大于 75mm	组合楼板、屋面荷载较大的屋面围护材料	≥75mm
复合压型钢板	波型式	中间填塞聚氨酯或者聚苯乙烯保温隔热材料，整体刚度大	适用于屋面荷载较大有保温隔热要求的屋面围护材料	
	普通式	中间填塞聚苯乙烯	适用于有保温隔热要求的屋面围护材料	
	承接式	中间填塞聚氨酯或者聚苯乙烯保温隔热材料	适用于有保温隔热要求的墙面围护材料	
	填充式	中间填充岩棉或玻璃丝棉保温隔热材料	适用于有保温隔热要求及防火等级要求较高的屋面围护材料	保温棉　间隔金属件

6. 楼（屋）面板体系

楼（屋）面板体系在建筑物中主要是用来承受和传递竖向荷载，且传递风及地震作用下的水平荷载，其用量大而广。楼板承担的竖向荷载主要由楼板自重和楼面活载组成，楼板自重甚至能达到建筑上部主体总重的40%左右。减小楼（屋）面板的自重是降低建筑总重量的最有效方法。不同的楼板形式对于结构造价有着直接的影响。因此，装配式钢结构建筑应尽量采用轻质高强的楼板形式，同时可以达到标准化设计、工厂化的生产，与装配式钢结构体系相适应。

楼板除了应具有足够的强度、刚度、安全稳定外，还应具有良好的隔声、防火、防潮、防渗等性能。屋面板的功能除了楼板的功能外，还要有抵御风、雨、霜、雪的侵袭，防水防渗、保温隔热以及节能环保等功能。

装配式钢结构建筑的楼（屋）面板可以采用以下几种类型：现浇钢筋混凝土板、预制混凝土叠合楼板、压型钢板—混凝土组合楼板、钢筋桁架混凝土组合楼板和轻质板。为了楼面板和屋面板的施工便捷，且考虑楼板与下部支撑钢梁的共同工作，目前在装配式钢结构建筑中常采用压型钢板—混凝土组合楼板和钢筋桁架组合楼板。

无论采用何种楼板，均应保证楼板的整体牢固性，保证楼板与钢结构的可靠连接，具体可以采取在楼板与钢梁之间设置抗剪连接件或将楼板预埋件与钢梁焊接等措施来实现。

（1）压型钢板—混凝土组合楼板　压型钢板—混凝土组合楼板是先在钢梁上铺设凹凸相间的薄钢板作为衬板，然后在钢板上现浇混凝土的组合楼板，并通过焊接于钢梁上的栓钉加强板的整体性，如图3-16所示。

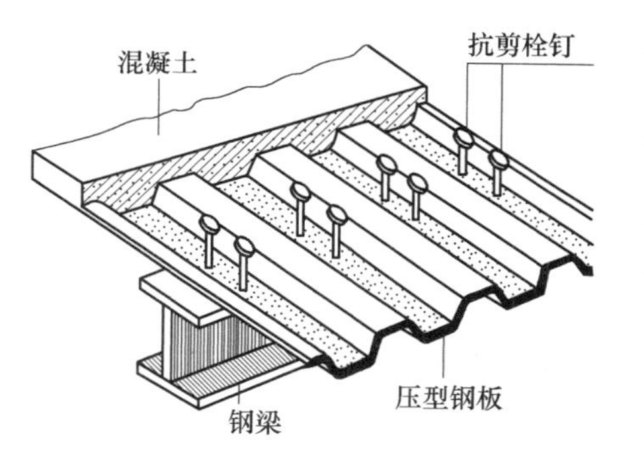

图3-16　压型钢板—混凝土组合楼板示意图

压型钢板—混凝土组合楼板有两种形式：一种是压型钢板作为永久性模板使用，需要在混凝土板底配置跨中受拉钢筋；另一种是压型钢板既当作模板又可替代底板受拉钢筋，且要求压型钢板必须与混凝土可靠连接，保证两者能形成整体性构件。

（2）钢筋桁架混凝土组合楼板　钢筋桁架混凝土组合楼板是在压型钢板混凝土组合楼板的基础上发展而来的。钢筋桁架混凝土组合楼板是将原本在现场绑扎的楼板底部钢筋在工厂加工成钢桁架后，将其与底模钢板连成一体的组合模板，钢筋桁架混凝土组合楼板现场施工图如图3-17所示。

钢筋桁架混凝土组合楼板可减少现场钢筋绑扎工作量70%左右，并且采用工厂化的加工能够使面层与底层钢筋间距及混凝土保护层厚度得到保证，钢筋排列均匀，提高楼板的质

a)

b)

图 3-17　钢筋桁架混凝土组合楼板现场施工图

量。底部的钢板仅作为模板使用，所以不需要考虑防火喷涂及防腐维护的问题，同时加快了现场施工速度。

3.1.2　钢结构工程主要材料

钢结构工程主要材料有钢材、连接材料、钢筋与混凝土等。

1. 钢材

装配式钢结构建筑对钢材的品种、质量和性能有着较高的要求，要求在设计选材时做好优化比选的工作。钢材品种的选择和质量等级根据结构或构件连接方法、应力状态、工作环境以及板件厚度等因素确定，并应在设计文件中完整注明钢材的技术要求。

我国建筑用钢主要为碳素结构钢、低合金高强度结构钢和建筑结构用钢板三种。优质碳素结构钢在冷拔低碳钢丝和连接用紧固件中也有应用。此外还有其他建筑用钢。

（1）碳素结构钢　普通碳素钢分为 Q195、Q215、Q235 和 Q275 四个牌号。钢结构一般用 Q235 钢，其含碳量在 0.22%（质量分数）以下，属于低碳钢，其钢材的强度适中，塑性、韧性均较好；该牌号钢材根据其化学成分和冲击韧性的不同划分为 A、B、C、D 四个质量等级，其中 D 级最优，A 级最差；根据不同的质量等级分别规定化学成分 C、Mn、S、P 的含量；在脱氧方法上，A、B 级按脱氧程度分为沸腾钢（F）、半镇静钢（b），C、D 级则分为镇静钢（Z）和特殊镇静钢（TZ）；在力学性能上，A 级钢材仅保证拉伸试验（f_y、f_u 和 δ），不做冲击试验，冷弯试验也只在使用方要求时才进行，B、C、D 级钢材还应分别保证 20℃、0℃和−20℃的冲击韧性值和冷弯性能合格。如 Q235 中 A、B 级有沸腾钢、半镇静钢，C 级全部为镇静钢，D 级全部为特殊镇静钢。

钢材牌号由字母 Q、屈服强度（N/mm²）、质量等级代号（A、B、C、D）及脱氧方法代号（F、b、Z、TZ）四个部分组成，即碳素结构钢的表示方法为“Q+屈服强度+质量等级+脱氧方法”，如钢号的代表意义如下：Q235-BF 表示屈服强度为 235N/mm² 的 B 级沸腾碳素结构钢。

（2）低合金高强度结构钢　低合金钢分为 Q355、Q390、Q420、Q460、Q500、Q550、Q620、Q690 八种牌号，板材厚度不大于 16mm 的相应牌号的屈服点与碳素结构钢相应强度等级的钢相同。这些钢的含碳量均不大于0.20%（质量分数），主要通过添加少量的几种合金元素达到提高强度的目的，由于合金元素的总量低于5%（质量分数），故而称为低合金高强度钢。其中Q355、Q390、Q420均按化学成分和冲击韧性划分为A、B、C、D、E共5个质量等级，且字母顺序越靠后的钢材质量越高，相对于碳素结构钢而言，低合金高强度钢增加了1个等级E，E级钢主要是要求-40℃的冲击韧性。由于Q355、Q390、Q420这三种牌号均有较高的强度和较好的塑性、韧性、焊接性能，被标准选为承重结构用钢，且这三种钢的牌号命名与碳素钢类似，只是低合金高强度结构钢均为镇静钢，因此牌号中不注明脱氧方法，如Q355-E表示屈服强度为345N/mm^{2}的E级低合金高强度结构钢。常用的低合金钢16Mn为Q355，15MnV为Q390。

（3）建筑结构用钢板　建筑结构用钢板有Q235GJ、Q345GJ、Q390GJ、Q420GJ、Q460GJ五个牌号，且板材厚度不大于16mm的相应牌号的钢材屈服强度也与碳素结构钢和低合金高强度结构钢相应强度等级的钢相同；各强度级别又分为Z向和非Z向钢，Z向钢有Z15、Z25、Z35三个等级，表示其厚度方向断面收缩量（三个试样的平均值）分别不小于15%、25%、35%；各牌号又按不同冲击试验要求分为不同质量等级。

钢材的牌号由屈服强度（Q）、高性能（G）、建筑（J）的汉语拼音首字母、屈服强度、质量等级符号组成；对于有厚度方向性能要求的钢板，在质量等级符号后加上Z向钢级别。如Q345GJCZ15：其中Q、G、J分别为屈服强度、高性能、建筑的首个汉语拼音字母；345N/mm^{2}为屈服强度；C为对应于0℃冲击试验温度要求的质量等级，Z15为厚度方向性能级别。该钢板有害的P、S元素含量少，纯净度高，且轧制过程控制严格，故具有强度高，强度波动小，强度厚度效应小，塑性、韧性、焊接性能好等优点，是一种高性能钢材，尤其适用于地震区高层大跨等重大钢结构工程。考虑到与现行钢结构设计标准相适应，建议选择前4种牌号钢材为承重结构用钢，其化学成分、力学性能和焊接性要求均应符合有关规定。

（4）优质碳素结构钢　优质碳素结构钢以不热处理或热处理（正火、退火或高温回火）状态交货，要求热处理状态交货的应在合同中注明，未注明者按不热处理交货，如用于高强度螺栓的45号优质碳素结构钢需经热处理，强度较高，对塑性和韧性又无显著影响。优质碳素结构钢与碳素结构钢的主要区别在于钢中含杂质元素较少，P、S等有害杂质元素的含量均不大于0.035%（质量分数），且其他缺陷的限制也较严格，故具有较好的综合性能。优质碳素结构钢生产的钢材分为两大类：第一类为普通含锰量的钢；第二类为较高含锰量的钢。两类钢号均用两位数表示，表示钢中的平均含碳量的万分数，第一类钢数字后不加Mn，第二类钢数字后加Mn；如45钢表示平均含碳量为0.45%（质量分数）的优质碳素钢；45Mn钢则表示同样含碳量、锰含量较高的优质碳素钢。由于此钢种成本较高，钢结构中使用较少，故仅用经热处理的优质碳素结构钢冷拔高强钢丝或制作高强度螺栓、自攻螺钉等。

（5）其他建筑用钢　对于一些复杂或大跨度的建筑钢结构，有时需要用到铸钢。铸钢在钢结构中应用时间不长，主要用于大型空间结构的复杂节点和支座，分为用于焊接结构的铸钢和用于非焊接结构的铸钢件；处于外露环境对耐腐蚀有特殊要求或在腐蚀性气、固态介质作用下的承重结构采用耐候钢时，应满足国家标准《耐候结构钢》（GB/T 4171）的规定；当焊接承重结构为防止钢材的层状撕裂而采用Z向钢时，应满足国家标准《厚度方向性能钢板》（GB/T 5313）的规定。

装配式钢结构建筑用钢材性能应符合下列要求：

钢材性能应符合国家标准《钢结构设计标准》（GB 50017）及其他有关标准的规定。有条件时，可采用耐候钢、耐火钢、高强钢等高性能钢材。同时，由于装配式钢结构建筑中钢材费用约占到工程总费用的30%，故选材还应充分考虑工程的经济性，选用性价比较高的钢材。

结构钢材可选用符合现行国家标准《碳素结构钢》（GB/T 700）和《低合金高强度结构钢》（GB/T 1591）的Q235钢和Q345钢。当有依据时，也可选用强度更高的钢材。

按8度或9度抗震设防的高层装配式钢结构建筑要求采用较高性能钢板时，宜采用符合现行国家标准《建筑结构用钢板》（GB/T 19879）的Q235GJ钢和Q345GJC级钢。

钢材的强度设计值等设计指标应符合现行国家标准《钢结构设计标准》GB 50017与《冷弯薄壁型钢结构技术规范》（GB 50018）的规定。

结构钢材应保证屈服强度、抗拉强度、伸长率等基本力学性能符合要求，框架梁、柱等重要承重构件应再附加冷弯性能要求，必要时尚应附加保证冲切要求。

框架柱或钢管混凝土柱等构件选用圆钢管时，宜优先选用冷弯成型的焊接圆管；当有技术经济依据时，也可选用符合《结构用无缝钢管》（GB/T 8162）的Q345无缝钢管，但不应选用以热扩方法生产的无缝钢管。

各类构件选用薄壁型材时，须注意截面板件的局部稳定应符合规范要求。

非潮湿环境（湿度不大于60%）下的装配式钢结构建筑中次构件（坡屋顶、承重龙骨等），需采用冷弯薄壁型钢（C型钢或方矩钢管）时，其厚度不宜小于3.0mm；当采用镀锌构件时，应采用热浸镀锌板（双面镀锌量不小于180g/m^2）制作。

钢材断口处不应有分层、夹渣、表面锈蚀、麻点等缺陷，表面划痕不应大于钢材厚度负偏差的一半。钢材的代换应经原设计单位确认后方可执行。

抗震设防（不低于7度）的中高层和高层住宅钢结构，当其框架和抗侧力支撑等重要构件的截面设计由地震作用组合控制时，钢材应附加保证下列性能：①钢材的屈强比不应大于0.85；②钢材应有明显的屈服台阶，且伸长率不小于20%（标距50mm）；③钢材应有良好的焊接性能，对低合金结构钢应保证合格的碳当量。

钢结构所用的钢材主要为热轧成形的钢板、型钢以及冷弯（或冷压）成形的薄壁型钢。

（1）钢板　用光面辊轧制而成的扁平钢称为钢板。土木工程用的钢种主要是碳素结构钢，对于某些重型结构、大跨度桥梁等也采用低合金钢。

钢板的表示方法：—宽×厚×长，单位为“mm”，如：—600×10×1200。

厚钢板：厚度4.5~60mm，宽度600~3000mm，长度4~12m，常用作大型梁、柱等实腹式构件的翼缘和腹板以及节点板（即用于型钢的连接与焊接，组成钢结构承力构件）等。

薄钢板：厚度0.35~4mm，宽度500~1500mm，长度0.5~4m，常用作制作冷弯薄壁型钢的原料或可用作屋面或墙面等围护结构。

扁钢板：厚度4~60mm，宽度12~200mm，长度3~9m，可用作焊接组合梁、柱的翼缘板、各种连接板、加劲肋等。

（2）热轧型钢　常用的型钢有角钢、工字钢、H型钢、槽钢和钢管等。我国建筑用热轧型钢主要采用碳素结构钢和低合金钢，在碳素结构钢中主要采用Q235-A（含碳量约为0.14%~0.22%），其强度较适中，塑性和可焊性较好，而且冶炼容易，成本低廉，适合土木工程使用；在低合金钢中主要采用Q355（16Mn）和Q390（15MnV），可用于大跨度、承受动荷载的钢结构中。

1）角钢。角钢，用“L”表示。角钢分为等边（等肢）和不等边（不等肢）两种。等边角钢的表示方法：L边宽×厚度，单位为mm，如L125×8；不等边角钢的表示方法：L长边宽×短边宽×厚度，单位为mm，L125×80×8。角钢主要用来制作桁架等格构式结构的杆件和支撑等连接杆件。

2）工字钢、H型钢。常用的工字钢有普通工字钢、轻型工字钢和H型钢三种。

普通工字钢的型号用符号“工”后加“号数”（号数即为其截面高度，单位为“cm”）来表示。20号和32号以上的工字钢，同一号数分别有两种或三种不同的腹板厚度可供选用，分别为a、b或a、b、c。如I20a（b），I32a（b、c）；其中I20a表示高度为200mm，腹板厚度为a类的工字钢。普通工字钢的型号为10~63号，供应长度为5~19m。轻型工字钢的腹板和翼缘均较普通工字钢薄，因而在相同重量下其截面模量和回转半径均较大，轻型工字钢用“QI”表示。轻型工字钢的型号为10~70号，供应长度也为5~19m。

H型钢是世界各国使用很广泛的热轧型钢，H型钢与普通工字钢相比，其翼缘的内外边缘平行，截面抗弯性能高，便于与其他构件相连；H型钢是成品钢材，与焊接工字钢相比减小制造工作量且降低残余应力和残余变形。

H型钢分为宽翼缘H型钢（代号HW，翼缘宽度B与截面高度H相等）；中翼缘H型钢[代号HM，$B=(1/2\sim2/3)H$]；窄翼缘H型钢[代号HN，$B=(1/3\sim1/2)H$]。各种H型钢均可剖分为T型钢供应，对应于宽翼缘、中翼缘、窄翼缘，其代号分别为TW、TM、TN。宽翼缘和中翼缘H型钢可用于钢柱等受压构件；窄翼缘H型钢则适用于钢梁等受弯构件。

H型钢和部分T型钢的规格标记均采用高H×宽B×腹板厚t_1×翼缘厚t_2来表示，单位为“mm”；如HM340×250×9×14，其部分T型钢为TM170×250×9×14；HW400×400×13×21，其部分T型钢为TW200×400×13×21等。

3）槽钢。槽钢，用“[”表示。分为普通槽钢和轻型槽钢（Q[）两种；槽钢是以其截面高度（单位为“cm”）编号。14号和25号以上的普通槽钢同一号数又分为a、b和a、b、c三种规格，随a、b、c的次序，槽钢腹板厚度和翼缘宽度以2mm递增，如[32a（b、c）；其中“[32a”指截面高度320mm，腹板较薄的槽钢；目前国内生产的最大型号为[40c，供货长度为5~19m。槽钢适于作檩条等双向受弯构件，也可用其组成格构式构件。

4）钢管。钢管有无缝钢管和焊接钢管两种，用ϕ外径×厚度表示，单位为“mm”；如ϕ400×6。由于回转半径较大，常用作桁架、网架、网壳等平面和空间格构式结构的杆件；也应用于钢管混凝土柱中。国产热轧无缝钢管标准系列的最大外径为610mm，供货长度为3~12m。

（3）冷弯（或冷压）薄壁型钢　冷弯（或冷压）薄壁型钢（图3-18）常采用壁厚为1.5~6mm的薄钢板（Q215、Q235或Q355钢）或钢带经冷轧（弯）或模压而成。由于其截面形式及尺寸均可按受力特点合理设计，能充分利用其钢材的强度，节约钢材，特别经济，故广泛应用于国内外轻钢建筑结构中。有角钢、槽钢等开口薄壁型钢及方形、矩形等空心薄壁型钢，可用于轻型钢结构中。其实冷弯薄壁型钢的壁厚并无特别的限制，主要取决于加工设备的能力。近年来冷弯高频焊接圆管和方、矩形管的生产和应用在国内有了较快的发展，故冷弯型钢的壁厚已达到12.5mm，且部分壁厚可达到22mm，而国外壁厚已用到25.4mm。

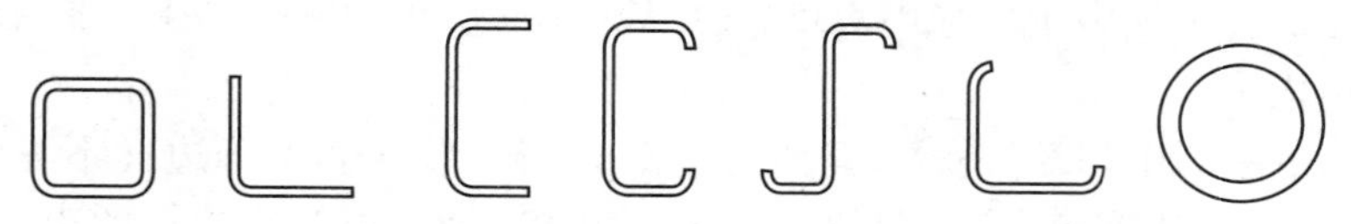

图 3-18 冷弯薄壁型钢截面

2. 连接材料

钢结构中所用的连接方法有：焊接连接、螺栓连接和铆钉连接，如图 3-19 所示。最早的连接方法是螺栓连接，分为普通螺栓连接和高强度螺栓连接。目前以焊接连接为主，铆钉连接由于其自身施工工艺的特殊性已很少采用。

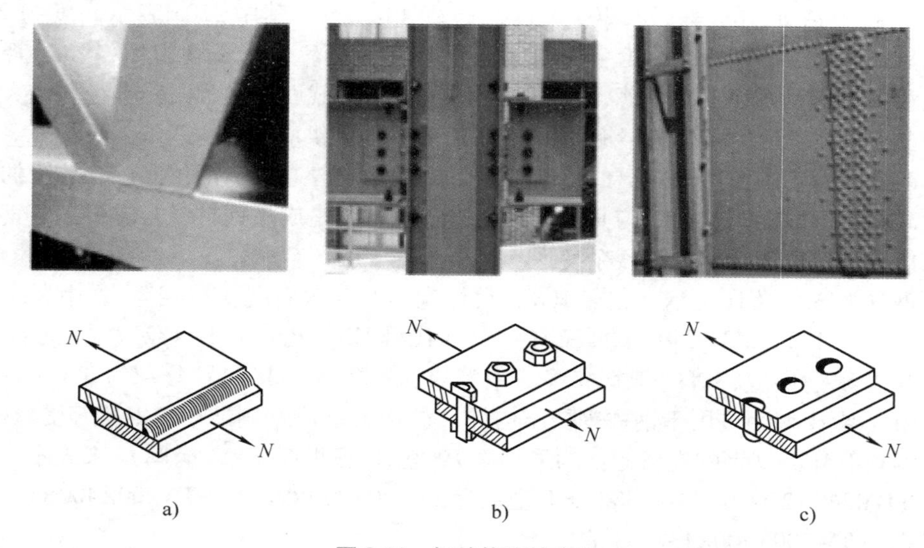

图 3-19 钢结构连接方法

a）焊接连接 b）螺栓连接 c）铆钉连接

焊接连接是目前钢结构最主要的连接方式，它的优点是任何形状的结构都可使用，构造简单。焊接连接的优点是一般不需要拼接材料，不削弱构件截面、省料省工，而且能实现自动化操作，生产效率较高，而且连接的密封性好、刚度大；缺点是焊接残余应力和残余变形对结构有不利影响，焊接结构的低温冷脆问题也比较突出。因此，对钢材性能要求较高，高强度钢更要有严格的焊接程序，焊缝质量要通过多种途径的检验来保证。

焊接连接材料的选用应符合下列规定：

手工焊接用焊条应符合现行国家标准《非合金钢及细晶粒钢焊条》（GB/T 5117）或《热强钢焊条》（GB/T 5118）的规定，选用的焊条型号应与主体钢构件金属力学性能相适应；当两种不同强度的钢材焊接时，宜采用与低强度钢材相适应的焊接材料。

自动焊接或半自动焊接采用的焊丝和焊剂应与主体钢构件金属力学性能相适应，焊丝应符合现行国家标准《熔化焊用钢丝》（GB/T 14957）、《气体保护电弧焊用碳钢、低合金钢焊丝》（GB/T 8110）及《热强钢药芯焊丝》（GB/T 17493）的规定；埋弧焊用焊丝和焊剂应符合现行国家标准《埋弧焊用非合金钢及细晶粒钢实心焊丝、药芯焊丝和焊丝-焊剂组合分类要求》（GB/T 5293）、《埋弧焊用低合金钢焊丝和焊剂》（GB/T 12470）的规定。

焊接材料的匹配以及焊缝的强度设计值应符合《钢结构设计标准》(GB 50017)、《高层民用建筑钢结构技术规程》(JGJ 99)的规定。

承受较强地震作用的构件与节点的焊接连接，宜选用低氢型焊条。

螺栓连接分普通螺栓连接和高强度螺栓连接。普通螺栓(图3-20)连接的优点是施工简单，拆装方便；缺点是用钢量多。适用于安装连接和需要经常拆装的结构。普通螺栓分C级螺栓和A、B级螺栓两种。C级螺栓一般用Q235钢(用于螺栓时也称为4.6级)制成。A、B级螺栓一般用45号钢和35号钢(用于螺栓时也称8.8级)制成。A、B两级的区别只是尺寸不同，其中A级包括 $d \leqslant 24$mm，且 $L \leqslant 150$mm 的螺栓，B级包括 $d>24$mm 或 $L>150$mm 的螺栓，d 为螺栓直径，L 为螺栓长度。C级螺栓加工粗糙，尺寸不够准确，只要求Ⅱ类孔，成本低，栓径和孔径之差设计规范未作规定，通常取1.5~2.0mm。由于螺栓杆与螺孔之间存在着较大的间隙，传递剪力时，连接较易产生滑移，但传递拉力的性能仍较好，所以C级螺栓广泛用于承受拉力的安装连接，不重要的连接或用作安装时的临时固定。A、B级螺栓需要机械加工，尺寸准确，要求Ⅰ类孔，栓径和孔径的公称尺寸相同，容许偏差为0.18~0.25mm间隙。这种螺栓连接传递剪力的性能较好，变形很小，但制造和安装比较复杂，价格昂贵，目前在钢结构中较少采用。Ⅰ类孔的精度要求为连接板组装时，孔口精确对准，孔壁平滑，孔轴线与板面垂直。质量达不到Ⅰ类孔要求的都为Ⅱ类孔。

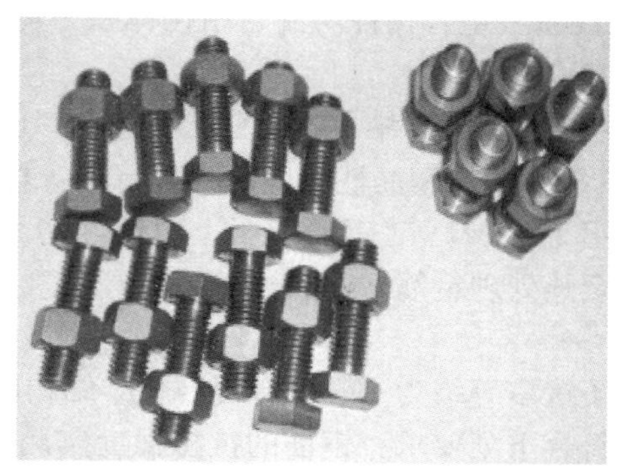

图3-20　普通螺栓

高强度螺栓连接分高强度螺栓摩擦型连接、高强度螺栓承压型连接两种，均用强度较高的钢材制作，安装时通过特制的扳手，以较大的扭矩上紧螺母，使螺杆产生很大的预应力，预应力把被连接的部件夹紧，使部件的接触面间产生很大的摩擦力，外力可通过摩擦力来传递。高强度螺栓的性能等级有10.9级(20MnTiB钢和35VB钢)和8.8级(40B钢、45号钢和35号钢)，级别划分的小数点前数字是螺栓热处理后的最低抗拉强度，小数点后数字是屈强比(屈服强度与抗拉强度的比值)，如10.9级钢材的最低抗拉强度是1000N/mm^2，屈服强度是900N/mm^2。高强度螺栓连接和普通螺栓连接的主要区别是：普通螺栓扭紧螺母时螺栓产生的预应力很小，由板面挤压力产生的摩擦力可以忽略不计。普通螺栓连接抗剪时是依靠孔壁承压和栓杆抗剪来传力。高强度螺栓除了其材料强度高之外，施工时还给螺栓杆施加很大的预应力，使被连接构件的接触面之间产生挤压力，因此板面之间垂直于螺栓杆方向受剪时有很大的摩擦力。依靠接触面间的摩擦力来阻止其相互滑移，以达到传递外力的目的，因而变形较小。当仅考虑以部件接触面间的摩擦力传递外力时称为高强度螺栓摩擦型连接；而同时考虑依靠螺杆和螺孔之间的承压来传递外力时称为高强度螺栓承压型连接。前者以滑移作为承载能力的极限状态，后者的极限状态和普通螺栓连接相同。

连接螺栓、锚栓的选用应符合下列规定：

普通螺栓应符合现行国家标准《六角头螺栓 C 级》（GB/T 5780）和《六角头螺栓》（GB/T 5782）的规定。

高强度螺栓应符合现行国家标准《钢结构用高强度大六角头螺栓》（GB/T 1228）、《钢结构用高强度大六角螺母》（GB/T 1229）、《钢结构用高强度垫圈》（GB/T 1230）、《钢结构用高强度大六角头螺栓、大六角螺母、垫圈技术条件》（GB/T 1231）或《钢结构用扭剪型高强度螺栓连接副》（GB/T 3632）的规定。

锚栓可采用现行国家标准《碳素结构钢》（GB/T 700）规定的 Q235 钢，或《低合金高强度结构钢》（GB/T 1591）规定的 Q345 钢。

各类螺栓、锚栓的强度设计值应符合《钢结构设计标准》（GB 50017）、《高层民用建筑钢结构技术规程》（JGJ 99）的规定。

组合结构中的抗剪焊（栓）钉，其材料为 ML15 或 ML15AL 钢，其材质性能、规格及配件等应符合现行国家标准《电弧螺柱焊用圆柱头焊钉》（GB/T 10433）的规定。

3. 钢筋与混凝土

钢-混凝土组合构件与混合结构体系中剪力墙、核心筒等构件，其混凝土的强度等级不宜低于 C30。

钢-混凝土混合结构的钢筋可选用 HPB300 级钢筋、HRB335 钢筋、HRB400 级和 RRB400 级钢筋。钢筋性能应符合现行国家标准《钢筋混凝土用钢 第 2 部分：热轧带肋钢筋》（GB 1499. 2）、《钢筋混凝土用钢 第 1 部分：热轧光圆钢筋》（GB 1499. 1）、《钢筋混凝土用余热处理钢筋》（GB 13014）等的规定。钢筋的强度标准值应具有不小于 95%的保证率。

用于抗震等级为一、二级混合框架结构的纵向受力普通钢筋，其产品检验所得的强度实测值应符合下列要求：钢筋的抗拉强度实测值与屈服强度实测值的比值不应小于 1. 25；钢筋的屈服强度实测值与强度标准值的比值不应大于 1. 3。

混凝土与钢筋的强度、弹性模量等设计指标应按现行国家标准《混凝土结构设计规范》（GB 50010）的规定采用。

工程中采用的新材料产品，必须经过新产品的鉴定、论证、评审以及工艺评定后，方可在工程中应用。

3. 1. 3 钢结构工程识图与部分构造

1. 钢结构工程识图

（1）钢结构施工图的组成　在建筑钢结构中，钢结构施工图一般可分为钢结构设计图和钢结构施工详图两种。钢结构设计图是由设计单位编制完成的；而钢结构施工详图是以前者为依据，一般由钢结构制造厂或施工单位深化编制完成，并直接作为加工与安装的依据。

钢结构设计图：钢结构设计图应根据钢结构施工工艺、建筑要求进行初步设计，然后制定施工设计方案，并进行计算，根据计算结果编制而成。其目的、深度及内容均应为钢结构施工详图的编制提供依据。

钢结构设计图一般较简明，其内容一般包括设计总说明、布置图、构件图、节点图及钢材订货表等。

钢结构深化施工详图：钢结构施工详图是直接供制造、加工及安装使用的施工用图，是直接根据结构设计图编制的工厂施工及安装详图，有时也含有少量连接、构造等计算。它只对深化设计负责，一般多由钢结构制造厂或施工单位进行编制。

深化施工详图通常较为详细，其内容主要包括构件安装布置图及构件详图等。设计图与深化施工详图的区别见表3-2。

表3-2 设计图与深化施工详图的区别

设计图	深化施工详图
1. 根据工艺、建筑要求及初步设计，并经施工设计方案与计算等工作而编制的较高阶段施工设计图； 2. 目的、深度及内容均仅为编制详图提供依据； 3. 由设计单位编制； 4. 图样表示简明，图样量较少，其内容一般包括设计总说明与布置图、构件图、节点图、钢材订货表等	1. 直接根据设计图编制的工厂施工及安装详图（可含有少量连接、构造及计算），只对深化设计负责； 2. 目的为直接供制作、加工及安装的施工用图； 3. 一般由制造厂或施工单位编制； 4. 图样表示详细，数量多，内容包括构件安装布置图及构件详图

（2）钢结构施工图的内容

1）钢结构设计图的内容：钢结构设计图的内容一般包括图纸目录、设计总说明、柱脚锚栓布置图、纵横立面图、结构布置图、节点详图、构件图、钢材及高强度螺栓估算表等。

① 设计总说明。设计总说明中含有设计依据、设计荷载资料、设计简介、材料的选用、制作安装要求、需要做试验的特殊说明等内容。

② 柱脚锚栓布置图。首先按照一定比例绘制出柱网平面布置图，然后在该图上标注出各个钢柱柱脚锚栓的位置，即相对于纵横轴线的位置尺寸，并在基础剖面图上标出锚栓空间位置标高，标明锚栓规格数量及埋置深度。

③ 纵横立面图。当房屋钢结构比较高大或平面布置比较复杂，柱网不太规则或立面高低错落时，为表达清楚整个结构体系的全貌，宜绘制纵横立面图，主要表达结构的外形轮廓、相关尺寸和标高、纵横轴线编号及跨度尺寸和高度尺寸，剖面宜选择具有代表性的或需要特殊表达清楚的地方。

④ 结构布置图。结构布置图主要表达各个构件在平面中所处的位置并对各种构件选用的截面进行编号。屋盖平面布置图中包括屋架布置图（或刚架布置图）、屋盖檩条布置图和屋盖支撑布置图。屋盖檩条布置图主要表明檩条间距和编号以及檩条之间设置的直拉条、斜拉条布置和编号。屋盖支撑布置图主要表示屋盖水平支撑、纵向刚性支撑、屋面梁的隅撑等的布置及编号。

柱子平面布置图主要表示钢柱（或门式刚架）和山墙柱的布置及编号，其纵剖面表示柱间支撑及墙梁布置与编号，包括墙梁的直拉条和斜拉条布置与编号、柱隅撑布置与编号，横剖面重点表示山墙柱间支撑、墙梁及拉条面布置与编号。

吊车梁平面布置表示吊车梁、车挡及其支撑布置与编号。

除主要构件外，楼梯结构系统构件上开洞、局部加强、围护结构等可根据不同内容分别编制专门的布置图及相关节点图，与主要平、立面布置图配合使用。

布置图应注明柱网的定位轴线编号、跨度和柱距，在剖面图中主要构件在有特殊连接或特殊变化处（如柱子上的牛腿或支托处、安装接头、柱梁接头或柱子变截面处）应标注标高。

对构件编号时，首先必须按《建筑结构制图标准》（GB/T 50105—2010）的规定使用常用构件代号作为构件编号。在实际工程中，可能会有在一个项目里同样名称而不同材料的构件，为便于区分，可在构件代号前加注材料代号，但要在图样中加以说明。一些特殊构件代号中未做出规定，可参照规定的编制方法用汉语拼音字头编代号，在代号后面可用阿拉伯数字按构件主次顺序进行编号。一般来说只在构件的主要投影面上标注一次。不要重复编写，以防出错。一个构件如果截面和外形相同，长度不同，可以编为同一个号。如果组合梁截面相同而外形不同，则应分别编号。

⑤ 节点详图。节点详图在设计阶段应表示清楚各构件间的相互连接关系及其构造特点，节点上应标明在整个结构物上的相关位置，即应标出轴线编号、相关尺寸、主要控制标高、构件编号或截面规格、节点板厚度及加劲肋做法。构件与节点板采用焊接连接时，应标明焊脚尺寸及焊缝符号。构件采用螺栓连接时，应标明螺栓类型、直径、数量。设计阶段的节点详图具体构造做法必须交代清楚。

节点选择部位主要是相同构件的拼接处、不同构件的拼接处、不同结构材料连接处，以及需要特殊交代的部位。节点图的圈定范围应根据设计者要表达的设计意图来确定，如屋脊与山墙部分、纵横墙及柱与山墙部位等。

⑥ 构件图。格构式构件、平面桁架和立体桁架及截面较为复杂的组合构件等需要绘制构件图，门式刚架由于采用变截面，故也要绘制构件图，以便通过构件图表达构件外形、几何尺寸及构件中的杆件（或板件）的截面尺寸，以方便绘制施工详图。

2）钢结构施工详图的内容：施工详图内容包括设计与绘制两部分。

① 施工详图设计。设计图在深度上，一般只绘出构件布置、构件截面与内力及主要节点构造，所以在详图设计中需补充部分构造设计与连接计算的具体内容。施工详图设计内容见表 3-3。

表 3-3 施工详图设计内容

序号	内容	说　明
1	构造设计	桁架、支承等节点板设计与放样；梁支座加劲肋或纵横加劲肋构造设计；组合截面构件缀板，填板布置、构造；螺栓群与焊缝群的布置与构造等。构件运送单元横隔设计，张紧可调圈钢支承构造、拼接、焊缝坡口及构造切槽构造
2	构造及连接计算	构件与构件间的连接部位，应按设计图提供的内力及节点构造进行连接计算及螺栓与焊缝的计算，选定螺栓数量、焊脚厚度及焊缝长度；对组合截面构件还应确定缀板的截面与间距。材料或构件焊缝变形调整余量及加工余量计算，对连接板、节点板、加劲板等，按构造要求进行配置放样及必要的计算

② 施工详图绘制。施工详图绘制内容见表 3-4。

表 3-4 施工详图绘制内容

序号	内容	说 明
1	图纸目录	视工程规模的大小，可以按子项工程或以结构系统为单位编制
2	钢结构设计总说明	应根据设计图总说明编写，内容一般应有设计依据（如工程设计合同书、有关工程设计的文件、设计基础资料及规范、规程等）、设计荷载、工程概况和对钢材的钢号、性能要求、焊条型号和焊接方法、质量要求等；图中未注明的焊缝和螺栓孔尺寸要求、高强度螺栓摩擦面抗滑移系数、预应力、构件加工、预装、除锈与涂装等施工要求和注意事项等以及图中未能表达清楚的内容，都应在总说明中加以说明
3	结构布置图	主要供现场安装用，以钢结构设计图为依据，分别以同一类构件系统（如屋盖系统、刚架系统、起重机梁系统、平台等）为绘制对象，绘制本系统的平面布置和剖面布置（一般有横向剖面和纵向剖面），并对所有的构件编号；布置图尺寸应注明各构件的定位尺寸、轴线关系、标高等，布置图中一般附有构件表、设计总说明等
4	构件详图	依据设计图及布置图中的构件编号编制，主要供构件加工厂加工组装构件用，也是构件出厂运输的构件单元图，绘制时应按主要表示面绘制每一构件的图形零配件及组装关系，并对每一构件中的零件编号，编制各构件的材料表和本图构件的加工说明等。绘制桁架式构件时，应放大样确定杆件端部尺寸和节点板尺寸
5	安装节点详图	施工详图中一般不再绘制安装节点详图，当构件详图无法清楚表示构件相互连接处的构造关系时，可绘制相关的节点图

（3）部分代号及焊缝图例　钢结构工程施工图中常用代号标注构件形式，典型构件代号如下：

GJ：钢架，GL：钢梁，GJL：钢架梁，GZ：钢柱，GJZ：钢架柱，XG：系杆，SC：水平支撑，YC：隅撑，ZC：柱间支撑，LT：檩条，TL：托梁，QL：墙梁，GLT：刚性檩条，WLT：屋脊檩条，GXG：刚性系杆，YXB：压型金属板，SQZ：山墙柱，XT：斜拉条，MZ：门边柱，ML：门上梁，T：拉条，CG：撑杆，HJ：桁架，FHB：复合板，YG：压杆或圆管，XG：系杆，LG：拉管，QLG：墙拉管，QCG：墙撑管，GZL：直拉条，GXL 斜拉条，GJ30-1：跨度为 30m 的门式刚架，编号为 1 号。

在钢结构施工图上要用焊缝代号标明焊缝形式、尺寸和辅助要求。《焊缝符号表示法》（GB/T 324）规定：焊缝符号由指引线和表示焊缝截面形状的基本符号组成，必要时可加上辅助符号、补充符号和焊缝尺寸符号。指引线一般由箭头线和基准线（一条为实线，另一条为虚线）所组成。基准线一般应与图样的底边平行，特殊情况也可与底边垂直，当引出线的箭头指向焊缝所在的一面时，应将焊缝符号标注在基准线的实线上；当箭头指向对应焊缝所在的另一面时，应将焊缝符号标注在基准线的虚线上。焊缝指引线画法如图 3-21 所示。

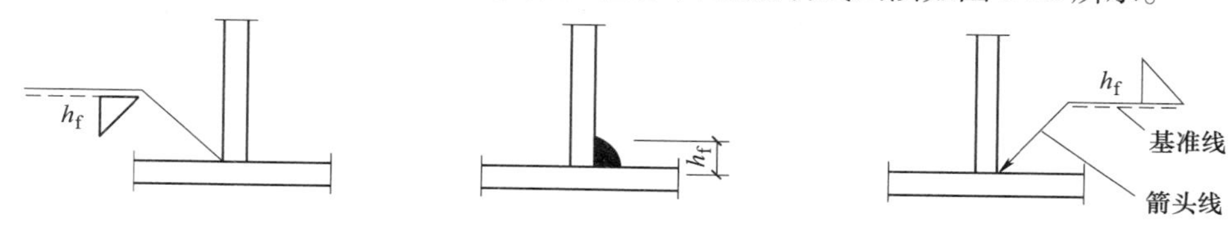

图 3-21 焊缝指引线画法

基本符号用以表示焊缝截面形状，符号的线条宜粗于指引线，常用焊缝基本符号见表 3-5。辅助符号用以表示焊缝表面形状特征，如对接焊缝表面余高部分需加工使之与焊件表面齐平，则需在基本符号上加一短划，此短划即辅助符号。

表 3-5 常用焊缝基本符号

序号	名　称	示　意　图	符　号
1	角焊缝	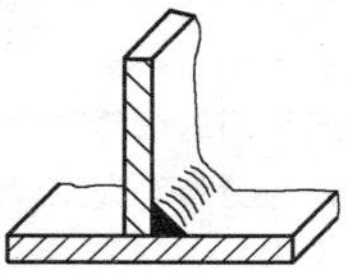	
2	点焊缝	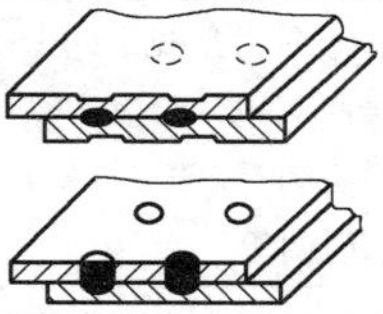	
3	I 形焊缝		
4	V 形焊缝		

补充符号是为了补充说明焊缝的某些特征而采用的符号，如有垫板、三面或四面围焊及工地施焊等。焊缝符号中的辅助符号见表 3-6，焊缝符号中的补充符号见表 3-7。

表 3-6 焊缝符号中的辅助符号

序号	名称	示意图	符号	标注示例	说　明
1	平面符号	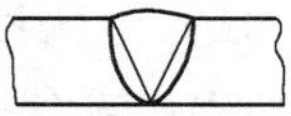		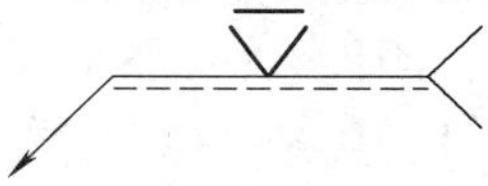	平面 V 形对接焊缝一般通过加工保证
2	凹面符号	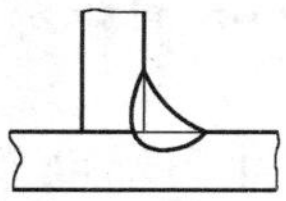		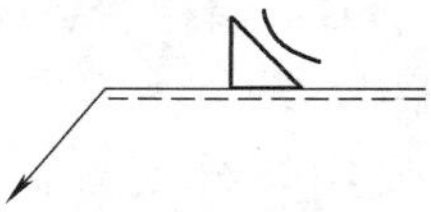	凹面角焊缝
3	凸面符号	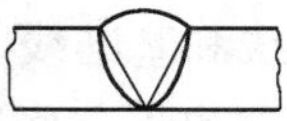		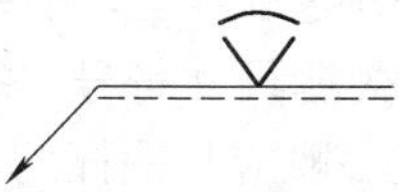	凸面 V 形对接焊缝

表 3-7 焊缝符号中的补充符号

序号	名称	示意图	符号	标注示例	说　明
1	带垫板符号	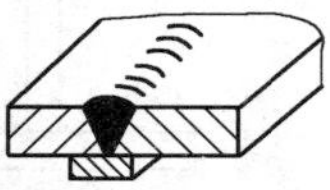		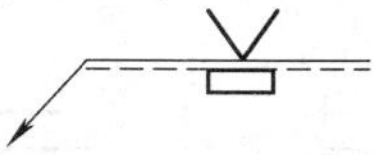	V 形对接焊缝、底面有垫板
2	三面焊缝符号	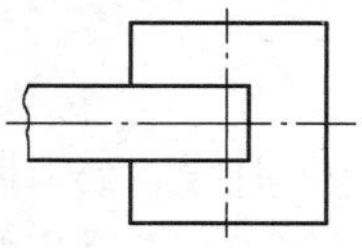		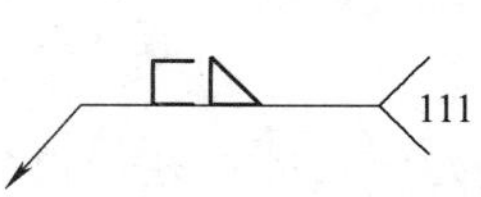 111	工作三面施角焊缝，焊接方法为手工电弧焊

（续）

序号	名称	示意图	符号	标注示例	说　明
3	周围焊缝符号		○		沿工件周围施角焊缝
4	尾部符号		<	（同上述三面焊缝符号）	标注焊接方法及处数 N 等说明

2. 钢结构工程部分构造

钢结构连接节点是结构的重要组成部分，是实现结构的可预制装配式建造方式的关键环节之一，并对结构造价、工期产生直接影响。因此，设计出一种既能满足装配式要求，又能满足标准化生产要求的连接形式是必不可少的，这也是实现装配式结构房屋建筑产业化需要解决的关键问题之一。

目前，钢结构工程主要采用的钢结构构件连接方法是焊接连接和螺栓连接。下面主要介绍部分构造。

（1）梁柱节点连接形式及构造要求　在钢框架或钢框架-支撑结构体系中，钢梁与钢柱连接节点设计是结构设计的关键环节。根据约束刚度大小，可将钢梁与钢柱的连接节点分成三种类型：刚性连接、半刚性连接和铰接连接。梁柱节点连接类型按连接传递梁端弯矩能力确定：①当梁与柱刚性连接时，除能传递梁端剪力外，还能传递梁端弯矩；②当梁与柱为半刚性连接时，除能传递梁端剪力外，还能传递一定数量的梁端弯矩，梁端能承担25%的端弯矩；③当梁与柱为铰接连接时，连接只能传递梁端剪力，而不能传递梁端弯矩或只能传递梁端很少量的弯矩。在实际钢结构工程中，钢梁与钢柱连接节点宜采用钢柱贯通型，也可采用钢梁贯通型和隔板贯通型，如图3-22所示。

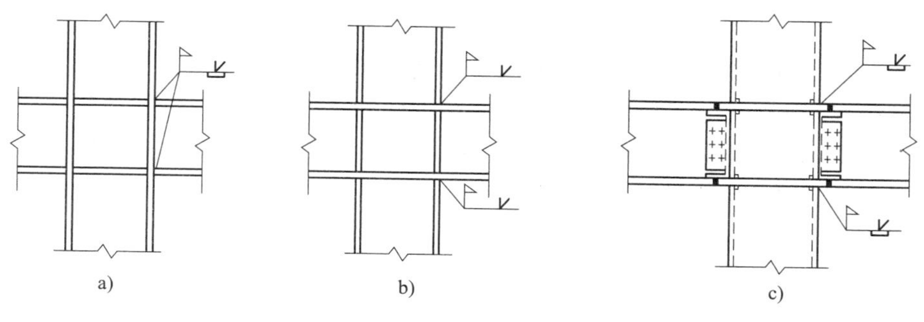

图3-22　钢梁与钢柱连接节点

a）钢柱贯通型　b）钢梁贯通型　c）隔板贯通型

梁柱连接节点构造要求除满足现行相关设计规范与标准的规定外，尚应满足下列要求：

当钢柱为冷成型箱形截面时，应在钢梁上、下翼缘对应位置设置横隔板，且应采用横隔板贯通式连接；钢柱段与横隔板的连接应采用全熔透对接焊缝；横隔板宜采用Z向性能钢，其外伸长度 e 宜为25~30mm。

钢梁腹板（或连接板）与钢柱翼缘的连接焊缝应满足：当腹板板厚<16mm时，可采用

双面角焊缝，焊缝截面的有效高度不得<5mm；当腹板厚度≥16mm 时，应采用 K 形坡口焊缝；当抗震设防烈度为 7 度（0.15g）及以上时，应采用围焊，且围焊的竖向长度应>400mm。

（2）柱脚　根据结构的不同受力特点，钢柱脚节点连接可分为两种类型：铰接柱脚和刚接柱脚（图 3-23）。铰接钢柱脚仅传递垂直力和水平力；刚接钢柱脚除了传递垂直力和水平力外，还传递弯矩。根据钢柱脚构造形式的不同，刚接钢柱脚又分为三类：外露式、外包式和埋入式。

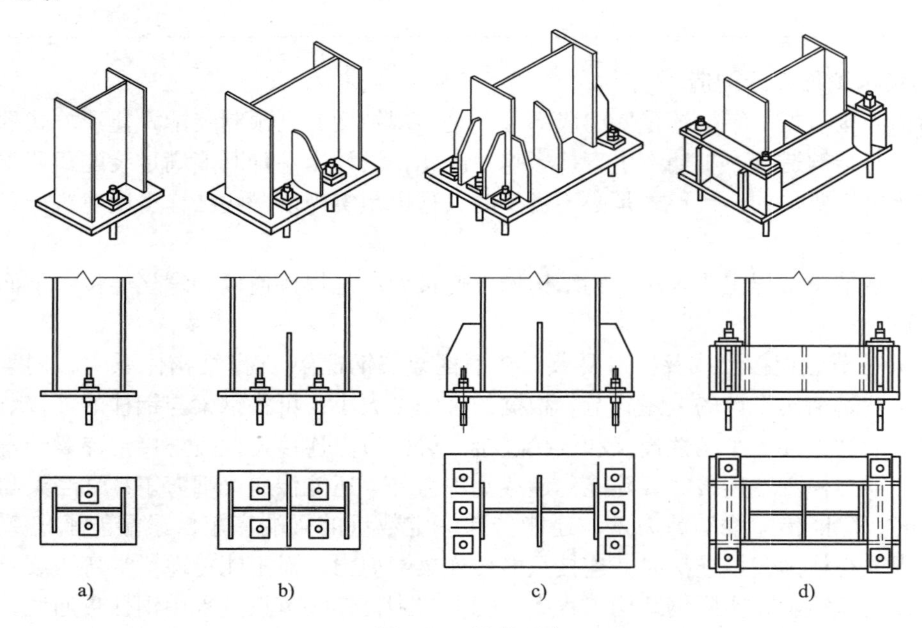

图 3-23　柱脚形式

a）一对锚栓铰接柱脚　b）两对锚栓铰接柱脚　c）带加劲肋刚接柱脚　d）带靴梁刚接柱脚

柱脚一般由底板、靴梁、肋板、隔板和锚栓等构成，几种常用的柱脚形式如图 3-23 所示。因为基础混凝土强度远低于钢材，因此必须把柱的底部放大，以增加其与基础顶部的接触面积。图 3-24a 所示是一种最简单的柱脚构造形式，在柱下端仅焊一块底板，柱中压力由焊缝传递至底板，再传递给基础。该柱脚只能用于小型柱，若用于大型柱，底板会太厚，此时可考虑采用图 3-24b ~ d 所示的柱脚形式，在柱端部与底部之间增设一些中间传力零件，如靴梁、隔板和肋板等，以增加柱与底板的连接焊缝长度，并将底板分隔成几个区格，使底板的弯矩减小，厚度减薄。图 3-24c 是仅采用靴梁的形式。图 3-24b、d 是除了靴梁，还分别采用了隔板与肋板的形式。

轴心受压柱的柱脚通常设计为铰接，其作用是将柱身所受的力传递并分布给基础，并与基础有牢固的连接。铰接柱脚不承受弯矩，只承受轴向压力和剪力。剪力通常由底板与基础表面的摩擦力传递，当此摩擦力不足以承受水平剪力时，应在柱脚底板下设置抗剪键，抗剪键可用方钢、短 T 字钢或 H 型钢制成，如图 3-25 所示。

（3）柱头　柱头部位的柱与梁的连接方式按其与梁连接的位置不同，可分为两种：一种是将梁直接放在柱顶上，称为顶面连接；另一种是将梁连接于侧面，称为侧面连接。梁支

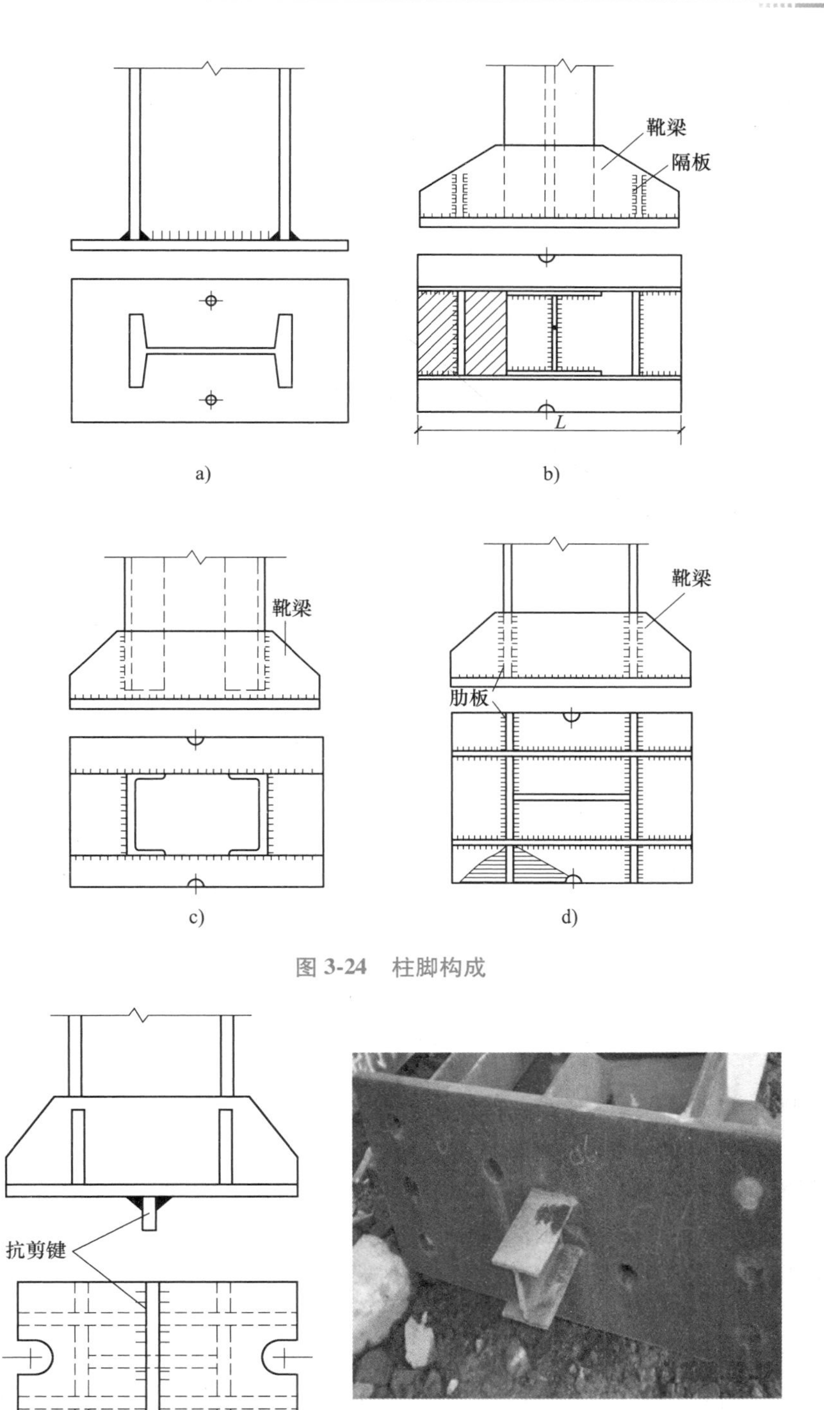

图 3-24　柱脚构成

图 3-25　柱脚抗剪键

于柱顶时，梁的支座反力借助柱顶板传给柱身，顶板与柱用焊缝连接时，顶板厚度一般取16~25mm。为便于安装定位，梁与顶板宜用螺栓连接。其中顶面连接通常是将梁安放在焊于柱顶面的柱顶板上（图 3-26a～c）。侧面连接通常是在柱的侧面焊——支托用以支承梁的支座反力（图 3-26d、e）。具体方法是将相邻梁端支座加劲肋的突缘部分刨平，安放在焊于柱侧面的承托上，并与之顶紧以便直接传递压力。侧面连接还可通过柱连接板与梁通过焊接或螺栓连接。

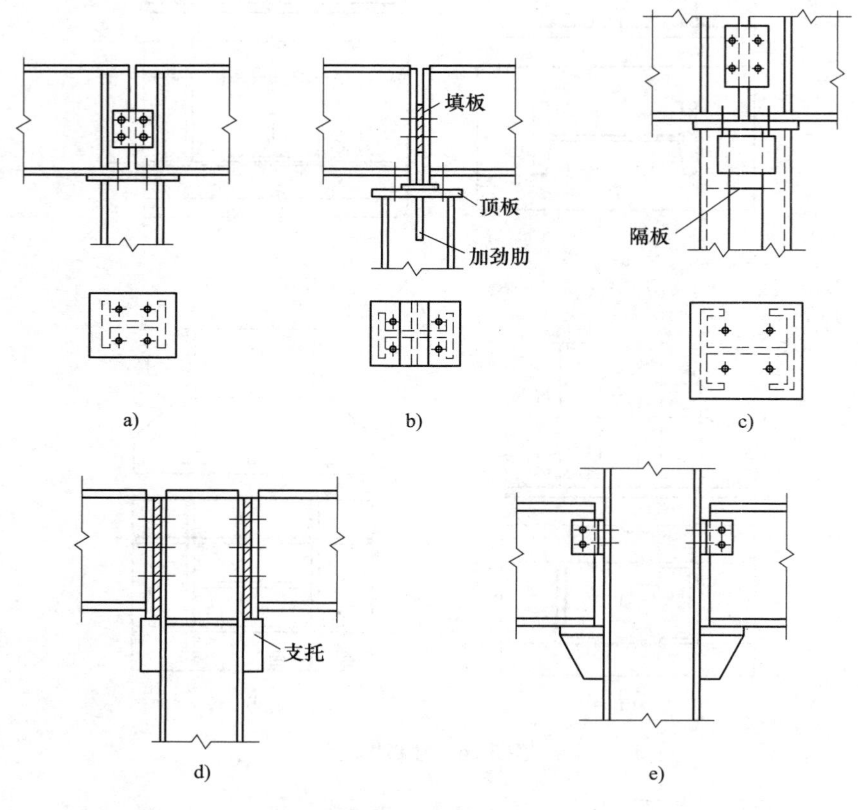

图 3-26　柱头形式

（4）轻型门式刚架体系中的屋面水平支撑　其主要包括屋面横向水平支撑和纵向支撑（通长刚性系杆），布置原则为：

1）屋面横向水平支撑应尽量布置在温度区段端部的第一开间。当需要布置在第二开间时，应在第一开间相应位置设置刚性系杆，利于山墙风荷载的传递。

2）屋面横向水平支撑应尽量与下部纵向框架的柱间支撑布置在同一个开间，以确保形成几何不变体系，提高厂房结构的整体刚度。

3）当温度区段长度大于 60m 时，应每隔不大于 60m 设置一道横向水平支撑。

4）在厂房边柱柱顶和屋脊等刚架转折处，应沿房屋全长设置刚性系杆。屋面交叉布置的横向水平支撑宜按拉杆进行设计，可以采用带张紧装置（花篮螺栓）的十字交叉圆钢截面，也可采用单角钢截面。当采用带张紧装置的圆钢截面时，圆钢与构件之间的夹角应在 30°～60°范围内，宜接近 45°。安装时，十字交叉的圆钢穿过梁腹板，在腹板的另一侧固定在支撑垫块上，如图 3-9 所示。

3.2 钢结构工程计量

采用工程量清单计价方法，其目的是由招标人提供工程量清单，投标人通过工程量清单复核，结合企业管理水平，依据市场价格水平，行业成本水平及所掌握的价格信息自主报价。工程量清单的“五大要件”中的项目编码、项目名称、项目特征、计量单位已在第1章绪论做了详细介绍，本节不再赘述。工程量清单项目中工程量计算正确与否，直接关系到工程造价确定的准确合理与否，故正确掌握工程量清单中工程量计算方法，对于清单编制人及投标人都很重要，否则将给招标方、投标方均带来相关风险。本节主要依据《建设工程工程量清单计价规范》和《房屋建筑与装饰工程工程量计算规范》对钢结构工程的工程量计算规则和方法进行介绍。

钢结构工程在《房屋建筑与装饰工程工程量计算规范》位于附录F金属结构工程下，涉及清单项目（编码为010601~010607）中包括钢网架，钢屋架、钢托架、钢桁架、钢桥架，钢柱、钢梁，钢板楼板、墙板，其他钢构件及金属制品7节，共33个分项工程项目。

《房屋建筑与装饰工程工程量计算规范》关于金属结构工程计量有关说明：

1）实腹钢柱类型指十字、T、L、H形等。

2）空腹钢柱类型指箱形、格构等。

3）型钢混凝土柱浇筑钢筋混凝土，其混凝土和钢筋应按该规范附录E混凝土及钢筋混凝土工程中相关项目编码列项。

4）梁类型指H、L、T形、箱形、格构式等。

5）型钢混凝土梁浇筑钢筋混凝土，其混凝土和钢筋应按该规范附录E混凝土及钢筋混凝土工程中相关项目编码列项。

6）钢板楼板上浇筑钢筋混凝土，其混凝土和钢筋应按该规范附录E混凝土及钢筋混凝土工程中相关项目编码列项。

7）压型钢楼板该规范附录F金属结构工程中钢板楼板项目编码列项。

8）钢墙架项目包括墙架柱、墙架梁和连接杆件。

9）钢支撑、钢拉条类型指单式、复式；钢檩条类型指型钢式、格构式；钢漏斗形式指方形、圆形；天沟形式指矩形沟或半圆形沟。

10）加工铁件等小型构件，按该规范附录F金属结构工程中零星钢构件项目编码列项。

11）抹灰钢丝网加固应按该规范附录E混凝土及钢筋混凝土工程中相关项目编码列项。

12）金属构件的切边，不规则及多边形钢板发生的损耗在综合单价中考虑。

13）金属构件刷防火涂料应按该规范附录P油漆、涂料、裱糊工程中相关项目编码列项。

14）金属构件现场制作按该规范附录F金属结构工程中钢构件制作项目编码列项。

金属结构工程量是按金属构件的质量以“吨（t）”表示的。在工程量计算时，往往先计算出每种钢材的质量千克（kg），汇总后再换算成吨（t）。常用建筑钢材的质量计算式见表3-8。

表 3-8　常用建筑钢材的质量计算式

名称	单位	计 算 公 式
圆钢	kg/m	0.00617×直径^2
方钢	kg/m	0.00785×边宽^2
六角钢	kg/m	0.0068×对边距^2
扁钢	kg/m	0.00785×边宽×厚
等边角钢	kg/m	0.00795×边厚×(2×边宽-边厚)
不等边角钢	kg/m	0.00795×边厚×(长边宽+短边宽-边厚)
工字钢		
a 型	kg/m	0.00785×腹厚×[高+3.34×(腿宽-腹厚)]
b 型	kg/m	0.00785×腹厚×[高+2.65×(腿宽-腹厚)]
c 型	kg/m	0.00785×腹厚×[高+2.26×(腿宽-腹厚)]
槽钢		
a 型	kg/m	0.00785×腹厚×[高+3.26×(腿宽-腹厚)]
b 型	kg/m	0.00785×腹厚×[高+2.44×(腿宽-腹厚)]
c 型	kg/m	0.00785×腹厚×[高+2.44×(腿宽-腹厚)]
钢管	kg/m	0.2466×壁厚×(外径-壁厚)
钢板	kg/m^2	7.85×板厚

3.2.1　钢网架计量

钢网架结构是由很多杆件通过节点（典型节点形式有螺栓球、焊接球、板节点等），按照一定规律组成的空间杆系结构。按外形可分为平板网架和曲面网架。通常情况下，平板网架称为网架；曲面网架称为网壳。钢网架如图 3-27 所示。

图 3-27　钢网架

钢网架（项目编码 010601001）

计量单位：t

项目特征：①钢材品种、规格；②网架节点形式、连接方式；③网架跨度、安装高度；④吊装机械；⑤探伤要求；⑥场内运距。

工程量计算规则：①按设计图示尺寸以质量计算，不扣除孔眼的质量，焊条、铆钉等不另增加质量；②螺栓质量要计算。

【例3-1】 某双层正交正放钢网架，如图3-28所示，因该网架较小，采用汽车式起重机整体吊装法，安装高度为18m，节点类型采用规格为$D260\times8$（单重12.53kg）45号钢焊接空心球，钢管采用Q235B钢，直径为$\phi159\times5.5$（20.821kg/m）无缝钢管，焊条选用E43，现场施焊，所有焊缝质量均为二级，超声波探伤。试计算该钢网架工程量及编制其工程量清单。

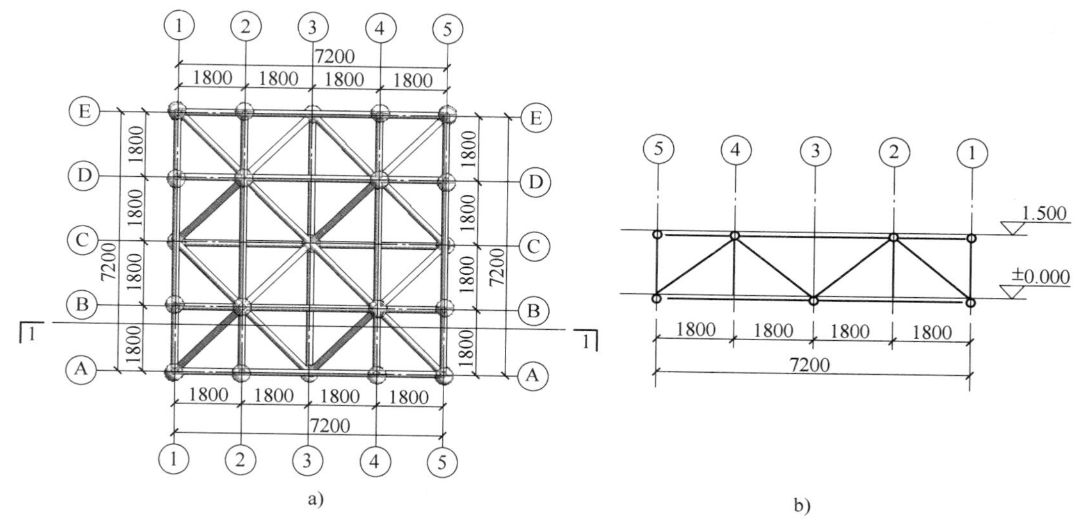

图3-28 某双层正交正放钢网架平面图、剖面图
a）平面图 b）1—1剖面图

解：钢网架以t计量，计算规则为按设计图示尺寸以质量计算，不扣除孔眼的质量，焊条、铆钉等不另增加质量，但螺栓质量要计算。本题难点在于钢网架上、下弦杆和腹杆的空间想象力。该钢网架三维立体图如图3-29a所示，分解后的上弦杆及焊接球平面布置如图3-29b所示，下弦杆及焊接球平面布置如图3-29c所示，腹杆平面布置图如图3-29d所示。

结合分解后的钢网架各平面布置图中钢管杆件长度计算如下。

上弦杆钢管长度：$[(7.2-0.26\times3)\times8]\text{m}=51.36\text{m}$

下弦杆钢管长度：$[(7.2-0.26\times2)\times6]\text{m}=40.08\text{m}$

竖向腹杆钢管长度：$[(1.5-0.26)\times12]\text{m}=14.88\text{m}$

斜向（外围四侧）腹杆钢管长度$=[(\sqrt{1.8^2+1.5^2}-0.26)\times16]\text{m}=33.33\text{m}$

斜向（网架内部）腹杆钢管长度：$[(\sqrt{(1.8^2+1.5^2)+1.8^2}-0.26)\times16]\text{m}=43.11\text{m}$

钢管杆件质量合计：$[(51.36+40.08+14.88+33.33+43.11)\times20.821]\text{kg}=3805.246\text{kg}=3.805\text{t}$

焊接空心球质量合计：$(25\times12.53)\text{kg}=313.25\text{kg}=0.313\text{t}$

故本钢网架工程量：$(3.805+0.313)\text{t}=4.118\text{t}$

其工程量清单见表3-9。

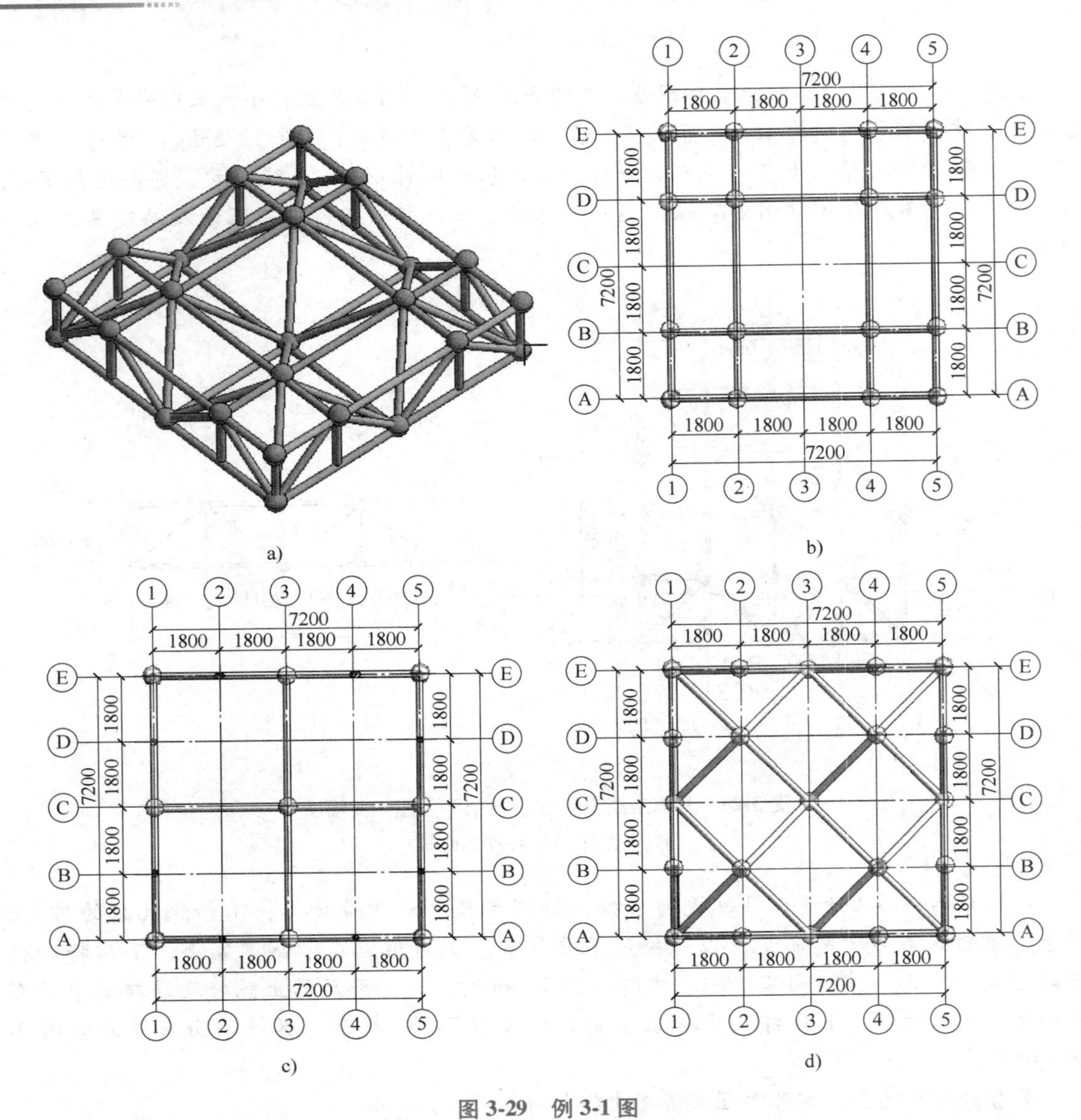

图 3-29 例 3-1 图

a）钢网架三维立体图 b）上弦杆及焊接球平面布置图 c）下弦杆及焊接球平面布置图 d）腹杆平面布置图

表 3-9 钢网架工程量清单

序号	项目编码	项目名称	项目特征	计量单位	工程量
1	010601001001	钢网架	1. 钢材品种、规格：Q235B 钢、直径为 $\phi159\times5.5$ 无缝钢管； 2. 网架节点形式、连接方式：节点为 $D260\times845$ 号钢焊接空心球，焊条 E43，现场施焊； 3. 网架跨度、安装高度：跨度 7.2m，安装高度 18m； 4. 吊装机械：汽车式起重机； 5. 探伤要求：焊缝质量均为二级，超声波探伤； 6. 场内运距：投标人自行考虑	t	4.118

3.2.2 钢屋架、钢托架、钢桁架、钢桥架计量

钢屋架一般是屋面的主要承受构件，用来搁置屋面檩条，典型形式有三角形、梯形等钢屋架，钢屋架如图 3-30a 所示；钢托架主要用在柱距（或开间）比较大的建筑物中，常将其连接在纵向相邻柱间，常作为支座用于垂直搁置钢屋架或者屋面钢梁，典型形式是桁架式，钢托架如图 3-30b 所示。钢桁架是一种通用桁架形式，适用于很多部位的钢构件，用处可以是檩条、屋面钢梁、托架梁、吊车梁等，按桁架形式来看，上述钢屋架和钢托架都属于钢桁架范畴，《房屋建筑与装饰工程工程量计算规范》中钢桁架是指除特定构件，如钢屋架、钢托架等外的钢桁架构件，按钢桁架项目列项。本节包括钢屋架、钢托架、钢桁架、钢桥架四种类型。

a)

b)

图 3-30　钢屋架和钢托架

1. 钢屋架（项目编码 010602001）

计量单位：t

项目特征：①钢材品种、规格；②单榀质量；③屋架跨度、安装高度；④吊装机械；⑤螺栓种类；⑥探伤要求；⑦场内运距。

工程量计算规则：按设计图示尺寸以质量计算。不扣除孔眼的质量，焊条、铆钉、螺栓等不另增加质量。

【例 3-2】 某工程钢屋架示意如图 3-31 所示，该钢屋架采用汽车式起重机整体吊装法，安装高度为 9m，钢材为 Q235，节点连接采用 8mm 厚钢板连接；上弦杆为角钢L70×7，质量为 7.40kg/m；腹杆及檩托采用角钢L50×5，质量为 3.77kg/m；下弦为直径 ϕ16 钢筋，质量为 1.58kg/m，焊条选用 E43，现场施焊，所有焊缝质量均为二级，超声波探伤。试计算该钢屋架工程量及编制其工程量清单。

解： 钢屋架以 t 计量，计算规则为按设计图示尺寸以质量计算。不扣除孔眼的质量，焊条、铆钉、螺栓等不另增加质量。

上弦杆角钢质量：$(3.4 \times 2 \times 2 \times 7.4)\text{kg} = 100.64\text{kg}$

下弦杆钢筋质量：$(5.6 \times 2 \times 1.58)\text{kg} = 17.696\text{kg}$

腹杆角钢质量：$[(1.5 \times 2 \times 2 + 1.7) \times 3.77]\text{kg} = 29.029\text{kg}$

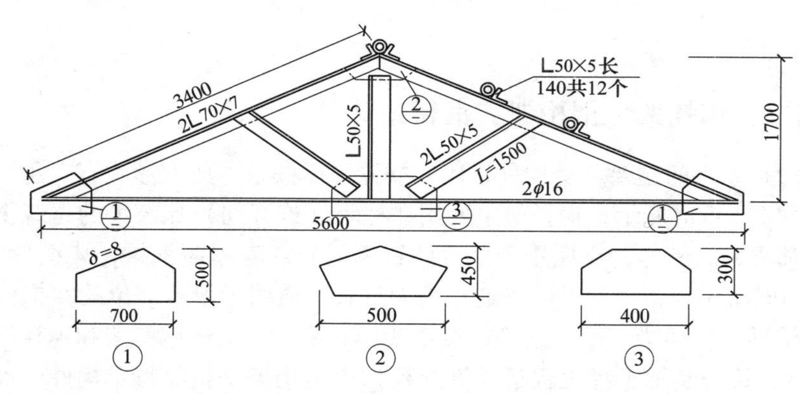

图 3-31　某工程钢屋架示意图

檩条角钢质量：(0.14 × 12 × 3.77)kg = 6.334kg

连接板质量：

① 号连接板：(0.7 × 0.5 × 2 × 7.85 × 8)kg = 43.96kg

② 号连接板：(0.5 × 0.45 × 1 × 7.85 × 8)kg = 14.13kg

③ 号连接板：(0.4 × 0.3 × 1 × 7.85 × 8)kg = 7.536kg

屋架工程量：(100.64 + 17.696 + 29.029 + 6.334 + 43.96 + 14.13 + 7.536)kg = 219.325kg = 0.219t

其工程量清单见表 3-10。

表 3-10　钢屋架工程量清单

序号	项目编码	项目名称	项目特征	计量单位	工程量
1	010602001001	钢屋架	1. 钢材品种、规格：Q235 钢、角钢L70×7、L50×5，直径 φ16mm 钢筋； 2. 节点形式、连接方式：8mm 厚连接板，焊条 E43，现场施焊； 3. 屋架跨度、安装高度：跨度 5.6m，安装高度 9m； 4. 吊装机械：汽车式起重机； 5. 探伤要求：焊缝质量均为二级，超声波探伤； 6. 场内运距：投标人自行考虑	t	0.219

2. 钢托架（项目编码 010602002）

计量单位：t

项目特征：①钢材品种、规格；②单榀质量；③安装高度；④吊装机械；⑤螺栓种类；⑥探伤要求；⑦场内运距。

工程量计算规则：按设计图示尺寸以质量计算。不扣除孔眼的质量，焊条、铆钉、螺栓等不另增加质量。

【例 3-3】　某轻型钢结构厂房，纵向柱距较大，相邻柱之间连接有钢托架，钢托架示意如图 3-32 所示，该钢托架采用汽车式起重机整体吊装法，安装高度为 12m，钢材为 Q235，节点采用钢管间相贯线焊接而成，竖向腹杆两端均贯入 5cm 至上、下弦杆；上、下弦杆为 φ159×5.5（质量为 20.821kg/m）无缝钢管，腹杆为钢管 φ76×4（质量为 7.10kg/m）无缝钢管，焊条选用E43，现场施焊，所有焊缝质量均为二级，超声波探伤。试计算该钢托架工程量及编制其工程量清单。

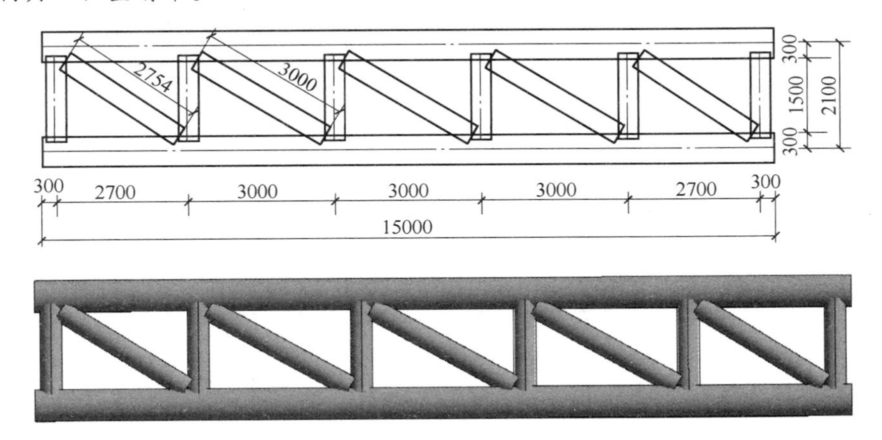

图3-32　钢托架示意图

解：钢托架以t计量，计算规则为按设计图示尺寸以质量计算。不扣除孔眼的质量，焊条、铆钉、螺栓等不另增加质量。

上、下弦杆钢管质量：$(15\times2\times20.821)\text{kg}=624.63\text{kg}$

腹杆（立杆）钢管质量：$[(1.5+0.05\times2)\times6\times7.1]\text{kg}=68.16\text{kg}$

腹杆（斜杆）钢管质量：$[(2.754\times2+3\times3)\times7.1]\text{kg}=103.007\text{kg}$

钢托架工程量：$(624.63+68.16+103.007)\text{kg}=795.797\text{kg}=0.796\text{t}$

其工程量清单见表3-11。

表3-11　钢托架工程量清单

序号	项目编码	项目名称	项目特征	计量单位	工程量
1	010602002001	钢托架	1. 钢材品种、规格：Q235钢、直径ϕ159×5.5、ϕ76×4无缝钢管； 2. 节点形式、连接方式：钢管间相贯线焊接，焊条E43，现场施焊； 3. 托架跨度、安装高度：跨度15m，安装高度12m； 4. 吊装机械：汽车式起重机； 5. 探伤要求：焊缝质量均为二级，超声波探伤； 6. 场内运距：投标人自行考虑	t	0.796

3. 钢桁架（项目编码010602003）

计量单位：t

项目特征：①钢材品种、规格；②单榀质量；③安装高度；④吊装机械；⑤螺栓种类；⑥探伤要求；⑦场内运距。

工程量计算规则：按设计图示尺寸以质量计算。不扣除孔眼的质量，焊条、铆钉、螺栓等不另增加质量。

【例 3-4】 图 3-33 所示为一铰接钢桁架示意图，安装于某高层屋顶，并简支于钢筋混凝土柱上，该桁架跨度 12. 8m，采用塔式起重机整体吊装法。该钢桁架钢材采用 Q235B，上、下弦杆及腹杆均采用角钢 2L70×7 形式，其中L70×7 质量为 7. 40kg/m，节点连接采用 10mm 厚钢板焊接连接，焊条采用 E43 型，现场施焊，所有焊缝质量均为二级，超声波探伤，杆件均不考虑开孔。试计算该钢桁架工程量及编制其工程量清单。

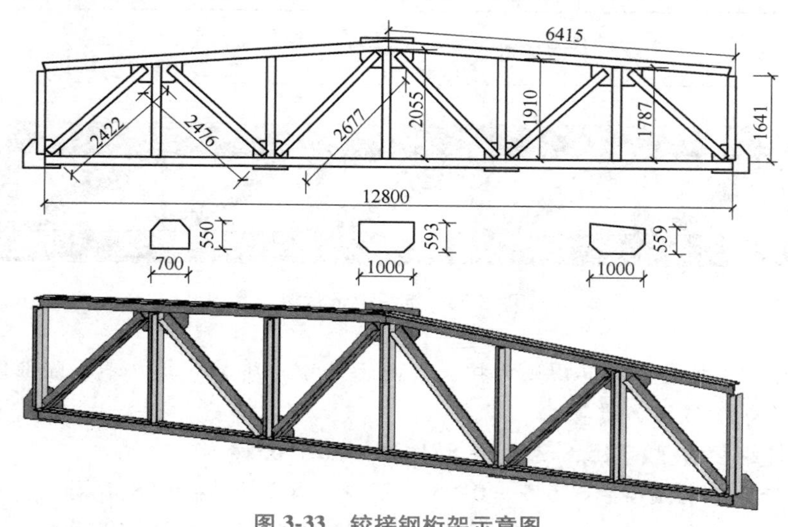

图 3-33 铰接钢桁架示意图

解：钢桁架以 t 计量，计算规则为按设计图示尺寸以质量计算。不扣除孔眼的质量，焊条、铆钉、螺栓等不另增加质量。

上弦杆角钢质量：(6. 415 × 2 × 2 × 7. 4)kg = 189. 884kg

下弦杆角钢质量：(12. 8 × 2 × 7. 4)kg = 189. 44kg

腹杆（立杆）角钢质量：[(1. 641 × 2 + 1. 787 × 2 + 1. 91 × 2 + 2. 055) × 2 × 7. 4]kg = 188. 419kg

腹杆（斜杆）角钢质量：[(2. 422 × 2 + 2. 476 × 2 + 2. 677 × 2) × 2 × 7. 4]kg = 224. 22kg

连接板质量：[(0. 7 × 0. 55 × 4 + 1 × 0. 593 + 1 × 0. 559 × 2) × 7. 85 × 10]kg = 255. 204kg

屋架工程量：(189. 884 + 189. 44 + 188. 419 + 224. 22 + 255. 204)kg = 1047. 167kg = 1. 047t

其工程量清单见表 3-12。

表 3-12 钢桁架工程量清单

序号	项目编码	项目名称	项目特征	计量单位	工程量
1	010602003001	钢桁架	1. 钢材品种、规格：Q235B 钢、角钢L70×7； 2. 节点形式、连接方式：10mm 厚连接板，焊条 E43，现场施焊； 3. 桁架跨度、安装高度：跨度 12. 8m，高层屋顶； 4. 吊装机械：塔式起重机； 5. 探伤要求：焊缝质量均为二级，超声波探伤； 6. 场内运距：投标人自行考虑	t	1. 047

4. 钢桥架（项目编码 010602004）

计量单位：t

项目特征：①桥架类型；②钢材品种、规格；③单榀质量；④安装高度；⑤吊装机械；⑥螺栓种类；⑦探伤要求；⑧场内运距。

工程量计算规则：按设计图示尺寸以质量计算。不扣除孔眼的质量，焊条、铆钉、螺栓等不另增加质量。

3.2.3 钢柱计量

实腹钢柱是指腹部构件能够参与承受轴力及弯矩的钢柱，如 H 型钢、T 形、箱形、L 形、十字形等；空腹钢柱的腹部构件，如腹杆或腹板不考虑承受轴力及弯矩，一般起稳定性支撑作用，如格构式柱、腹板连续开孔并且无补强的柱等。实腹钢柱和空腹钢柱的主要区别是腹部构件在柱轴线方向是否有断开或减弱，有则是空腹钢柱，反之则是实腹钢柱。本节包括实腹钢柱、空腹钢柱和钢管柱三种类型。

1. 实腹钢柱（项目编码 010603001）

计量单位：t

项目特征：①柱类型；②钢材品种、规格；③单根柱质量；④吊装机械；⑤螺栓种类；⑥探伤要求；⑦场内运距。

工程量计算规则：按设计图示尺寸以质量计算。不扣除孔眼的质量，焊条、铆钉、螺栓等不另增加质量，依附在钢柱上的牛腿及悬臂梁等并入钢柱工程量内。

【例 3-5】 某 H 型实腹式钢柱，图 3-34 所示为该钢柱示意图，柱高度 5.02m，采用现场塔式起重机吊装。该钢柱钢材采用 Q345B，钢柱采用型钢 H240×300×14×20，悬臂梁为 H250×270×10×14，柱脚板和柱顶板板厚均为 20mm，加劲肋及隔板板厚见详图，工厂施焊，焊条采用 E50 型，所有焊缝质量均为一级，超声波探伤。试计算该钢柱工程量及编制其工程量清单。

解：钢柱以 t 计量，计算规则为按设计图示尺寸以质量计算。不扣除孔眼的质量，焊条、铆钉、螺栓等不另增加质量，依附在钢柱上的牛腿及悬臂梁等并入钢柱工程量内。

（1）型钢 H240×300×14×20 钢柱

① 号钢板—300×20×5000 质量：(0.3×5×2×7.85×20)kg=471kg

② 号钢板—200×14×5000 质量：(0.2×5×7.85×14)kg=109.9kg

钢柱柱身质量：(471+109.9)kg=580.9kg

或者可以这样计算，即通过型钢理论质量工具查询，查得 H240×300×14×20 型钢单位质量为 116.18kg/m，故钢柱柱身质量：(116.18×5)kg=580.9kg

（2）型钢 H250×270×10×14 悬臂梁

⑧ 号钢板—222×10×450 质量：(0.222×0.45×7.85×10) kg=7.842kg

⑨ 号钢板—270×14×450 质量：[(0.27+0.2)×0.45÷2×2×7.85×14]kg=23.244kg

悬臂梁质量：(7.842+23.244)kg=31.086kg

（3）其余钢板

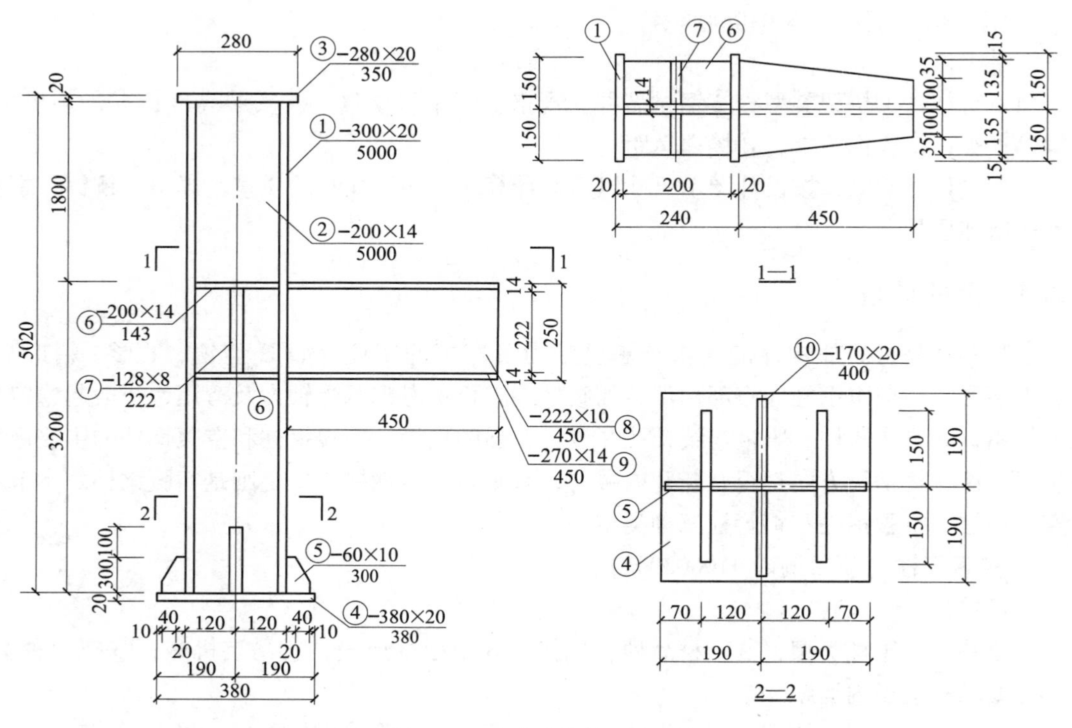

图 3-34 实腹式钢柱示意图

③ 号钢板−280×20×350 柱脚板质量：(0. 28×0. 35×7. 85×20) kg = 15. 386kg

④ 号钢板−380×20×380 柱脚板质量：(0. 38×0. 38×7. 85×20) kg = 22. 671kg

⑤ 号钢板−60×10×300 加劲板质量：(0. 06×0. 3×2×7. 85×10) kg = 2. 826kg

⑥ 号钢板−200×14×143 加劲板质量：(0. 2×0. 143×4×7. 85×14) kg = 12. 573kg

⑦ 号钢板−128×8×222 加劲板质量：(0. 128×0. 222×2×7. 85×8) kg = 3. 569kg

⑩ 号钢板−170×20×400 柱脚隔板质量：(0. 17×0. 4×2×7. 85×20) kg = 21. 352kg

其余钢板质量：(15. 386+22. 671+2. 826+12. 573+3. 569+21. 352) kg = 78. 377kg

该 H 实腹式钢柱工程量：(580. 9+31. 086+78. 377) kg = 690. 363kg = 0. 690t

其工程量清单见表 3-13。

表 3-13 实腹式钢柱工程量清单

序号	项目编码	项目名称	项目特征	计量单位	工程量
1	010603001001	实腹钢柱	1. 柱类型：H 型实腹钢柱； 2. 钢材品种、规格：Q345B，柱身 H240×300×14×20，悬臂梁 H250×270×10×14，其余板见详图； 3. 吊装机械：塔式起重机； 4. 探伤要求：焊缝质量均为一级，超声波探伤； 5. 场内运距：投标人自行考虑	t	0. 690

2. 空腹钢柱（项目编码 010603002）

计量单位：t

项目特征：①柱类型；②钢材品种、规格；③单根柱质量；④吊装机械；⑤螺栓种类；⑥探伤要求；⑦场内运距。

工程量计算规则：按设计图示尺寸以质量计算。不扣除孔眼的质量，焊条、铆钉、螺栓等不另增加质量，依附在钢柱上的牛腿及悬臂梁等并入钢柱工程量内。

【例 3-6】 某缀板格构式钢柱，图 3-35 为该钢柱示意图。该格构式钢柱钢材采用 Q345B，钢柱截面尺寸为 490mm×490mm，四角角钢为∟160×16（质量为 8.5kg/m），采用缀板式连接，缀板尺寸为 440mm×250mm×8mm，缀板与柱肢连接角焊缝厚度为 8mm，柱脚板和柱顶板板厚分别为 20mm 和 12mm，工厂施焊，焊条采用 E50 型，所有焊缝质量均为一级，超声波探伤，现场施工采用塔式起重机吊装。试计算该格构式钢柱工程量及编制其工程量清单。

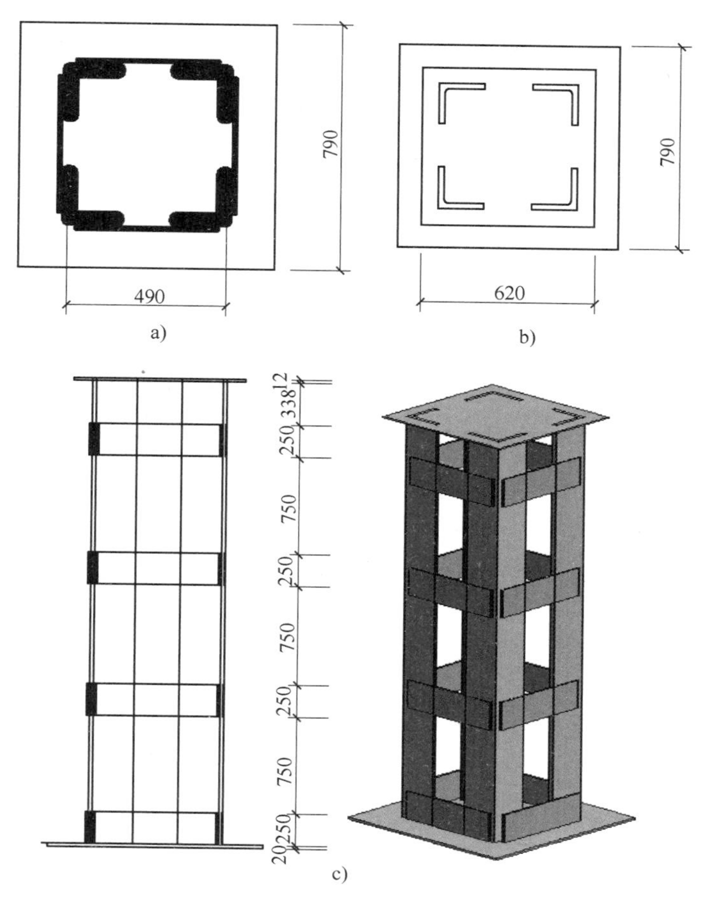

图 3-35 某缀板格构式钢柱示意图

a）柱脚断面图 b）柱顶投影图 c）柱立面及三维图

解：钢柱以 t 计量，计算规则为按设计图示尺寸以质量计算。不扣除孔眼的质量，焊条、铆钉、螺栓等不另增加质量，依附在钢柱上的牛腿及悬臂梁等并入钢柱工程量内。

柱脚板—790×790×20 质量：(0.79×0.79×7.85×20)kg=97.984kg

柱顶板—620×620×12 质量：(0.62×0.62×7.85×12)kg=36.210kg

柱身角钢L160×16 质量：[(0.25×4+0.75×3+0.338)×4×38.5]kg=552.552kg

柱身缀板—440×250×8 质量：(0.44×0.25×16×7.85×8)kg=110.528kg

本缀板格构式钢柱工程量：(97.984+36.210+552.552+110.528)kg=797.274kg=0.797t

其工程量清单见表 3-14。

表 3-14　空腹钢柱工程量清单

序号	项目编码	项目名称	项目特征	计量单位	工程量
1	010603002001	空腹钢柱	1. 柱类型：缀板格构式钢柱； 2. 钢材品种、规格：Q345B，柱身L160×16，其余板见详图； 3. 吊装机械：塔式起重机； 4. 探伤要求：焊缝质量均为一级，超声波探伤； 5. 场内运距：投标人自行考虑	t	0.797

【例 3-7】　某缀条格构式钢柱，共 18 根，图 3-36 为该钢柱示意图。该格构式钢柱钢材为 Q345B，采用角钢缀条式连接，钢柱截面尺寸为 320mm×320mm，其中槽钢[100b×(320×90) 质量为 43.255kg/m，角钢L140×140×10 质量为 21.49kg/m，角钢L100×100×8，质量为 12.28kg/m，柱脚板板厚为 12mm，缀条与柱肢采用普通螺栓连接，加工厂制作，现场施工采用塔式起重机吊装。试计算该格构式钢柱工程量及编制其工程量清单。

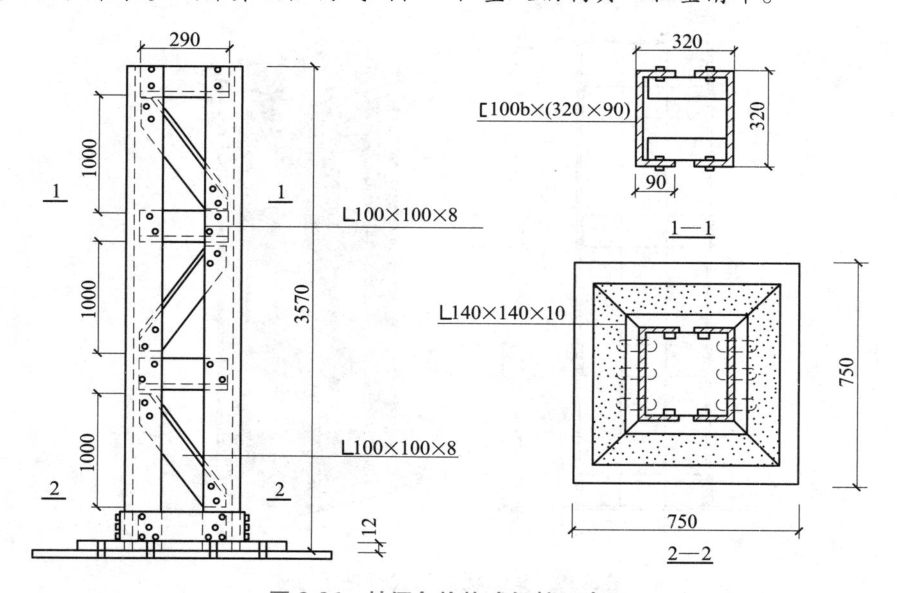

图 3-36　某缀条格构式钢柱示意图

解： 钢柱以 t 计量，计算规则为按设计图示尺寸以质量计算。不扣除孔眼的质量，焊条、铆钉、螺栓等不另增加质量，依附在钢柱上的牛腿及悬臂梁等并入钢柱工程量内。

柱脚板—750×750×12 质量：(0.75×0.75×7.85×12)kg=52.988kg

柱身槽钢[100b×(320×90) 质量：(3.57×2×43.255)kg=308.841kg

柱身缀条（水平）角钢L140×140×10 质量：[(0.32+0.14×2)×4×21.49]kg=51.576kg

柱身缀条（水平）角钢L100×100×8 质量：(0.29×2×3×12.28)kg=21.367kg

柱身缀条（斜杆）角钢L100×100×8 质量：($\sqrt{0.8^2+0.29^2}$×6×12.28)kg=62.702kg

本缀条格构式钢柱工程量：[(52.988+308.841+51.576+21.367+62.702)×18]kg=8954.532kg=8.954t

其工程量清单见表3-15。

表3-15 空腹钢柱工程量清单

序号	项目编码	项目名称	项目特征	计量单位	工程量
1	010603002002	空腹钢柱	1. 柱类型：缀条格构式钢柱； 2. 钢材品种、规格：Q345B，柱身槽钢L100b×(320×90)，缀条角钢L140×140×10、L100×100×8，其余板见详图； 3. 吊装机械：塔式起重机； 4. 螺栓种类：普通螺栓； 5. 场内运距：投标人自行考虑	t	8.954

3. 钢管柱（项目编码010603003）

计量单位：t

项目特征：①钢材品种、规格；②单根柱质量；③吊装机械；④螺栓种类；⑤探伤要求；⑥场内运距。

工程量计算规则：按设计图示尺寸以质量计算。不扣除孔眼的质量，焊条、铆钉、螺栓等不另增加质量，钢管柱上的节点板、加强环、内衬管、牛腿等并入钢管柱工程量内。

【例3-8】 图3-37为某段钢管柱示意图。该钢管柱钢材为Q345B，钢管柱身采用ϕ730×14（质量247.207kg/m）焊接钢管；柱脚板厚度为20mm，直径为ϕ1000；上部法兰钢板厚度为20mm，直径为ϕ1100；柱脚及法兰盘下加劲肋均采用钢板厚度为14mm，具体尺寸见详图；该段柱体法兰盘与上部柱体通过高强螺栓连接，现场施工采用塔式起重机吊装。试计算该钢管柱工程量及编制其工程量清单。

解： 钢管柱以t计量，计算规则为按设计图示尺寸以质量计算。不扣除孔眼的质量，焊条、铆钉、螺栓等不另增加质量，钢管柱上的节点板、加强环、内衬管、牛腿等并入钢柱工程量内。

柱脚板—1000×1000×20 质量：(3.14×0.5×0.5×7.85×20)kg=123.245kg

柱顶板—1100×1100×20 质量：(3.14×0.55×0.55×7.85×20)kg=149.126kg

柱身钢管 ϕ730×14 质量：(3.88×247.207)kg=959.163kg

柱脚加劲肋—300×183×14 质量：(0.3×0.183×8×7.85×14)kg=48.268kg

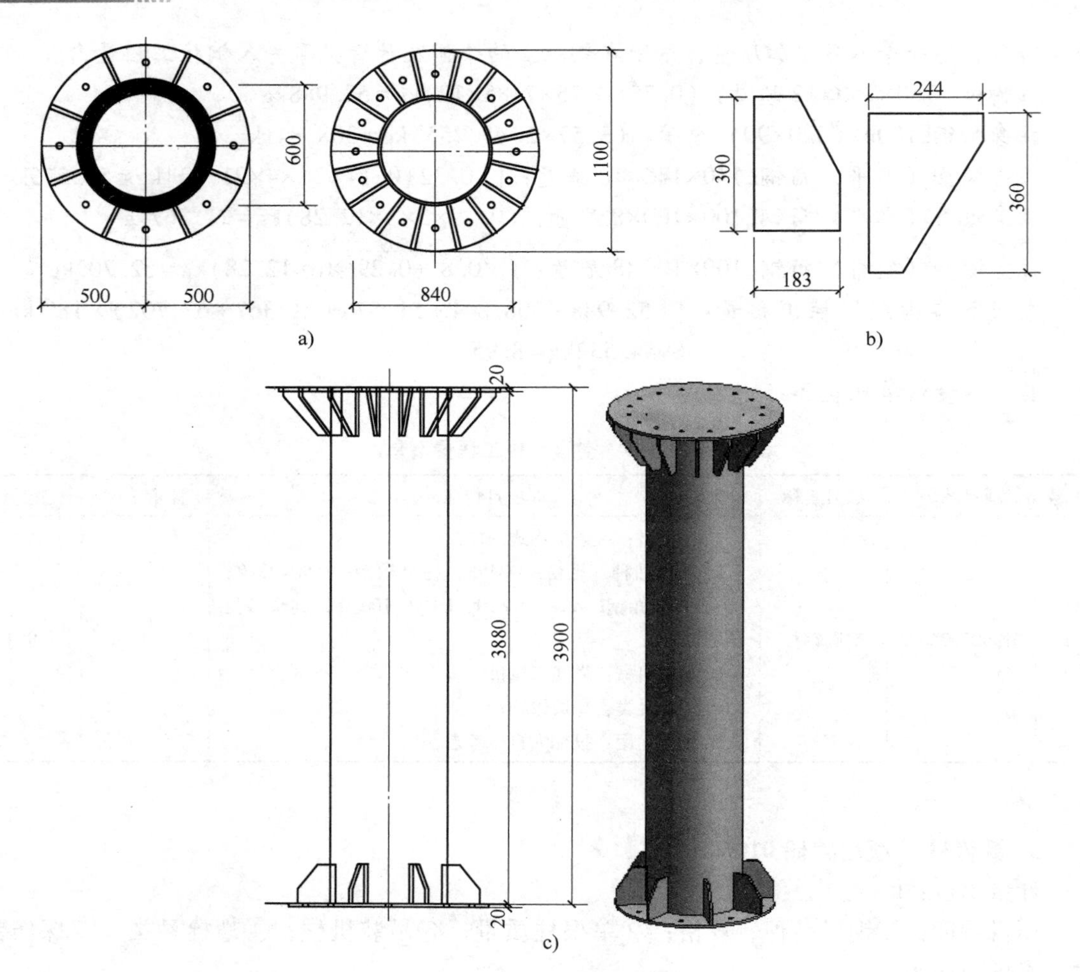

图 3-37 某段钢管柱示意图

a）柱脚断面图 b）上部法兰盘投影图 c）柱身立面图及三维图

法兰盘下加劲肋—360×244×14 质量：(0. 36×0. 244×16×7. 85×14) kg = 154. 458kg

该钢管柱工程量：(123. 245 + 149. 126 + 959. 163 + 48. 268 + 154. 458) kg = 1434. 26kg = 1. 434t

其工程量清单见表 3-16。

表 3-16 空腹钢柱工程量清单

序号	项目编码	项目名称	项目特征	计量单位	工程量
1	010603003001	钢管柱	1. 柱类型：钢管柱； 2. 钢材品种、规格：Q345B，柱身 ϕ730×14 焊接钢管，其余板见详图； 3. 吊装机械：塔式起重机； 4. 螺栓种类：高强螺栓； 5. 场内运距：投标人自行考虑	t	1. 434

3.2.4　钢梁计量

1. 钢梁（项目编码 010604001）

计量单位：t

项目特征：①梁类型；②钢材品种、规格；③单根质量；④吊装机械；⑤螺栓种类；⑥安装高度；⑦探伤要求；⑧场内运距。

工程量计算规则：按设计图示尺寸以质量计算。不扣除孔眼的质量，焊条、铆钉、螺栓等不另增加质量，制动梁、制动板、制动桁架、车挡并入钢吊车梁工程量内。

【例 3-9】　某 H 型钢梁，图 3-38 为该钢梁示意图，梁长度 4.5m，安装高度 15m，采用现场塔式起重机吊装。该钢梁钢材采用 Q345B，钢梁梁身采用型钢 H350×240×16×20，纵向加劲肋为板—850×82×10，横向加劲肋板—310×105×8，加劲肋与梁连接角焊缝厚度为 8mm，梁两端与柱现场施焊，焊条采用 E50 型，焊缝质量均为一级，超声波探伤。试计算该钢梁工程量及编制其工程量清单。

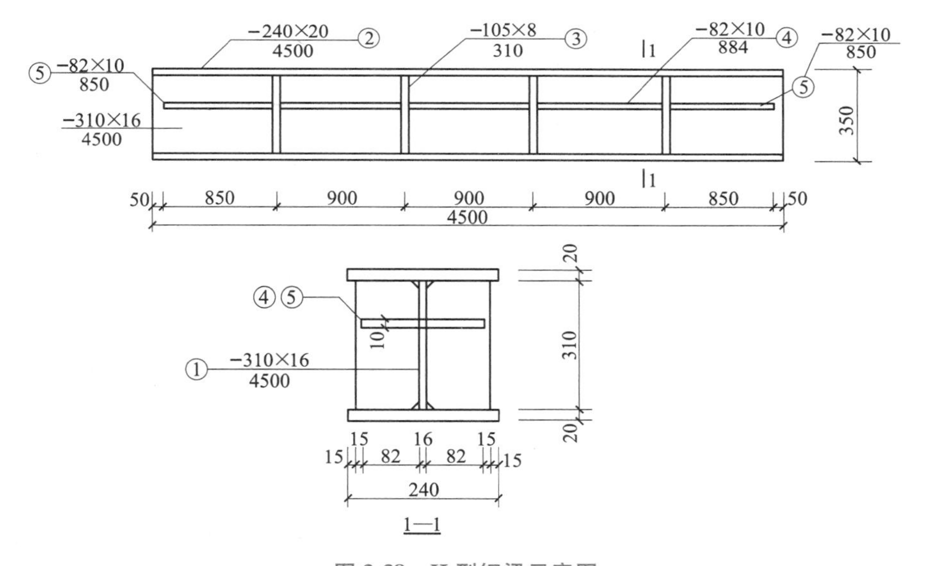

图 3-38　H 型钢梁示意图

解：钢梁以 t 计量，计算规则为按设计图示尺寸以质量计算。不扣除孔眼的质量，焊条、铆钉、螺栓等不另增加质量，制动梁、制动板、制动桁架、车挡并入钢吊车梁工程量内。

（1）型钢 H350×240×16×20 钢梁梁身

① 号钢板—4500×16×310 质量：(4.5×0.31×7.85×16)kg=175.212kg

② 号钢板—4500×20×240 质量：(4.5×0.24×2×7.85×20)kg=339.12kg

钢梁梁身质量：(175.212+339.12)kg=514.332kg

或者可以这样计算，通过型钢理论质量工具查询，查得 H350×240×16×20 型钢单位质量为 114.296kg/m，故钢柱柱身质量：(114.296×4.5)kg=514.332kg

（2）加劲肋

③ 号横向加劲肋—105×8×310 质量：(0.105×0.31×8×7.85×8)kg=16.353kg

④ 号纵向加劲肋—82×10×884 质量：(0.082×0.884×6×7.85×10)kg=34.142kg

⑤ 号纵向加劲肋—82×10×850 质量：(0.082×0.85×4×7.85×10)kg=21.886kg

加劲板质量：(16.353+34.142+21.886)kg=72.381kg

该 H 钢柱工程量：(514.332+72.381)kg=586.713kg=0.587t

其工程量清单见表 3-17。

表 3-17　H 型钢梁工程量清单

序号	项目编码	项目名称	项目特征	计量单位	工程量
1	010604001001	H 型钢梁	1. 梁类型：H 型实腹钢梁； 2. 钢材品种、规格：Q345B，梁身型钢 H350×240×16×20，其余加劲板见详图； 3. 吊装机械：塔式起重机安装高度 15m； 4. 探伤要求：现场施焊，焊缝质量均为一级，超声波探伤； 5. 场内运距：投标人自行考虑	t	0.587

2. 钢吊车梁（项目编码 010604002）

计量单位：t

项目特征：①钢材品种、规格；②单根质量；③吊装机械；④螺栓种类；⑤安装高度；⑥探伤要求；⑦场内运距。

工程量计算规则：按设计图示尺寸以质量计算。不扣除孔眼的质量，焊条、铆钉、螺栓等不另增加质量，制动梁、制动板、制动桁架、车挡并入钢吊车梁工程量内。

【例 3-10】 某厂房吊车梁分别位于 1、10 轴线上，采用汽车式起重机吊装，该吊车梁安装底标高为 28.6m，其左端头段示意如图 3-39 所示，吊车梁身为型钢 H500×300(250)×8×14(12)；车挡为型钢 H446×228×8×14；左侧支座垫板尺寸为—300×90×22；各加劲板尺寸见详图，钢材均为 Q345B，焊接采用自动埋弧焊，加劲肋与吊车梁连接角焊缝厚度为 8mm，焊条采用 E50 型，焊缝质量均为一级，超声波探伤。试计算该段钢吊车梁工程量及编制其工程量清单。

解：钢梁以 t 计量，计算规则为按设计图示尺寸以质量计算。不扣除孔眼的质量，焊条、铆钉、螺栓等不另增加质量，制动梁、制动板、制动桁架、车挡并入钢吊车梁工程量内。

（1）型钢 H500×300(250)×8×14(12) 吊车梁梁身

吊车梁长度：(7.8+0.1−0.014)m=7.886m

上翼缘钢板质量：(7.886×0.3×7.85×14)kg=260.001kg

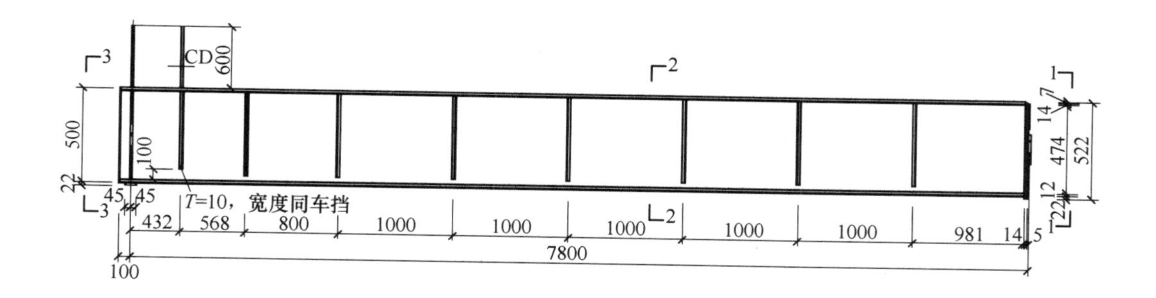

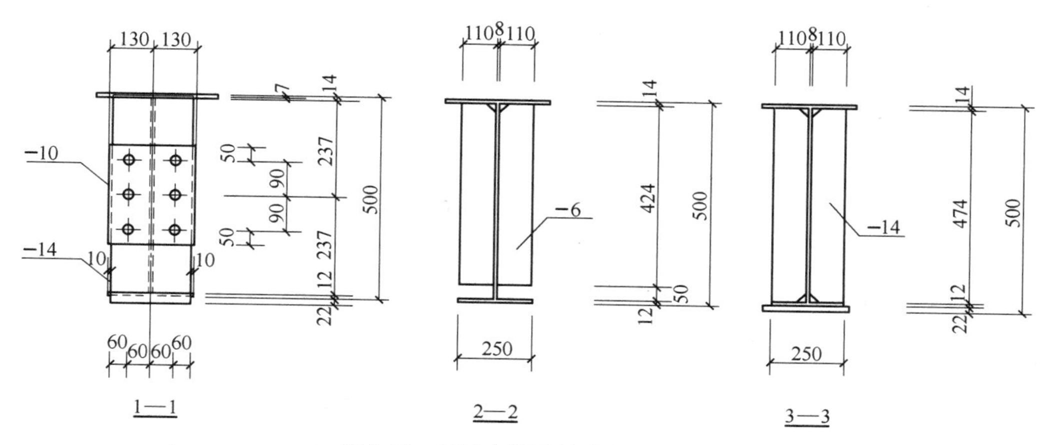

图 3-39　某吊车梁左端头段示意图

下翼缘钢板质量：(7.886×0.25×7.85×12)kg=185.715kg

腹板钢板质量：(7.886×0.5×7.85×8)kg=247.620kg

吊车梁梁身质量：(260.001+185.715+247.620)kg=693.336kg

(2) 型钢 H446×228×8×14 车挡 (CD)

上、下翼缘钢板质量：(0.6×0.228×2×7.85×14)kg=30.069kg

腹板钢板质量：[0.6×(0.446−0.014×2)×7.85×8]kg=15.750kg

吊车梁车挡质量：(30.069+15.750)kg=45.819kg

(3) 其余各类板

1—1 断面封板质量：[(0.5+0.022−0.007)×(0.06×4)×7.85×14]kg=13.584kg

1—1 断面封板上连接板质量：[(0.05×2+0.09×2)×(0.13×2)×7.85×10]kg=5.715kg

2—2 断面加劲肋质量：(0.424×0.11×14×7.85×6)kg=30.754kg

3—3 断面加劲肋质量：(0.474×0.11×2×7.85×14)kg=11.460kg

3—3 断面下垫板质量：(0.3×0.09×7.85×22)kg=4.663kg

车挡下加劲肋质量：[(0.5−0.014−0.012−0.1)×0.11×2×7.85×10]kg=6.459kg

其余各类板质量：(13.584+5.715+30.754+11.460+4.663+6.459)kg=72.635kg

该钢吊车梁工程量：(693.336+45.819+72.635)kg=811.79kg=0.812t

其工程量清单见表 3-18。

表 3-18 钢吊车梁工程量清单

序号	项目编码	项目名称	项目特征	计量单位	工程量
1	010604002001	H 型吊车梁	1. 梁类型：H 型吊车梁； 2. 钢材品种、规格：Q345B，梁身 H500×300（250）×8×14（12），车挡为型钢 H446×228×8×14，其余加劲板见详图； 3. 吊装机械：汽车式起重机安装底标高 28.6m； 4. 探伤要求：焊缝质量均为一级，超声波探伤； 5. 场内运距：投标人自行考虑	t	0.812

3.2.5 钢板楼板、墙板计量

1. 钢板楼板（项目编码 010605001）

计量单位：m^2

项目特征：①钢材品种、规格；②钢板厚度；③吊装机械；④螺栓种类；⑤场内运距。

工程量计算规则：按设计图示尺寸以铺设水平投影面积计算。不扣除单个面积≤0.3m^2柱、垛及孔洞所占面积。

【例 3-11】 某钢结构厂房二层楼板底标高为 4.5m，楼板采用 720 型 1.2mm 厚镀锌钢板（镀锌厚度要求≥275g/m^2）压型钢板作底板的钢筋混凝土复合楼板，压型钢楼板示意如图 3-40 所示，压型钢板钢材为 Q345B，压型钢板与钢梁支座通过 ϕ16×90 的剪力栓钉焊牢。该工程框架柱均采用箱型柱 350×12，钢梁均采用 H300×200×8×12 型钢，所有钢构件均利用现场塔式起重机进行吊装。试计算图示压型钢楼板工程量及编制其工程量清单。

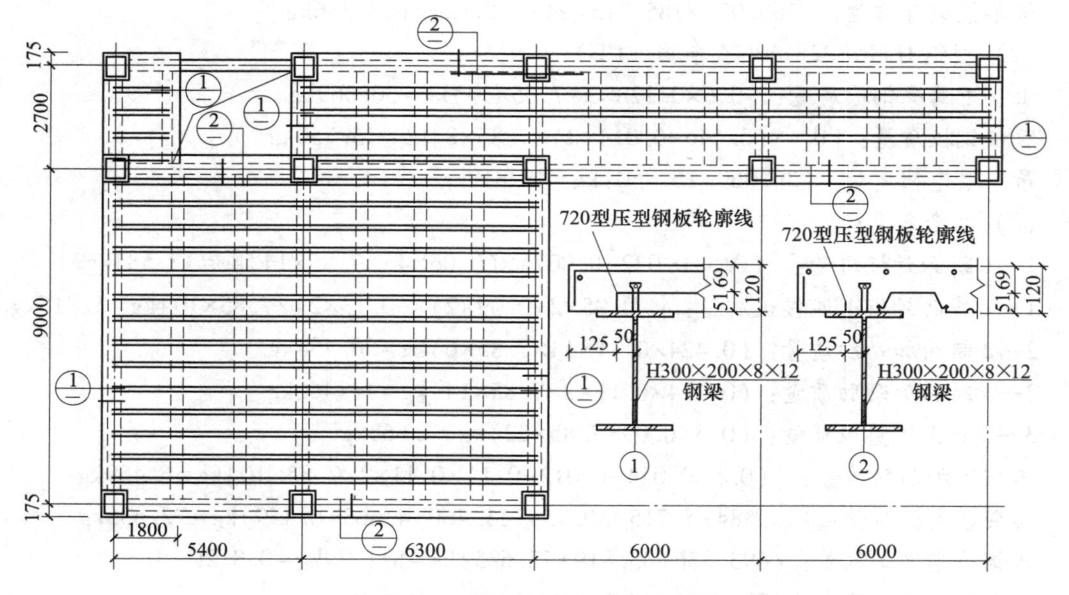

图 3-40 某工程压型钢楼板示意图

解：钢板楼板以 m^2 计量，计算规则为按设计图示尺寸以铺设水平投影面积计算。不扣除单个面积≤0.3m^2 柱、垛及孔洞所占面积。

矩形投影面积：[(0.05+5.4+6.3+6+6+0.05)×(0.05+9+2.7+0.05)] m^2 = 280.84m^2

应扣除的投影面积包括如下：

1）右下角处面积：[(6+6)×9] m^2 = 108m^2

2）左上角洞口处：{[5.4−(1.8−0.1−0.05)−0.05]×2.7} m^2 = 9.99m^2

3）箱型柱 350×12 截面面积：(0.35×0.35) m^2 = 0.1225m^2 < 0.3m^2，故无须扣除箱型柱所占面积。

应扣除投影面积：(108+9.99) m^2 = 117.99m^2

该压型钢楼板工程量：(280.84−117.99) m^2 = 162.85m^2

其工程量清单见表 3-19。

表 3-19 压型钢楼板工程量清单

序号	项目编码	项目名称	项目特征	计量单位	工程量
1	010605001001	压型钢楼板	1. 钢材品种、规格：Q345B，镀锌钢板（镀锌厚度要求≥275g/m^2），720 型压型钢板； 2. 钢板厚度：1.2mm 厚； 3. 吊装机械：塔式起重机； 4. 螺栓种类：ϕ16×90 的剪力栓钉； 5. 场内运距：投标人自行考虑	m^2	162.85

2. 钢板墙板（项目编码 010605002）

计量单位：t

项目特征：①钢材品种、规格；②钢板厚度、复合板厚度；③吊装机械；④螺栓种类；⑤复合板夹芯材料种类、层数、型号、规格；⑥场内运距。

工程量计算规则：按设计图示尺寸以铺挂展开面积计算。不扣除单个面积≤0.3m^2 的梁、孔洞所占面积，包角、包边、窗台泛水等不另加面积。

3.2.6 其他钢构件计量

1. 钢支撑、钢拉条（项目编码 010606001）

计量单位：t

项目特征：①钢材品种、规格；②构件类型；③安装高度；④吊装机械；⑤螺栓种类；⑥探伤要求；⑦场内运距。

工程量计算规则：按设计图示尺寸以质量计算。不扣除孔眼的质量，焊条、铆钉、螺栓等不另增加质量。

【例 3-12】 某钢结构厂房 1 轴线到 2 轴线柱间支撑布置图及详图如图 3-41 所示，钢材均为 Q235，柱间支撑杆件采用无缝钢管 ϕ159×5（质量为 18.99kg/m）；支撑杆件与钢柱、钢梁均采用 16mm 厚钢板现场施焊连接，焊接采用自动埋弧焊，连接角焊缝厚度为 10mm，焊条采用 E43 型，焊缝质量均为二级，超声波探伤。试计算该图示柱间支撑工程量及编制其工程量清单。

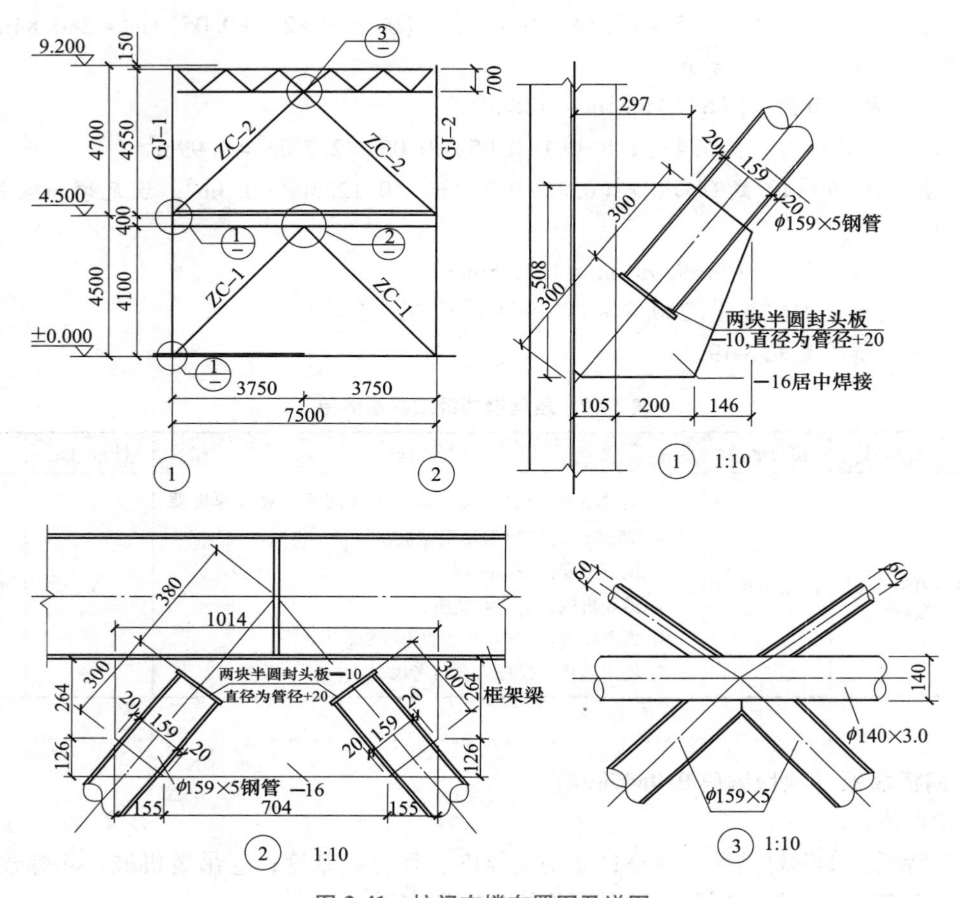

图 3-41　柱间支撑布置图及详图

解： 钢支撑以 t 计量，计算规则为按设计图示尺寸以质量计算。不扣除孔眼的质量，焊条、铆钉、螺栓等不另增加质量。

（1）标高±0.000~4.500m 柱间支撑

无缝钢管 ϕ159×5 杆件质量：$(\sqrt{3.75^2+4.1^2}\times2\times18.99)\text{kg}=211.028\text{kg}$

杆件两端半圆封头板质量：$[3.14\times(0.159+0.02)\times(0.159+0.02)\div4\times4\times7.85\times10]\text{kg}=7.898\text{kg}$

与钢柱连接板质量：$[(0.105+0.2+0.146)\times0.508\times7.85\times16\times2]\text{kg}=57.552\text{kg}$

与钢梁连接板质量：$[1.014\times(0.264+0.126)\times7.85\times16]\text{kg}=49.67\text{kg}$

标高±0.000~4.500m 柱间支撑质量小计：

$(211.028+7.898+57.552+49.67)\text{kg}=326.148\text{kg}$

（2）标高 4.500~9.200m 柱间支撑

无缝钢管 ϕ159×5 杆件质量：$(\sqrt{(4.55-0.7)^2+3.75^2}\times2\times18.99)\text{kg}=204.123\text{kg}$

杆件下端半圆封头板质量：$[3.14\times(0.159+0.02)\times(0.159+0.02)\div4\times2\times7.85\times10]$

kg=3. 949kg

与钢柱连接板质量：[(0. 105+0. 2+0. 146)×0. 508×7. 85×16×2]kg=57. 552kg

标高4. 500~9. 200m柱间支撑质量小计：(204. 123+3. 949+57. 552)kg=265. 624kg

该柱间支撑工程量为：(326. 148+265. 624)kg=591. 772kg=0. 592t

其工程量清单见表3-20。

表3-20 柱间支撑工程量清单

序号	项目编码	项目名称	项目特征	计量单位	工程量
1	010606001001	柱间支撑	1. 钢材品种、规格：Q235，支撑杆件为无缝钢管 ϕ159×5，其余板见详图； 2. 构件类型：柱间支撑； 3. 安装方式：现场施焊； 4. 探伤要求：焊缝质量均为二级，超声波探伤； 5. 场内运距：投标人自行考虑	t	0. 592

【例3-13】 某钢结构厂房屋面檩条平面布置图及各支撑杆件详图如图3-42所示，檩条通过檩托板与钢梁H350×240×16×20连接，檩条LT1采用XZ180×70×20×2. 5，檩条LT2采用XZ180×70×20×2. 0，钢材为Q235B；所有拉条均采用 ϕ12mm圆钢制作，材质为Q235钢；撑杆采用 ϕ12mm圆钢+ϕ32×2. 0钢管（其中 ϕ32×2. 0钢管质量1. 48kg/m），钢材为Q235；拉条和檩条采用六角头螺母加垫圈连接；隅撑钢材类型为角钢L50×4（质量3. 059kg/m），钢材为Q235，隅撑与钢梁采用普通螺栓，通过连接板（板厚8mm）连接。不考虑屋面坡度影响，试计算该图示钢支撑工程量及编制其工程量清单。

解： 钢支撑以t计量，计算规则为按设计图示尺寸以质量计算。不扣除孔眼的质量，焊条、铆钉、螺栓等不另增加质量。

（1）拉杆（LG、XLG）

ϕ12圆钢LG质量：[(1. 5+0. 06×2)×3×4×0. 00617×12×12]kg=17. 272kg

ϕ12圆钢XLG质量：[($\sqrt{1.5^2+2.5^2}$+0. 05×2)×2×4×0. 00617×12×12]kg=21. 430kg

拉杆质量小计：(17. 272+21. 430)kg=38. 702kg

（2）撑杆（CG）

撑杆中 ϕ12圆钢质量：[(1. 5+0. 06×2)×2×4×0. 00617×12×12]kg=11. 515kg

撑杆中 D32×2. 0钢管质量：(1. 5×2×4×1. 48)kg=17. 76kg

撑杆质量小计：(11. 515+17. 76)kg=29. 275kg

将拉杆和撑杆工程量合并：(38. 702+29. 275)kg=69. 977kg=0. 070t

（3）隅撑（YC）

隅撑L50×4单根长度：[(0. 09+0. 005+0. 35−0. 02−0. 08÷2)×1. 414+0. 025×2]m=0. 594m

隅撑L50×4质量小计：(0. 594×3×4×3. 059)kg=21. 805kg

隅撑与钢梁连接板质量小计：(0. 08×0. 08×3×4×7. 85×8)kg=4. 823kg

隅撑工程量：(21. 805+4. 823)kg=26. 628kg=0. 027t

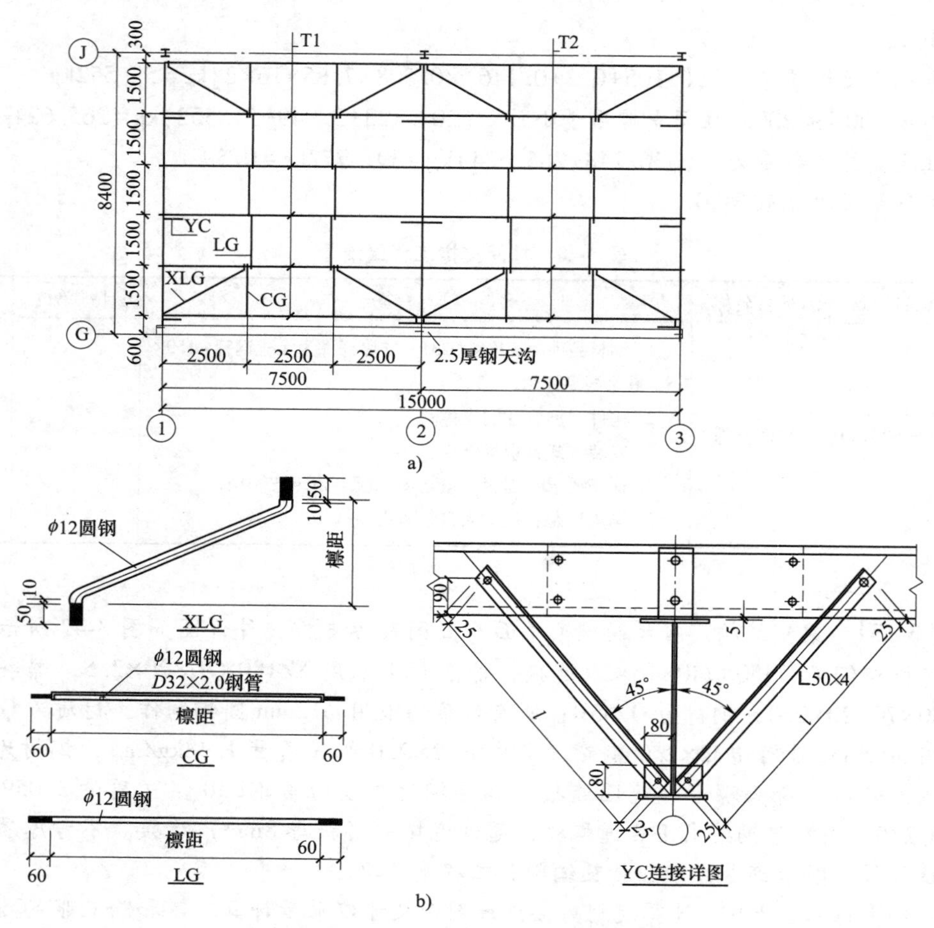

图 3-42 屋面檩条平面布置图及各支撑杆件详图

a）屋面檩条平面布置图 b）各支撑杆件详图

以上项目工程量清单见表 3-21。

表 3-21 隅撑及拉杆工程量清单

序号	项目编码	项目名称	项目特征	计量单位	工程量
1	010606001002	隅撑	1. 钢材品种、规格：Q235，角钢L50×4，其余板见详图； 2. 构件类型：隅撑； 3. 螺栓种类：普通螺栓； 4. 场内运距：投标人自行考虑	t	0.027
2	010606001003	拉条、撑杆	1. 钢材品种、规格：Q235，ϕ12 圆钢、ϕ32×2.0 钢管； 2. 构件类型：拉条、撑杆； 3. 螺栓种类：六角头螺母加垫圈； 4. 场内运距：投标人自行考虑	t	0.070

2. 钢檩条（项目编码 010606002）

计量单位：t

项目特征：①钢材品种、规格；②构件类型；③单根质量；④安装高度；⑤吊装机械；⑥螺栓种类；⑦探伤要求；⑧场内运距。

工程量计算规则：按设计图示尺寸以质量计算。不扣除孔眼的质量，焊条、铆钉、螺栓等不另增加质量。

【例 3-14】 某钢结构厂房屋面檩条平面布置图如图 3-42a 所示，檩条中间跨节点和边跨节点详图如图 3-43 所示，檩条采用普通螺栓通过檩托板（板厚 8mm）与钢梁 H350×240×16×20 连接，檩条LT1 采用 XZ180×70×20×2.5（质量 6.81kg/m），檩条LT2 采用 XZ180×70×20×2.0（质量 5.489kg/m），钢材为 Q235B。试计算屋面檩条工程量及编制其工程量清单。

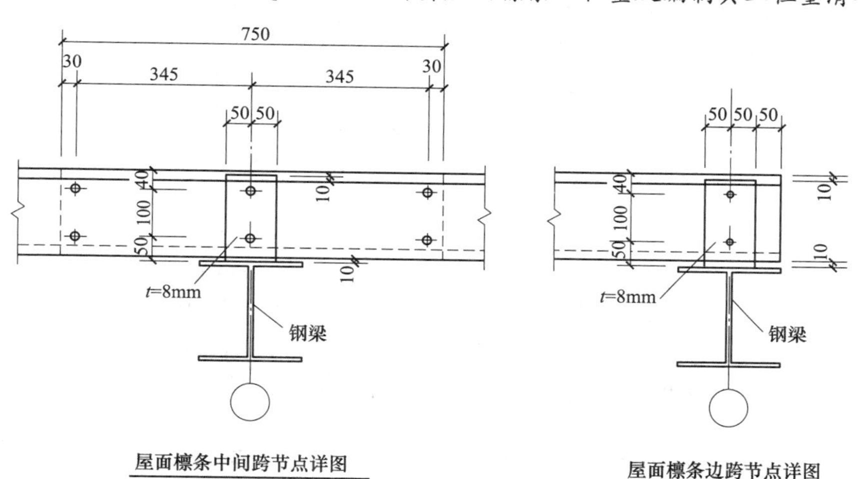

图 3-43 檩条中间跨节点和边跨节点详图

解：钢檩条以 t 计量，计算规则为按设计图示尺寸以质量计算。不扣除孔眼的质量，焊条、铆钉、螺栓等不另增加质量。

檩条LT1 质量：[(0.05×2+7.5+0.345+0.03)×6×6.81]kg=325.859kg

檩条LT2 质量：[(0.05×2+7.5+0.345+0.03)×6×5.489]kg=262.649kg

檩托板：[(0.05+0.05)×(0.05+0.1+0.04−0.01)×7.85×8×3×6]kg=20.347kg

该屋面檩条工程量：(325.859+262.649+20.347)kg=608.855kg=0.609t

其工程量清单见表 3-22。

表 3-22 屋面檩条工程量清单

序号	项目编码	项目名称	项目特征	计量单位	工程量
1	010606002001	檩条	1. 钢材品种、规格：Q235B，XZ180×70×20×2.5，XZ180×70×20×2.0，檩托板见详图； 2. 构件类型：屋面檩条； 3. 螺栓种类：普通螺栓； 4. 场内运距：投标人自行考虑	t	0.609

3. 钢天窗架（项目编码 010606003）

计量单位：t

项目特征：①钢材品种、规格；②单榀质量；③安装高度；④吊装机械；⑤螺栓种类；⑥探伤要求；⑦场内运距。

工程量计算规则：按设计图示尺寸以质量计算。不扣除孔眼的质量，焊条、铆钉、螺栓等不另增加质量。

【例 3-15】 某通风天窗（又称气楼）长度为 36m，每榀气楼骨架间距 4m 布置，每榀气楼骨架通过方管 100mm×80mm×3mm（质量 8.2kg/m）通长（36m）设置进行连接，每榀气楼骨架示意如图 3-44 所示。每榀气楼骨架杆件材质均为方管 100mm×5mm（质量为 14.92kg/m），钢材为 Q235B，杆件之间通过工厂焊接制成半成品，现场利用塔式起重机进行吊装、定位，焊接连接，焊缝质量均为二级，超声波探伤。已知屋面檩条高度为 180mm，不考虑屋面坡度影响，试计算该钢天窗架工程量及编制其工程量清单。

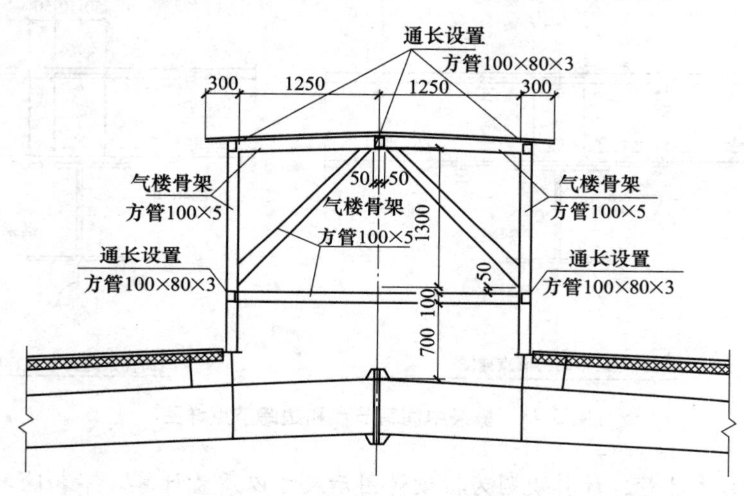

图 3-44　每榀气楼骨架示意图

解：钢天窗架以 t 计量，计算规则为按设计图示尺寸以质量计算。不扣除孔眼的质量，焊条、铆钉、螺栓等不另增加质量。

1）每榀气楼骨架

竖向方管 100mm×5mm 质量：$[(1.3+0.05+0.1+0.7-0.18)\times2\times14.92]\text{kg}=58.785\text{kg}$

斜向方管 100mm×5mm 质量：$(\sqrt{1.3^2+1.25^2}\times2\times14.92)\text{kg}=53.816\text{kg}$

横向方管 100mm×5mm 质量：$[(1.25+1.25)\times2\times14.92]\text{kg}=74.6\text{kg}$

每榀气楼骨架质量小计：$(58.785+53.816+74.6)\text{kg}=187.201\text{kg}$

2）气楼骨架榀数：$(36/4+1)$榀$=10$榀

3）通长设置方管 100mm×80mm×3mm 质量：$(36\times5\times8.2)\text{kg}=1476\text{kg}$

该钢天窗架工程量：$(187.201\times10+1476)\text{kg}=3348.01\text{kg}=3.348\text{t}$

其工程量清单见表 3-23。

表3-23 钢天窗架工程量清单

序号	项目编码	项目名称	项目特征	计量单位	工程量
1	010606003001	钢天窗架	1. 钢材品种、规格：Q235B，方管100mm×5mm，方管100mm×80mm×3mm； 2. 构件类型：钢天窗架； 3. 吊装机械：塔式起重机； 4. 探伤要求：焊缝质量均为二级，超声波探伤； 5. 场内运距：投标人自行考虑	t	3.348

4. 钢挡风架（项目编码010606004）

计量单位：t

项目特征：①钢材品种、规格；②单榀质量；③吊装机械；④螺栓种类；⑤探伤要求；⑥场内运距。

工程量计算规则：按设计图示尺寸以质量计算。不扣除孔眼的质量，焊条、铆钉、螺栓等不另增加质量。

5. 钢墙架（项目编码010606005）

计量单位：t

项目特征：①钢材品种、规格；②单榀质量；③吊装机械；④螺栓种类；⑤探伤要求；⑥场内运距。

工程量计算规则：按设计图示尺寸以质量计算。不扣除孔眼的质量，焊条、铆钉、螺栓等不另增加质量。

6. 钢平台（项目编码010606006）

计量单位：t

项目特征：①钢材品种、规格；②吊装机械；③螺栓种类；④场内运距。

工程量计算规则：按设计图示尺寸以质量计算。不扣除孔眼的质量，焊条、铆钉、螺栓等不另增加质量。

7. 钢走道（项目编码010606007）

计量单位：t

项目特征：①钢材品种、规格；②吊装机械；③螺栓种类；④场内运距。

工程量计算规则：按设计图示尺寸以质量计算。不扣除孔眼的质量，焊条、铆钉、螺栓等不另增加质量。

【例3-16】 某钢结构走道平面布置图及详图如图3-45所示，走道梁材质为Q235B，其中MDL-1采用槽钢[14a（肢宽58mm，质量14.5kg/m），MDL-2采用槽钢[10（肢宽48mm，质量10kg/m），两道MDL-2之间每间距500mm设置一根角钢L50×4（质量3.06kg/m），马道长度方向两侧需每间隔500mm设置一根角钢L50×4立柱，立柱与MDL-2通过—80×80×6钢板焊接连接，立柱斜撑（倾角60°）仅在MDL-1处设置角钢L50×4，立柱顶部设置通长角钢L40×3（质量1.85kg/m）扶手，立柱腰部设置通长扁钢—40×3栏杆，马道走道板为4mm厚花纹（菱形状）钢板（质量为33.40kg/m^2），该钢走道采用现场下料施焊连接，焊条采用 E43 型，焊缝质量均为二级，超声波探伤，塔式起重机吊装就位。试计算该钢走道工程量及编制其工程量清单。

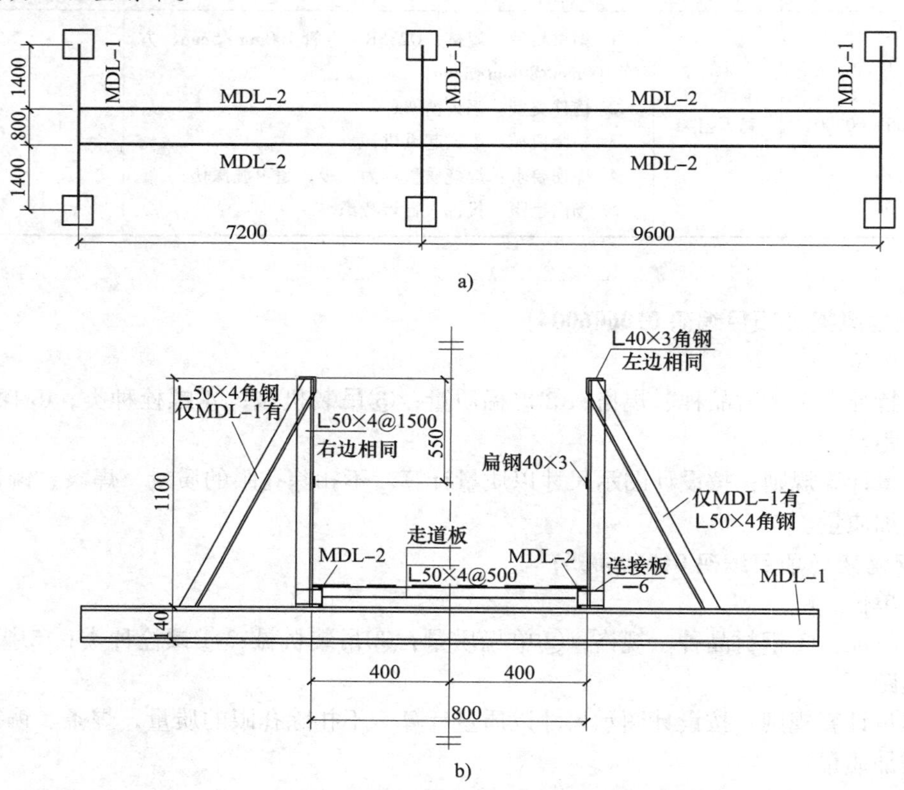

图 3-45　某钢结构走道平面布置图及详图

a）走道平面布置图　b）走道详图

解：钢走道以 t 计量，计算规则为按设计图示尺寸以质量计算。不扣除孔眼的质量，焊条、铆钉、螺栓等不另增加质量。

（1）走道梁

MDL-1 槽钢[14a 质量：[(1.4+0.8+1.4)×3×14.5]kg=156.6kg

MDL-2 槽钢[10 质量：[(7.2+9.6)×2×10]kg=336kg

走道梁质量小计：(156.6+336)kg=492.6kg

（2）立柱及其附属构件

单侧立柱L50×4 根数：[(7.2+9.6)/0.5+1]=35 根（向上取整）

立柱L50×4 质量：(1.1×35×2×3.06)kg=235.62kg

立柱斜撑角钢L50×4 质量：(1.1÷sin60°×6×3.06)kg=23.321kg

通长角钢L40×3 扶手质量：[(7.2+9.6)×2×1.85]kg=62.16kg

通长扁钢—40×3 栏杆质量：[(7.2+9.6)×0.04×2×7.85×3]kg=31.651kg

立柱与 MDL-2 连接板—80×80×6 质量：(0.08×0.08×7.85×6×35×2)kg=21.10kg

立柱及其附属构件质量小计：

(235.62+23.321+62.16+31.651+21.10)kg=373.852kg

(3) 走道板及其下角钢

花纹(菱形状)走道板质量:[(7.2+9.6)×(0.4+0.4)×33.40]kg=448.896kg

角钢L50×4根数:[(7.2+9.6)/0.5+1]根=35根(向上取整)

角钢L50×4质量:[(0.8−0.048×2)×35×3.06]kg=75.398kg

走道板及其下角钢质量小计:(448.896+75.398)kg=524.294kg

该钢走道工程量:(492.6+381.188+524.294)kg=1390.746kg=1.391t

其工程量清单见表3-24。

表3-24 钢走道工程量清单

序号	项目编码	项目名称	项目特征	计量单位	工程量
1	010606007001	钢走道	1. 钢材品种、规格:Q235B,槽钢[14a,槽钢[10,角钢L50×4,角钢L40×3,4mm厚花纹(菱形状)钢板,其余板见详图; 2. 构件类型:钢走道; 3. 吊装机械:塔式起重机; 4. 探伤要求:焊缝质量均为二级,超声波探伤; 5. 场内运距:投标人自行考虑	t	1.391

8. 钢梯(项目编码010606008)

计量单位:t

项目特征:①钢材品种、规格;②钢梯形式;③吊装机械;④螺栓种类;⑤场内运距。

工程量计算规则:按设计图示尺寸以质量计算。不扣除孔眼的质量,焊条、铆钉、螺栓等不另增加质量。

【例3-17】 某钢楼梯工程(标高1.375~4.225范围内)结构平面布置图及剖面图如图3-46所示,该钢楼梯钢材材质为Q235B,梯段两侧斜梁及平台两侧梁均采用钢板−16×200,楼梯平台两侧梁通过8#槽钢(质量为8.045kg/m)焊接连接,楼梯踏步及平台面层(伸至钢框梁中线)均采用4mm厚花纹(菱形状)钢板(质量为33.40kg/m^2)铺设。平台侧面钢板梁与钢框梁H300×200×8×12采用普通螺栓连接(见详图),平台侧面钢板梁与箱型柱350mm×12mm采用焊接连接;现场下料施焊,焊条采用E43型,焊缝质量均为二级,超声波探伤,塔式起重机吊装就位。试计算该标高范围内钢楼梯工程量及编制其工程量清单。

解: 钢楼梯以t计量,计算规则为按设计图示尺寸以质量计算。不扣除孔眼的质量,焊条、铆钉、螺栓等不另增加质量。

(1) 梯段部分

梯段两侧钢板斜梁质量:$(\sqrt{1.425^2+2.16^2}\times 0.2\times 7.85\times 16\times 4)$kg = 260.013kg

花纹钢板质量:[(1.425+2.16)×1.2×33.40×2]kg=287.374kg

梯段部分质量:(260.013+287.374)kg=547.387kg

(2) 平台部分

平台侧面钢板梁(与钢框梁连接)面积:[(0.45+0.45+0.5−0.1−0.015)×0.2×4+

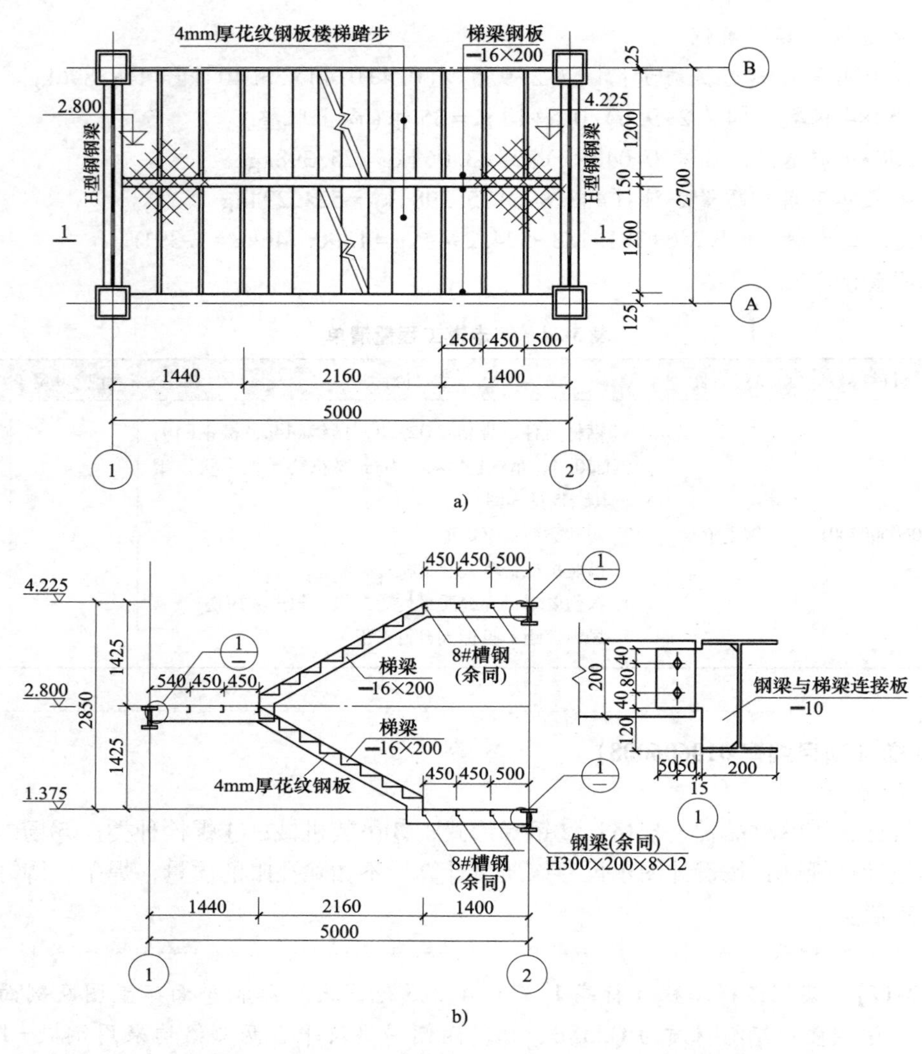

图 3-46　钢楼梯工程（标高 1.375~4.225 范围内）结构平面布置图及剖面图

a）平面布置图　b）1—1 剖面图及 1 号详图

(0.45+0.45+0.54−0.1−0.015)×0.2×2]m^2=1.558m^2

平台侧面钢板梁（与钢框梁连接）质量：(1.558×7.85×16)kg=195.685kg

平台侧面钢板梁（与箱型柱连接）面积：[(0.45+0.45+0.5−0.175)×0.2×4+(0.45+0.45+0.54−0.175)×0.2×2]m^2=1.486m^2

平台侧面钢板梁（与箱型柱连接）质量：(1.486×7.85×16)kg=186.642kg

8#槽钢质量：(1.2×3×3×2×8.045)kg=173.772kg

花纹钢板面积：[(0.45+0.45+0.5)×(1.2+0.15+1.2)×2+(0.45+0.45+0.54)×(1.2+0.15+1.2)]m^2=10.812m^2

单个箱型柱所占位面积均小于 0.3m^2，故不予扣除。

花纹钢板质量：(10.812×33.40)kg=361.121kg

平台部分质量：(195.685+186.642+173.772+361.121)kg=917.22kg

该标高范围内钢楼梯工程量：(547.387+917.22)kg=1464.607kg=1.465t

其工程量清单见表3-25。

表3-25　钢楼梯工程量清单

序号	项目编码	项目名称	项目特征	计量单位	工程量
1	010606008001	钢楼梯	1. 钢材品种、规格：Q235B，8#槽钢，4mm厚花纹（菱形状）钢板，其余板见详图； 2. 钢梯形式：踏步式； 3. 吊装机械：塔式起重机； 4. 探伤要求：焊缝质量均为二级，超声波探伤； 5. 场内运距：投标人自行考虑	t	1.465

9. 钢护栏（项目编码010606009）

计量单位：t

项目特征：①钢材品种、规格；②吊装机械；③场内运距。

工程量计算规则：按设计图示尺寸以质量计算。不扣除孔眼的质量，焊条、铆钉、螺栓等不另增加质量。

10. 钢漏斗（项目编码010606010）

计量单位：t

项目特征：①钢材品种、规格；②漏斗、天沟形式；③安装高度；④探伤要求；⑤吊装机械；⑥场内运距。

工程量计算规则：按设计图示尺寸以质量计算，不扣除孔眼的质量，焊条、铆钉、螺栓等不另增加质量，依附漏斗或天沟的型钢并入漏斗或天沟工程量内。

11. 钢板天沟（项目编码010606011）

计量单位：t

项目特征：①钢材品种、规格；②漏斗、天沟形式；③安装高度；④探伤要求；⑤吊装机械；⑥场内运距。

工程量计算规则：按设计图示尺寸以质量计算，不扣除孔眼的质量，焊条、铆钉、螺栓等不另增加质量，依附漏斗或天沟的型钢并入漏斗或天沟工程量内。

【例3-18】　某钢结构厂房屋面檩条平面布置图如图3-42a所示，钢板天沟两端头与钢柱H500×300×16×20翼缘板齐平，钢板天沟断面图如图3-47所示，钢板天沟材质为Q235B，厚度为2.5mm，天沟顶部每间隔1.5m设置角钢L30×3（质量1.37kg/m）进行支撑，钢板天沟在工厂制作成品，现场采用汽车式起重机吊装。试计算该钢天沟工程量及编制其工程量清单。

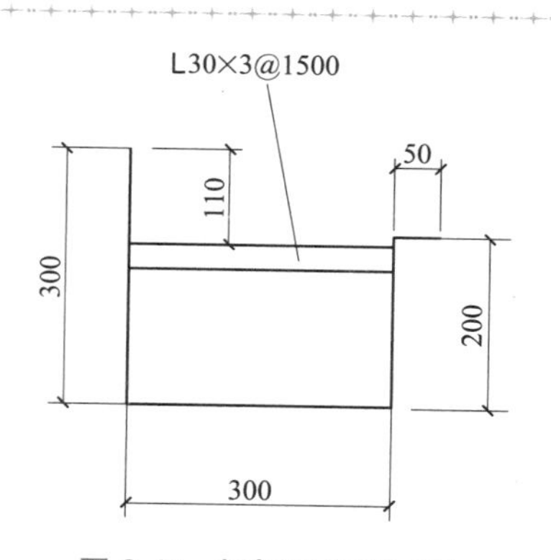

图3-47　钢板天沟断面图

解：钢板天沟以t计量，计算规则为按设计图示尺寸以质量计算，不扣除孔眼的质量，焊条、铆钉、螺栓等不另增加质量，依附漏斗或天沟的型钢并入漏斗或天沟工程量内。

2.5mm 钢板天沟质量：[(0.3+0.3+0.2+0.05)×(15+0.3)×7.85×2.5]kg=255.223kg

角钢L30×3 根数：[(15+0.3)÷1.5+1]根=12 根(向上取整)

角钢L30×3 质量：(0.3×12×1.37)kg=4.932kg

该钢板天沟工程量：(255.223+4.932)kg=260.155kg=0.260t

其工程量清单见表 3-26。

表 3-26　钢板天沟工程量清单

序号	项目编码	项目名称	项目特征	计量单位	工程量
1	010606011001	钢板天沟	1. 钢材品种、规格：Q235B，2.5mm 钢板，角钢L30×3； 2. 天沟形式：成品钢天沟； 3. 吊装机械：汽车式起重机； 4. 场内运距：投标人自行考虑	t	0.260

12. 钢支架（项目编码 010606012）

计量单位：t

项目特征：①钢材品种、规格；②安装高度；③吊装机械；④场内运距。

工程量计算规则：按设计图示尺寸以质量计算，不扣除孔眼的质量，焊条、铆钉、螺栓等不另增加质量。

13. 零星钢构件（项目编码 010606013）

计量单位：t

项目特征：①构件名称；②钢材品种、规格；③吊装机械；④场内运距。

工程量计算规则：按设计图示尺寸以质量计算，不扣除孔眼的质量，焊条、铆钉、螺栓等不另增加质量。

14. 高强螺栓（项目编码 010606014）

计量单位：套

项目特征：①螺栓种类、规格；②吊装机械；③场内运距。

工程量计算规则：按设计图示尺寸以数量计算。

15. 支座链接（项目编码 010606015）

计量单位：套

项目特征：①支座种类、规格；②吊装机械；③场内运距。

工程量计算规则：按设计图示尺寸以数量计算。

16. 剪力栓钉（项目编码 010606016）

计量单位：套

项目特征：①栓钉种类、规格；②吊装机械；③场内运距。

工程量计算规则：按设计图示尺寸以数量计算。

17. 钢构件制作（项目编码 010606017）

计量单位：t

项目特征：①钢材品种、规格；②构件类型；③安装高度；④吊装机械；⑤螺栓种类；

⑥探伤要求；⑦场内运距。

工程量计算规则：按设计图示尺寸以质量计算。不扣除孔眼的质量，焊条、铆钉、螺栓等不另增加质量。

3.3 钢结构工程计价

工程量清单计价模式下的钢结构分部分项工程综合单价计取流程为：首先依据清单的项目特征属性进行相关计价定额选取；然后依据计价定额中对应的计算规则进行定额工程量计算；再结合定额相关说明查看是否需进行调整，如人工费系数、材料用量系数、综合单价系数等调整；最后结合当地当期人工费、材料单价、机械费等费用调整。本节结合地方配套2015年《四川省建设工程工程量清单计价定额——房屋建筑与装饰工程》（简称《计价定额》）进行组价，一般有以下三种情形。

1）当某分项工程的工程量清单的项目特征、计量单位及工程量计算规则与《计价定额》对应的定额项目包含的内容、计量单位及工程量计算规则完全一致，进行定额组价只有该定额项目对应时，清单项目综合单价=定额项目综合单价。

2）当某分项工程的工程量清单的计量单位及工程量计算规则与《计价定额》对应的定额项目的计量单位及工程量计算规则一致，但清单项目特征包含多个定额项目的工程内容，进行定额组价需多个定额项目组成时，清单项目综合单价=Σ（定额项目综合单价）。

3）当某分项工程的工程量清单的项目特征、计量单位及工程量计算规则与《计价定额》对应的定额项目包含的内容、计量单位及工程量计算规则不一致时，进行定额组价需分别计算合计时，清单项目综合单价=（Σ该项目清单所包含的各定额项目工程量×定额综合单价）÷该清单项目工程量。

1. 钢结构工程在《计价定额》中的说明

钢结构工程计价定额相关说明包括一般说明、安装和吊装说明。

（1）一般说明

1）金属结构工程包括一般工业与民用建筑常用金属构件安装、吊装、探伤项目以及金属制品项目。

2）金属构件安装、吊装、探伤是按合理的施工方法，结合四川省现有的施工机械的实际情况综合考虑。

3）钢架桥适用于人行天桥、路桥、城市立交桥。钢架桥分为车行钢架桥和人行钢架桥，车行钢架桥适用于机动车辆通行桥。

（2）安装、吊装说明

1）金属构件安装均按成品安装考虑，金属构件成品价包含金属构件制作工厂底漆及场外运输费用。金属构件成品价中未包括安装现场油漆、防火涂料的工料，应按《计价定额》中P油漆、涂料、裱糊工程相应项目执行。

2）金属构件安装中包括安装时所需的普通螺栓，若构件安装中需用高强螺栓及栓钉，按实际安装套数计算。金属结构构件施工图中未注明的节点板、加强箍、内衬管和接头主材用量（钢板、型钢、圆钢等）、熔嘴焊处增加的板条按实际用量计算，并入相应工程量内。

3）金属结构构件系按铆焊综合考虑。在《计价定额》中焊缝均按二级焊缝考虑。

4）钢筋混凝土柱间及钢筋混凝土屋架的钢支撑按本分部钢支撑项目计算。

5）钢筋混凝土拱、拱形屋面、楼面等需设置钢拉杆时按钢拉条项目计算。已包括钢拉杆的项目（如组合屋架、三铰拱屋架、钢木组合屋架等）不另计。

6）钢墙架项目包括墙架柱、墙架梁和连接杆件。

7）烟囱紧固圈、垃圾道及垃圾门、垃圾箱、晒衣架、加工铁件等小型构件，按零星钢结构项目计算。

8）钢网架安装定额按平面网格结构编制，如设计为筒壳、球壳及其他曲面结构，其相应项目安装定额人工、机械费乘以系数 1.20。

9）钢桁架安装按直线型桁架编制，如设计为曲线、折线型桁架，其相应项目安装定额人工、机械费乘以系数 1.20。

10）钢架桥安装按直线型构件编制，如设计为曲线、折线型钢桥，其相应项目安装定额人工、机械费乘以系数 1.30。

11）钢柱安装在混凝土柱上，其机械乘以系数 1.43。

12）钢管柱安装按钢板厚≤20mm 编制。

13）钢护栏定额适用于钢楼梯、钢平台及钢走道板等与金属结构相连的栏杆，其他部位的栏杆、扶手按《计价定额》中 Q 其他装饰工程相应项目执行。

14）金属构件安装定额中，不包括专门为钢构件安装所搭设的临时性脚手架、承重支架等特殊措施的费用，发生时另行计算。

15）型钢混凝土柱及钢板楼板上浇筑钢筋混凝土，其混凝土和钢筋按《计价定额》中 E 混凝土及钢筋混凝土工程相应项目执行。

16）高层建筑吊装费按相应定额项目乘以系数 1.65。

2. 钢结构工程在《计价定额》工程量计算规则

钢结构工程计价定额工程量计算规则如下。

1）金属构件均按设计图示尺寸乘以理论质量计算，除钢网架外，不扣除单个≤0.3m^2的孔洞，焊条、铆钉、螺栓等不另增加质量。管桁架为空间结构，其斜腹杆的长度应以主杆与腹杆的轴线中心来计算长度。

2）钢网架按设计图示尺寸以质量计算（包括螺栓球质量），不扣除孔眼的质量，焊条、铆钉等不另增加质量。

3）依附在钢柱上的牛腿及悬臂梁等并入钢柱工程量内。钢管柱上的节点板、加强环、内衬管及牛腿等并入钢管柱工程量内。

4）钢吊车梁上的制动梁、制动板、制动桁架、车挡并入钢吊车梁工程量内。

5）依附漏斗的型钢并入钢漏斗工程量内，依附于天沟的型钢并入天沟工程量内。

6）压型钢板楼板按设计图示尺寸以铺设面积计算，不扣除单个≤0.3m^2 的柱、梁及孔洞所占面积。包角、包边、泛水等不另增加面积。

7）压型钢板墙板按设计图示尺寸以铺挂面积计算，不扣除单个≤0.3m^2 的梁孔洞所占面积。包角、包边、泛水等不另增加面积。

8）钢丝网加固及金属网按设计图示尺寸以面积计算。

9）雨篷按接触边以“延长米”计算。

10）金属构件安装连接使用的高强螺栓、栓钉按数量以“套”为单位计算。

11）金属探伤按探伤部位以“延长米”计算。

12）空调百叶护栏按框外围面积以“m^2”计算，窗栅、防盗栅、栅栏按框外围垂直投影面积以“m^2”计算。

3.3.1 钢网架计价

钢网架综合单价计取结合《计价定额》中金属结构工程相应子项执行，其中金属结构工程子项包括钢网架，钢屋架、钢托架、钢桁架、钢桥架，钢柱，钢梁，钢板楼板、墙板，钢构件、金属制品7个分部工程，共计110项分项工程。以下构件综合单价计取进行了详细定额组价及调整的演示，便于读者结合计价定额及各费用要素价格进行查看。在计算过程中，由于篇幅的原因，不能将全部构件综合单价计取一一详细列出。仅结合实际工程配图，通过例题对主要的、典型的构件综合单价进行演示计算。

【例3-19】 某双层正交正放钢网架，如图3-28所示，因该网架较小，采用汽车式起重机整体吊装法，安装高度为18m，节点类型采用规格为$D260\times8$（单重12.53kg）45号钢焊接空心球，钢管采用Q235B钢，直径为$\phi159\times5.5$(20.821kg/m）无缝钢管，焊条选用E43，现场施焊（施焊部位长度为18m)，所有焊缝质量均为二级，超声波探伤。已编制的该钢网架分部分项工程清单与计价表见表3-27，已知政策性人工费调整幅度为40.5%，成品焊接球网架材料单价为5800元/t，二等锯材材料单价为1500元/m^3，机械用柴油价格为7.5元/kg，试采用增值税一般计税方法，计算该钢网架分部分项工程的综合单价与合价。

表3-27 钢网架分部分项工程清单与计价表

序号	项目编码	项目名称	项目特征	计量单位	工程量	金额（元）		
						综合单价	合价	其中
								定额人工费
1	010601001001	钢网架	1. 钢材品种、规格：Q235B钢、直径为$\phi159\times5.5$无缝钢管； 2. 网架节点形式、连接方式：节点为$D260\times8$45号钢焊接空心球，焊条E43，现场施焊； 3. 网架跨度、安装高度：跨度7.2m，安装高度18m； 4. 吊装机械：汽车式起重机； 5. 探伤要求：焊缝质量均为二级，超声波探伤； 6. 场内运距：投标人自行考虑	t	4.118			

解：按照2015年《四川省建设工程工程量清单计价定额——房屋建筑与装饰工程》计算综合单价。依据项目特征描述，应选用定额AF0002（钢网架球形节点焊接球安装）、AF0004（钢网架吊装）、AF0100（金属构件超声波探伤二级焊缝）计算。

（1）AF0002（钢网架球形节点焊接球安装）调整

1）分别查计量规范和计价定额关于钢网架质量计量规则的规定，钢网架项目清单工程量=定额工程量。查2015《计价定额》A.F.1钢网架项子目AF0002（钢网架球形节点焊接球安装），基价为8645.65元/t。其中人工费1307.10元/t，材料费6441.01元/t，机械费410.70元/t，综合费486.84元/t。

2）人工费调整。已知政策性人工费调整幅度为40.5%。

调整后人工费=[1307.10×(1+40.5%)]元/t=1836.48元/t

3）材料费调整。从定额AF0002可知，钢网架球形节点焊接球安装使用的材料有：成品焊接球网架、二等锯材、焊条、加工铁件和其他材料。

① 成品焊接球网架价格调整。

A. 消耗量与单价。查成品焊接球网架定额消耗量为1t/t，定额单价6000元/t，已知成品焊接球网架材料单价为5800元/t（不含税）。

B. 成品焊接球网架调价后实际费用=(1×5800)元/t=5800元/t。

② 二等锯材价格调整。

A. 消耗量与单价。查二等锯材定额消耗量为0.06m^3/t，定额单价1100元/m^3，已知二等锯材材料单价为1500元/m^3（不含税）。

B. 二等锯材调价后实际费用=0.06×1500=90元/t。

③ 按已知题干条件，焊条综合、加工铁件和其他材料单价无变化，故不需要进行调整，费用=(13.06×5.5+5.12×5+277.58×1)元/t=375.01元/t。

④材料费合计=(5800+90+375.01)元/t=6265.01元/t。

4）机械用柴油价格调整。

① 消耗量与单价。查定额AF0002（钢网架球形节点焊接球安装）机械用柴油消耗量为10.755kg/t，定额单价8.5元/kg，已知机械用柴油单价为7.5元/kg（不含税）。

② 机械费调价后实际费用=[410.70−(8.5−7.5)×10.755]元/t=399.95元/t。

5）综合费无变化不调整，综合费=486.84元/t。

6）调整后AF0002钢网架（球形节点焊接球安装）基价为：(1836.48+6265.01+399.95+486.84）元/t=8988.28元/t。

（2）AF0004（钢网架吊装）调整

1）分别查计量规范和计价定额关于钢网架质量计量规则的规定，钢网架项目清单工程量=定额工程量。查2015《计价定额》A.F.1钢网架项子目AF0004（钢网架吊装），基价为600.25元/t。其中人工费27.37元/t，机械费506.66元/t，综合费66.22元/t。

2）人工费调整。已知政策性人工费调整幅度为40.5%。

调整后人工费=[27.37×(1+40.5%)]元/t=38.45元/t

3）机械用柴油价格调整。

① 消耗量与单价。查定额AF0004（钢网架吊装）机械用柴油消耗量为4.274kg/t，定额单价8.5元/kg，已知机械用柴油单价为7.5元/kg（不含税）。

② 机械费调价后实际费用=[506.66−(8.5−7.5)×4.274]元/t=502.39元/t。

4)综合费无变化不调整,综合费=66.22元/t。

5)调整后AF0004(钢网架吊装)基价为:(38.45+502.39+66.22)元/t=607.06元/t。

（3）AF0100（金属构件超声波探伤二级焊缝）调整

1）查计价定额关于探伤计量规则的规定及已知题干条件，探伤定额工程量=18m。查

2015《计价定额》A.F.6 金属构件探伤项子目 AF0100（金属构件超声波探伤二级焊缝），基价为 40.50 元/m。其中人工费 5.1 元/m，材料费 7.93 元/m，机械费 20.04 元/m，综合费 7.43 元/m。

2）人工费调整。已知政策性人工费调整幅度为 40.5%。

$$调整后人工费=[5.1\times(1+40.5\%)]元/m=7.17 元/m$$

3）按已知题干条件，材料单价均无变化，故不需要进行调整，材料费=7.93 元/m。

4）机械费无变化，故不需要进行调整，机械费=20.04 元/m。

5）综合费无变化不调整，综合费=7.43 元/m。

6）调整后 AF0100（金属构件超声波探伤二级焊缝）基价为：

$$(7.17+7.93+20.04+7.43)元/m=42.57 元/m$$

将以上各定额基价汇总转换为清单综合单价，转换后的钢网架综合单价为：

$[(8988.28\times4.118+607.06\times4.118+42.57\times18)\div4.118]元/t=9781.42 元/t$。

将钢网架综合单价填入工程量清单并计算合价，得钢网架分部分项工程清单与计价表，见表 3-28。其中定额人工费=$[(1307.10+27.37)\times4.118+5.1\times18]元=5587.15 元$。

表 3-28 钢网架分部分项工程清单与计价表

序号	项目编码	项目名称	项目特征	计量单位	工程量	金额（元）		
						综合单价	合价	其中 定额人工费
1	010601001001	钢网架	1. 钢材品种、规格：Q235B 钢、直径为 ϕ159×5.5 无缝钢管； 2. 网架节点形式、连接方式：节点为 D260×845 号钢焊接空心球，焊条 E43，现场施焊； 3. 网架跨度、安装高度：跨度 7.2m，安装高度 18m； 4. 吊装机械：汽车式起重机； 5. 探伤要求：焊缝质量均为二级，超声波探伤； 6. 场内运距：投标人自行考虑	t	4.118	9781.42	40279.89	5587.15

3.3.2 钢屋架、钢托架、钢桁架、钢桥架计价

钢屋架、钢托架、钢桁架、钢桥架综合单价计取是结合《计价定额》中金属结构工程相应子项执行，其中金属结构工程子项包括钢网架，钢屋架、钢托架、钢桁架、钢桥架，钢柱，钢梁，钢板楼板、墙板，钢构件，金属制品 7 个分部工程，共计 110 项分项工程。以下构件综合单价计取进行了详细定额组价及调整的演示，便于读者结合计价定额及各费用要素价格进行查看。在计算过程中，由于篇幅的原因，不能将全部构件综合单价计取一一详细列出。仅结合实际工程配图，通过例题对主要的、典型的构件综合单价进行演示计算。

【例 3-20】 某工程钢屋架示意如图 3-31 所示，该钢屋架采用汽车式起重机整体吊装法，安装高度为 9m，钢材为 Q235，节点连接采用 8mm 厚钢板连接；上弦杆为角钢L70×7，质量为 7. 40kg/m；腹杆及檩托采用角钢L50×5，质量为 3. 77kg/m；下弦为直径 ϕ16 钢筋，质量为 1. 58kg/m，焊条选用 E43，现场施焊（施焊部位长度为 5. 2m），所有焊缝质量均为二级，超声波探伤。已编制的该钢屋架分部分项工程清单与计价表见表 3-29，已知政策性人工费调整幅度为 40. 5%，成品钢屋架材料单价为 4200 元/t，二等锯材材料单价为 1500 元/m^3，机械用柴油价格为 7. 5 元/kg，试采用增值税一般计税方法，计算该钢屋架分部分项工程的综合单价与合价。

表 3-29 钢屋架分部分项工程清单与计价表

序号	项目编码	项目名称	项目特征	计量单位	工程量	金额（元）		
						综合单价	合价	其中
								定额人工费
1	010602001001	钢屋架	1. 钢材品种、规格：Q235 钢、角钢L70×7、L50×5，直径 ϕ16 钢筋； 2. 节点形式、连接方式：8mm 厚连接板，焊条 E43，现场施焊； 3. 屋架跨度、安装高度：跨度 5. 6m，安装高度 9m； 4. 吊装机械：汽车式起重机； 5. 探伤要求：焊缝质量均为二级，超声波探伤； 6. 场内运距：投标人自行考虑	t	0. 219			

解：按照 2015 年《四川省建设工程工程量清单计价定额——房屋建筑与装饰工程》计算综合单价。依据项目特征描述，应选用定额 AF0005（钢屋架安装）、AF0006（钢屋架吊装）、AF0100（金属构件超声波探伤二级焊缝）计算。

（1）AF0005（钢屋架安装）调整

1）分别查计量规范和计价定额关于钢屋架质量计量规则的规定，钢屋架项目清单工程量=定额工程量。查 2015《计价定额》A. F. 2 钢屋架、钢托架、钢桁架、钢桥架项子目 AF0005（钢屋架安装），基价为 7024. 76 元/t。其中人工费 710. 80 元/t，材料费 5753. 54 元/t，机械费 278. 99 元/t，综合费 281. 43 元/t。

2）人工费调整。已知政策性人工费调整幅度为 40. 5%。

调整后人工费=[710. 80×(1+40. 5%)]元/t=998. 67 元/t

3）材料费调整。从定额 AF0005 可知，钢屋架安装使用的材料有：成品钢屋架、二等锯材、焊条、加工铁件和其他材料等。

①成品钢屋架价格调整。

A. 消耗量与单价。查成品钢屋架定额消耗量为 1t/t，定额单价 5500 元/t，已知成品钢屋架材料单价为 4200 元/t（不含税）。

B. 成品钢屋架调价后实际费用=(1×4200)元/t=4200 元/t。

② 二等锯材价格调整。

A. 消耗量与单价。查二等锯材定额消耗量为 0.03m^3/t，定额单价 1100 元/m^3，已知二等锯材材料单价为 1500 元/m^3（不含税）。

B. 二等锯材调价后实际费用＝(0.03×1500)元/t＝45 元/t。

③按已知题干条件，焊条综合、加工铁件和其他材料等单价无变化，故不需要进行调整，费用＝(3.31×5.5+3.8×6.5+1.2×5+1.99×5+161.68×1)元/t＝220.54 元/t。

④ 材料费合计＝(4200+45+220.54)元/t＝4465.54 元/t。

4）机械用柴油价格调整。

A. 消耗量与单价。查定额 AF0005（钢屋架安装）机械用柴油消耗量为 12.291kg/t，定额单价 8.5 元/kg，已知机械用柴油单价为 7.5 元/kg（不含税）。

B. 机械费调价后实际费用＝[278.99−(8.5−7.5)×12.291]元/t＝266.70 元/t。

5）综合费无变化不调整，综合费＝281.43 元/t。

6）调整后 AF0005（钢屋架安装）基价为：

(998.67+4465.54+266.70+281.43)元/t＝6012.34 元/t。

（2）AF0006（钢屋架吊装）调整

1）分别查计量规范和计价定额关于钢屋架质量计量规则的规定，钢屋架项目清单工程量＝定额工程量。查 2015《计价定额》A.F.2 钢屋架、钢托架、钢桁架、钢桥架项子目 AF0006（钢屋架吊装），基价为 206.10 元/t。其中人工费 31.11 元/t，机械费 152.43 元/t，综合费 22.56 元/t。

2）人工费调整。已知政策性人工费调整幅度为 40.5%。

调整后人工费＝[31.11×(1+40.5%)]元/t＝43.71 元/t

3）机械用柴油价格调整。

① 消耗量与单价。查定额 AF0006（钢屋架吊装）机械用柴油消耗量为 7.293kg/t，定额单价 8.5 元/kg，已知机械用柴油单价为 7.5 元/kg（不含税）。

② 机械费调价后实际费用＝[152.43−(8.5−7.5)×7.293]元/t＝145.14 元/t。

4）综合费无变化不调整，综合费＝22.56 元/t。

5）调整后 AF0006(钢屋架吊装)基价为：

(43.71+145.14+22.56)元/t＝211.41 元/t。

（3）AF0100(金属构件超声波探伤二级焊缝)调整

1）查计价定额关于探伤计量规则的规定及已知题干条件，探伤定额工程量＝5.2m。查 2015《计价定额》A.F.6 金属构件探伤项子目 AF0100(金属构件超声波探伤二级焊缝)，基价为 40.50 元/m。其中人工费 5.1 元/m，材料费 7.93 元/m，机械费 20.04 元/m，综合费 7.43 元/m。

2）人工费调整。已知政策性人工费调整幅度为 40.5%。

调整后人工费＝[5.1×(1+40.5%)]元/m＝7.17 元/m

3）按已知题干条件，材料单价均无变化，故不需要进行调整，材料费＝7.93 元/m。

4）机械费无变化，故不需要进行调整，机械费＝20.04 元/m。

5）综合费无变化不调整，综合费＝7.43 元/m。

6）调整后 AF0100（金属构件超声波探伤二级焊缝）基价为：

(7.17+7.93+20.04+7.43)元/m＝42.57 元/m。

将以上各定额基价汇总转换为清单综合单价，转换后的钢网架综合单价为：

[(6012.34×0.219+211.41×0.219+42.57×5.2)/0.219]元/t=7234.55 元/t。

将钢屋架综合单价填入工程量清单并计算合价，得钢屋架分部分项工程清单与计价表，见表 3-30。其中定额人工费=[(710.80+31.11)×0.219+5.1×5.2]元=189.00 元。

表 3-30 钢屋架分部分项工程清单与计价表

序号	项目编码	项目名称	项目特征	计量单位	工程量	金额（元）		
						综合单价	合价	其中
								定额人工费
1	010602001001	钢屋架	1. 钢材品种、规格：Q235 钢、角钢L70×7、L50×5，直径 ϕ16 钢筋； 2. 节点形式、连接方式：8mm 厚连接板，焊条 E43，现场施焊； 3. 屋架跨度、安装高度：跨度 5.6m，安装高度 9m； 4. 吊装机械：汽车式起重机； 5. 探伤要求：焊缝质量均为二级，超声波探伤； 6. 场内运距：投标人自行考虑	t	0.219	7234.55	1584.37	189.00

【例 3-21】 某轻型钢结构厂房，纵向柱距较大，相邻柱之间连接有钢托架，钢托架示意如图 3-32 所示，该钢托架采用汽车式起重机整体吊装法，安装高度为 12m，钢材为 Q235，节点采用钢管间相贯线焊接而成，竖向腹杆两端均贯入 5cm 至上、下弦杆；上、下弦杆为 ϕ159×5.5（质量为 20.821kg/m）无缝钢管，腹杆为钢管 ϕ76×4（质量为 7.10kg/m）无缝钢管，焊条选用 E43，现场施焊（施焊部位长度为 2.6m），所有焊缝质量均为二级，超声波探伤。已编制的该钢托架分部分项工程清单与计价表见表 3-31，已知政策性人工费调整幅度为 40.5%，成品钢托架材料单价为 4580 元/t，二等锯材材料单价为 1500 元/m^3，机械用柴油价格为 7.5 元/kg，试采用增值税一般计税方法，计算该钢托架分部分项工程的综合单价与合价。

表 3-31 钢托架分部分项工程清单与计价表

序号	项目编码	项目名称	项目特征	计量单位	工程量	金额（元）		
						综合单价	合价	其中
								定额人工费
1	010602002001	钢托架	1. 钢材品种、规格：Q235 钢、直径 ϕ159×5.5、ϕ76×4 无缝钢管； 2. 节点形式、连接方式：钢管间相贯线焊接，焊条 E43，现场施焊； 3. 托架跨度、安装高度：跨度 15m，安装高度 12m； 4. 吊装机械：汽车式起重机； 5. 探伤要求：焊缝质量均为二级，超声波探伤； 6. 场内运距：投标人自行考虑	t	0.796			

解：按照2015年《四川省建设工程工程量清单计价定额——房屋建筑与装饰工程》（简称2015《计价定额》）计算综合单价。依据项目特征描述，应选用定额AF0007（钢托架安装）、AF0008（钢托架吊装）、AF0100（金属构件超声波探伤二级焊缝）计算。

（1）AF0007（钢托架安装）调整

1）分别查计量规范和计价定额关于钢托架质量计量规则的规定，钢托架项目清单工程量=定额工程量。查2015《计价定额》A.F.2钢屋架、钢托架、钢桁架、钢桥架项子目AF0007（钢托架安装），基价为6853.34元/t。其中人工费710.80元/t，材料费5637.64元/t，机械费236.28元/t，综合费268.62元/t。

2）人工费调整。已知政策性人工费调整幅度为40.5%。

$$调整后人工费=[710.80\times(1+40.5\%)]元/t=998.67元/t$$

3）材料费调整。从定额AF0007可知，钢托架安装使用的材料有：成品钢托架、二等锯材、焊条、加工铁件和其他材料等。

① 成品钢托架价格调整。

A. 消耗量与单价。查成品钢托架定额消耗量为1t/t，定额单价5400元/t，已知成品钢托架材料单价为4580元/t（不含税）。

B. 成品钢托架调价后实际费用=(1×4580) 元/t=4580元/t。

② 二等锯材价格调整。

A. 消耗量与单价。查二等锯材定额消耗量为0.06m^3/t，定额单价1100元/m^3，已知二等锯材材料单价为1500元/m^3（不含税）。

B. 二等锯材调价后实际费用=(0.06×1500)元/t=90元/t。

③ 按已知题干条件，焊条综合、加工铁件和其他材料等单价无变化，故不需要进行调整，费用=(5.4×5.5+1.75×6.5+1.38×5+2.49×5+111.21×1)元/t=171.64元/t。

④ 材料费合计=(4580+90+171.64)元/t=4841.64元/t。

4）机械用柴油价格调整。

① 消耗量与单价。查定额AF0007(钢托架安装)机械用柴油消耗量为8.604kg/t,定额单价8.5元/kg,已知机械用柴油单价为7.5元/kg(不含税)。

② 机械费调价后实际费用=[236.28−(8.5−7.5)×8.604]元/t=227.68元/t。

5）综合费无变化不调整,综合费=268.62元/t。

6）调整后AF0007(钢托架安装)基价为:

$$(998.67+4841.64+227.68+268.62)元/t=6336.61元/t$$

（2）AF0008（钢托架吊装）调整

1）分别查计量规范和计价定额关于钢托架质量计量规则的规定，钢托架项目清单工程量=定额工程量。查2015《计价定额》A.F.2钢屋架、钢托架、钢桁架、钢桥架项子目AF0008（钢托架吊装），基价为207.66元/t。其中人工费22.10元/t，机械费162.75元/t，综合费22.81元/t。

2）人工费调整。已知政策性人工费调整幅度为40.5%。

$$调整后人工费=[22.10\times(1+40.5\%)]元/t=31.05元/t$$

3）机械用柴油价格调整。

① 消耗量与单价。查定额 AF0008（钢托架吊装）机械用柴油消耗量为 5.533kg/t，定额单价 8.5 元/kg，已知机械用柴油单价为 7.5 元/kg（不含税）。

② 机械费调价后实际费用 =[162.75−(8.5−7.5)×5.533]元/t = 157.22 元/t。

4）综合费无变化不调整，综合费 = 22.81 元/t。

5）调整后 AF0008（钢托架吊装）基价为：(31.05+157.22+22.81)元/t = 211.08 元/t。

（3）AF0100（金属构件超声波探伤二级焊缝）调整

1）查计价定额关于探伤计量规则的规定及已知题干条件，探伤定额工程量 = 2.6m。查 2015《计价定额》A.F.6 金属构件探伤项子目 AF0100（金属构件超声波探伤二级焊缝），基价为 40.50 元/m。其中人工费 5.1 元/m，材料费 7.93 元/m，机械费 20.04 元/m，综合费 7.43 元/m。

2）人工费调整。已知政策性人工费调整幅度为 40.5%。

调整后人工费 =[5.1×(1+40.5%)]元/m = 7.17 元/m

3）按已知题干条件，材料单价均无变化，故不需要进行调整，材料费 = 7.93 元/m。

4）机械费无变化，故不需要进行调整，机械费 = 20.04 元/m。

5）综合费无变化不调整，综合费 = 7.43 元/m。

6）调整后 AF0100（金属构件超声波探伤二级焊缝）基价为：

(7.17+7.93+20.04+7.43)元/m = 42.57 元/m

将以上各定额基价汇总转换为清单综合单价，转换后的钢托架综合单价为：

[(6336.61×0.796+211.08×0.796+42.57×2.6)÷0.796]元/t = 6686.74 元/t

将钢托架综合单价填入工程量清单并计算合价，得钢托架分部分项工程清单与计价表，见表 3-32。其中定额人工费 =[(710.80+22.10)×0.796+5.1×2.6]元 = 596.65 元。

表 3-32　钢托架分部分项工程清单与计价表

序号	项目编码	项目名称	项目特征	计量单位	工程量	金额（元）		
						综合单价	合价	其中
								定额人工费
1	010602002001	钢托架	1. 钢材品种、规格：Q235 钢、直径 ϕ159×5.5、ϕ76×4 无缝钢管； 2. 节点形式、连接方式：钢管间相贯线焊接，焊条 E43，现场施焊； 3. 托架跨度、安装高度：跨度 15m，安装高度 12m； 4. 吊装机械：汽车式起重机； 5. 探伤要求：焊缝质量均为二级，超声波探伤； 6. 场内运距：投标人自行考虑	t	0.796	6686.74	5322.65	596.65

【例 3-22】　如图 3-33 所示为一铰接钢桁架示意，安装于某高层屋顶，并简支于钢筋混

凝土柱上，该桁架跨度12.8m，采用塔式起重机整体吊装法。该钢桁架钢材采用Q235B，上、下弦杆及腹杆均采用角钢2L70×7形式，其中L70×7质量为7.40kg/m，节点连接采用10mm厚钢板焊接连接，焊条采用E43型，现场施焊（施焊部位长度为4.6m），所有焊缝质量均为二级，超声波探伤，杆件均不考虑开孔。试计算该钢桁架工程量及编制其工程量清单。已编制的该钢桁架分部分项工程清单与计价表见表3-33，已知政策性人工费调整幅度为40.5%，成品钢桁架材料单价为4850元/t，二等锯材材料单价为1500元/m^3，机械用柴油价格为7.5元/kg，试采用增值税一般计税方法，计算该钢桁架分部分项工程的综合单价与合价。

表3-33　钢桁架分部分项工程清单与计价表

序号	项目编码	项目名称	项目特征	计量单位	工程量	金额（元）		
						综合单价	合价	其中
								定额人工费
1	010602003001	钢桁架	1. 钢材品种、规格：Q235B钢、角钢L70×7； 2. 节点形式、连接方式：10mm厚连接板，焊条E43，现场施焊； 3. 桁架跨度、安装高度：跨度12.8m，高层屋顶； 4. 吊装机械：塔式起重机； 5. 探伤要求：焊缝质量均为二级，超声波探伤； 6. 场内运距：投标人自行考虑	t	1.047			

解： 按照2015年《四川省建设工程工程量清单计价定额——房屋建筑与装饰工程》（简称2015《计价定额》）计算综合单价。依据项目特征描述，应选用定额AF0011［钢桁架（一般型）型钢桁架安装］、AF0012［钢桁架（一般型）型钢桁架吊装］、AF0100（金属构件超声波探伤二级焊缝）计算。

（1）AF0011［钢桁架（一般型）型钢桁架安装］调整

1）分别查计量规范和计价定额关于钢桁架质量计量规则的规定，钢桁架项目清单工程量=定额工程量。查2015《计价定额》A.F.2钢屋架、钢托架、钢桁架、钢桥架项子目AF0011［钢桁架（一般型）型钢桁架安装］，基价为7713.05元/t。其中人工费716.70元/t，材料费6304.29元/t，机械费379元/t，综合费313.06元/t。

2）人工费调整。已知政策性人工费调整幅度为40.5%。

$$调整后人工费=[716.70\times(1+40.5\%)]元/t=1006.96元/t$$

3）材料费调整。从定额AF0011可知，钢桁架（一般型）型钢桁架安装使用的材料有：成品型钢桁架、二等锯材、焊条、加工铁件和其他材料等。

① 成品型钢桁架价格调整。

A. 消耗量与单价。查成品钢桁架定额消耗量为1t/t，定额单价6000元/t，已知成品型钢桁架材料单价为4850元/t（不含税）。

B. 成品钢桁架调价后实际费用=(1×4850)元/t=4850元/t。

② 二等锯材价格调整。

A. 消耗量与单价。查二等锯材定额消耗量为0.05m^3/t，定额单价1100元/m^3，已知二等锯材材料单价为1500元/m^3（不含税）。

B. 二等锯材调价后实际费用=(0.05×1500)元/t=75元/t。

③ 按已知题干条件，焊条综合、加工铁件和其他材料等单价无变化，故不需要进行调整，费用=(7.68×5.5+1.96×6.5+4.65×5+171.06×1)元/t=249.29元/t。

④ 材料费合计=(4850+75+249.29)元/t=5174.29元/t。

4）机械用柴油价格调整。

① 消耗量与单价。查定额AF0011［钢桁架（一般型）型钢桁架安装］机械用柴油消耗量为11.523kg/t，定额单价8.5元/kg，已知机械用柴油单价为7.5元/kg（不含税）。

② 机械费调价后实际费用=[379-(8.5-7.5)×11.523]元/t=367.48元/t。

5）综合费无变化不调整，综合费=313.06元/t。

6）调整后AF0011［钢桁架（一般型）型钢桁架安装］基价为：

(1006.96+5174.29+367.48+313.06)元/t=6861.79元/t

（2）AF0012［钢桁架（一般型）型钢桁架吊装］调整

1）分别查计量规范和计价定额关于钢桁架质量计量规则的规定，钢桁架项目清单工程量=定额工程量。查2015《计价定额》A.F.2钢屋架、钢托架、钢桁架、钢桥架项子目AF0012［钢桁架（一般型）型钢桁架吊装］，基价为439.10元/t。其中人工费19.38元/t，机械费371.27元/t，综合费48.45元/t。

2）人工费调整。已知政策性人工费调整幅度为40.5%。

调整后人工费=[19.38×(1+40.5%)]元/t=27.23元/t

3）机械用柴油价格调整。

① 消耗量与单价。查定额AF0012［钢桁架（一般型）型钢桁架吊装］机械用柴油消耗量为1.359kg/t，定额单价8.5元/kg，已知机械用柴油单价为7.5元/kg（不含税）。

② 机械费调价后实际费用=［371.27-（8.5-7.5）×1.359］元/t=369.91元/t。

4）综合费无变化不调整，综合费=48.45元/t。

5）定额说明“高层建筑吊装费按相应定额项目乘以系数1.65”，故调整后AF0012［钢桁架（一般型）型钢桁架吊装］基价为：[(27.23+369.91+48.45)×1.65]元/t=735.23元/t。

（3）AF0100（金属构件超声波探伤二级焊缝）调整

1）查计价定额关于探伤计量规则的规定及已知题干条件，探伤定额工程量=4.6m。查2015《计价定额》A.F.6金属构件探伤项子目AF0100（金属构件超声波探伤二级焊缝），基价为40.50元/m。其中人工费5.1元/m，材料费7.93元/m，机械费20.04元/m，综合费7.43元/m。

2）人工费调整。已知政策性人工费调整幅度为40.5%。

调整后人工费=[5.1×(1+40.5%)]元/m=7.17元/m

3）按已知题干条件，材料单价均无变化，故不需要进行调整，材料费=7.93 元/m。

4）机械费无变化，故不需要进行调整，机械费=20.04 元/m。

5）综合费无变化不调整，综合费=7.43 元/m。

6）调整后 AF0100（金属构件超声波探伤二级焊缝）基价为：

$$(7.17+7.93+20.04+7.43)\text{元/m}=42.57\text{元/m}$$

将以上各定额基价汇总转换为清单综合单价，转换后的钢桁架综合单价为：

$$[(6861.79\times1.047+735.23\times1.047+42.57\times4.6)/1.047]\text{元/t}=7784.05\text{元/t}$$

将钢桁架综合单价填入工程量清单并计算合价，得钢桁架分部分项工程清单与计价表，见表 3-34。其中定额人工费=[(716.70+19.38×1.65)×1.047+5.1×4.6]元=807.33 元。

表 3-34　钢桁架分部分项工程清单与计价表

序号	项目编码	项目名称	项目特征	计量单位	工程量	金额（元）		
						综合单价	合价	其中 定额人工费
1	010602003001	钢桁架	1. 钢材品种、规格：Q235B 钢、角钢L70×7； 2. 节点形式、连接方式：10mm 厚连接板，焊条 E43，现场施焊； 3. 屋架跨度、安装高度：跨度 12.8m，高层屋顶； 4. 吊装机械：塔式起重机； 5. 探伤要求：焊缝质量均为二级，超声波探伤； 6. 场内运距：投标人自行考虑	t	1.047	7784.05	8149.90	807.33

3.3.3　钢柱计价

钢柱综合单价计取是结合《计价定额》中金属结构工程相应子项执行，其中金属结构工程子项包括钢网架，钢屋架、钢托架、钢桁架、钢桥架，钢柱，钢梁，钢板楼板、墙板，钢构件，金属制品 7 个分部工程，共计 110 项分项工程。以下构件综合单价计取进行了详细定额组价及调整的演示，便于读者结合计价定额及各费用要素价格进行查看。在计算过程中，由于篇幅的原因，不能将全部构件综合单价计取一一详细列出。仅结合实际工程配图，通过例题对主要的、典型的构件综合单价进行演示计算。

【例 3-23】　某 H 型实腹式钢柱，图 3-34 为该钢柱示意图，柱高度 5.02m，采用现场塔式起重机吊装。该钢柱钢材采用 Q345B，钢柱采用型钢 H240×300×14×20，悬臂梁为 H250×270×10×14，柱脚板和柱顶板板厚均为 20mm，加劲肋及隔板板厚见详图，现场施焊部位长度为 1.8m，焊条采用 E50 型，所有焊缝质量均为一级，超声波探伤。已编制的该钢柱分部分项工程清单与计价表见表 3-35，已知政策性人工费调整幅度为 40.5%，成品 H 形柱材料单价为 3960 元/t，二等锯材材料单价为 1500 元/m^3，机械用柴油价格为 7.5 元/kg，试采用增值税一般计税方法，计算该柱分部分项工程的综合单价与合价。

表 3-35　实腹钢柱分部分项工程清单与计价表

序号	项目编码	项目名称	项目特征	计量单位	工程量	金额（元）		
						综合单价	合价	其中
								定额人工费
1	010603001001	实腹钢柱	1. 柱类型：H 型实腹钢柱； 2. 钢材品种、规格：Q345B，柱身 H240 × 300 × 14 × 20，悬臂梁 H250×270×10×14，其余板见详图； 3. 吊装机械：塔式起重机； 4. 探伤要求：焊缝质量均为一级，超声波探伤； 5. 场内运距：投标人自行考虑	t	0.690			

解： 按照 2015 年《四川省建设工程工程量清单计价定额——房屋建筑与装饰工程》（简称 2015《计价定额》计算综合单价。依据项目特征描述，应选用定额 AF0027［钢柱 H 型实腹柱（≤3t）安装］、AF0028［钢柱 H 型实腹柱（≤3t）吊装］、AF0099（金属构件超声波探伤一级焊缝）计算。

（1）AF0027［钢柱 H 型实腹柱（≤3t）安装］调整

1）分别查计量规范和计价定额关于钢柱质量计量规则的规定，钢柱项目清单工程量=定额工程量。查 2015《计价定额》A. F. 3 钢柱项子目 AF0027［钢柱 H 型实腹柱（≤3t）安装］，基价为 7042.69 元/t。其中人工费 851.00 元/t，材料费 5592.22 元/t，机械费 279.02 元/t，综合费 320.45 元/t。

2）人工费调整。已知政策性人工费调整幅度为 40.5%。

调整后人工费=［851.00×(1+40.5%)］元/t=1195.66 元/t

3）材料费调整。从定额 AF0027 可知，钢柱 H 型实腹柱（≤3t）安装使用的材料有：成品 H 型钢柱、二等锯材、焊条、加工铁件和其他材料等。

① 成品 H 型钢柱价格调整。

A. 消耗量与单价。查成品钢柱定额消耗量为 1t/t，定额单价 5400 元/t，已知成品 H 型钢柱材料单价为 3960 元/t（不含税）。

B. 成品 H 型钢柱调价后实际费用=(1×3960)元/t=3960 元/t。

② 二等锯材价格调整。

A. 消耗量与单价。查二等锯材定额消耗量为 0.03m^3/t，定额单价 1100 元/m^3，已知二等锯材材料单价为 1500 元/m^3（不含税）。

B. 二等锯材调价后实际费用=(0.03×1500)元/t=45 元/t。

③ 按已知题干条件，焊条综合、加工铁件和其他材料等单价无变化，故不需要进行调整，费用=(3.48×5.5+1.09×6.5+4.62×5+109.89×1)元/t=159.22 元/t。

④材料费合计=(3960+45+159.22)元/t=4164.22元/t。

4）机械用柴油价格调整。

① 消耗量与单价。查定额AF0027［钢柱H型实腹柱（≤3t）安装］机械用柴油消耗量为8.963kg/t，定额单价8.5元/kg，已知机械用柴油单价为7.5元/kg（不含税）。

② 机械费调价后实际费用=[279.02-(8.5-7.5)×8.963]元/t=270.06元/t。

5）综合费无变化不调整，综合费=320.45元/t。

6）调整后AF0027［钢柱H型实腹柱（≤3t）安装］基价为：

(1195.66+4164.22+270.06+320.45)元/t=5950.39元/t。

（2）AF0028［钢柱H型实腹柱（≤3t）吊装］调整

1）分别查计量规范和计价定额关于钢柱质量计量规则的规定，钢柱项目清单工程量=定额工程量。查2015《计价定额》A.F.3钢柱项子目AF0028［钢柱H型实腹柱（≤3t）吊装］，基价为103.82元/t。其中人工费7.31元/t，机械费85.08元/t，综合费11.43元/t。

2）人工费调整。已知政策性人工费调整幅度为40.5%。

调整后人工费=[7.31×(1+40.5%)]元/t=10.27元/t

3）机械用柴油价格调整。

① 消耗量与单价。查定额AF0028［钢柱H型实腹柱（≤3t）吊装］机械用柴油消耗量为4.286kg/t，定额单价8.5元/kg，已知机械用柴油单价为7.5元/kg（不含税）。

② 机械费调价后实际费用=[85.08-(8.5-7.5)×4.286]元/t=80.79元/t。

4）综合费无变化不调整，综合费=11.43元/t。

5）调整后AF0028［钢柱H型实腹柱（≤3t）吊装］基价为：(10.27+80.79+11.43)元/t=102.49元/t。

（3）AF0099（金属构件超声波探伤一级焊缝）调整

1）查计价定额关于探伤计量规则的规定及已知题干条件，探伤定额工程量=1.8m。查2015《计价定额》A.F.6金属构件探伤项子目AF0099（金属构件超声波探伤一级焊缝），基价为44.65元/m。其中人工费5.95元/m，材料费8.09元/m，机械费22.27元/m，综合费8.34元/m。

2）人工费调整。已知政策性人工费调整幅度为40.5%。

调整后人工费=[5.95×(1+40.5%)]元/m=8.36元/m

3）按已知题干条件，材料单价均无变化，故不需要进行调整，材料费=8.09元/m。

4）机械费无变化，故不需要进行调整，机械费=22.27元/m。

5）综合费无变化不调整，综合费=8.34元/m。

6）调整后AF0099（金属构件超声波探伤一级焊缝）基价为：

(8.36+8.09+22.27+8.34)元/m=47.06元/m

将以上各定额基价汇总转换为清单综合单价，转换后的钢柱综合单价为：

[(5950.39×0.69+102.49×0.69+47.06×1.8)/0.69]元/t=6175.65元/t

将钢柱综合单价填入工程量清单并计算合价，得实腹钢柱分部分项工程清单与计价表，见表 3-36。其中定额人工费=[(851.00+7.31)×0.69+5.95×1.8]元=602.94 元。

表 3-36 实腹钢柱分部分项工程清单与计价表

序号	项目编码	项目名称	项目特征	计量单位	工程量	金额（元）		
						综合单价	合价	其中 定额人工费
1	010603001001	实腹钢柱	1. 柱类型：H 型实腹钢柱； 2. 钢材品种、规格：Q345B，柱身 H240×300×14×20，悬臂梁 H250×270×10×14，其余板见详图； 3. 吊装机械：塔式起重机； 4. 探伤要求：焊缝质量均为一级，超声波探伤； 5. 场内运距：投标人自行考虑	t	0.690	6175.65	4261.20	602.94

【例 3-24】 某缀板格构式钢柱，安装在混凝土柱上，图 3-35 为该钢柱示意。该格构式钢柱钢材采用 Q345B，钢柱截面尺寸为 490mm×490mm，四角角钢为∟160×16（质量为 8.5kg/m），采用缀板式连接，缀板尺寸为 440mm×250mm×8mm，缀板与柱肢连接角焊缝厚度为 8mm，柱脚板和柱顶板板厚分别为 20mm 和 12mm，现场施焊部位长度为 1.6m，焊条采用 E50 型，所有焊缝质量均为一级，超声波探伤，现场施工采用塔式起重机吊装。已编制的该钢柱分部分项工程清单与计价表见表 3-37，已知政策性人工费调整幅度为 40.5%，成品缀板格构柱单价为 4025 元/t，二等锯材材料单价为 1500 元/m^3，机械用柴油价格为 7.5 元/kg，试采用增值税一般计税方法，计算该格构式钢柱分部分项工程的综合单价与合价。

表 3-37 空腹钢柱分部分项工程清单与计价表

序号	项目编码	项目名称	项目特征	计量单位	工程量	金额（元）		
						综合单价	合价	其中 定额人工费
1	010603002001	空腹钢柱	1. 柱类型：缀板格构式钢柱； 2. 钢材品种、规格：Q345B，柱身∟160×16，其余板见详图； 3. 吊装机械：塔式起重机； 4. 探伤要求：焊缝质量均为一级，超声波探伤； 5. 场内运距：投标人自行考虑	t	0.797			

解：按照 2015 年《四川省建设工程工程量清单计价定额——房屋建筑与装饰工程》（简称 2015《计价定额》）计算综合单价。依据项目特征描述，应选用定额 AF0035（钢空腹柱格构柱安装）、AF0036（钢空腹柱格构柱吊装）、AF0099（金属构件超声波探伤一级焊缝）计算。

（1）AF0035（钢空腹柱格构柱安装）调整

1）分别查计量规范和计价定额关于钢柱质量计量规则的规定，钢柱项目清单工程量=定额工程量。查2015《计价定额》A.F.3钢柱项子目AF0035（钢空腹柱格构柱安装），基价为7430.20元/t。其中人工费941.10元/t，材料费5794.68元/t，机械费332.78元/t，综合费361.64元/t。

2）人工费调整。已知政策性人工费调整幅度为40.5%。

调整后人工费=[941.10×(1+40.5%)]元/t=1322.25元/t

3）材料费调整。从定额AF0035可知，钢空腹柱格构柱安装使用的材料有：成品格构柱、二等锯材、焊条、加工铁件和其他材料等。

① 成品格构柱价格调整。

A. 消耗量与单价。查成品格构柱定额消耗量为1t/t，定额单价5500元/t，已知成品格构柱材料单价为4025元/t（不含税）。

B. 成品格构柱调价后实际费用=(1×4025)元/t=4025元/t。

② 二等锯材价格调整。

A. 消耗量与单价。查二等锯材定额消耗量为0.05m^3/t，定额单价1100元/m^3，已知二等锯材材料单价为1500元/m^3（不含税）。

B. 二等锯材调价后实际费用=(0.05×1500)元/t=75元/t。

③ 按已知题干条件，焊条综合、加工铁件和其他材料等单价无变化，故不需要进行调整，费用=(13.52×5.5+2.06×6.5+4.88×5+127.53×1)元/t=239.68元/t。

④ 材料费合计=(4025+75+239.68)元/t=4339.68元/t。

4）机械用柴油价格调整。

① 消耗量与单价。查定额AF0035（钢空腹柱格构柱安装）机械用柴油消耗量为10.755kg/t，定额单价8.5元/kg，已知机械用柴油单价为7.5元/kg（不含税）。

② 定额说明“钢柱安装在混凝土柱上，其机械乘以系数1.43”，故机械费调价后实际费用={[332.78−(8.5−7.5)×10.755]×1.43}元/t=460.50元/t。

5）综合费无变化不调整，综合费=361.64元/t。

6）故调整后AF0035（钢空腹柱格构柱安装）基价为：

(1322.25+4339.68+460.50+361.64)元/t=6484.07元/t

(2) AF0036(钢空腹柱格构柱吊装)调整

1)分别查计量规范和计价定额关于钢柱质量计量规则的规定,钢柱项目清单工程量=定额工程量。查2015《计价定额》A.F.3钢柱项子目AF0036(钢空腹柱格构柱吊装),基价为187.62元/t。其中人工费7.82元/t,机械费159.09元/t,综合费20.71元/t。

2)人工费调整。已知政策性人工费调整幅度为40.5%。

调整后人工费=[7.82×(1+40.5%)]元/t=10.99元/t

3)机械用柴油价格调整。

① 消耗量与单价。查定额AF0036(钢空腹柱格构柱吊装)机械用柴油消耗量为0.485kg/t,定额单价8.5元/kg,已知机械用柴油单价为7.5元/kg(不含税)。

② 机械费调价后实际费用=[159.09−(8.5−7.5)×0.485]元/t=158.61元/t。

4）综合费无变化不调整，综合费 = 20.71 元/t。

5）调整后 AF0036（钢空腹柱格构柱吊装）基价为：

$$(10.99+158.61+20.71) 元/t=190.31 元/t$$

（3）AF0099（金属构件超声波探伤一级焊缝）调整

1）查计价定额关于探伤计量规则的规定及已知题干条件，探伤定额工程量 = 1.8m。查 2015《计价定额》A.F.6 金属构件探伤项子目 AF0099（金属构件超声波探伤一级焊缝），基价为 44.65 元/m。其中人工费 5.95 元/m，材料费 8.09 元/m，机械费 22.27 元/m，综合费 8.34 元/m。

2）人工费调整。已知政策性人工费调整幅度为 40.5%。

$$调整后人工费=[5.95\times(1+40.5\%)]元/m=8.36 元/m$$

3）按已知题干条件，材料单价均无变化，故不需要进行调整，材料费 = 8.09 元/m。

4）机械费无变化，故不需要进行调整，机械费 = 22.27 元/m。

5）综合费无变化不调整，综合费 = 8.34 元/m。

6）调整后 AF0099（金属构件超声波探伤一级焊缝）基价为：

$$(8.36+8.09+22.27+8.34)元/m=47.06 元/m$$

将以上各定额基价汇总转换为清单综合单价，转换后的钢柱综合单价为：

$[(6484.07\times0.797+190.31\times0.797+47.06\times1.6)/0.797]$ 元/t = 6768.85 元/t。

将钢柱综合单价填入工程量清单并计算合价，得空腹钢柱分部分项工程清单与计价表，见表 3-38。其中定额人工费 = $[(941.10+7.82)\times0.797+5.95\times1.6]$ 元 = 765.81 元。

表 3-38　空腹钢柱分部分项工程清单与计价表

序号	项目编码	项目名称	项目特征	计量单位	工程量	金额（元）		
						综合单价	合价	其中
								定额人工费
1	010603002001	空腹钢柱	1. 柱类型：缀板格构式钢柱； 2. 钢材品种、规格：Q345B，柱身L160×16，其余板见详图； 3. 吊装机械：塔式起重机； 4. 探伤要求：焊缝质量均为一级，超声波探伤； 5. 场内运距：投标人自行考虑	t	0.797	6768.85	5394.77	765.81

【例 3-25】　某缀条格构式钢柱，共 18 根，安装在某高层建筑屋顶的混凝土柱上，图 3-36 所示为该钢柱示意。该格构式钢柱钢材为 Q345B，采用角钢缀条式连接，钢柱截面尺寸为 320mm×320mm，其中槽钢[100b×(320×90）质量为 43.255kg/m，角钢L140×140×10 质量为 21.49kg/m，角钢L100×100×8，质量为 12.28kg/m，柱脚板板厚为 12mm，缀条与柱肢采用普通螺栓连接，加工厂制作，现场施工采用塔式起重机吊装。已编制的该钢柱分部分项工程清单与计价表见表 3-39，已知政策性人工费调整幅度为 40.5%，成品缀条格构柱单价为 3960 元/t，二等锯材材料单价为 1500 元/m^3，机械用柴油价格为 7.5 元/kg，试采用增值税一般计税方法，计算该格构式钢柱分部分项工程的综合单价与合价。

表 3-39 空腹钢柱分部分项工程清单与计价表

序号	项目编码	项目名称	项目特征	计量单位	工程量	金额（元）		
						综合单价	合价	其中
								定额人工费
1	010603002002	空腹钢柱	1. 柱类型：缀条格构式钢柱； 2. 钢材品种、规格：Q345B，柱身槽钢[100b×（320×90），缀条角钢L140×140×10、L100×100×8，其余板见详图； 3. 吊装机械：塔式起重机； 4. 螺栓种类：普通螺栓； 5. 场内运距：投标人自行考虑	t	8.954			

解：按照2015年《四川省建设工程工程量清单计价定额——房屋建筑与装饰工程》（简称2015《计价定额》）计算综合单价。依据项目特征描述，应选用定额AF0035（钢空腹柱格构柱安装）、AF0036（钢空腹柱格构柱吊装）。

（1）AF0035（钢空腹柱格构柱安装）调整

1）分别查计量规范和计价定额关于钢柱质量计量规则的规定，钢柱项目清单工程量=定额工程量。查2015《计价定额》A.F.3钢柱项子目AF0035（钢空腹柱格构柱安装），基价为7430.20元/t。其中人工费941.10元/t，材料费5794.68元/t，机械费332.78元/t，综合费361.64元/t。

2）人工费调整。已知政策性人工费调整幅度为40.5%。

调整后人工费=[941.10×(1+40.5%)]元/t=1322.25元/t

3）材料费调整。从定额AF0035可知，钢空腹柱格构柱安装使用的材料有：成品格构柱、二等锯材、焊条、加工铁件和其他材料等。

① 成品格构柱价格调整。

A. 消耗量与单价。查成品格构柱定额消耗量为1t/t，定额单价5500元/t，已知成品格构柱材料单价为3960元/t（不含税）。

B. 成品格构柱调价后实际费用=(1×3960)元/t=3960元/t。

② 二等锯材价格调整。

A. 消耗量与单价。查二等锯材定额消耗量为0.05m^3/t，定额单价1100元/m^3，已知二等锯材材料单价为1500元/m^3（不含税）。

B. 二等锯材调价后实际费用=(0.05×1500)元/t=75元/t。

③ 按已知题干条件，焊条综合、加工铁件和其他材料等单价无变化，故不需要进行调整，费用=(13.52×5.5+2.06×6.5+4.88×5+127.53×1)元/t=239.68元/t。

④ 材料费合计=(3960+75+239.68)元/t=4274.68元/t。

4）机械用柴油价格调整。

① 消耗量与单价。查定额AF0035（钢空腹柱格构柱安装）机械用柴油消耗量为10.755kg/t，定额单价8.5元/kg，已知机械用柴油单价为7.5元/kg（不含税）。

② 定额说明"钢柱安装在混凝土柱上，其机械乘以系数1.43"，故机械费调价后实际

费用 = {[332.78−(8.5−7.5)×10.755]×1.43} 元/t = 460.50 元/t。

5）综合费无变化不调整，综合费 = 361.64 元/t。

6）故调整后 AF0035（钢空腹柱格构柱安装）基价为：

(1322.25+4274.68+460.50+361.64) 元/t = 6419.07 元/t。

(2) AF0036（钢空腹柱格构柱吊装）调整

1）分别查计量规范和计价定额关于钢柱质量计量规则的规定，钢柱项目清单工程量 = 定额工程量。查 2015《计价定额》A.F.3 钢柱项子目 AF0036（钢空腹柱格构柱吊装），基价为 187.62 元/t。其中人工费 7.82 元/t，机械费 159.09 元/t，综合费 20.71 元/t。

2）人工费调整。已知政策性人工费调整幅度为 40.5%。

调整后人工费 = [7.82×(1+40.5%)] 元/t = 10.99 元/t

3）机械用柴油价格调整。

① 消耗量与单价。查定额 AF0036（钢空腹柱格构柱吊装）机械用柴油消耗量为 0.485kg/t，定额单价 8.5 元/kg，已知机械用柴油单价为 7.5 元/kg（不含税）。

② 机械费调价后实际费用 = [159.09−(8.5−7.5)×0.485] 元/t = 158.61 元/t。

4）综合费无变化不调整，综合费 = 20.71 元/t。

5）定额说明"高层建筑吊装费按相应定额项目乘以系数 1.65"，故调整后 AF0036（钢空腹柱格构柱吊装）基价为：

[(10.99+158.61+20.71)×1.65] 元/t = 314.01 元/t

将以上各定额基价汇总转换为清单综合单价，转换后的钢柱综合单价为：

[(6419.07×8.954+314.01×8.954)/8.954] 元/t = 6733.08 元/t

将钢柱综合单价填入工程量清单并计算合价，得空腹钢柱分部分项工程清单与计价表，见表 3-40。其中定额人工费 = [(941.10+7.82×1.65)×8.954] 元 = 8542.14 元。

表 3-40　空腹钢柱分部分项工程清单与计价表

序号	项目编码	项目名称	项目特征	计量单位	工程量	金额（元）		
						综合单价	合价	其中
								定额人工费
1	010603002002	空腹钢柱	1. 柱类型：缀条格构式钢柱； 2. 钢材品种、规格：Q345B，柱身槽钢[100b×（320×90），缀条角钢L140×140×10、L100×100×8，其余板见详图； 3. 吊装机械：塔式起重机； 4. 螺栓种类：普通螺栓； 5. 场内运距：投标人自行考虑	t	8.954	6733.08	60288.00	8542.14

【例 3-26】　图 3-37 所示为某一段钢管柱示意。该钢管柱钢材为 Q345B，钢管柱身采用 ϕ730×14（质量 247.207kg/m）焊接钢管；柱脚板厚度为 20mm，直径为 ϕ1000；上部法兰钢板厚度为 20mm，直径为 ϕ1100；柱脚及法兰盘下加劲肋均采用钢板厚度为 14mm，具体尺寸见详图；工厂加工至成品，运输至现场通过法兰盘高强螺栓连接，现场施工采用塔式起重

机吊装。已编制的该钢管柱分部分项工程清单与计价表见表3-41，已知政策性人工费调整幅度为40.5%，成品钢管柱单价为4360元/t，二等锯材材料单价为1500元/m^3，机械用柴油价格为7.5元/kg，试采用增值税一般计税方法，计算该钢管柱分部分项工程的综合单价与合价。

表3-41　钢管柱分部分项工程清单与计价表

序号	项目编码	项目名称	项目特征	计量单位	工程量	金额（元）		
						综合单价	合价	其中
								定额人工费
1	010603003001	钢管柱	1. 柱类型：钢管柱； 2. 钢材品种、规格：Q345B，柱身$\phi730\times14$焊接钢管，其余板见详图； 3. 吊装机械：塔式起重机； 4. 螺栓种类：高强螺栓（另列项）； 5. 场内运距：投标人自行考虑	t	1.434			

解：按照2015年《四川省建设工程工程量清单计价定额——房屋建筑与装饰工程》（简称2015《计价定额》）计算综合单价。依据项目特征描述，应选用定额AF0037（钢管柱安装）、AF0038（钢管柱吊装）。

（1）AF0037（钢管柱安装）调整

1）分别查计量规范和计价定额关于钢柱质量计量规则的规定，钢柱项目清单工程量=定额工程量。查2015《计价定额》A.F.3钢柱项子目AF0037（钢管柱安装），基价为6992.70元/t。其中人工费729.80元/t，材料费5621.48元/t，机械费337.23元/t，综合费304.19元/t。

2）人工费调整。已知政策性人工费调整幅度为40.5%。

$$调整后人工费=[729.80\times(1+40.5\%)]元/t=1025.37元/t$$

3）材料费调整。从定额AF0037可知，钢管柱安装使用的材料有：成品钢管柱、二等锯材、焊条、加工铁件和其他材料等。

① 成品钢管柱价格调整。

A. 消耗量与单价。查成品钢管柱定额消耗量为1t/t，定额单价5400元/t，已知成品钢管柱材料单价为4360元/t（不含税）。

B. 成品钢管柱调价后实际费用=(1×4360)元/t=4360元/t。

② 二等锯材价格调整。

A. 消耗量与单价。查二等锯材定额消耗量为0.03m^3/t，定额单价1100元/m^3，已知二等锯材材料单价为1500元/m^3（不含税）。

B. 二等锯材调价后实际费用=(0.03×1500)元/t=45元/t。

③ 按已知题干条件，焊条综合、加工铁件和其他材料等单价无变化，故不需要进行调整，费用=(3.48×5.5+1.42×6.5+6.01×5+130.06×1)元/t=188.48元/t。

④ 材料费合计=(4360+45+188.48)元/t=4593.48 元/t。

4）机械用柴油价格调整。

① 消耗量与单价。查定额 AF0037（钢管柱安装）机械用柴油消耗量为 9.603kg/t，定额单价 8.5 元/kg，已知机械用柴油单价为 7.5 元/kg（不含税）。

② 机械费调价后实际费用=[337.23-(8.5-7.5)×9.603]元/t=327.63 元/t。

5）综合费无变化不调整，综合费=304.19 元/t。

6）故调整后 AF0037（钢管柱安装）基价为：

$$(1025.37+4593.48+327.63+304.19)元/t=6250.67 元/t$$

（2）AF0038（钢管柱吊装）调整

1）分别查计量规范和计价定额关于钢柱质量计量规则的规定，钢柱项目清单工程量=定额工程量。查 2015《计价定额》A.F.3 钢柱项子目 AF0038（钢管柱吊装），基价为 164.08 元/t。其中人工费 8.16 元/t，机械费 137.83 元/t，综合费 18.09 元/t。

2）人工费调整。已知政策性人工费调整幅度为 40.5%。

$$调整后人工费=[8.16×(1+40.5\%)]元/t=11.46 元/t$$

3）机械用柴油价格调整。

① 消耗量与单价。查定额 AF0038（钢管柱吊装）机械用柴油消耗量为 1.108kg/t，定额单价 8.5 元/kg，已知机械用柴油单价为 7.5 元/kg（不含税）。

② 机械费调价后实际费用=［137.83-（8.5-7.5）×1.108］元/t=136.72 元/t。

4）综合费无变化不调整，综合费=18.09 元/t。

5）调整后 AF0038（钢管柱吊装）基价为：

$$(11.46+136.72+18.09)元/t=166.27 元/t$$

将以上各定额基价汇总转换为清单综合单价，转换后的钢管柱综合单价为：

$$[(6250.67×1.434+166.27×1.434)/1.434]元/t=6416.94 元/t$$

将钢管柱综合单价填入工程量清单并计算合价，得钢管柱分部分项工程清单与计价表，见表 3-42。其中定额人工费=[(729.80+8.16)×1.434]元=1058.23 元。

表 3-42　钢管柱分部分项工程清单与计价表

序号	项目编码	项目名称	项目特征	计量单位	工程量	金额（元）		
						综合单价	合价	其中
								定额人工费
1	010603003001	钢管柱	1. 柱类型：钢管柱； 2. 钢材品种、规格：Q345B，柱身 $\phi730\times14$ 焊接钢管，其余板见详图； 3. 吊装机械：塔式起重机； 4. 螺栓种类：高强螺栓（另列项）； 5. 场内运距：投标人自行考虑	t	1.434	6416.94	9201.89	1058.23

3.3.4 钢梁计价

钢梁综合单价计取是结合《计价定额》中金属结构工程相应子项执行，其中金属结构工程子项包括钢网架，钢屋架、钢托架、钢桁架、钢桥架，钢柱，钢梁，钢板楼板，墙板，钢构件，金属制品7个分部工程，共计110项分项工程。以下构件综合单价计取进行了详细定额组价及调整的演示，便于读者结合计价定额及各费用要素价格进行查看。在计算过程中，由于篇幅的原因，不能将全部构件综合单价计取一一详细列出。仅结合实际工程配图，通过例题对主要的、典型的构件综合单价进行演示计算。

【例3-27】 某H型钢梁，图3-38所示为该钢梁示意，梁长度4.5m，安装高度15m，采用现场塔式起重机吊装。该钢梁钢材采用Q345B，钢梁梁身采用型钢H350×240×16×20，纵向加劲肋为板—850×82×10，横向加劲肋板—310×105×8，加劲肋与梁连接角焊缝厚度为8mm，梁两端与柱现场施焊（施焊部位长度1.8m），焊条采用E50型，焊缝质量均为一级，超声波探伤。

已编制的该钢梁分部分项工程清单与计价表见表3-43，已知政策性人工费调整幅度为40.5%，成品H型钢梁单价为4280元/t，二等锯材材料单价为1500元/m^3，机械用柴油价格为7.5元/kg，试采用增值税一般计税方法，计算该钢梁分部分项工程的综合单价与合价。

表3-43 H型钢梁分部分项工程清单与计价表

序号	项目编码	项目名称	项目特征	计量单位	工程量	金额（元）		
						综合单价	合价	其中
								定额人工费
1	010604001001	H型钢梁	1. 梁类型：H型实腹钢梁； 2. 钢材品种、规格：Q345B，梁身型钢H350×240×16×20，其余加劲板见详图； 3. 吊装机械：塔式起重机安装高度15m； 4. 探伤要求：现场施焊，焊缝质量均为一级，超声波探伤； 5. 场内运距：投标人自行考虑	t	0.587			

解：按照2015年《四川省建设工程工程量清单计价定额——房屋建筑与装饰工程》（简称2015《计价定额》）计算综合单价。依据项目特征描述，应选用定额AF0039［H型钢梁（≤3t）安装］、AF0040［H型钢梁（≤3t）吊装］、AF0099（金属构件超声波探伤一级焊缝）。

（1）AF0039［H型钢梁（≤3t）安装］调整

1）分别查计量规范和计价定额关于钢梁质量计量规则的规定，钢梁项目清单工程量=定额工程量。查2015《计价定额》A.F.4钢梁项子目AF0039［H型钢梁（≤3t）安装］，基价为6637.67元/t。其中人工费614.75元/t，材料费5471.03元/t，机械费292.22元/t，综合费 258.90 元/t。

2）人工费调整。已知政策性人工费调整幅度为 40.5%。

$$调整后人工费=[614.75\times(1+40.5\%)]元/t=863.72元/t$$

3）材料费调整。从定额 AF0039 可知，H 型钢梁（≤3t）安装使用的材料有：成品 H 型梁、二等锯材、焊条、加工铁件和其他材料等。

① 成品 H 型钢梁价格调整。

A. 消耗量与单价。查成品 H 型梁定额消耗量为 1t/t，定额单价 5300 元/t，已知成品 H 型钢梁材料单价为 4280 元/t（不含税）。

B. 成品 H 型钢梁调价后实际费用=(1×4280)元/t=4280 元/t。

②二等锯材价格调整。

A. 消耗量与单价。查二等锯材定额消耗量为 0.03m^3/t，定额单价 1100 元/m^3，已知二等锯材材料单价为 1500 元/m^3（不含税）。

B. 二等锯材调价后实际费用=(0.03×1500)元/t=45 元/t。

③ 按已知题干条件，焊条综合、加工铁件和其他材料等单价无变化，故不需要进行调整，费用=(3.48×5.5+0.24×6.5+1.87×5+107.98×1)元/t=138.03 元/t。

④ 材料费合计=(4280+45+138.03)元/t=4463.03 元/t。

4）机械用柴油价格调整。

① 消耗量与单价。查定额 AF0039［H 型钢梁（≤3t）安装］机械用柴油消耗量为 9.321kg/t，定额单价 8.5 元/kg，已知机械用柴油单价为 7.5 元/kg（不含税）。

② 机械费调价后实际费用=[292.99-(8.5-7.5)×9.321]元/t=283.67 元/t。

5）综合费无变化不调整，综合费=258.90 元/t。

6）故调整后 AF0039[H 型钢梁(≤3t)安装]基价为：

$$(863.72+4463.03+283.67+258.90)元/t=5869.32元/t$$

(2) AF0040[H 型钢梁(≤3t)吊装]调整

1）分别查计量规范和计价定额关于钢梁质量计量规则的规定，钢梁项目清单工程量=定额工程量。查 2015《计价定额》A.F.3 钢柱项子目 AF0040［H 型钢梁（≤3t）吊装］，基价为 116.50 元/t。其中人工费 14.96 元/t，机械费 88.76 元/t，综合费 12.78 元/t。

2）人工费调整。已知政策性人工费调整幅度为 40.5%

$$调整后人工费=[14.96\times(1+40.5\%)]元/t=21.02元/t$$

3）机械用柴油价格调整。

① 消耗量与单价。查定额 AF0040［H 型钢梁(≤3t)吊装］机械用柴油消耗量为 3.332kg/t，定额单价 8.5 元/kg，已知机械用柴油单价为 7.5 元/kg（不含税）。

② 机械费调价后实际费用=[88.76-(8.5-7.5)×3.332]元/t=85.43 元/t。

4）综合费无变化不调整，综合费=12.78 元/t。

5）调整后 AF0040［H 型钢梁（≤3t）吊装］基价为：

$$(21.02+85.43+12.78)元/t=119.23元/t$$

（3）AF0099（金属构件超声波探伤一级焊缝）调整

1）查计价定额关于探伤计量规则的规定及已知题干条件，探伤定额工程量=1.8m。查2015《计价定额》A.F.6金属构件探伤项子目AF0099（金属构件超声波探伤一级焊缝），基价为44.65元/m。其中人工费5.95元/m，材料费8.09元/m，机械费22.27元/m，综合费8.34元/m。

2）人工费调整。已知政策性人工费调整幅度为40.5%。

$$调整后人工费=[5.95\times(1+40.5\%)]元/m=8.36元/m$$

3）按已知题干条件，材料单价均无变化，故不需要进行调整，材料费=8.09元/m。

4）机械费无变化，故不需要进行调整，机械费=22.27元/m。

5）综合费无变化不调整，综合费=8.34元/m。

6）调整后AF0099（金属构件超声波探伤一级焊缝）基价为：

$$(8.36+8.09+22.27+8.34)元/m=47.06元/m$$

将以上各定额基价汇总转换为清单综合单价，转换后的钢梁综合单价为：

$$[(5869.32\times0.587+119.23\times0.587+47.06\times1.8)/0.587]元/t=6132.86元/t$$

将钢梁综合单价填入工程量清单并计算合价，得H型钢梁分部分项工程清单与计价表，见表3-44。其中定额人工费=[(614.75+14.96)×0.587+5.95×1.8]元=380.35元。

表3-44　H型钢梁分部分项工程清单与计价表

序号	项目编码	项目名称	项目特征	计量单位	工程量	金额(元)		
						综合单价	合价	其中
								定额人工费
1	010604001001	H型钢梁	1. 梁类型：H型实腹钢梁； 2. 钢材品种、规格：Q345B，梁身型钢H350×240×16×20，其余加劲板见详图； 3. 吊装机械：塔式起重机安装高度15m； 4. 探伤要求：现场施焊，焊缝质量均为一级，超声波探伤； 5. 场内运距：投标人自行考虑	t	0.587	6132.86	3599.99	380.35

【例3-28】　某厂房吊车梁分别位于1、10轴线上，采用汽车式起重机吊装，该吊车梁安装底标高为28.6m，其左端头段示意如图3-39所示，吊车梁身为型钢H500×300(250)×8×14(12)；车挡为型钢H446×228×8×14；左侧支座垫板尺寸为—300×90×22；各加劲板尺寸见详图，钢材均为Q345B，焊接采用自动埋弧焊，加劲肋与吊车梁连接角焊缝厚度为8mm，焊条采用E50型，现场施焊部位长度2.2m，焊缝质量均为一级，超声波探伤。已编制的该钢吊车梁分部分项工程清单与计价表见表3-45，已知政策性人工费调整幅度为40.5%，成品钢吊车梁单价为4460元/t，二等锯材材料单价为1500元/m^3，机械用柴油价格为7.5元/kg，试采用增值税一般计税方法，计算该钢吊车梁分部分项工程的综合单价与合价。

表 3-45 H 型吊车梁分部分项工程清单与计价表

序号	项目编码	项目名称	项目特征	计量单位	工程量	金额（元）		
						综合单价	合价	其中
								定额人工费
1	010604002001	H 型吊车梁	1. 梁类型：H 型吊车梁； 2. 钢材品种、规格：Q345B，梁身 H500×300（250）×8×14（12），车挡为型钢 H446×228×8×14，其余加劲板见详图； 3. 吊装机械：汽车式起重机安装底标高 28.6m； 4. 探伤要求：焊缝质量均为一级，超声波探伤； 5. 场内运距：投标人自行考虑	t	0.812			

解：按照 2015 年《四川省建设工程工程量清单计价定额——房屋建筑与装饰工程》（简称 2015《计价定额》）计算综合单价。依据项目特征描述，应选用定额 AF0051（钢吊车梁安装）、AF0052（钢吊车梁吊装）、AF0099（金属构件超声波探伤一级焊缝）计算。

（1）AF0051（钢吊车梁安装）调整

1）分别查计量规范和计价定额关于钢梁质量计量规则的规定，钢梁项目清单工程量=定额工程量。查 2015《计价定额》A.F.4 钢梁项子目 AF0051（钢吊车梁安装），基价为 7177.34 元/t。其中人工费 754.30 元/t，材料费 5838.25 元/t，机械费 288.43 元/t，综合费 296.36 元/t。

2）人工费调整。已知政策性人工费调整幅度为 40.5%。

$$调整后人工费=[754.30\times(1+40.5\%)]元/t=1059.79 元/t$$

3）材料费调整。从定额 AF0051 可知，钢吊车梁安装使用的材料有：成品钢吊车梁、二等锯材、焊条、加工铁件和其他材料等。

① 成品钢吊车梁价格调整。

A. 消耗量与单价。查成品钢吊车梁定额消耗量为 1t/t，定额单价 5600 元/t，已知成品钢吊车梁材料单价为 4460 元/t（不含税）。

B. 成品钢吊车梁调价后实际费用=(1×4460)元/t=4460 元/t。

② 二等锯材价格调整。

A. 消耗量与单价。查二等锯材定额消耗量为 0.06m^3/t，定额单价 1100 元/m^3，已知二等锯材材料单价为 1500 元/m^3（不含税）。

B. 二等锯材调价后实际费用=(0.06×1500)元/t=90 元/t。

③ 按已知题干条件，焊条综合、加工铁件和其他材料等单价无变化，故不需要进行调整，费用=(5.26×5.5+2.64×6.5+2.55×5+113.41×1)元/t=172.25 元/t。

④ 材料费合计=(4460+90+172.25)元/t=4722.25元/t。

4）机械用柴油价格调整。

① 消耗量与单价。查定额AF0051（钢吊车梁安装）机械用柴油消耗量为7.17kg/t，定额单价8.5元/kg，已知机械用柴油单价为7.5元/kg（不含税）。

② 机械费调价后实际费用=[288.43-(8.5-7.5)×7.17]元/t=281.26元/t。

5）综合费无变化不调整，综合费=296.36元/t。

6）故调整后AF0051（钢吊车梁安装）基价为：

$$(1059.79+4722.25+281.26+296.36)元/t=6359.66元/t$$

（2）AF0052（钢吊车梁吊装）调整

1）分别查计量规范和计价定额关于钢梁质量计量规则的规定，钢梁项目清单工程量=定额工程量。查2015《计价定额》A.F.4钢梁项子目AF0052（钢吊车梁吊装），基价为139.09元/t。其中人工费12.07元/t，机械费111.72元/t，综合费15.30元/t。

2）人工费调整。已知政策性人工费调整幅度为40.5%。

$$调整后人工费=[12.07×(1+40.5\%)]元/t=16.96元/t$$

3）机械用柴油价格调整。

① 消耗量与单价。查定额AF0052（钢吊车梁吊装）机械用柴油消耗量为1.882kg/t，定额单价8.5元/kg，已知机械用柴油单价为7.5元/kg（不含税）。

② 机械费调价后实际费用=[111.72-(8.5-7.5)×1.882]元/t=109.84元/t。

4）综合费无变化不调整，综合费=15.30元/t。

5）调整后AF0052（钢吊车梁吊装）基价为：

$$(16.96+109.84+15.30)元/t=142.10元/t$$

（3）AF0099（金属构件超声波探伤一级焊缝）调整

1）查计价定额关于探伤计量规则的规定及已知题干条件，探伤定额工程量=1.8m。查2015《计价定额》A.F.6金属构件探伤项子目AF0099（金属构件超声波探伤一级焊缝），基价为44.65元/m。其中人工费5.95元/m，材料费8.09元/m，机械费22.27元/m，综合费8.34元/m。

2）人工费调整。已知政策性人工费调整幅度为40.5%。

$$调整后人工费=[5.95×(1+40.5\%)]元/m=8.36元/m$$

3）按已知题干条件，材料单价均无变化，故不需要进行调整，材料费=8.09元/m。

4）机械费无变化，故不需要进行调整，机械费=22.27元/m。

5）综合费无变化不调整，综合费=8.34元/m。

6）调整后AF0099（金属构件超声波探伤一级焊缝）基价为：

$$(8.36+8.09+22.27+8.34)元/m=47.06元/m$$

将以上各定额基价汇总转换为清单综合单价，转换后的钢梁综合单价为：

[(6359.66×0.812+142.10×0.812+47.06×2.2)÷0.812]元/t=6629.26元/t。

将钢梁综合单价填入工程量清单并计算合价，得H型吊车梁分部分项工程清单与计价表，见表3-46。其中定额人工费=[(754.30+12.07)×0.812+5.95×2.2]元=635.38元。

表 3-46 H 型吊车梁分部分项工程清单与计价表

序号	项目编码	项目名称	项目特征	计量单位	工程量	金额（元）		
						综合单价	合价	其中
								定额人工费
1	010604002001	H 型吊车梁	1. 梁类型：H 型吊车梁； 2. 钢材品种、规格：Q345B，梁身 H500×300（250）×8×14（12），车挡为型钢 H446×228×8×14，其余加劲板见详图； 3. 吊装机械：汽车式起重机安装底标高 28.6m； 4. 探伤要求：焊缝质量均为一级，超声波探伤； 5. 场内运距：投标人自行考虑。	t	0.812	6629.26	5382.96	635.38

3.3.5 钢板楼板、墙板计价

钢板楼板、墙板综合单价计取是结合《计价定额》中金属结构工程相应子项执行，其中金属结构工程子项包括钢网架，钢屋架、钢托架、钢桁架、钢桥架，钢柱，钢梁，钢板楼板、墙板，钢构件，金属制品 7 个分部工程，共计 110 项分项工程。以下对构件综合单价计取进行了详细定额组价及调整的演示，便于读者结合计价定额及各费用要素价格进行查看。在计算过程中，由于篇幅的原因，不能将全部构件综合单价计取一一详细列出。仅结合实际工程配图，通过例题对主要的、典型的构件综合单价进行演示计算。

【例 3-29】 某钢结构厂房二层楼板底标高为 4.5m，楼板采用 720 型 1.2mm 厚镀锌钢板（镀锌厚度要求≥275g/m^2）压型钢板作底板的钢筋混凝土复合楼板，压型钢楼板示意如图 3-40 所示，压型钢板钢材为 Q345B，压型钢板与钢梁支座通过 ϕ16×90 的剪力栓钉焊牢。该工程框架柱均采用箱型柱 350×12，钢梁均采用 H300×200×8×12 型钢，所有钢构件均利用现场塔式起重机进行吊装。已编制的该压型钢楼板分部分项工程清单与计价表见表 3-47，已知政策性人工费调整幅度为 40.5%，成品压型钢楼板单价为 46 元/m^2，机械用柴油价格为 7.5 元/kg，试采用增值税一般计税方法，计算该压型钢楼板分部分项工程的综合单价与合价。

表 3-47 压型钢楼板分部分项工程清单与计价表

序号	项目编码	项目名称	项目特征	计量单位	工程量	金额（元）		
						综合单价	合价	其中
								定额人工费
1	010605001001	压型钢楼板	1. 钢材品种、规格：Q345B，镀锌钢板（镀锌厚度要求≥275g/m^2），720 型压型钢板； 2. 钢板厚度：1.2mm 厚； 3. 吊装机械：塔式起重机； 4. 螺栓种类：ϕ16×90 的剪力栓钉（另列项）； 5. 场内运距：投标人自行考虑	m^2	162.85			

解：按照2015年《四川省建设工程工程量清单计价定额——房屋建筑与装饰工程》（简称2015《计价定额》）计算综合单价。依据项目特征描述，应选用定额AF0053（压型钢板楼板安装）、AF0054（压型钢板楼板吊装）计算。

（1）AF0053（压型钢板楼板安装）调整

1）分别查计量规范和计价定额关于钢板楼板、墙板面积计量规则的规定，压型钢楼板项目清单工程量=定额工程量。查2015《计价定额》A.F.5钢板楼板、墙板项子目AF0053（压型钢板楼板安装），基价为8351.27元/100m^2。其中人工费2388.80元/100m^2，材料费5218.76元/100m^2，机械费60.80元/100m^2，综合费682.91元/100m^2。

2）人工费调整。已知政策性人工费调整幅度为40.5%。

调整后人工费=[2388.80×(1+40.5%)÷100]元/m^2=33.56元/m^2

3)材料费调整。从定额AF0053可知,压型钢板楼板安装使用的材料有:成品压型钢板、金属胀锚螺栓、焊条、不锈钢铆钉和其他材料等。

① 成品压型钢板价格调整。

A. 消耗量与单价。查成品压型钢板定额消耗量为1m^2/m^2,定额单价50元/m^2,已知成品压型钢板材料单价为46元/m^2(不含税)。

B. 成品压型钢板调价后实际费用=(1×46)元/m^2=46元/m^2。

② 按已知题干条件,焊条综合、金属胀锚螺栓和其他材料等单价无变化,故不需要进行调整,费用为:

(0.128×0.4+3.37×0.1+2.2046×0.3+0.48×0.8+0.0017×320+0.0255×5.5+0.07×1)元/m^2=2.19元/m^2

③ 材料费合计=（46+2.19）元/m^2=48.19元/m^2。

4）机械费无变化不调整，机械费=0.61元/m^2。

5）综合费无变化不调整，综合费=6.83元/m^2。

6）故调整后AF0053（压型钢板楼板安装）基价为：

(33.56+48.19+0.61+6.83)元/m^2=89.19元/m^2。

（2）AF0054（压型钢板楼板吊装）调整

1）分别查计量规范和计价定额关于面积计量规则的规定，钢板楼板、墙板项目清单工程量=定额工程量。查2015《计价定额》A.F.5钢板楼板、墙板项子目AF0054（压型钢板楼板吊装），基价为414.20元/100m^2。其中人工费51.00元/100m^2，机械费317.76元/100m^2，综合费45.44元/100m^2。

2）人工费调整。已知政策性人工费调整幅度为40.5%。

调整后人工费=[51.00×(1+40.5%)/100]元/m^2=0.72元/m^2

3）机械用柴油价格调整。

① 消耗量与单价。查定额AF0054（压型钢板楼板吊装）机械用柴油消耗量为0.188kg/t，定额单价8.5元/kg，已知机械用柴油单价为7.5元/kg（不含税）。

② 机械费调价后实际费用=[317.76/100-(8.5-7.5)×0.188]元/m^2=2.99元/m^2。

4）综合费无变化不调整，综合费 = 0.45 元/m^2。

5）调整后 AF0054（压型钢板楼板吊装）基价为：

$$(0.72+2.99+0.45)\text{元}/m^2 = 4.16\text{元}/m^2$$

将以上各定额基价汇总转换为清单综合单价，转换后的压型钢楼板综合单价为：

$$(89.19+4.16)\text{元}/m^2 = 93.35\text{元}/m^2$$

将压型钢楼板综合单价填入工程量清单并计算合价，得压型钢楼板分部分项工程清单与计价表，见表 3-48。其中定额人工费 = [（23.89+0.51）×162.85］元 = 3973.54 元。

表 3-48　压型钢楼板分部分项工程清单与计价表

序号	项目编码	项目名称	项目特征	计量单位	工程量	金额（元）		
						综合单价	合价	其中
								定额人工费
1	010605001001	压型钢楼板	1. 钢材品种、规格：Q345B，镀锌钢板（镀锌厚度要求 ≥ 275g/m^2），720 型压型钢板； 2. 钢板厚度：1.2mm 厚； 3. 吊装机械：塔式起重机； 4. 螺栓种类：$\phi16\times90$ 的剪力栓（另列项）； 5. 场内运距：投标人自行考虑	m^2	162.85	93.35	15202.05	3973.54

3.3.6　其他钢构件计价

其他钢构件综合单价计取是结合《计价定额》中金属结构工程相应子项执行，其中金属结构工程子项包括钢网架，钢屋架、钢托架、钢桁架、钢桥架，钢柱，钢梁，钢板楼板、墙板，钢构件，金属制品 7 个分部工程，共计 110 项分项工程。以下对构件综合单价计取进行了详细定额组价及调整的演示，便于读者结合计价定额及各费用要素价格进行查看。在计算过程中，由于篇幅的原因，不能将全部构件综合单价计取一一详细列出。仅结合实际工程配图，通过例题对主要的、典型的构件综合单价进行演示计算。

【例 3-30】　某钢结构厂房 1 轴线到 2 轴线柱间支撑布置图及详图如图 3-41 所示，钢材均为 Q235，柱间支撑杆件采用无缝钢管 $\phi159\times5$（质量为 18.99kg/m）；支撑杆件与钢柱、钢梁均采用 16mm 厚钢板现场施焊连接，现场施焊连接部位长度为 2.6m，连接角焊缝厚度为 10mm，焊条采用 E43 型，焊缝质量均为二级，超声波探伤，采用汽车式起重机吊装就位。已编制的该柱间支撑分部分项工程清单与计价表见表 3-49，已知政策性人工费调整幅度为 40.5%，成品钢支撑单价为 3890 元/t，二等锯材材料单价为 1500 元/m^3，机械用柴油价格为 7.5 元/kg，试采用增值税一般计税方法，计算该柱间支撑分部分项工程的综合单价与合价。

表 3-49 柱间支撑分部分项工程清单与计价表

序号	项目编码	项目名称	项目特征	计量单位	工程量	金额（元）		
						综合单价	合价	其中
								定额人工费
1	010606001001	柱间支撑	1. 钢材品种、规格：Q235，支撑杆件为无缝钢管 $\phi159\times5$，其余板见详图； 2. 构件类型：柱间支撑； 3. 安装方式：汽车式起重机吊装就位，现场施焊； 4. 探伤要求：焊缝质量均为二级，超声波探伤； 5. 场内运距：投标人自行考虑	t	0.592			

解：按照2015年《四川省建设工程工程量清单计价定额——房屋建筑与装饰工程》（简称2015《计价定额》）计算综合单价。依据项目特征描述，应选用定额AF0061（钢支撑安装）、AF0062（钢支撑吊装）、AF0100（金属构件超声波探伤二级焊缝）计算。

（1）AF0061（钢支撑安装）调整

1）分别查计量规范和计价定额关于钢支撑质量计量规则的规定，钢支撑项目清单工程量=定额工程量。查2015《计价定额》A.F.6钢构件项子目AF0061（钢支撑安装），基价为7256.19元/t。其中人工费733.30元/t，材料费5756.71元/t，机械费432.47元/t，综合费333.71元/t。

2）人工费调整。已知政策性人工费调整幅度为40.5%。

$$调整后人工费=[733.30\times(1+40.5\%)]元/t=1030.29元/t$$

3）材料费调整。从定额AF0061可知，钢支撑安装使用的材料有：成品钢支撑、二等锯材、焊条、螺栓（综合）和其他材料等。

① 成品钢支撑价格调整。

A. 消耗量与单价。查成品钢支撑定额消耗量为1t/t，定额单价5600元/t，已知成品钢支撑材料单价为3890元/t（不含税）。

B. 成品钢支撑调价后实际费用=(1×3890)元/t=3890元/t。

② 二等锯材价格调整。

A. 消耗量与单价。查二等锯材定额消耗量为0.01m^3/t，定额单价1100元/m^3，已知二等锯材材料单价为1500元/m^3（不含税）。

B. 二等锯材调价后实际费用=(0.01×1500)元/t=15元/t。

③ 按已知题干条件，焊条综合、螺栓（综合）和其他材料等单价无变化，故不需要进行调整，费用=(8.5×5.5+1.5×6.5+89.21×1)元/t=145.71元/t。

④ 材料费合计=(3890+15+145.71)元/t=4050.71元/t。

4）机械用柴油价格调整。

① 消耗量与单价。查定额 AF0061（钢支撑安装）机械用柴油消耗量为 14. 34kg/t，定额单价 8. 5 元/kg，已知机械用柴油单价为 7. 5 元/kg（不含税）。

② 机械费调价后实际费用=[432. 47-(8. 5-7. 5)×14. 34]元/t=418. 13 元/t。

5）综合费无变化不调整，综合费=333. 71 元/t。

6）故调整后 AF0061（钢支撑安装）基价为：

(1030. 29+4050. 71+418. 13+333. 71)元/t=5832. 84 元/t

（2）AF0062（钢支撑吊装）调整

1）分别查计量规范和计价定额关于钢支撑质量计量规则的规定，钢支撑项目清单工程量=定额工程量。查 2015《计价定额》A. F. 6 钢构件项子目 AF0062（钢支撑吊装），基价为 345. 16 元/t。其中人工费 42. 50 元/t，机械费 264. 80 元/t，综合费 37. 86 元/t。

2）人工费调整。已知政策性人工费调整幅度为 40. 5%。

调整后人工费=[42. 50×(1+40. 5%)]元/t=59. 71 元/t

3）机械用柴油价格调整。

① 消耗量与单价。查定额 AF0062（钢支撑吊装）机械用柴油消耗量为 15. 69kg/t，定额单价 8. 5 元/kg，已知机械用柴油单价为 7. 5 元/kg（不含税）。

② 机械费调价后实际费用=[264. 80-(8. 5-7. 5)×15. 69]元/t=249. 11 元/t。

4）综合费无变化不调整，综合费=37. 86 元/t。

5）调整后 AF0062（钢支撑吊装）基价为：

(59. 71+249. 11+37. 86)元/t=346. 68 元/t

（3）AF0100（金属构件超声波探伤二级焊缝）调整

1）查计价定额关于探伤计量规则的规定及已知题干条件，探伤定额工程量=2. 6m。查 2015《计价定额》A. F. 6 金属构件探伤项子目 AF0100（金属构件超声波探伤二级焊缝），基价为 40. 50 元/m。其中人工费 5. 1 元/m，材料费 7. 93 元/m，机械费 20. 04 元/m，综合费 7. 43 元/m。

2）人工费调整。已知政策性人工费调整幅度为 40. 5%。

调整后人工费=[5. 1×(1+40. 5%)]元/m=7. 17 元/m

3）按已知题干条件，材料单价均无变化，故不需要进行调整，材料费=7. 93 元/m。

4）机械费无变化，故不需要进行调整，机械费=20. 04 元/m。

5）综合费无变化不调整，综合费=7. 43 元/m。

6）调整后 AF0100（金属构件超声波探伤二级焊缝）基价为：

(7. 17+7. 93+20. 04+7. 43)元/m=42. 57 元/m

将以上各定额基价汇总转换为清单综合单价，转换后的柱间支撑综合单价为：

[(5832. 84×0. 592+346. 68×0. 592+42. 57×2. 6)/0. 592]元/t=6366. 48 元/t

将柱间支撑综合单价填入工程量清单并计算合价，得柱间支撑分部分项工程清单与计价表，见表 3-50。其中定额人工费=[(733. 30+42. 50)×0. 592+5. 1×2. 6]元=472. 53 元。

表 3-50　柱间支撑分部分项工程清单与计价表

序号	项目编码	项目名称	项目特征	计量单位	工程量	金额（元）		
						综合单价	合价	其中
								定额人工费
1	010606001001	柱间支撑	1. 钢材品种、规格：Q235，支撑杆件为无缝钢管 ϕ159×5，其余板见详图； 2. 构件类型：柱间支撑； 3. 安装方式：汽车式起重机吊装就位现场施焊； 4. 探伤要求：焊缝质量均为二级，超声波探伤； 5. 场内运距：投标人自行考虑	t	0. 592	6366. 48	3768. 96	472. 53

【例 3-31】　某钢结构厂房屋面檩条布置图及各支撑杆件详图如图 3-42 所示，檩条通过檩托板与钢梁 H350×240×16×20 连接，檩条LT1 采用 XZ180×70×20×2. 5，檩条LT2 采用 XZ180×70×20×2. 0，钢材为 Q235B；所有拉条均采用 ϕ12 圆钢制作，材质为 Q235 钢；撑杆采用 ϕ12 圆钢+ϕ32×2. 0 钢管（其中 ϕ32×2. 0 钢管质量 1. 48kg/m），钢材为 Q235；拉条和檩条采用六角头螺母加垫圈连接；隅撑钢材类型为角钢∟50×4（质量 3. 059kg/m），钢材为 Q235，隅撑与钢梁采用普通螺栓，通过连接板（板厚 8mm）连接，吊装就位方式综合考虑。不考虑屋面坡度影响，已编制的隅撑和钢拉条分部分项工程清单与计价表见表 3-51，已知政策性人工费调整幅度为 40. 5%，成品隅撑单价为 3890 元/t，成品钢拉条单价为 3960 元/t，二等锯材材料单价为 1500 元/m^3，机械用柴油价格为 7. 5 元/kg，试采用增值税一般计税方法，分别计算隅撑和钢拉条分部分项工程的综合单价与合价。

表 3-51　隅撑和钢拉条及撑杆分部分项工程清单与计价表

序号	项目编码	项目名称	项目特征	计量单位	工程量	金额（元）		
						综合单价	合价	其中
								定额人工费
1	010606001002	隅撑	1. 钢材品种、规格：Q235，角钢∟50×4，其余板见详图； 2. 构件类型：隅撑； 3. 螺栓种类：普通螺栓； 4. 场内运距：投标人自行考虑	t	0. 027			
2	010606001003	拉条及撑杆	1. 钢材品种、规格：Q235，ϕ12 圆钢、ϕ32×2. 0 钢管； 2. 构件类型：拉条、撑杆； 3. 螺栓种类：六角头螺母加垫圈； 4. 场内运距：投标人自行考虑	t	0. 070			

解：(1) 隅撑　按照 2015 年《四川省建设工程工程量清单计价定额——房屋建筑与装饰工程》（简称 2015《计价定额》）计算综合单价。依据项目特征描述，应选用定额

AF0061（钢支撑安装）、AF0062（钢支撑吊装）计算。

1）AF0061（钢支撑安装）调整。

① 分别查计量规范和计价定额关于隅撑质量计量规则的规定，隅撑项目清单工程量=定额工程量。查 2015《计价定额》A. F. 6 钢构件项子目 AF0061（钢支撑安装），基价为 7256. 19 元/t。其中人工费 733. 30 元/t，材料费 5756. 71 元/t，机械费 432. 47 元/t，综合费 333. 71 元/t。

② 人工费调整。已知政策性人工费调整幅度为 40. 5%。

调整后人工费=[733. 30×(1+40. 5%)]元/t=1030. 29 元/t

③ 材料费调整。从定额 AF0061 可知，钢支撑安装使用的材料有：成品钢支撑、二等锯材、焊条、螺栓和其他材料等。

A. 成品隅撑价格调整。

a. 消耗量与单价。查成品钢支撑定额消耗量为 1t/t，定额单价 5600 元/t，已知成品隅撑材料单价为 3890 元/t(不含税)。

b. 成品钢支撑调价后实际费用=(1×3890)元/t=3890 元/t。

B. 二等锯材价格调整。

a. 消耗量与单价。查二等锯材定额消耗量为 0. 01m^3/t，定额单价 1100 元/m^3，已知二等锯材材料单价为 1500 元/m^3(不含税)。

b. 二等锯材调价后实际费用=(0. 01×1500)元/t=15 元/t。

C. 按已知题干条件，焊条综合、螺栓(综合)和其他材料等单价无变化，故不需要进行调整，费用=(8. 5×5. 5+1. 5×6. 5+89. 21×1)元/t=145. 71 元/t。

D. 材料费合计=(3890+15+145. 71)元/t=4050. 71 元/t。

④ 机械用柴油价格调整。

A. 消耗量与单价。查定额 AF0061（钢支撑安装）机械用柴油消耗量为 14. 34kg/t，定额单价 8. 5 元/kg，已知机械用柴油单价为 7. 5 元/kg（不含税）。

B. 机械费调价后实际费用=[432. 47-(8. 5-7. 5)×14. 34]元/t=418. 13 元/t。

⑤ 综合费无变化不调整，综合费=333. 71 元/t。

⑥ 故调整后 AF0061（钢支撑安装）基价为：

(1030. 29+4050. 71+418. 13+333. 71)元/t=5832. 84 元/t

2）AF0062（钢支撑吊装）调整。

① 分别查计量规范和计价定额关于钢支撑质量计量规则的规定，钢支撑项目清单工程量=定额工程量。查 2015《计价定额》A. F. 6 钢构件项子目 AF0062（钢支撑吊装），基价为 345. 16 元/t。其中人工费 42. 50 元/t，机械费 264. 80 元/t，综合费 37. 86 元/t。

② 人工费调整。已知政策性人工费调整幅度为 40. 5%。

调整后人工费=[42. 50×(1+40. 5%)]元/t=59. 71 元/t

③ 机械用柴油价格调整。

A. 消耗量与单价。查定额 AF0062(钢支撑吊装)机械用柴油消耗量为 15. 69kg/t，定额单价 8. 5 元/kg，已知机械用柴油单价为 7. 5 元/kg(不含税)。

B. 机械费调价后实际费用 = [264.80−(8.5−7.5)×15.69]元/t = 249.11 元/t。

④ 综合费无变化不调整，综合费 = 37.86 元/t。

⑤ 调整后 AF0062（钢支撑吊装）基价为：

$$(59.71+249.11+37.86)元/t = 346.68 元/t$$

将以上各定额基价汇总转换为清单综合单价，转换后的隅撑综合单价为：

[(5832.84×0.027+346.68×0.027)/0.027]元/t = 6179.52 元/t。

将隅撑综合单价填入工程量清单并计算合价，得隅撑项目计价表，见表 3-52。其中定额人工费 = [(733.30+42.50)×0.027]元 = 20.95 元。

（2）钢拉条　按照 2015 年《四川省建设工程工程量清单计价定额——房屋建筑与装饰工程》（简称 2015《计价定额》）计算综合单价。依据项目特征描述，应选用定额 AF0063（钢拉条吊装）、AF0064（钢拉条吊装）计算。

1）AF0063（钢拉条吊装）调整。

① 分别查计量规范和计价定额关于钢拉条质量计量规则的规定，钢拉条项目清单工程量 = 定额工程量。查 2015《计价定额》A.F.6 钢构件项子目 AF0063（钢拉条安装），基价为 6934.92 元/t。其中人工费 726.30 元/t，材料费 5352.36 元/t，机械费 503.27 元/t，综合费 352.99 元/t。

② 人工费调整。已知政策性人工费调整幅度为 40.5%。

$$调整后人工费 = [726.30×(1+40.5\%)]元/t = 1020.45 元/t$$

③ 材料费调整。从定额 AF0063 可知，钢拉条安装使用的材料有：成品钢拉条、二等锯材、焊条、螺栓和其他材料等。

A. 成品钢拉条价格调整。

a. 消耗量与单价。查成品钢拉条定额消耗量为 1t/t，定额单价 5200 元/t，已知成品钢拉条材料单价为 3960 元/t（不含税）。

b. 成品钢拉条调价后实际费用 = (1×3960)元/t = 3960 元/t。

B. 二等锯材价格调整。

a. 消耗量与单价。查二等锯材定额消耗量为 0.01m^3/t，定额单价 1100 元/m^3，已知二等锯材材料单价为 1500 元/m^3（不含税）。

b. 二等锯材调价后实际费用 = (0.01×1500)元/t = 15 元/t。

C. 按已知题干条件，焊条综合、螺栓（综合）和其他材料等单价无变化，故不需要进行调整，费用 = (7.85×5.5+1.38×6.5+89.21×1)元/t = 141.36 元/t。

D. 材料费合计 = (3960+15+141.36)元/t = 4116.36 元/t。

④ 机械用柴油价格调整。

A. 消耗量与单价。查定额 AF0063(钢拉条安装)机械用柴油消耗量为 17.925kg/t,定额单价 8.5 元/kg,已知机械用柴油单价为 7.5 元/kg(不含税)。

B. 机械费调价后实际费用 = [503.27−(8.5−7.5)×17.925]元/t = 485.35 元/t。

⑤ 综合费无变化不调整,综合费 = 352.99 元/t。

⑥ 故调整后 AF0063(钢拉条安装)基价为：

$$(1020.45+4116.36+485.35+352.99)元/t=5975.15元/t$$

2）AF0064（钢拉条吊装）调整。

① 分别查计量规范和计价定额关于钢拉条质量计量规则的规定，钢拉条项目清单工程量=定额工程量。查2015《计价定额》A.F.6钢构件项子目AF0064（钢拉条吊装），基价为276.12元/t。其中人工费34.00元/t，机械费211.83元/t，综合费30.29元/t。

② 人工费调整。已知政策性人工费调整幅度为40.5%。

$$调整后人工费=[34.00\times(1+40.5\%)]元/t=47.77元/t$$

③ 机械用柴油价格调整。

A. 消耗量与单价。查定额AF0064（钢拉条吊装）机械用柴油消耗量为12.552kg/t，定额单价8.5元/kg，已知机械用柴油单价为7.5元/kg（不含税）。

B. 机械费调价后实际费用=[211.83−(8.5−7.5)×12.552]元/t=199.28元/t。

④ 综合费无变化不调整，综合费=30.29元/t。

⑤ 调整后AF0064（钢拉条安装）基价为：

$$(47.77+199.28+30.29)元/t=277.34元/t$$

将以上各定额基价汇总转换为清单综合单价，转换后的钢拉条综合单价为：

$$(5975.15+277.34)元/t=6252.49元/t$$

将拉条综合单价填入工程量清单并计算合价，得钢拉条及撑杆项目计价表，见表3-52。其中定额人工费=[(726.30+34.00)×0.07]元=53.22元。

表3-52 隅撑和钢拉条及撑杆分部分项工程清单与计价表

序号	项目编码	项目名称	项目特征	计量单位	工程量	金额（元）		
						综合单价	合价	其中
								定额人工费
1	010606001002	隅撑	1. 钢材品种、规格：Q235，角钢L50×4，其余板见详图； 2. 构件类型：隅撑； 3. 螺栓种类：普通螺栓； 4. 场内运距：投标人自行考虑	t	0.027	6179.52	166.85	20.95
2	010606001003	拉条及撑杆	1. 钢材品种、规格：Q235，ϕ12mm圆钢、ϕ32×2.0钢管； 2. 构件类型：拉条、撑杆； 3. 螺栓种类：六角头螺母加垫圈； 4. 场内运距：投标人自行考虑	t	0.070	6252.49	437.67	53.22

【例3-32】 某钢结构厂房屋面檩条平面布置图如图3-42a所示，檩条中间跨节点和边跨节点详图如图3-43所示，檩条采用普通螺栓通过檩托板（板厚8mm）与钢梁H350×240×16×20连接，檩条LT1采用XZ180×70×20×2.5（质量6.81kg/m），檩条LT2采用XZ180×70×20×2.0（质量5.489kg/m），钢材为Q235B，塔式起重机吊装就位。已编制的檩条分部分项工程清单与计价表见表3-53，已知政策性人工费调整幅度为40.5%，成品XZ型檩条单

价为 4050 元/t，二等锯材材料单价为 1500 元/m^3，机械用柴油价格为 7.5 元/kg，试采用增值税一般计税方法，计算檩条分部分项工程的综合单价与合价。

表 3-53 檩条分部分项工程清单与计价表

序号	项目编码	项目名称	项目特征	计量单位	工程量	金额（元）		
						综合单价	合价	其中
								定额人工费
1	010606002001	檩条	1. 钢材品种、规格：Q235B，XZ180×70×20×2.5，XZ180×70×20×2.0，檩托板见详图； 2. 构件类型：屋面檩条； 3. 螺栓种类：普通螺栓； 4. 吊装方式：塔式起重机吊装； 5. 场内运距：投标人自行考虑	t	0.609			

解：按照2015年《四川省建设工程工程量清单计价定额——房屋建筑与装饰工程》（简称2015《计价定额》）计算综合单价。依据项目特征描述，应选用定额 AF0065（钢檩条安装）、AF0066（钢檩条吊装）计算。

（1）AF0065（钢檩条安装）调整

1）分别查计量规范和计价定额关于钢檩条质量计量规则的规定，钢檩条项目清单工程量=定额工程量。查2015《计价定额》A.F.6 钢构件项子目 AF0065（钢檩条安装），基价为 6299.78 元/t。其中人工费 568.30 元/t，材料费 5149.24 元/t，机械费 326.28 元/t，综合费 255.96 元/t。

2）人工费调整。已知政策性人工费调整幅度为 40.5%。

调整后人工费=[568.30×(1+40.5%)]元/t=798.46 元/t

3）材料费调整。从定额 AF0065 可知，钢檩条安装使用的材料有：成品钢檩条、二等锯材、焊条、螺栓和其他材料等。

① 成品钢檩条价格调整。

A. 消耗量与单价。查成品钢檩条定额消耗量为 1t/t，定额单价 5000 元/t，已知成品 XZ 型钢檩条材料单价为 4050 元/t（不含税）。

B. 成品钢支撑调价后实际费用=(1×4050)元/t=4050 元/t。

② 二等锯材价格调整。

A. 消耗量与单价。查二等锯材定额消耗量为 0.01m^3/t，定额单价 1100 元/m^3，已知二等锯材材料单价为 1500 元/m^3（不含税）。

B. 二等锯材调价后实际费用=(0.01×1500)元/t=15 元/t。

③ 按已知题干条件，焊条综合、螺栓（综合）和其他材料等单价无变化，故不需要进行调整，费用=(6.35×5.5+1.05×6.5+96.48×1)元/t=138.23(元/t)。

④ 材料费合计=(4050+15+138.23)元/t=4203.23 元/t。

4)机械用柴油价格调整。

① 消耗量与单价。查定额 AF0065(钢檩条安装)机械用柴油消耗量为 8.963kg/t,定额单价 8.5 元/kg,已知机械用柴油单价为 7.5 元/kg(不含税)。

② 机械费调价后实际费用=[326.28−(8.5−7.5)×8.963]元/t=317.32元/t。

5）综合费无变化不调整，综合费=255.96元/t。

6）故调整后AF0065（钢檩条安装）基价为：

(798.46+4203.23+317.32+255.96)元/t=5574.97元/t

（2）AF0066（钢檩条吊装）调整

1）分别查计量规范和计价定额关于钢檩条质量计量规则的规定，钢檩条项目清单工程量=定额工程量。查2015《计价定额》A.F.6钢构件项子目AF0066（钢檩条吊装），基价为414.20元/t。其中人工费51.00元/t，机械费317.76元/t，综合费45.44元/t。

2）人工费调整。已知政策性人工费调整幅度为40.5%。

调整后人工费=[51.00×(1+40.5%)]元/t=71.66元/t

3）机械用柴油价格调整。

① 消耗量与单价。查定额AF0066（钢檩条吊装）机械用柴油消耗量为18.828kg/t，定额单价8.5元/kg，已知机械用柴油单价为7.5元/kg（不含税）。

② 机械费调价后实际费用=[317.76−(8.5−7.5)×18.828]元/t=298.93元/t。

4）综合费无变化不调整，综合费=45.44元/t。

5）调整后AF0066（钢檩条吊装）基价为：

(71.66+298.93+45.44)元/t=416.03元/t

将以上各定额基价汇总转换为清单综合单价，转换后的钢檩条综合单价为：

(5574.97+416.03)元/t=5991.00元/t。

将钢檩条综合单价填入工程量清单并计算合价，得檩条分部分项工程清单与计价表，见表3-54。其中定额人工费=[(568.30+51.00)×0.609]元=377.15元。

表3-54 檩条分部分项工程清单与计价表

序号	项目编码	项目名称	项目特征	计量单位	工程量	金额（元）		
						综合单价	合价	其中
								定额人工费
1	010606002001	檩条	1. 钢材品种、规格：Q235B，XZ180×70×20×2.5，XZ180×70×20×2.0，檩托板见详图； 2. 构件类型：屋面檩条； 3. 螺栓种类：普通螺栓； 4. 场内运距：投标人自行考虑	t	0.609	5991.00	3648.52	377.15

【例3-33】 某通风天窗（又称气楼）长度为36m，每榀气楼骨架间距4m布置，每榀气楼骨架通过方管100mm×80mm×3mm（质量8.2kg/m）通长（36m）设置进行连接，每榀气楼骨架示意如图3-44所示。每榀气楼骨架杆件材质均为方管100mm×5mm（质量为14.92kg/m），钢材为Q235B，杆件之间通过工厂焊接制成半成品，现场利用塔式起重机进行吊装、定位，现场焊接连接部位长度36m，焊缝质量均为二级，超声波探伤。已知屋面檩条高度为180mm，不考虑屋面坡度影响，已编制的钢天窗架分部分项工程清单与计价表见

表3-55，已知政策性人工费调整幅度为40.5%，成品钢天窗架单价为4660元/t，二等锯材材料单价为1500元/m^3，机械用柴油价格为7.5元/kg，试采用增值税一般计税方法，计算该钢天窗架分部分项工程的综合单价与合价。

表3-55　钢天窗架分部分项工程清单与计价表

序号	项目编码	项目名称	项目特征	计量单位	工程量	金额（元）		
						综合单价	合价	其中
								定额人工费
1	010606003001	钢天窗架	1. 钢材品种、规格：Q235B，方管100mm×5mm，方管100mm×80mm×3mm； 2. 构件类型：钢天窗架； 3. 吊装机械：塔式起重机； 4. 探伤要求：焊缝质量均为二级，超声波探伤； 5. 场内运距：投标人自行考虑	t	3.348			

解：按照2015年《四川省建设工程工程量清单计价定额——房屋建筑与装饰工程》（简称2015《计价定额》）计算综合单价。依据项目特征描述，应选用定额AF0067（钢天窗架安装）、AF0068（钢天窗架吊装）、AF0100（金属构件超声波探伤二级焊缝）计算。

（1）AF0067（钢天窗架安装）调整

1）分别查计量规范和计价定额关于钢天窗架质量计量规则的规定，钢天窗架项目清单工程量=定额工程量。查2015《计价定额》A.F.6钢构件项子目AF0067（钢天窗架安装），基价为6668.68元/t。其中人工费577.20元/t，材料费5536.25元/t，机械费303.60元/t，综合费251.63元/t。

2）人工费调整。已知政策性人工费调整幅度为40.5%。

$$调整后人工费=[577.20×(1+40.5\%)]元/t=810.97元/t$$

3）材料费调整。从定额AF0067可知，钢天窗架安装使用的材料有：成品钢天窗架、二等锯材、焊条、螺栓和其他材料等。

① 成品钢天窗架价格调整。

A. 消耗量与单价。查成品钢天窗架条定额消耗量为1t/t，定额单价5300元/t，已知成品钢天窗架材料单价为4660元/t（不含税）。

B. 成品钢天窗架调价后实际费用=(1×4660)元/t=4660元/t。

② 二等锯材价格调整。

A. 消耗量与单价。查二等锯材定额消耗量为0.06m^3/t，定额单价1100元/m^3，已知二等锯材材料单价为1500元/m^3（不含税）。

B. 二等锯材调价后实际费用=(0.06×1500)元/t=90元/t。

③ 按已知题干条件，焊条综合、螺栓（综合）和其他材料等单价无变化，故不需要进行调整，费用=(6.8×5.5+1.05×6.5+4.65×5+102.77×1)元/t=170.25元/t。

④ 材料费合计=(4660+90+170.25)元/t=4920.25元/t。

4）机械用柴油价格调整。

① 消耗量与单价。查定额AF0067（钢天窗架安装）机械用柴油消耗量为8.963kg/t，定额单价8.5元/kg，已知机械用柴油单价为7.5元/kg（不含税）。

② 机械费调价后实际费用=[303.60-(8.5-7.5)×8.963]元/t=294.64元/t。

5）综合费无变化不调整，综合费=251.63元/t。

6）故调整后AF0067（钢天窗架安装）基价为：

$$(810.97+4920.25+294.64+251.63)元/t=6277.49元/t$$

（2）AF0068（钢天窗架吊装）调整

1）分别查计量规范和计价定额关于钢天窗架质量计量规则的规定，钢天窗架项目清单工程量=定额工程量。查2015《计价定额》A.F.6钢构件项子目AF0068（钢天窗架吊装），基价为474.73元/t。其中人工费70.55元/t，机械费352.19元/t，综合费51.99元/t。

2）人工费调整。已知政策性人工费调整幅度为40.5%。

$$调整后人工费=[70.55×(1+40.5\%)]元/t=99.12元/t$$

3）机械用柴油价格调整。

① 消耗量与单价。查定额AF0068（钢天窗架吊装）机械用柴油消耗量为17.883kg/t，定额单价8.5元/kg，已知机械用柴油单价为7.5元/kg（不含税）。

② 机械费调价后实际费用=[352.19-(8.5-7.5)×17.883]元/t=334.31元/t。

4）综合费无变化不调整，综合费=51.99元/t。

5）调整后AF0068（钢天窗架吊装）基价为：

$$(99.12+334.31+51.99)元/t=485.42元/t$$

（3）AF0100（金属构件超声波探伤二级焊缝）调整

1）查计价定额关于探伤计量规则的规定及已知题干条件，探伤定额工程量=36m。查2015《计价定额》A.F.6金属构件探伤项子目AF0100（金属构件超声波探伤二级焊缝），基价为40.50元/m。其中人工费5.1元/m，材料费7.93元/m，机械费20.04元/m，综合费7.43元/m。

2）人工费调整。已知政策性人工费调整幅度为40.5%。

$$调整后人工费=[5.1×(1+40.5\%)]元/m=7.17元/m$$

3）按已知题干条件，材料单价均无变化，故不需要进行调整，材料费=7.93元/m。

4）机械费无变化，故不需要进行调整，机械费=20.04元/m。

5）综合费无变化不调整，综合费=7.43元/m。

6）调整后AF0100（金属构件超声波探伤二级焊缝）基价为：

$$(7.17+7.93+20.04+7.43)元/m=42.57元/m$$

将以上各定额基价汇总转换为清单综合单价，转换后的钢天窗架综合单价为：

$$\{[(6277.49+485.42)×3.348+42.57×36]/3.348\}元/t=7220.65元/t$$

将钢天窗架综合单价填入工程量清单并计算合价，得钢天窗架分部分项工程清单与计价表，见表3-56。其中定额人工费=[(577.20+70.55)×3.348+5.1×36]元=2352.27元。

表 3-56 钢天窗架分部分项工程清单与计价表

序号	项目编码	项目名称	项目特征	计量单位	工程量	金额（元）		
						综合单价	合价	其中 定额人工费
1	010606003001	钢天窗架	1. 钢材品种、规格：Q235B，方管100mm×5mm，方管100mm×80mm×3mm； 2. 构件类型：钢天窗架； 3. 吊装机械：塔式起重机； 4. 探伤要求：焊缝质量均为二级，超声波探伤； 5. 场内运距：投标人自行考虑	t	3.348	7220.65	24174.74	2352.27

【例3-34】 某钢结构走道平面布置图及详图如图3-45所示，走道梁材质为Q235B，其中MDL-1采用槽钢[14a（肢宽58mm，质量14.5kg/m），MDL-2采用槽钢[10（肢宽48mm，质量10kg/m），两道MDL-2之间每间距500mm设置一根角钢L50×4（质量3.06kg/m），马道长度方向两侧需每间隔500mm设置一根角钢L50×4立柱，立柱与MDL-2通过−80×80×6钢板焊接连接，立柱斜撑（倾角60°）仅在MDL-1处设置角钢L50×4，立柱顶部设置通长角钢L40×3（质量1.85kg/m）扶手，立柱腰部设置通长扁钢−40×3栏杆，马道走道板为4mm厚花纹（菱形状）钢板（质量为33.40kg/m²），该钢走道现场施焊部位长度3.8m，焊条采用E43型，焊缝质量均为二级，超声波探伤，塔式起重机吊装就位。已编制的钢走道分部分项工程清单与计价见表3-57，已知政策性人工费调整幅度为40.5%，成品钢走道单价为4150元/t，杉原木（综合）单价为1300元/m³，二等锯材材料单价为1500元/m³，机械用柴油价格为7.5元/kg，试采用增值税一般计税方法，计算该钢走道分部分项工程的综合单价与合价。

表 3-57 钢走道分部分项工程清单与计价表

序号	项目编码	项目名称	项目特征	计量单位	工程量	金额（元）		
						综合单价	合价	其中 定额人工费
1	010606007001	钢走道	1. 钢材品种、规格：Q235B，槽钢[14a，槽钢[10，角钢L50×4，角钢L40×3，4mm厚花纹（菱形状）钢板，其余板见详图； 2. 构件类型：钢走道； 3. 吊装机械：塔式起重机； 4. 探伤要求：焊缝质量均为二级，超声波探伤； 5. 场内运距：投标人自行考虑	t	1.391			

解：按照2015年《四川省建设工程工程量清单计价定额——房屋建筑与装饰工程》（简称2015《计价定额》）计算综合单价。依据项目特征描述，应选用定额

AF0076（钢走道安装）、AF0077（钢走道吊装）、AF0100（金属构件超声波探伤二级焊缝）计算。

（1）AF0076（钢走道安装）调整

1）分别查计量规范和计价定额关于钢走道质量计量规则的规定，钢走道项目清单工程量=定额工程量。查2015《计价定额》A. F. 6钢构件项子目AF0076（钢走道安装），基价为6476. 37元/t。其中人工费685. 25元/t，材料费5370. 07元/t，机械费177. 24元/t，综合费243. 81元/t。

2）人工费调整。已知政策性人工费调整幅度为40. 5%。

调整后人工费=[685. 25×(1+40. 5%)]元/t=962. 78元/t

3)材料费调整。从定额AF0076可知，钢走道安装使用的材料有：成品钢走道、杉原木、二等锯材、焊条、螺栓和其他材料等。

① 成品钢走道价格调整。

A. 消耗量与单价。查成品钢走道定额消耗量为1t/t，定额单价5200元/t，已知成品钢走道材料单价为4150元/t(不含税)。

B. 成品钢走道调价后实际费用=(1×4150)元/t=4150元/t。

② 杉原木(综合)价格调整。

A. 消耗量与单价。查杉原木(综合)定额消耗量为0. 01m^3/t，定额单价1000元/m^3，已知杉原木(综合)材料单价为1300元/m^3(不含税)。

B. 杉原木(综合)调价后实际费用=(0. 01×1300)元/t=13元/t。

③ 二等锯材价格调整。

A. 消耗量与单价。查二等锯材定额消耗量为0. 01m^3/t，定额单价1100元/m^3，已知二等锯材材料单价为1500元/m^3(不含税)。

B. 二等锯材调价后实际费用=(0. 01×1500)元/t=15元/t。

④ 按已知题干条件，焊条综合、螺栓（综合）和其他材料等单价无变化，故不需要进行调整，费用=(6. 5×5. 5+2. 53×6. 5+96. 87×1)元/t=149. 07元/t。

⑤ 材料费合计=(4150+13+15+149. 07)元/t=4327. 07元/t。

4）机械费无变化不调整，机械费=177. 24元/t。

5）综合费无变化不调整，综合费=243. 81元/t。

6）故调整后AF0076（钢走道安装）基价为：

(962. 78+4327. 07+177. 24+243. 81)元/t=5710. 90元/t

（2）AF0077（钢走道吊装）调整

1）分别查计量规范和计价定额关于钢走道质量计量规则的规定，钢走道项目清单工程量=定额工程量。查2015《计价定额》A. F. 6钢构件项子目AF0077（钢走道吊装），基价为414. 67元/t。其中人工费164. 90元/t，机械费205. 19元/t，综合费44. 58元/t。

2）人工费调整。已知政策性人工费调整幅度为40. 5%。

调整后人工费=[164. 90×(1+40. 5%)]元/t=231. 68元/t

3）机械用柴油价格调整。

① 消耗量与单价。查定额AF0077（钢走道吊装）机械用柴油消耗量为13. 36kg/t，定额单价8. 5元/kg，已知机械用柴油单价为7. 5元/kg（不含税）。

② 机械费调价后实际费用=[205.19−(8.5−7.5)×13.36]元/t=191.83元/t。

4）综合费无变化不调整，综合费=44.58元/t。

5）调整后AF0077（钢走道吊装）基价为：

(231.68+191.83+44.58)元/t=468.09元/t

（3）AF0100（金属构件超声波探伤二级焊缝）调整

1）查计价定额关于探伤计量规则的规定及已知题干条件，探伤定额工程量=3.6m。查2015《计价定额》A.F.6金属构件探伤项子目AF0100（金属构件超声波探伤二级焊缝），基价为40.50元/m。其中人工费5.1元/m，材料费7.93元/m，机械费20.04元/m，综合费7.43元/m。

2）人工费调整。已知政策性人工费调整幅度为40.5%。

调整后人工费=[5.1×(1+40.5%)]元/m=7.17元/m

3）按已知题干条件，材料单价均无变化，故不需要进行调整，材料费=7.93元/m。

4）机械费无变化，故不需要进行调整，机械费=20.04元/m。

5）综合费无变化不调整，综合费=7.43元/m。

6）调整后AF0100（金属构件超声波探伤二级焊缝）基价为：

(7.17+7.93+20.04+7.43)元/m=42.57元/m

将以上各定额基价汇总转换为清单综合单价，转换后的钢走道综合单价为：

{[(5710.90+468.09)×1.391+42.57×3.8]/1.391}元/t=6295.29元/t。

将钢走道综合单价填入工程量清单并计算合价，得钢走道分部分项工程清单与计价表，见表3-58。其中定额人工费=[(685.25+164.90)×1.391+5.1×3.8]元=1201.94元。

表3-58　钢走道分部分项工程清单与计价表

序号	项目编码	项目名称	项目特征	计量单位	工程量	金额（元）		
						综合单价	合价	其中
								定额人工费
1	010606007001	钢走道	1. 钢材品种、规格：Q235B，槽钢[14a，槽钢[10，角钢L50×4，角钢L40×3，4mm厚花纹（菱形状）钢板，其余板见详图； 2. 构件类型：钢走道； 3. 吊装机械：塔式起重机； 4. 探伤要求：焊缝质量均为二级，超声波探伤； 5. 场内运距：投标人自行考虑	t	1.391	6295.29	8756.75	1201.94

【例3-35】某钢楼梯工程（标高1.375~4.225范围内）结构平面布置图及剖面图如图3-46所示，该钢楼梯钢材材质为Q235B，梯段两侧斜梁及平台两侧梁均采用钢板—16×200，楼梯平台两侧梁通过8#槽钢（质量为8.045kg/m）焊接连接，楼梯踏步及平台面层（伸至钢框梁中线）均采用4mm厚花纹（菱形状）钢板（质量为33.40kg/m^2）铺设。平台侧面钢板梁与钢框梁H300×200×8×12采用普通螺栓连接（见详图），平台侧面钢板梁与箱型柱

350mm×12mm 采用焊接连接；现场施焊部位长度 6.8m，焊条采用 E43 型，焊缝质量均为二级，超声波探伤，塔式起重机吊装就位。已编制的钢楼梯分部分项工程清单与计价见表 3-59，已知政策性人工费调整幅度为 40.5%，成品踏步式单价为 4360 元/t，杉原木（综合）单价为 1300 元/m^3，二等锯材材料单价为 1500 元/m^3，机械用柴油价格为 7.5 元/kg，试采用增值税一般计税方法，计算该钢走道分部分项工程的综合单价与合价。

表 3-59 钢楼梯分部分项工程清单与计价表

序号	项目编码	项目名称	项目特征	计量单位	工程量	金额（元）		
						综合单价	合价	其中
								定额人工费
1	010606008001	钢楼梯	1. 钢材品种、规格：Q235B，8#槽钢，4mm 厚花纹（菱形状）钢板，其余板见详图； 2. 钢梯形式：踏步式； 3. 吊装机械：塔式起重机； 4. 探伤要求：焊缝质量均为二级，超声波探伤； 5. 场内运距：投标人自行考虑	t	1.465			

解： 按照 2015 年《四川省建设工程工程量清单计价定额——房屋建筑与装饰工程》（简称 2015《计价定额》）计算综合单价。依据项目特征描述，应选用定额 AF0078（钢梯踏步式扶梯安装）、AF0079（钢梯踏步式扶梯吊装）、AF0100（金属构件超声波探伤二级焊缝）计算。

（1）AF0078（钢梯踏步式扶梯安装）调整

1）分别查计量规范和计价定额关于钢梯质量计量规则的规定，钢梯项目清单工程量=定额工程量。查 2015《计价定额》A.F.6 钢构件项子目 AF0078（钢梯踏步式扶梯安装），基价为 7184.14 元/t。其中人工费 957.15 元/t，材料费 5757.78 元/t，机械费 156.08 元/t，综合费 313.13 元/t。

2）人工费调整。已知政策性人工费调整幅度为 40.5%。

调整后人工费=[957.15×(1+40.5%)]元/t=1344.80 元/t

3）材料费调整。从定额 AF0078 可知，钢梯踏步式扶梯安装使用的材料有：成品踏步式钢楼梯、杉原木（综合）、二等锯材、焊条、螺栓（综合）和其他材料等。

① 成品踏步式钢楼梯价格调整。

A. 消耗量与单价。查成品踏步式钢楼梯定额消耗量为 1t/t，定额单价 5600 元/t，已知成品钢走道材料单价为 4360 元/t（不含税）。

B. 成品踏步式钢楼梯调价后实际费用=(1×4360)元/t=4360 元/t。

② 杉原木（综合）价格调整。

A. 消耗量与单价。查杉原木（综合）定额消耗量为 0.01m^3/t，定额单价 1000 元/m^3，已知杉原木（综合）材料单价为 1300 元/m^3（不含税）。

B. 杉原木(综合)调价后实际费用=(0.01×1300)元/t=13 元/t。

③ 二等锯材价格调整。

A. 消耗量与单价。查二等锯材定额消耗量为0.01m^3/t，定额单价1100元/m^3，已知二等锯材材料单价为1500元/m^3（不含税）。

B. 二等锯材调价后实际费用=(0.01×1500)元/t=15元/t。

④ 按已知题干条件，焊条综合、螺栓（综合）和其他材料等单价无变化，故不需进行调整，费用=(7.8×5.5+1.05×6.5+87.05×1)元/t=136.78元/t。

⑤ 材料费合计=(4360+13+15+136.78)元/t=4524.78元/t。

4）机械费无变化不调整，机械费=156.08元/t。

5）综合费无变化不调整，综合费=313.13元/t。

6）故调整后AF0078（钢梯踏步式扶梯安装）基价为：

(1344.80+4524.78+156.08+313.13)元/t=6338.79元/t

（2）AF0079（钢梯踏步式扶梯吊装）调整

1）分别查计量规范和计价定额关于钢梯质量计量规则的规定，钢梯项目清单工程量=定额工程量。查2015《计价定额》A.F.6钢构件项子目AF0079（钢梯踏步式扶梯吊装），基价为444.91元/t。其中人工费185.30元/t，机械费211.85元/t，综合费47.76元/t。

2）人工费调整。已知政策性人工费调整幅度为40.5%。

调整后人工费=[185.30×(1+40.5%)]元/t=260.35元/t

3）机械用柴油价格调整。

① 消耗量与单价。查定额AF0079（钢梯踏步式扶梯吊装）机械用柴油消耗量为13.96kg/t，定额单价8.5元/kg，已知机械用柴油单价为7.5元/kg（不含税）。

② 机械费调价后实际费用=[211.85-(8.5-7.5)×13.96]元/t=197.89元/t。

4）综合费无变化不调整，综合费=47.76元/t。

5）调整后AF0079（钢梯踏步式扶梯吊装）基价为：

(260.35+197.89+47.76)元/t=506.00元/t

（3）AF0100（金属构件超声波探伤二级焊缝）调整

1）查计价定额关于探伤计量规则的规定及已知题干条件，探伤定额工程量=6.8m。查2015《计价定额》A.F.6金属构件探伤项子目AF0100（金属构件超声波探伤二级焊缝），基价为40.50元/m。其中人工费5.1元/m，材料费7.93元/m，机械费20.04元/m，综合费7.43元/m。

2）人工费调整。已知政策性人工费调整幅度为40.5%。

调整后人工费=[5.1×(1+40.5%)]元/m=7.17元/m

3）按已知题干条件，材料单价均无变化，故不需要进行调整，材料费=7.93元/m。

4）机械费无变化，故不需要进行调整，机械费=20.04元/m。

5）综合费无变化不调整，综合费=7.43元/m。

6）调整后AF0100（金属构件超声波探伤二级焊缝）基价为：

(7.17+7.93+20.04+7.43)元/m=42.57元/m

将以上各定额基价汇总转换为清单综合单价，转换后的钢梯综合单价为：

{[(6338.79+506.00)×1.465+42.57×6.8]/1.465}元/t=7042.39元/t

将钢梯综合单价填入工程量清单并计算合价，得钢楼梯分部分项工程清单与计价表，见

表 3-60。其中定额人工费 = [(957.15+185.30)×1.465+5.1×6.8] 元 = 1708.37 元。

表 3-60　钢楼梯分部分项工程清单与计价表

序号	项目编码	项目名称	项目特征	计量单位	工程量	金额（元）		
						综合单价	合价	其中 定额人工费
1	010606008001	钢楼梯	1. 钢材品种、规格：Q235B，8#槽钢，4mm 厚花纹（菱形状）钢板，其余板见详图； 2. 钢梯形式：踏步式； 3. 吊装机械：塔式起重机； 4. 探伤要求：焊缝质量均为二级，超声波探伤； 5. 场内运距：投标人自行考虑	t	1.465	7042.39	10317.10	1708.37

【例 3-36】　某钢结构厂房屋面檩条平面布置图如图 3-42a 所示，钢天沟两端头与钢柱 H500×300×16×20 翼缘板齐平，钢天沟断面图如图 3-47 所示，钢天沟材质为 Q235B，厚度为 2.5mm，天沟顶部每间隔 1.5m 设置角钢L30×3（质量 1.37kg/m）进行支撑，钢天沟在工厂制作成品，现场采用汽车式起重机吊装。已编制的钢天沟分部分项工程清单与计价表见表 3-61，已知政策性人工费调整幅度为 40.5%，成品钢板钢天沟单价为 4480 元/t，机械用柴油价格为 7.5 元/kg，试采用增值税一般计税方法，计算该钢天沟分部分项工程的综合单价与合价。

表 3-61　钢板天沟分部分项工程清单与计价表

序号	项目编码	项目名称	项目特征	计量单位	工程量	金额（元）		
						综合单价	合价	其中 定额人工费
1	010606011001	钢板天沟	1. 钢材品种、规格：Q235B，2.5mm 钢板，角钢L30×3； 2. 天沟形式：成品钢天沟； 3. 吊装机械：汽车式起重机； 4. 场内运距：投标人自行考虑	t	0.260			

解：按照 2015 年《四川省建设工程工程量清单计价定额——房屋建筑与装饰工程》（简称 2015《计价定额》）计算综合单价。依据项目特征描述，应选用定额 AF0091（钢天沟钢板安装）、AF0092（钢天沟钢板吊装）计算。

（1）AF0091（钢天沟钢板安装）调整

1）分别查计量规范和计价定额关于钢板天沟质量计量规则的规定，钢板天沟项目清单工程量 = 定额工程量。查 2015《计价定额》A.F.6 钢构件项子目 AF0091（钢天沟钢板安装），基价为 7405.66 元/t。其中人工费 807.05 元/t，材料费 5750.34 元/t，机械费 479.84

元/t，综合费368.43元/t。

2）人工费调整。已知政策性人工费调整幅度为40.5%。

调整后人工费=[807.05×(1+40.5%)]元/t=1133.91元/t

3）材料费调整。从定额AF0091可知，钢天沟钢板安装使用的材料有：成品钢板天沟、电焊条、螺栓和其他材料等。

① 成品钢板天沟价格调整。

A. 消耗量与单价。查成品钢板天沟定额消耗量为1t/t，定额单价5600元/t，已知成品钢板天沟材料单价为4480元/t（不含税）。

B. 成品踏步式钢楼梯调价后实际费用=(1×4480)元/t=4480元/t。

② 按已知题干条件,电焊条、螺栓和其他材料等单价无变化,故不需要进行调整,费用=(9.8×5.5+1.74×6.5+85.13×1)元/t=150.34元/t。

③ 材料费合计=(4480+150.34)元/t=4630.34元/t。

4)机械用柴油价格调整。

① 消耗量与单价。查定额AF0091(钢天沟钢板安装)机械用柴油消耗量为12.548kg/t,定额单价8.5元/kg,已知机械用柴油单价为7.5元/kg(不含税)。

② 机械费调价后实际费用=[479.84-(8.5-7.5)×12.548]元/t=467.29元/t。

5)综合费无变化不调整,综合费=368.43元/t。

6)故调整后AF0091(钢天沟钢板安装)基价为:

(1133.91+4630.34+467.29+368.43)元/t=6599.97元/t

(2)AF0092(钢天沟钢板吊装)调整

1)分别查计量规范和计价定额关于钢天沟质量计量规则的规定,钢天沟项目清单工程量=定额工程量。查2015《计价定额》A.F.6钢构件项子目AF0092(钢天沟钢板吊装),基价为474.73元/t。其中人工费70.55元/t,机械费352.19元/t,综合费51.99元/t。

2)人工费调整。已知政策性人工费调整幅度为40.5%。

调整后人工费=[70.55×(1+40.5%)]元/t=99.12元/t

3）机械用柴油价格调整。

① 消耗量与单价。查定额AF0092（钢天沟钢板吊装）机械用柴油消耗量为17.883kg/t，定额单价8.5元/kg，已知机械用柴油单价为7.5元/kg（不含税）。

② 机械费调价后实际费用=[352.19-(8.5-7.5)×17.883]元/t=334.31元/t。

4）综合费无变化不调整，综合费=51.99元/t。

5）调整后AF0092（钢天沟钢板吊装）基价为：

(99.12+334.31+51.99)元/t=485.42元/t

将以上各定额基价汇总转换为清单综合单价，转换后的钢板天沟综合单价为：

(6599.97+485.42)元/t=7085.39元/t

将钢梯综合单价填入工程量清单并计算合价，得钢板天沟分部分项工程清单与计价表，见表3-62。其中定额人工费=[(807.05+70.55)×0.260]元=228.18元。

表 3-62 钢板天沟分部分项工程清单与计价表

序号	项目编码	项目名称	项目特征	计量单位	工程量	金额（元）		
						综合单价	合价	其中 定额人工费
1	010606011001	钢板天沟	1. 钢材品种、规格：Q235B，2.5mm 钢板，角钢L30×3； 2. 天沟形式：成品钢天沟； 3. 吊装机械：汽车式起重机； 4. 场内运距：投标人自行考虑	t	0.260	7085.39	1842.20	228.18

3.4 钢结构工程计量与计价注意要点

3.4.1 钢结构工程计量注意要点

钢结构工程计量过程中，需要注意的要点可大致归类为对计量规则的正确理解，正确识读钢结构工程施工图，构件计算尺寸的准确应用，避免重复或漏项计量，涉及质量的构件理论质量的正确使用等。

1. 对计量规则的正确理解

在进行工程量计算之前，应先熟悉并理解工程量计算规则的内涵，避免因理解有误，造成工程量非合理性偏差。例如，钢网架清单工程量计算规则为按设计图示尺寸以质量计算。不扣除孔眼的质量，焊条、铆钉等不另增加质量，螺栓质量要计算。虽然有表述“焊条、铆钉等不另增加质量”，但特别强调螺栓质量要计算，与以往计算规则有明显不同，需正确理解。又如，大部分钢构件清单工程量计算规则均有表述“按设计图示尺寸以质量计算，不扣除孔眼的质量，焊条、铆钉、螺栓等不另增加质量”，对于钢构件本身质量来说，不需要额外计算螺栓质量，但若涉及高强螺栓使用，还应单列高强螺栓清单项，以“套”计量，二者并不矛盾。

2. 正确识读钢结构工程施工图

正确识读钢结构工程施工图包括全面识图和正确理解设计意图，全面识图包括识读设计说明、平、立、剖面图，各详图等，全面掌握图样内容，以更全面转化为具体清单项目。正确理解设计意图，应结合空间想象力，还原真实的工程样貌。例如，屋架弦杆截面采用双拼角钢成 T 形，计量时应正确识图，正确计量。又如，现场施焊部位和工厂施焊部位的理解，哪些需要进行现场施焊，哪些已计入成品构件，以更准确计算现场焊缝长度。

3. 构件计算尺寸的准确应用

钢结构工程中钢构件质量，一般先进行长度（如型钢）或面积（如钢板）计算，再结合理论质量得出质量，因此构件本身的尺寸参数需正确使用。例如，对于带柱脚板的钢柱，一般情况下钢柱是与混凝土基础连接，钢柱高度应从柱脚板起算至柱顶，并非室内或室外标高起算。又如，对于腹板为变截面的 H 型钢梁，计算时应注意是非等截面构件，可拆分为翼缘板、腹板分别计算或将腹板折合为平均高度的等截面构件计算。

4. 避免重复或漏项计量

就钢构件本身而言，往往并非单纯型钢形成钢构件。例如，钢柱底部一般有柱脚板，柱脚板上下有垫块、隔板、加劲板或有靴梁、抗剪键等，顶部钢柱一般有柱顶板，与梁连接的节点有悬臂梁或连接板等。又如，钢框梁与次梁连接节点有连接板、加劲肋（包括纵向加劲肋或横向加劲肋）等。特别是节点连接板，易重复计算，垫块、抗剪键等小型构件易漏算。

5. 构件理论质量的正确使用

多数钢构件有现成理论质量数据，可通过各类工具查询，但查询时应特别注意理论质量的正确使用。例如，花纹钢板一般有菱形状花纹和扁豆形花纹，它们的理论质量或许不一致。又如槽钢和C型钢，外形较相似，但它们是完全不同的两类构件。

3.4.2 钢结构工程计价注意要点

在钢结构工程计价过程中，特别是在计算综合单价时需要注意的要点可大致归类为对工程量清单项目特征正确理解、计价定额的正确选用、计价定额工程量正确计算、计价定额说明中调整系数应用、各费用要素政策性或动态调整等。

1. 对工程量清单项目特征正确理解

分项工程综合单价应完全体现项目特征所包含内容价值，因此正确理解和正确分解项目特征尤为重要。如果某分项工程项目特征描述有“高强螺栓（另列项）”，则综合单价里不应包括高强螺栓价值。如果某分项工程项目特征描述有“工厂加工成品制作，焊缝质量为一级”，则焊缝探伤应区别是成品构件焊缝还是现场施焊焊缝部位，因为成品构件单价已包含工厂施焊焊缝探伤费用，应避免重复计价。

2. 计价定额的正确选用

依据项目特征内容进行计价定额的正确选用，是进行合理综合单价计取的必要环节。钢结构构件的项目特征往往包括安装、吊装、油漆、探伤等内容，应结合计价定额包含内容进行项目特征对应分解。如某H型钢梁（单根质量为2.5t）项目特征描述包括安装、吊装、超声波探伤内容，查询计价定额对应的定额AF0039（H型钢梁（≤3t）安装）仅包括3t以内的H型钢梁的安装费用，AF0040（H型钢梁（≤3t）吊装）仅包括3t以内的H型钢梁的吊装就位装费用，AF0099（金属构件超声波探伤一级焊缝）仅包括焊缝质量为一级，采用超声波探伤方式的费用，因此该钢梁综合单价计取应选用上述三定额进行。

3. 计价定额工程量正确计算

依据项目特征描述内容，正确选用了计价定额，接下来应正确依据定额计算规则计算定额工程量。当定额计算规则与清单计算规则相同时，定额工程量等于清单工程量，若不同则需单独计算定额工程量。如果清单项目特征有描述“焊缝质量为一级，超声波探伤”，则清单工程量为该构件质量，而定额计算规则中焊缝探伤工程量为探伤部位的长度，因此需注意探伤定额的工程量计算，切不能直接采用构件质量作为探伤定额工程量。

4. 计价定额说明中调整系数应用

在计价定额正确选用，定额工程量也正确计算后，还需结合工程实际和项目特征描述，注意是否需进行定额调整系数应用。如某高层屋顶需安装钢柱，该钢柱项目特征描述有

“安装于混凝土柱上”，查询定额说明有“钢柱安装在混凝土柱上，其机械乘以系数 1.43”，则该钢柱安装定额机械费应乘以 1.43 进行调整，若定额说明有“高层建筑吊装费按相应定额项目乘以系数 1.65”，则该钢柱吊装定额基价应乘以 1.65 进行调整。

5. 各费用要素政策性或动态调整

由于计价定额中各费用要素的时效性及工程造价政策性较强，多年前发布的计价定额部分费用不再适用，需进行调整。例如，四川省建设工程造价总站关于对成都市等 19 个市、州 2015 年《四川省建设工程工程量清单计价定额》人工费调整的批复，从 2020 年 1 月 1 日起与 2015 年《四川省建设工程工程量清单计价定额》配套执行的房屋建筑与装饰工程成都市区人工费调整幅度为 40.5%，则定额人工费应乘以 1.405 进行调整。又如，定额中二等锯材材料单价为 1300 元/m^3，某工程当地当期信息价为 1500 元/m^3，则该二等锯材材料单价应进行调整。再如，某吊装定额中机械用柴油单价为 8.5 元/kg，某工程当地当期柴油信息价为 7.5 元/kg，则该机械费用也应进行调整。

本章小结

本章介绍了钢结构工程基本概况，钢结构工程应用的主要材料，钢结构工程识图和部分构造；结合清单计量规范，介绍了钢结构工程主要部品部件的工程量计算，并通过大量案例详细演示了计算步骤和工程量清单的编制；结合计价定额，通过大量案例详细演示了主要钢构件综合单价计取步骤和工程量清单计价表的编制；最后总结了钢结构工程计量与计价需注意要点。

读者通过对本章的学习，了解和掌握钢结构工程中主要部品部件，直观认识各类钢构件，掌握相关材料性能及属性，掌握该类型结构图纸识读基本能力，为正确表述钢构件清单项目特征、确定材料单价和照图计量、照图计价提供保障。

习题

1. 简述钢结构工程的含义。
2. 简述格构式柱与实腹式柱的含义。
3. 简述钢结构工程的主要材料及其性能。
4. 简述钢结构工程柱脚的构造要求。
5. 简述钢结构工程计量应注意的要点。
6. 简述钢结构工程计价应注意的要点。
7. 某钢结构厂房柱间支撑如图 3-48 所示，钢材均为 Q235，柱间支撑杆件采用角钢L70×45×5，L63×6；支撑杆件与钢柱、钢梁均采用 8mm 厚钢板现场施焊连接，现场施焊连接部位长度为 3.6m，连接角焊缝厚度为 8mm，焊条采用 E43 型，焊缝质量均为二级，超声波探伤，采用汽车式起重机吊装就位。已知政策性人工费调整幅度为 40.5%，成品钢支撑单价为 3990 元/t，二等锯材材料单价为 1500 元/m^3，机械用柴油价格为 7.5 元/kg，试采用增值税一般计税方法，计算该柱间支撑分部分项工程的综合单价与合价。

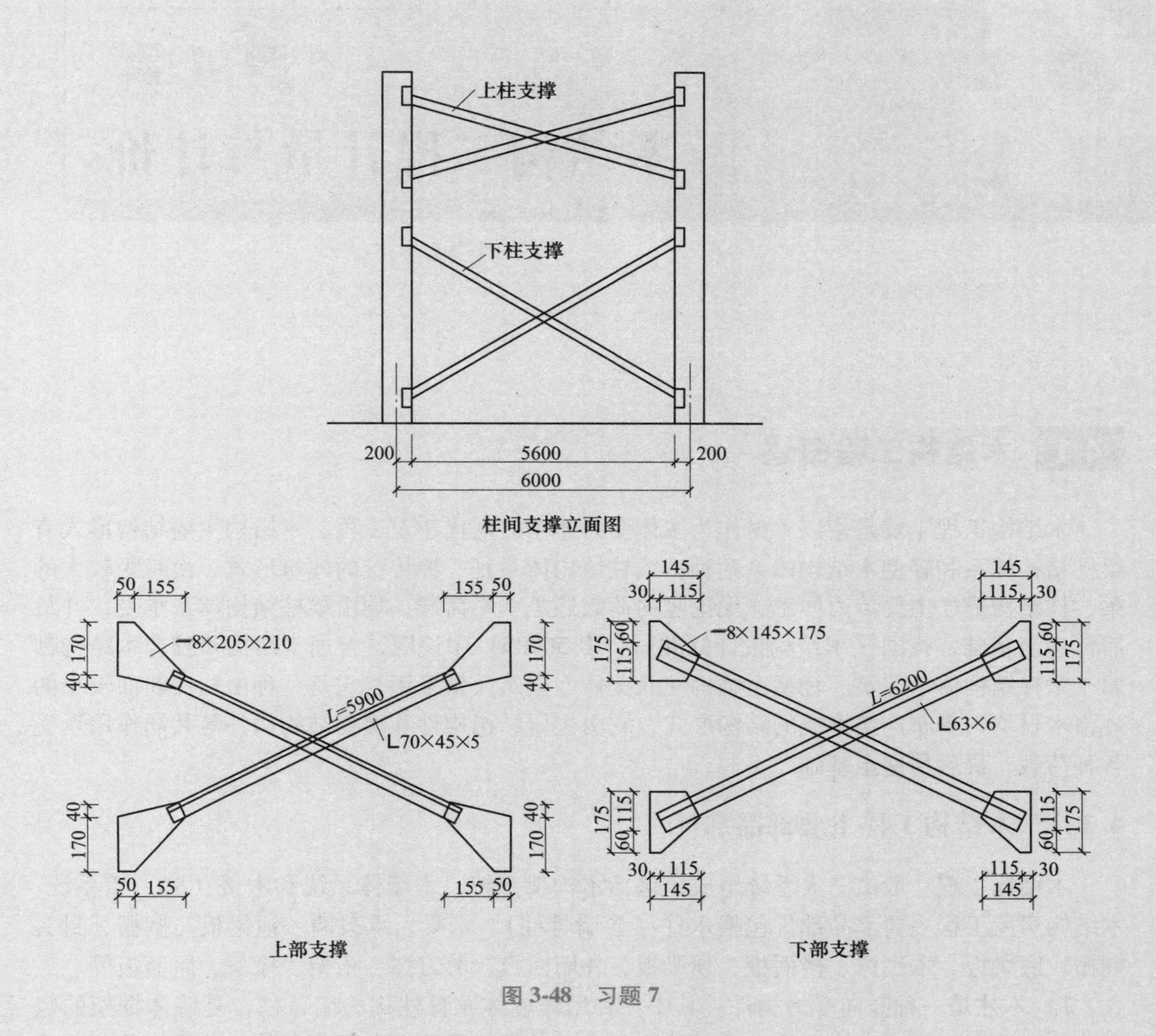

上柱支撑
下柱支撑
200
5600
200
6000
柱间支撑立面图
50 155
155 50
170
40
—8×205×210
L=5900
L70×45×5
上部支撑
145
30 115
175
115 60
—8×145×175
L=6200
L63×6
下部支撑

图 3-48　习题 7

第4章 木结构工程计量与计价

4.1 木结构工程概述

木结构工程主要是指以木材作为主体受力体系的现代建筑工程。木结构主要结构形式有梁柱结构体系和轻型木结构体系两种，梁柱结构体系是一种传统的建筑形式，由跨距较大的梁、柱结构形成主要传力体系，无论竖向荷载还是水平荷载，均由梁柱结构体系承受，并最后传递至基础，我国《木结构设计标准》（GB 50005）中说明，普通木结构和胶合木结构都属于梁柱结构体系建筑。轻型木结构在北美住宅建筑大量采用，它是一种由构件断面较小的规格木材均匀密布连接组成的结构形式，它由主要结构构件和次要结构构件等共同作用承受各种荷载，最后传递至基础。

4.1.1 木结构工程主要部品部件

木结构工程一般由三大系统组成，包括木构架系统、木墙体系统和木楼（屋）盖系统。木结构房屋工程主要部品部件包括木柱（含墙骨柱）、木梁、承载墙、地梁板、搁栅、封头搁栅、底梁板、木底撑、楼面板、顶梁板、外墙面板、剪刀撑、桁架、椽条、屋面板等。

1）木柱是一种竖向受力构件。其中一种用作墙体龙骨柱称为墙骨柱，是墙体框架的竖向构件，墙面板和墙内饰层均固定于其上。承重墙骨柱承受来自屋顶和其他楼层的荷载，墙骨柱立于底梁板上并将荷载传递到梁、其他墙或直接传递至基础，承重墙的墙骨柱尺寸一般为40mm×90mm或者40mm×140mm，间距400mm，墙骨柱侧面垂直于墙表面；非承重墙的墙骨柱尺寸一般为40mm×90mm，墙骨柱尺寸越大，填充保温材料的空间越大，节能隔声效果越好。木柱可由规格材建造而成，如图4-1所示。

2）木梁是一种较大规格的水平结构构件，是墙体、楼盖或屋盖搁栅等的支座，可以由规格材组合梁或工程木产品制成。图4-2所示为基础木梁。

3）承载墙是指能承担上面楼盖和墙体传递荷载的墙体。

4）地梁板是一种水平结构构件，锚固于基础墙顶部，并支承搁置在其上面的楼盖搁栅。地梁板是一种规格材，经过防腐处理。图4-3所示为地梁板示意及实物。

5）搁栅是一种水平结构构件，用于支承楼板、吊顶和屋盖。搁栅可采用规格材或工程木产品。图4-4所示为木搁栅。

图 4-1　木柱及墙骨柱

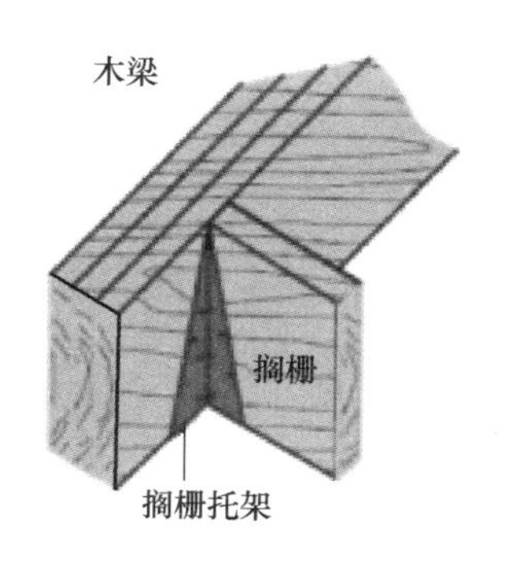

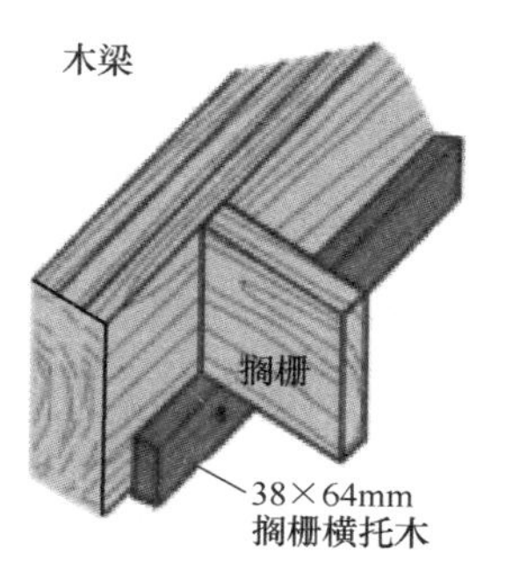

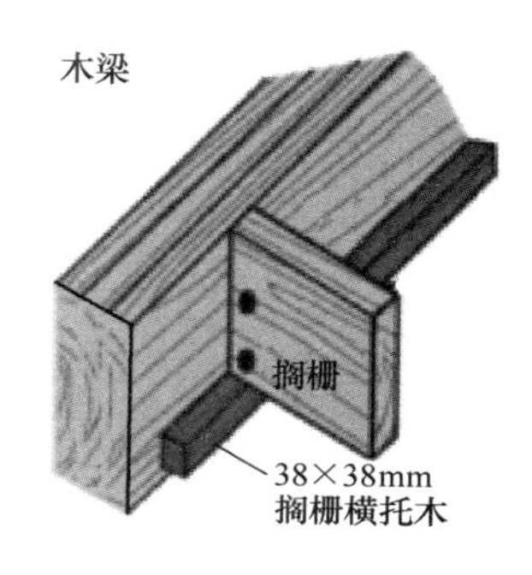

图 4-2　基础木梁

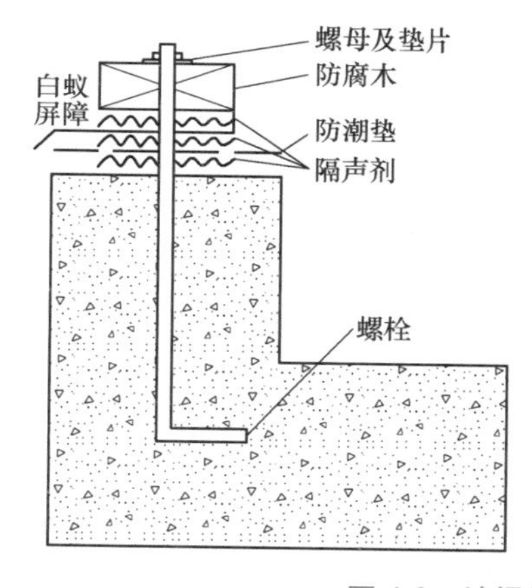

图 4-3　地梁板示意及实物

6）封头搁栅是一种水平结构构件，它和平行放置的搁栅末端呈垂直状态（图 4-4b）。封头搁栅可采用规格材或工程木产品。

7）底梁板是一种水平结构构件，它与墙骨柱底部连接并固定于楼面板和楼面板下的楼盖搁栅。底梁板可采用规格材。

8）木底撑是一种水平支撑，它固定于搁栅底部作为加劲杆之用。木底撑采用小尺寸规格材。

9）楼面板是水平铺设的结构面板，每块楼面板彼此相接并固定于搁栅顶部，一般为固定尺寸失误针叶材胶合板或定向木片板。图 4-5 所示为木质楼面板。

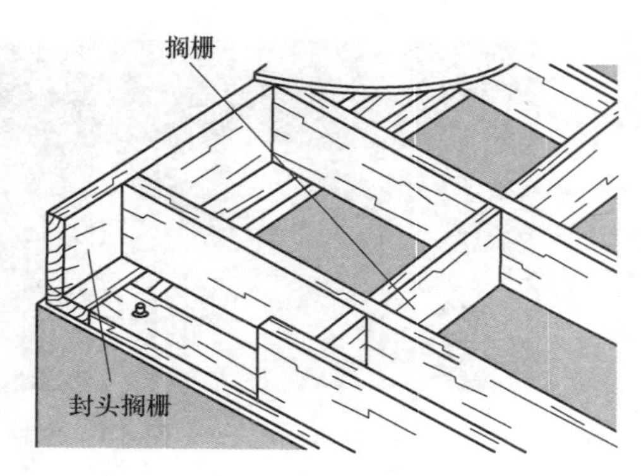

图 4-4 木搁栅

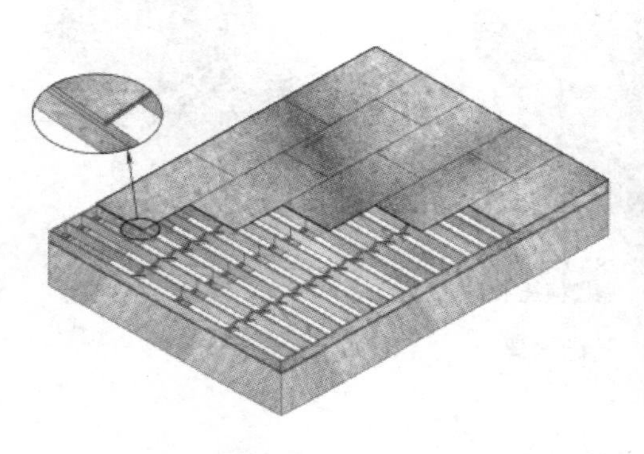

图 4-5 木质楼面板

10）顶梁板是指置于墙骨柱顶端的水平结构构件。一般使用两层顶梁板，两层顶梁板相互叠合。上层顶梁板将墙肢连接在一起，并支撑搁置在其上面的楼盖搁栅或屋面桁架。顶梁板采用规格材。

11）外墙面板是一种相邻竖直放置的结构面板，其和墙骨柱外侧固定在一起，墙面板之间应有一定空隙。木质外墙面板如图 4-6 所示。墙面板由具体特定规格的胶合板或定向刨花板制作而成。

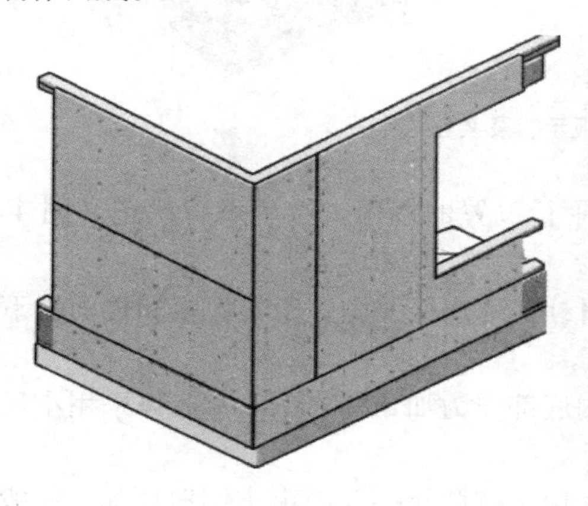

图 4-6 木质外墙面板

12）剪刀撑在盖搁栅之间作为加劲杆的短交叉斜撑，图4-7为木质搁栅剪刀撑。其可采用规格材。

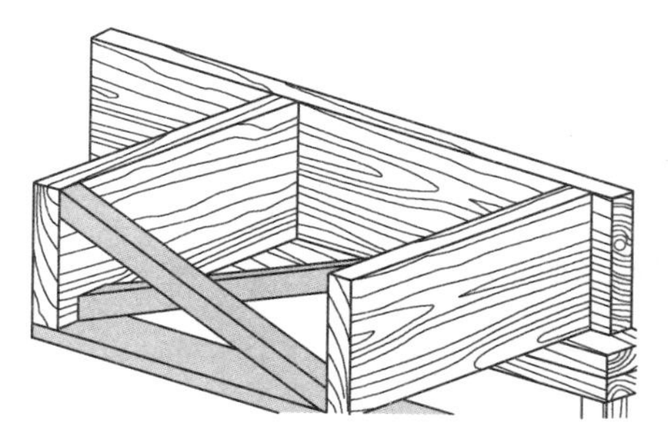

图 4-7　木质搁栅剪刀撑

13）桁架是一组垂直放置的结构框架，主要用于支撑屋盖及作用于屋盖上的荷载。桁架与墙的顶梁板一般通过钉连接或金属连接板连接，桁架跨越的两个外墙为桁架支座。木质桁架如图4-8所示。

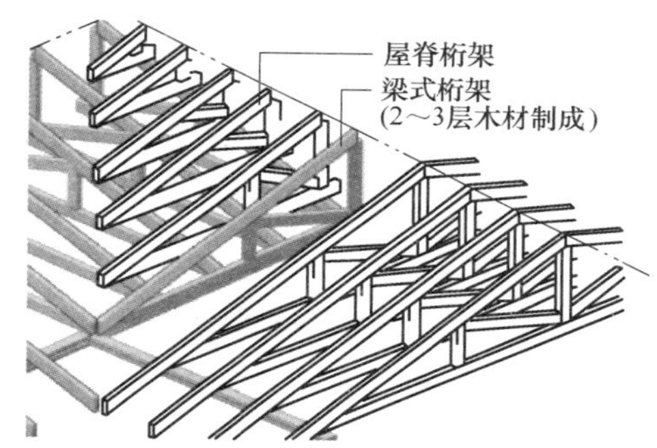

图 4-8　木质桁架

14）椽条是一组倾斜的结构构件，用来支撑屋盖以及作用于屋盖上的荷载，如图4-9所示。在建造屋盖时，桁架也可以用椽条和屋盖搁栅来代替。

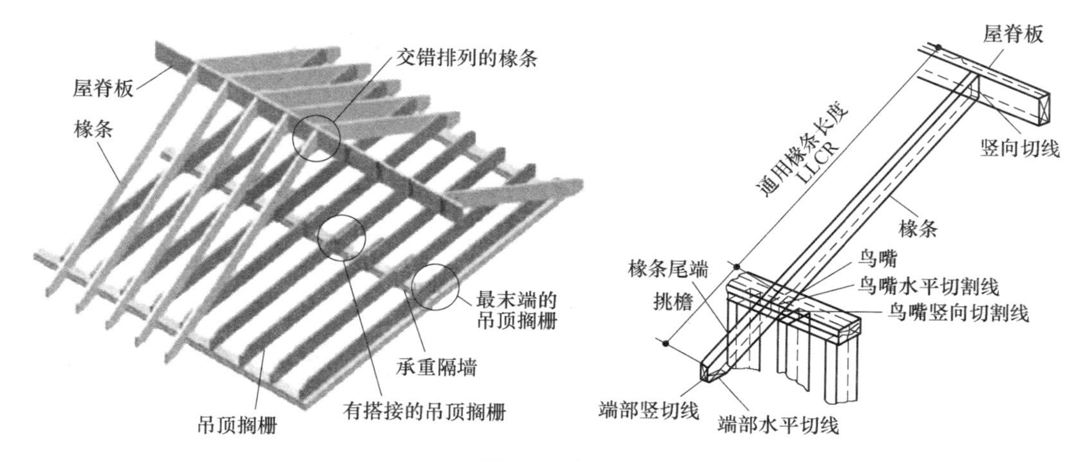

图 4-9　椽条

15）屋面板是指覆盖在屋盖坡面上的结构面板，它固定在桁架的顶部，相邻屋面板的长边用金属夹连接，以加强屋面板在桁架或椽木间的强度。屋面板由特定规格胶合板或定向刨花板制作而成。木质屋面板如图 4-10 所示。

图 4-10　木质屋面板

4.1.2　木结构工程主要材料

木结构工程主要材料有木材，黏结剂，连接件如齿板和搁栅托架、钉子、螺钉、螺栓等。

1. 木材

木材是林产品，由树干加工而成。树可分为针叶树（也称软木树）和阔叶树（也称硬木树）两大类。制作木构件的木材和制品可分为是天然木材、工程木以及预制木构件三大类。

（1）天然木材　天然木材可分为两类：一类称为方木与原木，尚不是应力定级木材；另一类是工厂化、标准化生产的锯材，是应力定级木材。从林区采伐的木料（原木）运至施工现场（或木材加工厂），按结构设计图规定的构件截面尺寸加工成圆木或锯解成方木、板材，再由技术人员现场定级后，制作成相应的木构件，这类结构用木材称为方木与原木。锯材是指经专业工厂将木料按系列化尺寸锯切、干燥、刨光、品质定级、标识等一系列工序生产的木产品。

（2）工程木　工程木是一种重组木材，其中一类是由一定规格的木板黏合而成的层板类工程木；另一类则用更薄更细小的木片板、木片条、木条等黏结而成的结构复合木材。将天然木材加工成一定厚度（50mm 以下）的木板（称为层板），再按一定的要求黏结成大截面木材。其中各层木纹彼此平行的木材称为平行层板胶合木，也称集成材，断面如图 4-11a 所示，主要用作杆类受力构件。若各层间木纹彼此垂直而黏结在一起，则称为正交层板胶合木，断面如图 4-11b 所示，主要用作板类构件，如果用作受弯构件，表面层板的木纹应平行于主要受力方向。

a）

b）

图 4-11　胶合木断面形式

a）平行层板胶合木　b）正交层板胶合木

有的结构复合木材成品是大型厚板材，可根据需要锯解成木料。根据制造工艺不同，如黏结前木材被旋削成的薄木板、木片、木条等形式，有旋切板胶合木、层叠木片胶合木、定向木片胶合木和平行木片胶合木等种类。结构胶合板和定向木片板是重组木材（板），是将木材旋切成厚度 3mm 的木板或薄木片、木条经胶合而成，厚度 8～36mm，平面尺寸为 2440mm×1220mm。这两类板材合称木基结构板材，主要用于轻型木结构中的墙面板和楼、屋面板，也可用于工字形木搁栅的腹板等。

（3）预制木构件　这类木制品是工厂化生产的预制构件，是某些专用的结构构件，如预制工字形木搁栅以及专门用于轻型木结构屋盖的装配式轻型木桁架等。

装配式木结构建筑中应用最广泛的木材一般为实木锯材和胶合木两种。对于不重要的构件或在满足主要跨度的前提下，可选用适合的锯材；相比锯材，由软木或硬木加工的胶合木在装配式木结构中适用范围更广。实木锯材虽有不同尺寸和等级，但其截面尺寸和长度受到树木原材料本身尺寸限制，所以对于大跨度构件，实木锯材难以满足设计要求，此时可采用胶合木构件。

2. 黏结剂

黏结剂有固态、液态、半液态等多种形式，通过化学作用，在硬化后紧固材料，其凝固过程短，且伴有气体产生，从环保的角度出发，应控制气体的产生量。黏结剂主要以黏固剂、乳香胶与胶水等类型为主，如图 4-12 所示。

图 4-12　黏结剂

黏结剂将层板黏结在一起，使胶合木中的各层板能协调工作。因此，黏结剂本身应有足够的强度，与木材应有足够的黏结强度，不应低于层板树种木材的顺纹抗剪强度，其耐久性应满足建筑结构设计使用年限的要求，且不污染环境。黏结剂的耐久性问题与使用环境有关，因此黏结剂的选择应根据胶合木构件的使用环境来确定。目前常用的黏结剂主要有酚类胶，如间苯二酚树脂，简苯二酚-苯酚（PRF）树脂和脲醛胶（UF），以及氨醛类胶如三聚氰胺脲醛树脂（MUF）等。黏结剂的环保要求主要是限制甲醛含量，甲醛计量应由层板胶合木成品中取样，按规定的检验方法确定，划分为 F1、F2、F3、F4 四级，要求样品甲醛释放量最大值分别不超过 0.4mg/L、0.7mg/L、2.1mg/L、4.2mg/L，平均值分别不超过 0.3mg/L、0.5mg/L、1.5mg/L、3.0mg/L。

3. 齿板和搁栅托架

（1）齿板　齿板由厚度 1～2mm 的薄钢板冲齿而成，使用时将其成对地压入构件接缝处的构件两侧面，齿板连接可归类于销连接。齿板连接的承载力不大，且不能传递压力，主要用于规格材制作的桁架节点连接（称为齿板桁架）中，有时还用于木构件局部部位的加固，如梁支座处局部横纹承压强度不足时的加固。齿板必须在构件的两侧设置，齿板如图 4-13a 所示。

a)

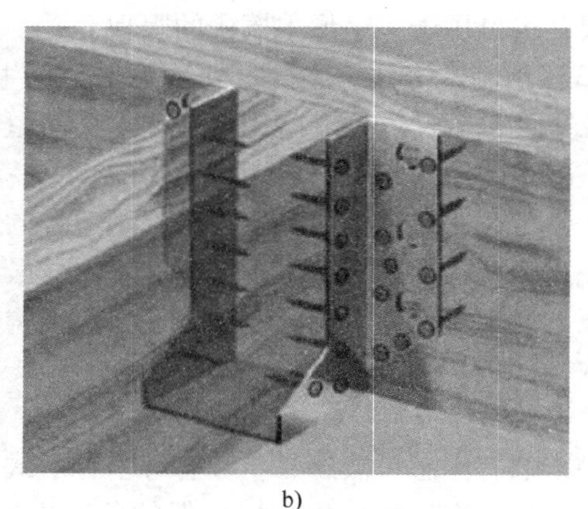
b)

图 4-13　齿板和搁栅托架

a）齿板　b）搁栅托架

齿板一般由 Q235 碳素结构钢或 Q345 低碳合金钢制作。因其厚度较薄，故需要镀锌防腐，镀锌量不小于 $275g/m^2$。尽管如此，考虑其耐久性，齿板不能在有高腐蚀性或潮湿的环境中使用。齿板上与齿平面相垂直的轴线称齿板的主轴，安装齿板时应按规定的主轴方向将齿板压入被连接构件的侧面，不得歪斜。压入齿板需用专用的液压工具，防止齿板上的齿一部分先压入而另一部分齿后压入木构件，导致齿不垂直或部分齿不能垂直地进入木构件。

（2）搁栅托架　搁栅托架一般由 Q235 碳素结构钢或 Q345 低碳合金钢制作。搁栅托架在楼盖系统中可用于楼盖搁栅与梁、楼盖搁栅与楼梯井封边搁栅的连接，如图 4-13b 所示。在屋盖系统中，搁栅托架可用于屋盖搁栅与梁、楼梯梁与楼梯井封头搁栅等结构的连接。当建筑构件暴露在室外时（如露台），搁栅托架应做镀锌处理。

4. 钉子

根据用途不同，制造钉子的金属材料不同。钢是制作钉子最常用的材料，用在易生锈的地方（如房顶、栅栏、露台）。钢钉需经镀锌处理，分为电镀锌和热镀锌两种。相比之下，热镀锌较电镀锌更耐腐蚀。不锈钢钉可用于在地面上或土壤中固定木构件。制造钉子的其他金属材料有铝、黄铜以及铜，用这些钉子固定金属或木结构构件，可以避免在潮湿环境下不同金属构件因相互接触而产生的电解、电镀反应。钉子的种类如下：

（1）普通钉　普通钉通常称为圆光钉。其钉头中等、钉杆浑厚光滑，末端尖锐。箱钉也属于普通钉，但钉身较细，常镀有一层磷或胶。

（2）螺纹钉　螺纹钉的钉身有螺纹，具有咬合力大、固定性强的特点。装饰螺纹钉比普通螺纹钉细，钉头小，能深入木头里，便于进行后续的装修。

（3）包装圆钉　包装圆钉的钉头为圆锥形，能沉入到木材里层。屋面钉有镀层，钉头比普通钉大很多，可用来固定沥青瓦。

此外，还有硬化钢制造的水泥钉，末端有圆锥形尖；固定性强且易拔除的双头钉；用推送器推射的装饰用角钉。图 4-14 所示是常用钉子类型。

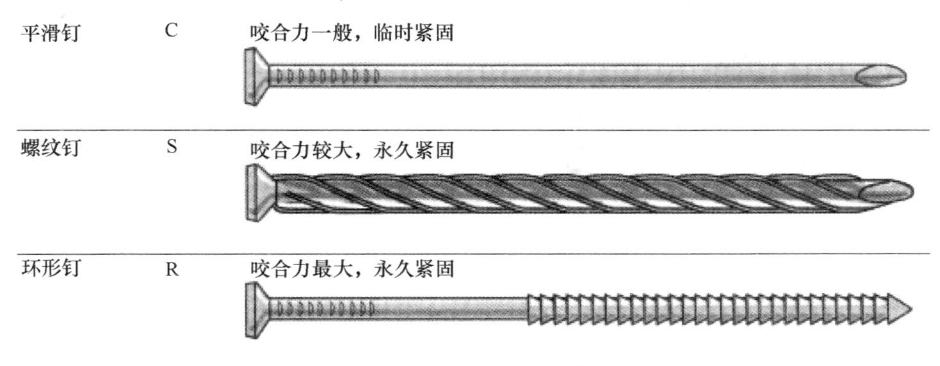

图 4-14　常用钉子类型

（4）码钉　码钉呈 U 形，通过手动、气动或电动钉枪驱动。手动码钉枪常用于固定轻质材料，如塑料薄膜与防潮纸；加大码钉由电动钉枪气动发射，用以临时固定面板和夹柜部件。

5. 螺钉

螺钉是比钉子咬合力更强、更易拆除的紧固件。螺钉的类型繁多，包括不同的材料、规格、螺母与螺钉头凹槽等。螺钉类型如图 4-15 所示。

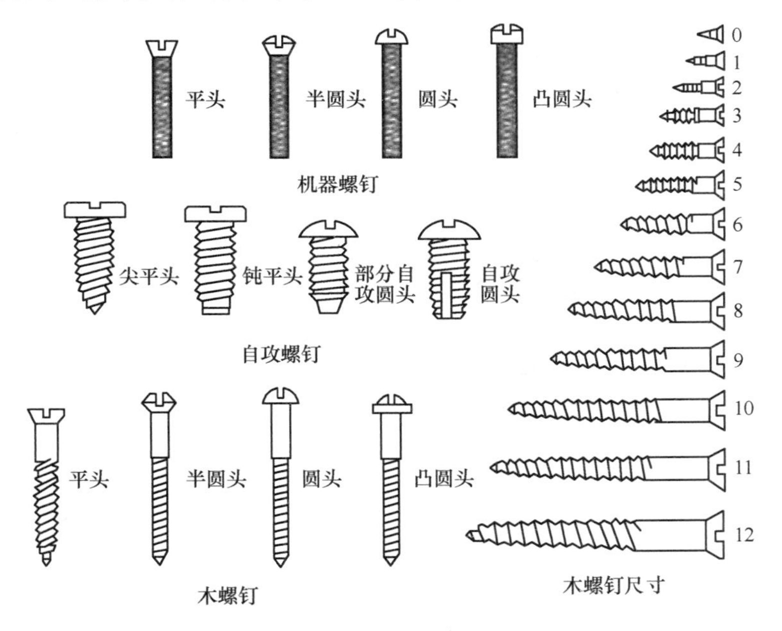

图 4-15　螺钉类型

在主体结构建造中使用的螺钉不需打导孔，如低牙的底板螺钉与覆面板螺钉。固定重型构件如梁时，如不适合使用螺栓，可选用木螺钉。木螺钉及其使用示意。如图 4-16 所示。

螺钉的型号用数字表示，数字越小的螺钉直径越小。自钻螺钉和自攻螺钉是建筑工程中

图 4-16 木螺钉及其使用示意

常用的两种螺钉，如图 4-17 所示。自攻螺钉主要用来加固薄钢制品，如钢制墙骨。使用电动螺钉刀高速转动自攻螺钉，利用尖锐钉尖穿过钢材。如果是加厚钢材，则可用电钻将自钻螺钉旋入。

图 4-17 自钻螺钉和自攻螺钉

6. 螺栓

螺栓从外观上与螺钉有显著的不同，螺栓需要与螺母一起使用，螺母与螺栓头共同作用夹紧中间的构件。带有平垫片或者锁紧垫片的螺栓可以防止螺母或螺钉头嵌入木材。螺栓通常由钢制成，表面镀锌。如果钢中掺入不低于 10% 的铬，可制成不锈钢螺栓。木结构建筑中常用的螺栓有车身螺栓、机械螺栓与炉用螺栓，如图 4-18 所示。使用螺栓需要提前钻导孔，并要注意孔距构件边缘的距离以及荷载的类型。

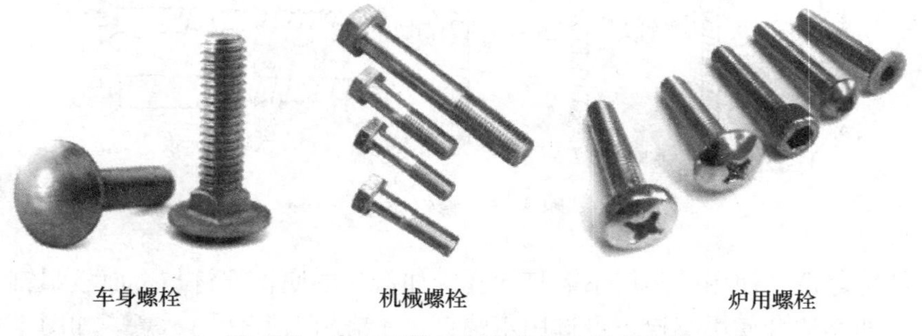

图 4-18 车身螺栓、机械螺栓和炉用螺栓

4.1.3 木结构工程识图与部分构造

1. 木结构工程识图

木结构房屋工程的设计图一般包括：图样设计说明、平面布置图、立面图、木构架及剖面图（注：识图方法如同其他结构，本书不再赘述）、楼（屋）盖设计图、墙体设计图及其他细部图等。其中图样设计说明是该套图样的总体情况介绍，包括木结构工程的建筑功能、建造地理位置、结构主体构造要求、各种设施标准做法等。平面布置图通过轴网尺寸标识各功能房间的开间、进深等参数。立面图分为正立面图、背立面图、侧立面图，可通过标高标识各部品部件高度。

1）楼盖设计图一般包括以下结构构件关系。

① 地梁板是经过防腐剂加压处理的规格材，通过螺栓锚固于基础墙顶部。

② 垫片和填缝剂用来填补地梁板和混凝土基础的接缝。

③ 楼盖搁栅由规格材或工程木产品制成，支撑于地梁板和梁上，并横跨建筑物宽度。

④ 组合梁由规格材或工程木产品组合制成，在基础墙之间支撑楼盖搁栅。

⑤ 由楼盖搁栅垂直的封头搁栅规格材或工程木产品制成，用来固定搁栅端部，并支撑于地梁板上。

⑥ 由规格材制成的木底撑、剪刀撑或搁栅横撑将支座间的搁栅连接起来。

⑦ 由木基结构板材制成的楼面板，其长度方向与搁栅垂直宽度方向拼缝，与搁栅平行并相互错开，楼板拼缝处应位于搁栅上。

图 4-19 所示为楼盖各结构构件连接。

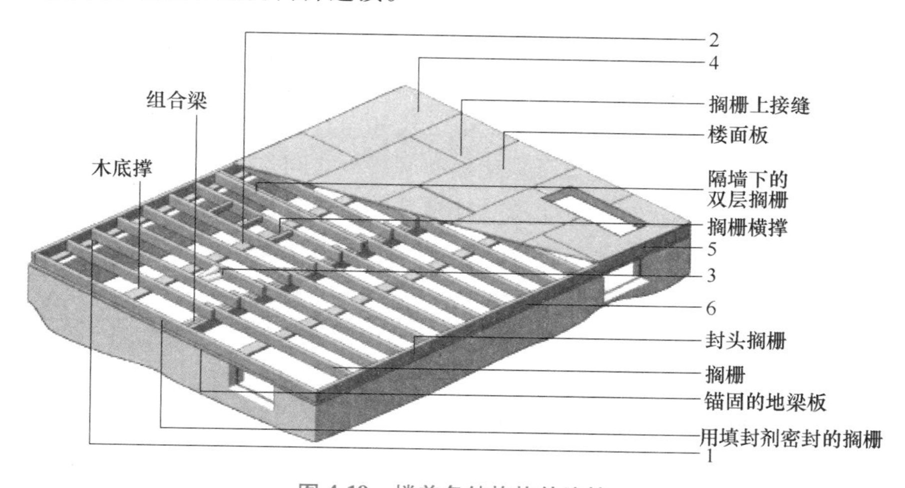

图 4-19 楼盖各结构构件连接

1—楼盖搁栅与地梁板和梁用斜向钉连接 2—木底撑与楼盖搁栅下侧用钉连接
3—剪刀撑与楼盖搁栅用钉连接 4—楼面板与楼盖搁栅用钉连接或螺栓连接并用胶黏接
5—封头搁栅与搁栅末端用垂直钉连接 6—封头搁栅和搁栅端部与地梁板用斜向钉连接

2）典型屋盖体系一般由椽条和搁栅组成，其设计图包括以下结构构件关系。

① 椽条：椽条横跨外墙与屋脊梁，通常倾斜并带有中间支撑以帮助荷载传递。

② 顶棚搁栅：顶棚搁栅横跨墙体，一般用连接板连接或者搭接。

③ 屋脊板：水平放置的屋脊板为椽条提供支撑，在屋脊板的连接处通常用支柱支撑。

④ 椽条连杆：连接椽条的连杆。

⑤ 侧向支撑：椽条连杆的侧向支撑。

图 4-20 所示为屋盖各结构构件连接。

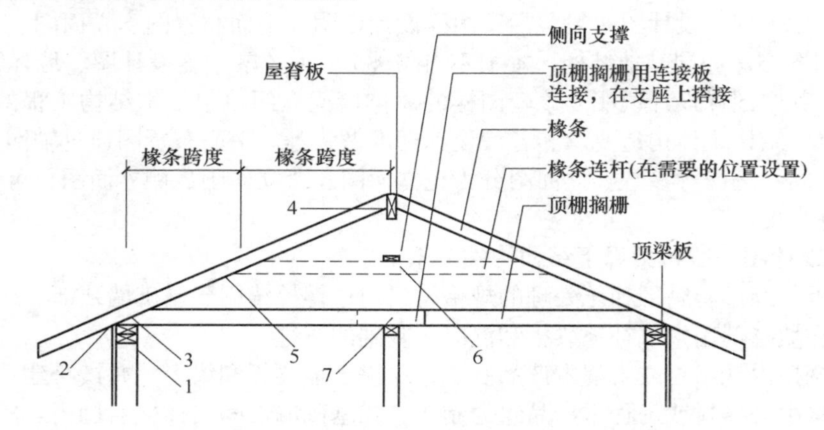

图 4-20　屋盖各结构构件连接

1—顶棚搁栅端部与墙体顶梁板用斜向钉连接　2—椽条或桁架与墙体顶梁板用斜向钉连接
3—椽条与顶棚搁栅用钉连接　4—椽条与屋脊板用斜向钉连接或垂直钉连接　5—椽条拉杆与椽条用钉连接
6—椽条拉杆侧向支撑与拉杆用钉连接　7—顶棚搁栅在连接板或搭接处用钉连接

另外，屋盖结构涉及的术语如下：椽条跨度为椽条支座之间的水平距离；屋盖跨度为框架墙外侧之间的水平距离；总高度为屋盖高出墙体的垂直距离；总水平长度为屋脊顶点和墙体外侧的水平距离；坡度为高度与水平长度的比值常以分数表示，例如 1/3。

3）墙体设计图内容一般包括以下结构构件关系。

① 底梁板由规格材制成，水平置于楼盖上，尺寸与其所支撑的墙骨柱尺寸相同。

② 墙骨柱由规格材制成，垂直置于顶梁板和底梁板之间。

③ 顶梁板由规格材制成，水平置于墙骨柱顶部并与墙骨柱连接。

④ 门窗过梁由规格材或工程木产品制成，或为组合梁，连接门窗洞口两边的墙骨柱起横梁作用，并支撑门窗洞口上部的短墙骨柱和顶梁板。

⑤ 托柱（比全长墙骨柱短）由规格材制成，支撑门窗过梁。

⑥ 窗台梁由规格材制成，构成窗洞口的底部边框。

⑦ 短柱（比全长墙骨柱短）由规格材制成，支撑门窗过梁上方的顶梁板或底梁板上方的窗台梁。

⑧ 覆面板由木基结构板材制成，位于外墙框架外侧。

图 4-21 所示为典型墙体各结构构件连接。

2. 木结构工程部分构造

（1）木柱柱脚　木柱可分为实腹柱、拼合柱、填块分肢柱、墙骨柱等几种。其中，实腹柱是指实心且构成柱截面的各部分木料间均为刚性连接的柱。其截面通常为方形或矩形，有时也采用圆形。实腹柱的柱身由完整的方木与原木、层板胶合木或结构复合木材制作。实腹柱构造简单，柱脚、柱头与基础和梁的连接很重要。柱与基础间的连接一般均视为铰接，原则上仅需保证柱不发生平移。古代木结构中，木柱与柱础间仅设暗销，现代木结构中常用

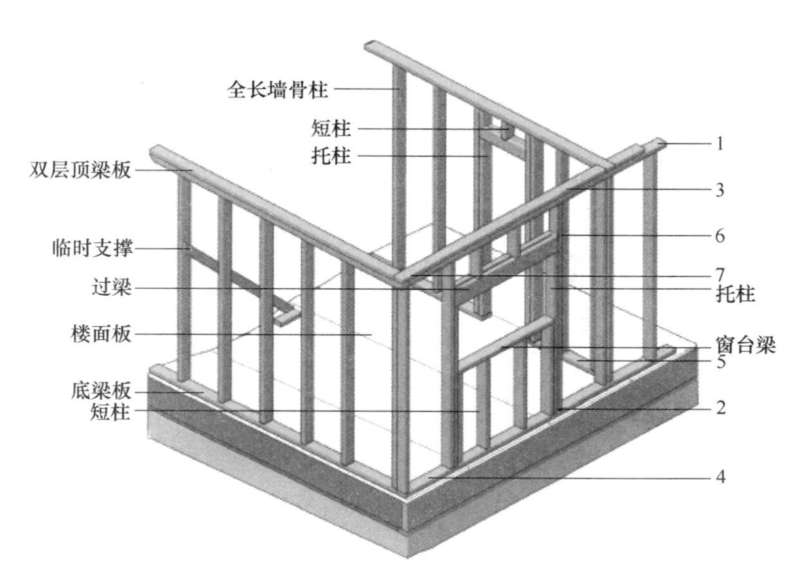

图 4-21　典型墙体各结构构件连接

1—墙骨柱末端应钉在顶梁板和底梁板上　2—采用双墙骨柱时，以及在墙体相交和转角部位，墙骨柱应钉在一起　3—采用双顶梁板时，应将顶梁板钉在一起　4—外墙底梁板应钉在楼盖搁栅或填块上　5—内墙底梁板应钉在楼盖搁栅或填块上　6—门窗过梁（通常是钉在一起的组合规格材）两端都应钉在墙骨柱上　7—在墙相交处应将叠拼的顶梁板钉在一起

的木柱与基础连接如图 4-22 所示。连接螺栓宜设在柱纵轴线的位置，如果柱和基础间的连接设计为半刚性连接（可承担一定的弯矩），应使连接件的边、端、间距满足构造要求，防止木柱横纹受拉劈裂。柱底距离室外地面高度不应小于 300mm。柱子不宜插入封闭的钢柱靴中，防止水浸或水进入柱靴中无法排出造成木材腐朽。

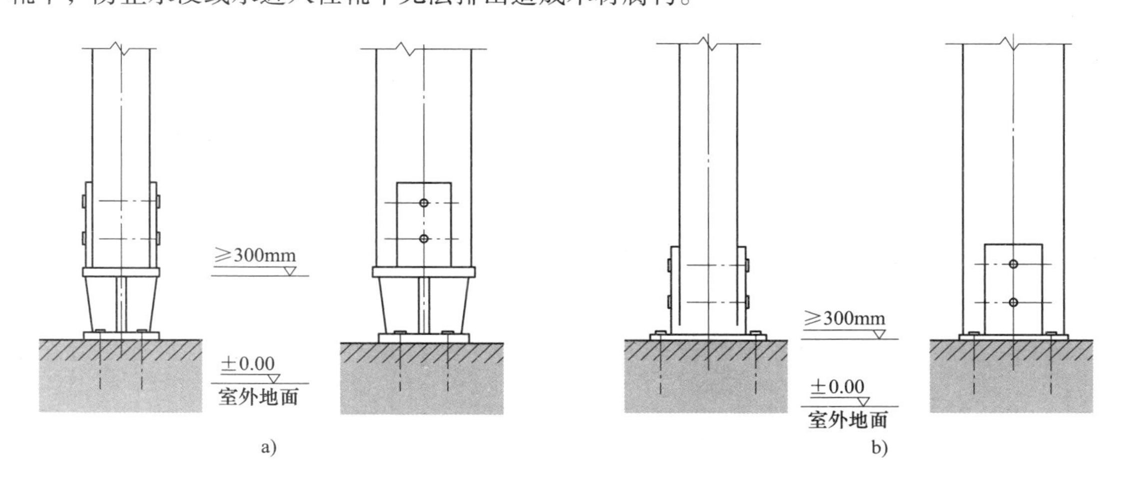

图 4-22　木柱与基础连接

a）木柱与钢柱础连接　b）无柱础连接

（2）柱与梁连接　柱与梁的连接，一种方式是侧面式，其梁支撑在柱的侧面，采用金属挂件连接的可视为铰接，如图 4-23a 所示；采用内置钢板连接的，能承担一定的弯矩，可

视为半刚性连接，如图 4-23b 所示。另一种连接方式是支撑式，其梁支撑在柱顶，如图 4-24 所示。

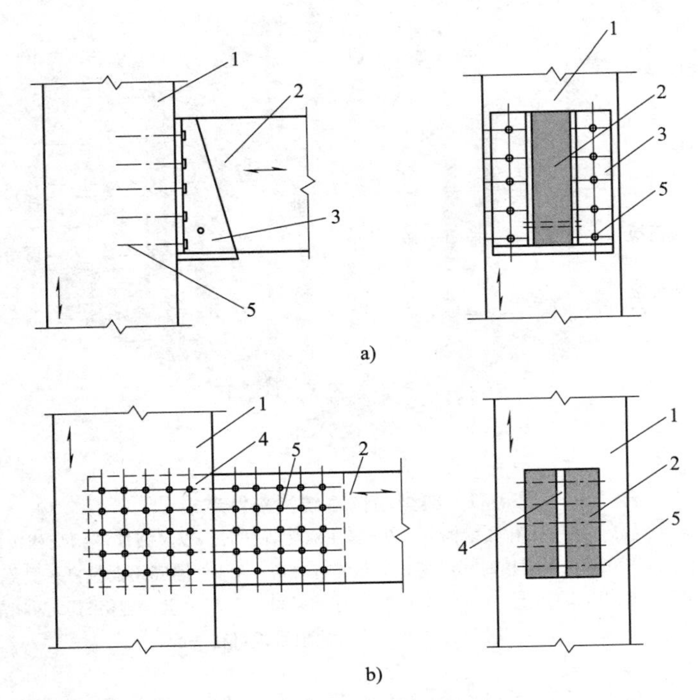

图 4-23　梁柱连接示意图（侧面式）

a）挂件连接　b）内置钢板连接

1—柱　2—梁　3—挂件　4—内置钢板　5—销连接件

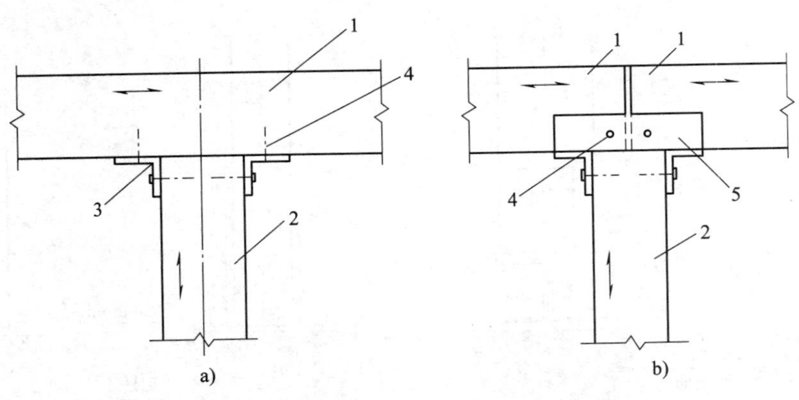

图 4-24　梁柱连接示意图（支撑式）

a）连续梁　b）简支梁

1—梁　2—柱　3—角铁　4—销连接件　5—系板

（3）剪力墙、地梁板

1）剪力墙构造。剪力墙可采用木基结构板材或石膏板作墙面板，当用木基结构板材作面板时，至少墙体一侧采用；当用石膏板作面板时，墙体两侧均应采用。所有剪力墙必须满足钉连接的最低要求。

剪力墙和楼、屋盖应符合下列构造要求：

剪力墙骨架构件和楼屋盖构件的宽度不得小于40mm，最大间距为600mm。

剪力墙相邻面板的接缝应位于骨架构件上，面板可水平或竖向铺设。为了防止板的变形，面板之间应留有空隙。随着含水率的变化，板材空隙的宽度会有所变化，但不应小3mm。

木基结构板材的尺寸不得小于1.2m×1.2m，在剪力墙边界或开孔处允许使用宽度不小于300mm的窄板，但不得多于两块。当结构板的宽度小于300mm时，应加设填块固定。

经常处于潮湿环境条件下的钉应有防护涂层。为了防止框架材料劈裂以及防止钉从板边被拉出，钉距离每块面板边缘不得小于10mm，中间支座上钉的间距不得大于300mm，钉应牢固地打入骨架构件中，钉面应与板面齐平。当墙体两侧均有面板且每侧面板边缘与钉间距小于150mm时，墙体两侧面板的接缝应互相错开，避免在同一根骨架构件上。当骨架构件的宽度大于65mm时，墙体两侧面板拼缝可在同一根构件上，但钉应交错布置。

2）地梁板构造。地梁板除了起锚固作用，还能支撑楼盖搁栅和封头搁栅，并将楼盖荷载传至基础墙上。承受楼面荷载的地梁板截面尺寸不得小于40mm×90mm。当地梁板直接放置在条形基础的顶面时，地梁板和基础顶面的缝隙间应填充密封材料。另外，直接安装在基础顶面的地梁板应经过防护剂加压处理，用直径不小于12mm，间距不大于2m的锚栓与基础锚固，每根地梁板两端应各有一根锚栓，端距为100~300mm，锚栓埋入基础深度不小于100mm，如图4-25所示。

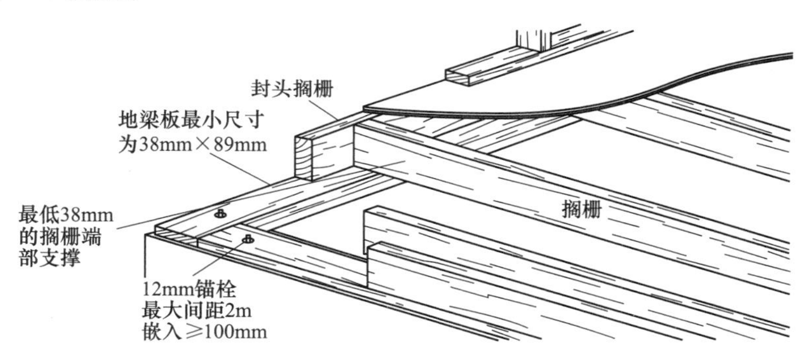

图4-25　地梁板构造（图样地梁板截面尺寸为计算尺寸）

（4）木基结构板材　木基结构板材目前主要有两种，即结构胶合板和定向木片板，主要用作轻型木结构中的墙面、楼面和屋面的覆面板，不仅起围护作用，还可以承重。结构胶合板和定向木片板在制作材料和生产工艺上有很大差别。结构胶合板由数层旋切或刨切的木单板按一定规则铺放经胶合而成，材质以软木树种为主，单板的厚度一般不小于1.5mm，也不大于5.5mm。胶合板中心层两侧对称位置上的单板由物理性能相似的树种木材制作，相邻单板的木纹相互垂直，表层板的木纹方向应与成品板的长度方向一致。单板间施加黏结剂，经加压加热养生而成成品。结构胶合板的总厚度为5~30mm，板面尺寸一般为1220mm×2440mm。定向木片板形似刨花板，由切削成长度约为100mm、宽度为35mm上下、厚度约为0.8mm的木片施胶加压养护而成。上、下表层多数木片的长度方向与成品板的长度方向一致，此即定向之意，中间层木片随机铺放。成品板的厚度为9.5~28.5mm，板幅亦为 1220mm×2440mm。

（5）木结构连接　木结构的连接按不同功能可分为三类：①节点连接，其为木构件间或木构件与金属构件间的连接，以构成平面或空间结构；②接长，当木材的长度不足时，可将两段木料对接起来以满足长度要求，如可用螺栓和木夹板将木料接长；在层板胶合木中，层板可通过指接接长等；③拼接，当单根木料的截面尺寸不足时，可用若干根木料在截面宽度或高度方向拼接，如规格材拼合梁、拼合柱以及胶合木层板在宽度高度方向的拼（胶）接等。木结构的连接应满足传力明确、安全可靠，具有良好的延性，具有一定紧密性，构造简单、便于施工、节省材料等基本要求。典型木结构连接方法有榫卯连接（含齿连接）、销连接、键连接、胶连接、植筋连接和承拉连接等，如图 4-26 所示。

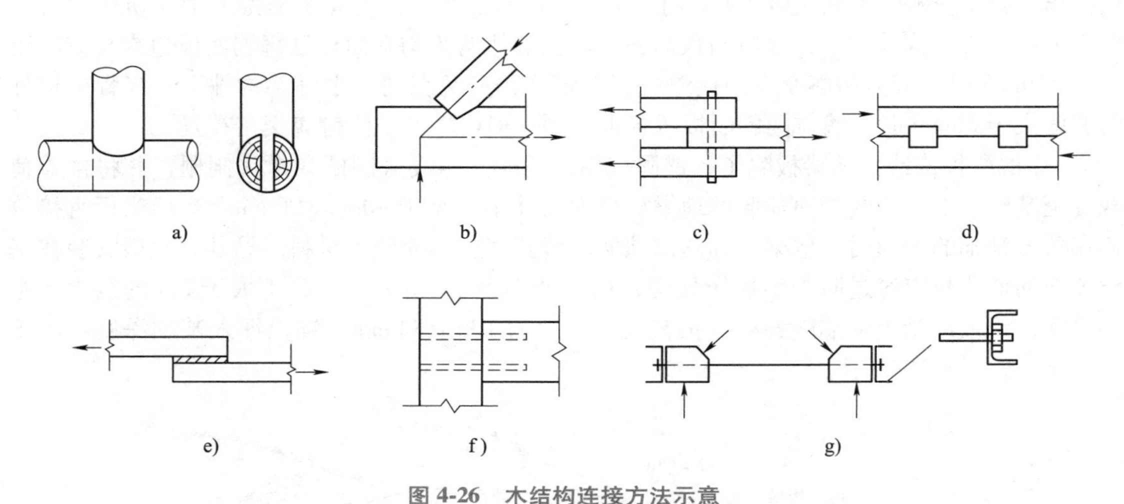

图 4-26　木结构连接方法示意

a）榫卯连接　b）齿连接　c）销连接　d）键连接　e）胶连接　f）植筋连接　g）承拉连接

下面逐一介绍各类连接方法。

1）榫卯连接。榫卯连接是我国古代木结构普遍采用的连接方法，如图 4-27 所示，其特点是无须连接件或胶结材料作媒介，即可完成构件间作用力的传递。有些榫卯连接的形式尚可传递一定的拉力，用其构成的节点，有时可视为半刚性连接。典型的榫卯连接有直榫连接和齿连接。

图 4-27　榫卯连接

直榫连接有半榫（图 4-28）和长榫（贯通柱截面）两种情况。榫眼亦称卯口，应开凿在柱中心或梁的受压区位置，尺寸应与榫头尺寸相匹配，榫头高度通常不小于截面高度的 1/3，底边宜与梁受拉边平齐。如果无其他辅助连接，半榫头长度 d 一般不小于 40mm。

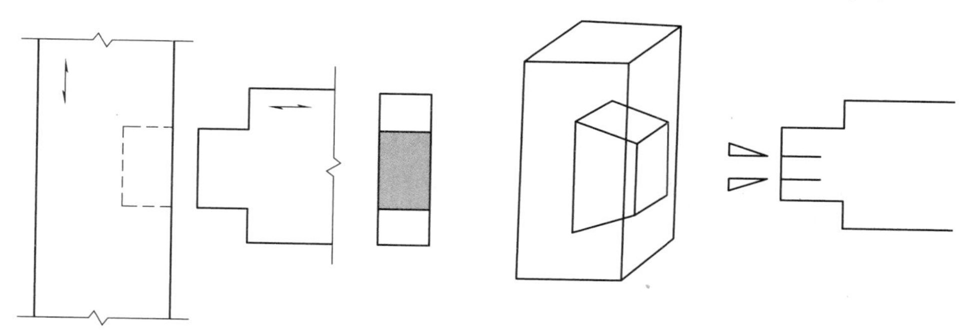

图 4-28　榫卯连接中半榫示意图

齿连接又称抵承连接，是榫卯连接的一种，将一构件的端头做成齿榫，在另一个构件上开凿出齿槽（卯口），使齿榫直接抵承在齿槽的承压面上，通过承压面传递作用力，常用于桁架节点的连接。但榫卯对构件的截面有较大的削弱，限制了其应用。齿连接只能传递压力，不需要连接件，是其基本特点。齿连接有单齿连接、双齿连接两种形式，图 4-29 所示是木桁架中齿连接的基本构造。单齿连接（图 4-29b）承载力较低，但制作简单，应优先采用。当内力较大，采用单齿连接需要构件截面较大时，可采用双齿连接。对于方木桁架端节点，一般规定不大于 $h/3$（h 为下弦截面高度），原木桁架不大于 $d/3$（d 为原木直径）。对于其他节点，方木桁架不大于 $h/4$，原木桁架不大于 $d/4$。但为了保证承压面的可靠性，齿

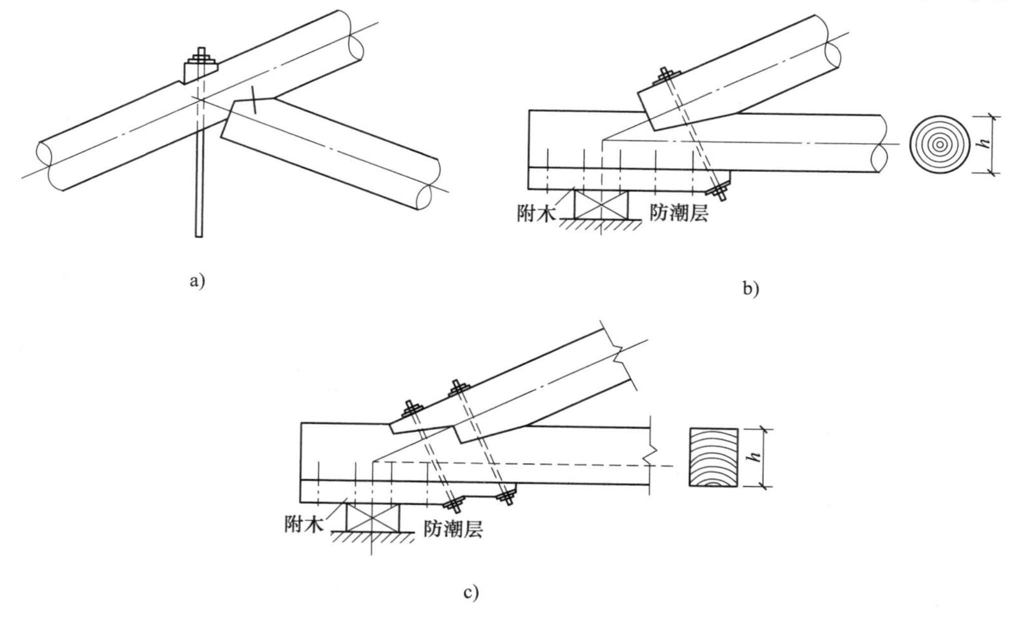

图 4-29　齿连接的基本构造

a）上弦杆与腹杆的齿连接　b）原木桁架端点单齿连接　c）方木桁架端节点双齿连接

槽深度又不能太浅，通常规定方木桁架不小于 20mm，原木桁架不小于 30mm。为防止干裂影响，设计规范规定一般不能用湿材制作，必须用湿材时，其长度需在满足承载力要求的基础上增加 50mm。如图 4-29c 所示的双齿连接，上弦杆端做成两个齿榫，分别抵承在下弦两个齿槽的承压面上，制作要求稍高，务使两个抵承面同时受力。双齿连接一般只用于桁架的端节点，通常要求第一齿的顶点位于上、下弦杆边缘的交点上，第二齿的顶点位于上弦杆轴线与下弦上边缘的交点处。为防止木材斜纹影响导致第二剪切面破坏，第二齿槽的深度应比第一齿槽深度大 20mm 以上，但深度也不应大于 $h/3$（或 $d/3$）。

2）销连接将钢质或木质的杆状物作为连接件，将木构件彼此连接在一起，通过连接件传递被连接件间的拉力或压力。常用的连接件有销、螺栓、钉、方头螺钉和木铆钉等。

根据外力作用方式以及销穿过被连接构件间拼合缝的数目不同，销连接可分为对称双剪连接、单剪连接、反对称连接三种形式。其中反对称连接一根销穿过两个拼合缝，但在两个拼合面上的剪力作用方向是相反的。下面主要介绍对称双剪连接和单剪连接。

对称双剪连接一根销对称地穿过两个或多个拼合缝，如图 4-30 所示。它是木结构连接中最典型的一种形式。图中两侧的构件称为夹板，可以用木材制作，也可用钢板制作（图 4-30c）。销贯入夹板的深度，即侧边构件的长度，称为销槽承压长度，用 a 表示；销贯穿中间构件的长度（销槽承压长度）为 c。对于双剪连接，a 代表边部构件的销槽承压长度，c 代表中部构件的销槽承压长度。

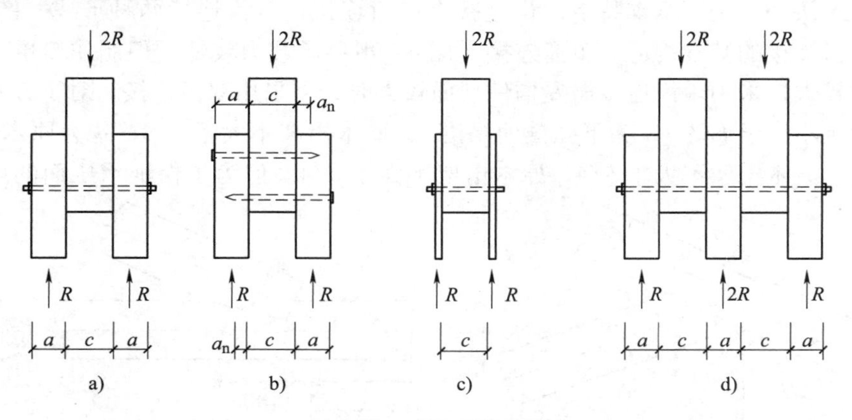

图 4-30　对称双剪连接

a）、b）木夹板对称双剪连接　c）钢夹板对称双剪连接　d）对称多剪连接

单剪连接一根销仅穿过一个拼合缝，如图 4-31 所示。其中图 4-31c 形似对称连接，但因两侧夹板各自用销连接，每根销仅穿过一个拼合缝，故实为单剪连接。需注意单剪连接中销槽承压长度 a、c 的表示方法。螺栓连接中，因螺栓贯穿两构件，故 a 为较薄构件的厚度，c 为较厚构件的厚度；但钉连接中，钉尖不一定贯穿两构件，如图 4-31b ~ d 所示，则其中销槽较短的一侧长度为 a，较长的一侧为 c。无论何种连接件，两销槽长度相等时，均用 c 表示。销槽长度不相等时，用 a 表示较薄的构件，用 c 表示较厚的构件。

对称双剪连接、单剪连接、反对称连接是三种销连接基本形式，由此三种形式尚可组合成更多种连接形式，其中螺栓连接和钉连接均属销连接。

3）键连接用钢质或木质的块状或环状物作为连接件，将其嵌入两木构件的接触面间，

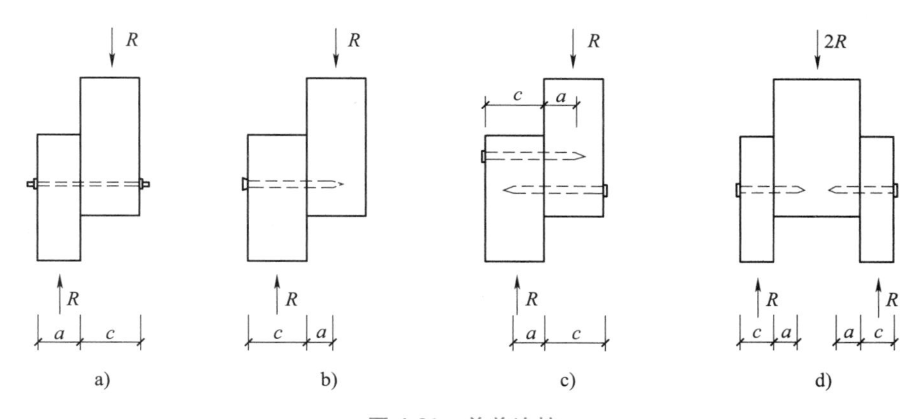

图 4-31 单剪连接

a）、b）单剪连接 c）双销单剪连接 d）对称单剪连接

阻止相对滑移，从而传递构件间的拉力或压力（图 4-32）。这类连接件视为刚体，常用的有裂环与剪板。

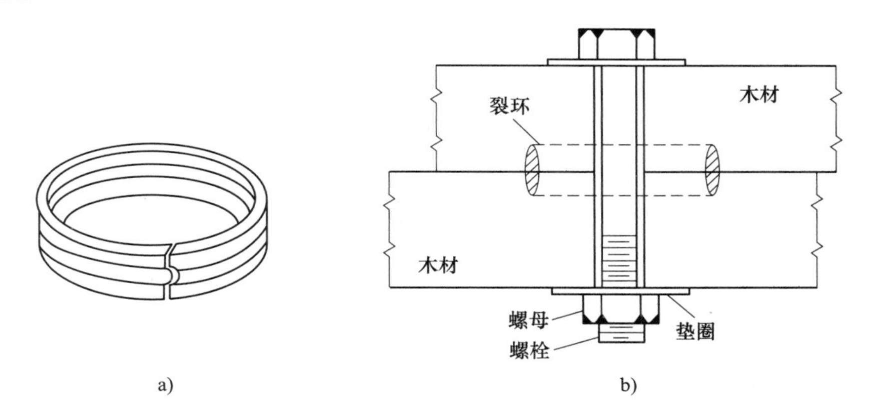

图 4-32 裂环及其连接构造

用裂环或剪板作为连接件的连接是一种典型的键连接形式。这种连接的特点是每个剪面的承载力较高，滑移模量较大，但群体因素影响较大。当连接承载力由连接件端距范围内的木材抗剪能力控制时，特别是连接中仅用一个连接件的情况下，连接的延性差，存有一定风险。裂环和剪板均为圆形连接件，前者为圆环状，后者呈圆盘状，故又称为剪盘。两者均需用螺栓或方头螺钉作紧固件，使被连接的构件能彼此贴紧，但两者的作用有很大不同。在裂环连接中，同一裂环对称地镶嵌于被连接的两构件中，由裂环自身抵抗两构件的相对滑移而传递作用力，紧固件不直接参与作用力的传递。剪板连接中，例如木-木相连时，需同时使用两块剪板，分别镶嵌在两被连接的木构件侧面，用穿过两剪板中心孔的紧固件来阻止两构件相对滑移，从而传递作用力。因此，紧固件需有足够的抗剪能力。如果紧固件直径过小，连接的滑移变形会过大，影响连接的承载性能。可见，剪板连接中的紧固件类似于钢结构中的普通螺栓，承受剪力作用。实际上，若按规定的钢材和直径选用与剪板配套使用的紧固件，其抗剪能力远大于每个剪面的抗力要求，则连接设计中不需验算紧固件中的抗剪能力。因此，剪板和裂环可用同一种方法估计其侧向承载力。

裂环用热轧碳素钢由专业工厂生产，直径为60~200mm，裂环为闭合的正圆形，呈手镯状，闭合口处有槽、齿相嵌（图4-32a）。环截面呈腰鼓状，中央截面宽约4mm，上下两端稍窄，目的是使环能顺利地嵌入木构件上预钻的环槽中。图4-32b所示为裂环连接的基本构造。

剪板由专业工厂生产，由热轧碳素钢或锻铁制作。剪板呈圆盘状，盘中央有供紧固件穿过的圆孔，锻铁剪板围绕该孔尚均匀分布一些小孔。图4-33所示为剪板及其连接构造。

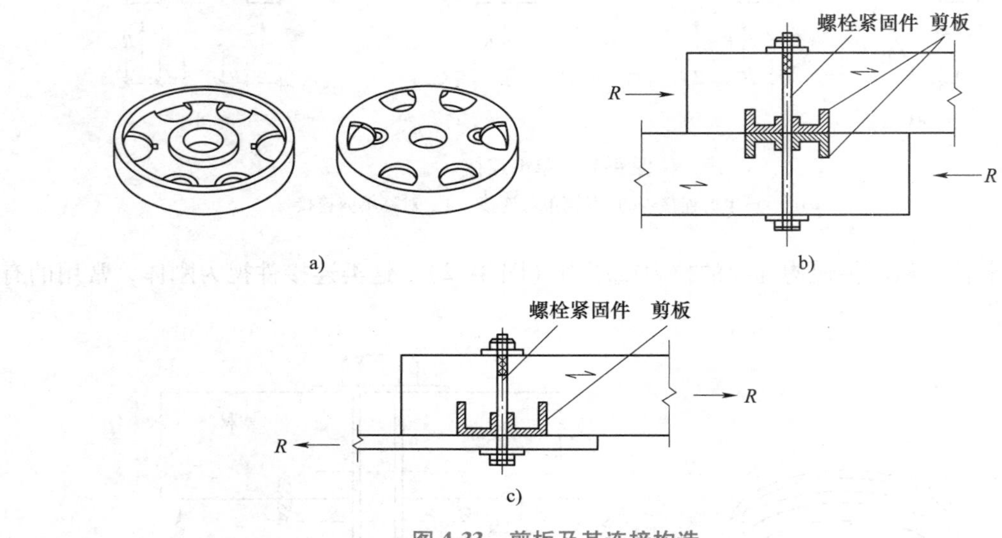

图4-33 剪板及其连接构造

a）剪板外貌 b）木-木相连 c）钢-木相连

木-木连接时，剪板需成对使用；钢-木连接时，可用一个剪板，而另一侧则利用紧固件与钢夹板孔承压工作，故钢夹板需有足够的厚度。安装裂环或剪板时，木构件上的圆形环槽或圆形凹槽应精心制作。为防止紧固件中心与裂环或剪板不同心，木构件上的环槽或凹槽应用专用钻具一次成形（图4-34）。当采用方头螺钉作紧固件时，穿入木构件一侧的深度不小

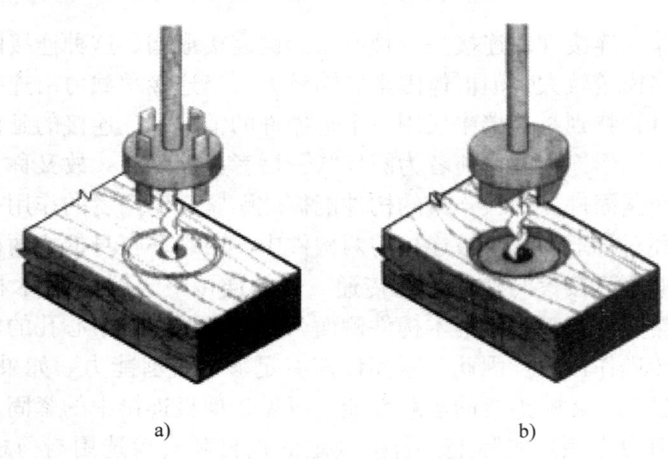

图4-34 裂环与剪板连接施工钻具

a）裂环 b）剪盘

于 $7d$，木构件在有螺纹段长度内的引孔孔径取 70%的螺钉直径。穿入紧固件后需拧紧。如果安装时木材含水率尚未达到当地木材平衡含水率，需定期复拧，直至达到平衡含水率。

4）胶连接利用结构胶将木料黏结在一起通过黏结面的抗剪能力使其共同受力，传递拉力或压力。

木结构连接用胶除应有足够的黏结强度外，胶黏剂、树脂胶等其化学成分不应危及人畜安全，不污染环境，满足环保要求，应具有与木结构工程设计使用年限相适应的耐久性。胶连接是指利用胶的黏结能力将木构件连接起来并构成类似刚接的节点。胶连接具有明显的脆性破坏特征，现场施工又较难保证施工质量而未纳入《木结构设计标准》（GB 50005—2017）的连接设计计算中，目前只用于工程木（层板胶合木、结构复合木材）等产品生产过程。但将其视为连接中的一种辅助形式，例如用以克服销连接中的初始滑移变形，增加正常使用荷载下的节点刚度，仍有显著作用。木结构构件间的胶连接尚未有相关的标准可循，在这种情况下，如果工程中必须使用，则应通过这种连接的足尺试验论证，并应考虑到脆性断裂可能造成的后果，配置适当的类似保险螺栓的辅助连接是必要的，以保证安全。

5）植筋连接在木构件的适当位置钻孔，插入带肋钢筋，注入黏结料，钢筋与木构件间可靠黏结，可传递构件间的拉力、压力，钢筋也可作为销类连接件，传递侧向力（图 4-26f）。植筋连接将带肋螺纹钢筋用胶黏剂植入木材上预钻的孔中，通过钢筋轴向抗拉、抗压能力和横向抗弯、抗剪能力来传递被连接木构件间的作用力。植筋连接（植筋深度足够时）的优良抗拉性能，将使其发展成为木结构的一种新的连接形式。植筋可采用制作层板胶合木所用的胶黏剂，如酚类胶、单组分聚氨酯等，但最常用的是能常温固化的环氧树脂胶（环氧树脂+固化剂+增塑剂+石英粉填料）。当长期处于较高温度（≥35℃）条件下或有特殊要求时，需采用特殊的配方。植筋是借用混凝土结构后锚固技术的术语，木结构中的植筋应采用注胶的施工工艺，即钢筋先插入孔中，再从注浆孔中注入胶黏剂，要保证钢筋居中、胶层均匀，还要保证钢筋的植入深度。木材孔径宜比钢筋直径大 4~6mm，至少大 2mm，最大钢筋直径不超过 25mm。一般认为植筋深度超过 $2d$（变形钢筋直径），且拔出力即可不低于钢筋的屈服拉力。

6）承拉连接将钢拉杆视为连接件，阻止两被连接构件的分离（图 4-26g）。

4.2 木结构工程计量

采用工程量清单计价方法，其目的是由招标人提供工程量清单，投标人通过工程量清单复核，结合企业管理水平，依据市场价格水平，行业成本水平及所掌握的价格信息自主报价。工程量清单的“五要件”中的项目编码、项目名称、项目特征、计量单位已在第 1 章绪论做了详细介绍，本节不再赘述。工程量清单项目中工程量计算正确与否，直接关系到工程造价确定的准确合理与否，故正确掌握工程量清单中工程量计算方法，对于清单编制人及投标人都很重要，否则将给招标方、投标方均带来相关风险。本节主要依据《建设工程工程量清单计价规范》和《房屋建筑与装饰工程工程量计算规范》对木结构工程的工程量计算规则和方法进行介绍。

木结构工程在《房屋建筑与装饰工程工程量计算规范》位于附录 G 木结构工程下，涉及清单项目（编码为 010701~010703）中包括木屋架、木构件、屋面木基层 3 节，共 7 个项目。

《房屋建筑与装饰工程工程量计算规范》关于木结构工程计量有关说明：

1）屋架的跨度应以上、下弦中心线两交点之间的距离计算。

2）带气楼的屋架和马尾、折角以及正交部分的半屋架，按相关屋架项目编码列项。

3）屋架种类分为木、钢木。按标准图集设计应注明标准图代号，按非标准图设计的项目特征必须按标准中相应表格中的要求予以描述。

4）木楼梯的栏杆（栏板）、扶手，应按该规范附录 Q 中的相关项目编码列项。

5）木结构装配式构件参照“其他木构件”编码列项。

4.2.1 屋架计量

屋架（项目编码 010701001）

计量单位：榀

项目特征：①屋架种类；②跨度；③材料品种、规格；④刨光要求；⑤拉杆及夹板种类；⑥防护材料种类；⑦安装机械。

工程量计算规则：以榀计算，按设计图示数量计算。

【例 4-1】 某厂房屋架采用方木人字屋架，跨度为 10.24m，共 9 榀，木屋架示意如图 4-35 所示，上弦杆方木截面尺寸为 150mm×300mm，下弦杆方木截面尺寸为 450mm×300mm，腹杆方木截面尺寸为 240mm×300mm，材质为一等锯材（干），节点采用 5mm 厚钢板用钉连接，现场刨光制作，轮胎式起重机吊装就位安装，安装高度 6m。试计算该厂房屋架工程量及编制其工程量清单。

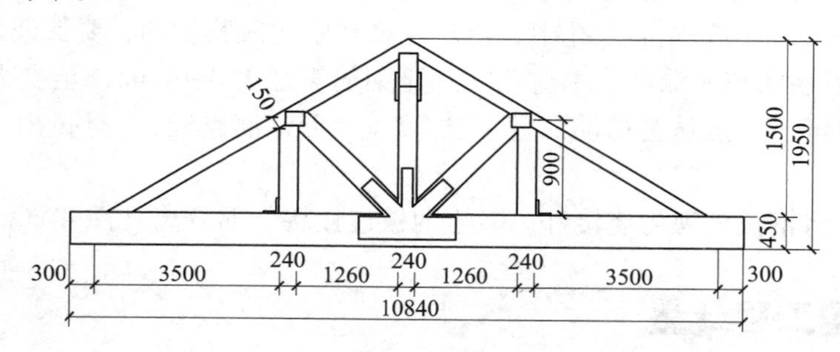

图 4-35 木屋架示意图

解：屋架以“榀”计量，计算规则为按设计图示数量计算。

屋架工程量：(1×9) 榀 = 9 榀

其中一榀屋架：

上弦杆方木体积：$[\sqrt{(1.5+0.45/2-0.15/2)^2+(10.24/2)^2}\times0.15\times0.3\times2]\ m^3=0.48m^3$

下弦杆方木体积：$(10.84\times0.45\times0.3)\ m^3=1.46m^3$

竖向腹杆方木体积：$[(0.9\times2+1.5-0.5)\times0.24\times0.3]\ m^3=0.23m^3$

斜向腹杆方木体积：$[\sqrt{(1.26+0.24)^2+0.9^2}\times2\times0.24\times0.3]\ m^3=0.25m^3$

屋面方木体积合计：$[(0.48+1.46+0.23+0.25)\times9]\ m^3=21.78m^3$

其工程量清单见表4-1。

表4-1　方木屋架工程量清单

序号	项目编码	项目名称	项目特征	计量单位	工程量
1	010701001001	方木屋架	1. 屋架种类：人字形方木屋架； 2. 跨度：10.24m； 3. 材料品种、规格：一等锯材（干），规格见详图； 4. 刨光要求：刨光； 5. 拉杆及夹板种类：钢板夹板； 6. 安装机械：轮胎式起重机	榀	9

4.2.2　木构件计量

1. 木柱（项目编码010702001）

计量单位：m^3

项目特征：①构件规格尺寸；②木材种类；③刨光要求；④防护材料种类；⑤安装机械。

工程量计算规则：按设计图示尺寸以体积计算。

2. 木梁（项目编码010702002）

计量单位：m^3

项目特征：①构件规格尺寸；②木材种类；③刨光要求；④防护材料种类；⑤安装机械。

工程量计算规则：按设计图示尺寸以体积计算。

【例4-2】　某重型木结构工程，木柱截面形状为矩形，截面尺寸为400mm×400mm，柱底标高为-0.12m，柱顶标高为4.50m，木梁L1截面形状为矩形，截面尺寸为240mm×400mm，木梁L2截面形状为矩形，截面尺寸为240mm×350mm，材质均为花旗松，强度等级为TCT24，木柱与木梁平面布置及材料表如图4-36所示，图示轴线均为中心线，图中未注明的梁均为木梁L1，梁柱节点采用榫卯连接，梁端头为半榫形式，主梁与次梁节点连接采用5mm厚钢板穿螺栓连接，轮胎式起重机吊装就位安装。试计算木结构中木柱和木梁工程量及编制其工程量清单。

解：木柱以“m^3”计量，计算规则为按设计图示尺寸以体积计算。

木柱工程量：$[(0.4\times0.4)\times16\times(4.5+0.12)]m^3=11.83m^3$

木梁以“m^3”计量，计算规则为按设计图示尺寸以体积计算。因梁端头为半榫形式，故梁长度应算至柱中。

木梁L1工程量：$[(13.4\times4+14.1\times4)\times0.24\times0.4]m^3=10.56m^3$

木梁L2（C/1-4轴线）工程量：$[(2.4\times3+1.8-0.24\times2)\times0.2\times0.35]m^3=0.60m^3$

木梁L2（E/2-4轴线）工程量：$[(2.4+1.8-0.24)\times0.2\times0.35]m^3=0.28m^3$

木梁L2（1右/B-C轴线）工程量：$[(3-0.24/2-0.2/2)\times0.2\times0.35]m^3=0.19m^3$

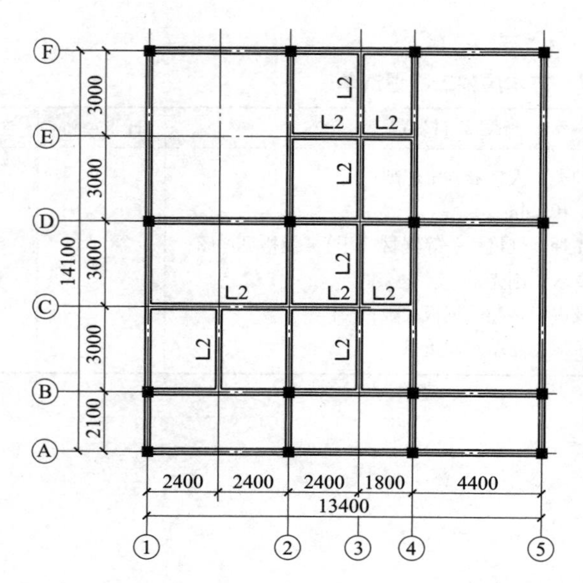

柱材料表		
构件	截面尺寸	标高
Z1	400mm×400mm	基顶—柱顶

梁材料表		
构件	截面尺寸	顶面标高
L1	240mm×400mm	4.500m
L2	240mm×350mm	4.500m

图 4-36 木柱与木梁平面布置图及材料表

木梁L2（3/B-F 轴线）工程量：$[(3\times4-0.24\times2-0.2\times2)\times0.2\times0.35]\mathrm{m}^3=0.78\mathrm{m}^3$

木梁工程量：$(10.56+0.60+0.28+0.19+0.78)\mathrm{m}^3=12.41\mathrm{m}^3$

其工程量清单见表 4-2。

表 4-2 木柱和木梁工程量清单

序号	项目编码	项目名称	项目特征	计量单位	工程量
1	010702001001	木柱	1. 构件规格尺寸：截面尺寸 400mm×400mm； 2. 木材种类：花旗松，强度等级为 TCT24； 3. 刨光要求：刨光； 4. 梁柱节点连接：榫卯连接； 5. 安装机械：轮胎式起重机	m^3	11.83
2	010702002001	木梁	1. 构件规格尺寸：L1 截面尺寸 240mm×400mm，L2 截面尺寸 240mm×350mm； 2. 木材种类：花旗松，强度等级为 TCT24； 3. 刨光要求：刨光； 4. 梁柱、主次梁节点连接：榫卯连接、钢板穿螺栓连接； 5. 安装机械：轮胎式起重机	m^3	12.41

3. 木檩（项目编码 010702003）

计量单位：m^3

项目特征：①构件规格尺寸；②木材种类；③刨光要求；④防护材料种类；⑤安装机械。

工程量计算规则：按设计图示尺寸以体积计算。

【例4-3】　某木结构屋面木檩条通过5mm厚钢板檩托搁置在屋架上弦杆上，木檩截面形状为平行四边形，截面尺寸为200mm×400mm，材质为松木，强度等级为TB20，屋面剖面图及檩条平面布置图如图4-37所示，现场刨光制作，轮胎式起重机吊装就位安装。试计算木檩工程量及编制其工程量清单。

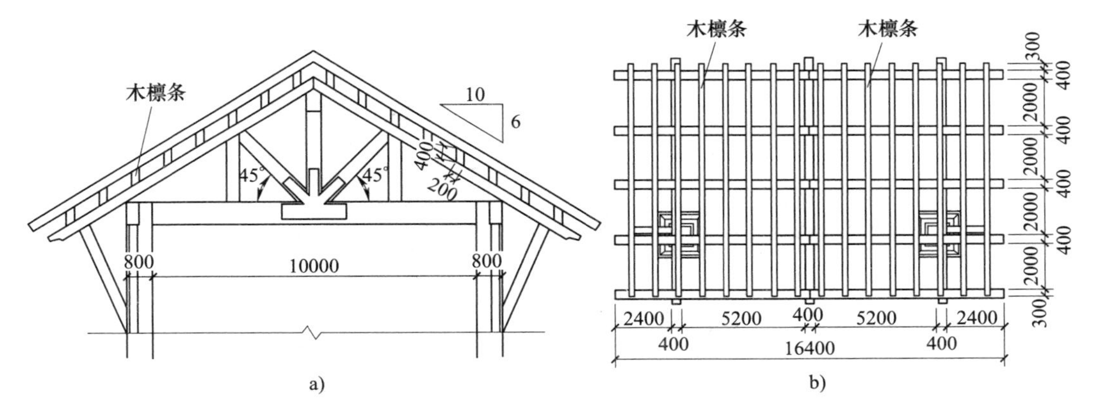

图4-37　屋面剖面图及檩条平面布置图

a）屋面剖面图　b）屋面檩条平面布置图

解：木檩以“m^3”计量，计算规则为按设计图示尺寸以体积计算。

木檩工程量：$[(0.3+0.4+2+0.4+2+0.4+2+0.4+2+0.3)\times16\times(0.2\times0.4)]m^3=13.06m^3$

其工程量清单见表4-3。

表4-3　木檩工程量清单

序号	项目编码	项目名称	项目特征	计量单位	工程量
1	010702003001	木檩	1. 构件规格尺寸：截面尺寸200mm×400mm； 2. 木材种类：松木，强度等级为TB20； 3. 刨光要求：刨光； 4. 檩托：5mm厚钢板檩托； 5. 安装机械：轮胎式起重机	m^3	13.06

4. 木楼梯（项目编码010702004）

计量单位：m^2

项目特征：①楼梯形式；②木材种类；③刨光要求；④防护材料种类；⑤安装机械。

工程量计算规则：按设计图示尺寸以水平投影面积计算。不扣除宽度≤300mm的楼梯井，伸入墙内部分不计算。

5. 其他木构件（项目编码010702005）

计量单位：m^3

项目特征：①构件名称；②构件规格尺寸；③木材种类；④刨光要求；⑤防护材料种类；⑥安装机械。

工程量计算规则：按设计图示尺寸以体积计算。

【例 4-4】 某木结构墙体龙骨立面及断面示意如图 4-38 所示，其中墙骨柱采用截面形状为矩形，截面尺寸为 38mm（厚度）×140mm（宽度）规格材，墙体顶梁板、过梁、底梁板及横隔板截面尺寸均与墙骨柱相同，材质均为松木，强度等级为 TB20，现场刨光制作。墙面覆板采用 11.9mm 厚定向刨花板双面用钉固定铺设。试计算图示墙体木龙骨工程量及编制其工程量清单。

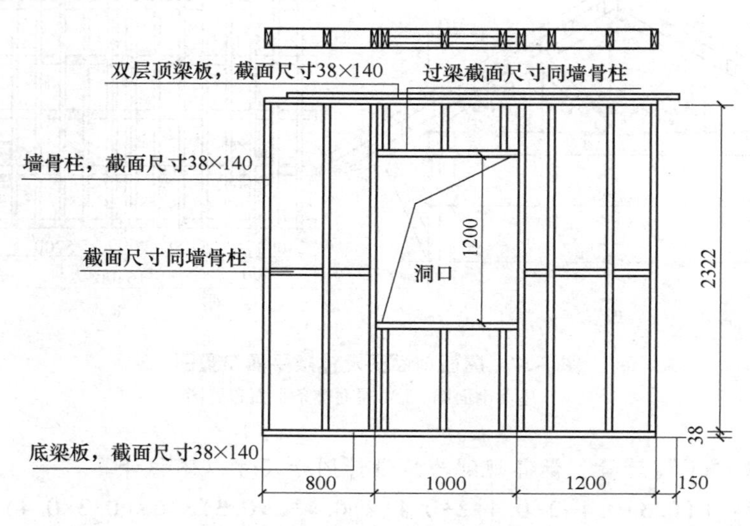

图 4-38　墙体龙骨立面及断面示意图

解：其他木构件以“m^3”计量，计算规则为按设计图示尺寸以体积计算。

墙骨柱体积：$\{[2.322\times7+(2.322-1.2-0.038\times2)\times3]\times0.038\times0.14\}m^3=0.10m^3$

底梁板体积：$[(0.8+1+1.2)\times0.038\times0.14]m^3=0.02m^3$

横隔板体积：$[0.8-0.038\times3+1.2-0.038\times4)\times0.038\times0.14]m^3=0.01m^3$

过梁体积：$(1\times2\times0.038\times0.14)m^3=0.01m^3$

顶梁板体积：$[(0.8+1+1.2)\times2\times0.038\times0.14]m^3=0.03m^3$

图示墙体木龙骨工程量：$(0.1+0.02+0.01+0.01+0.03)m^3=0.17m^3$

其工程量清单见表 4-4。

表 4-4　墙体木龙骨工程量清单

序号	项目编码	项目名称	项目特征	计量单位	工程量
1	010702005001	墙体木龙骨	1. 构件名称及规格尺寸：墙体木龙骨，截面尺寸 38mm×140mm； 2. 木材种类：松木，强度等级为 TB20； 3. 刨光要求：刨光	m^3	0.17

4.2.3　屋面木基层计量

屋面木基层（项目编码 010703001）

计量单位：m^2

项目特征：①椽子断面尺寸及椽距；②望板材料种类、厚度；③防护材料种类。

工程量计算规则：按设计图示尺寸以斜面积计算。不扣除房上烟囱、风帽底座、风道、小气窗、斜沟等所占面积。小气窗的出檐部分不增加面积。

【例4-5】 某木结构工程屋脊顶标高7.675m，屋檐两侧外挑宽度分别为2.6m和1.2m，其屋面做法同斜屋面，木屋面平面图及剖面示意如图4-39所示，木基层采用12mm厚OSB定向刨花板满铺，采用连接件用钉与木檩条连接，轮胎式起重机吊装就位安装。试计算屋面木基层工程量及编制其工程量清单。

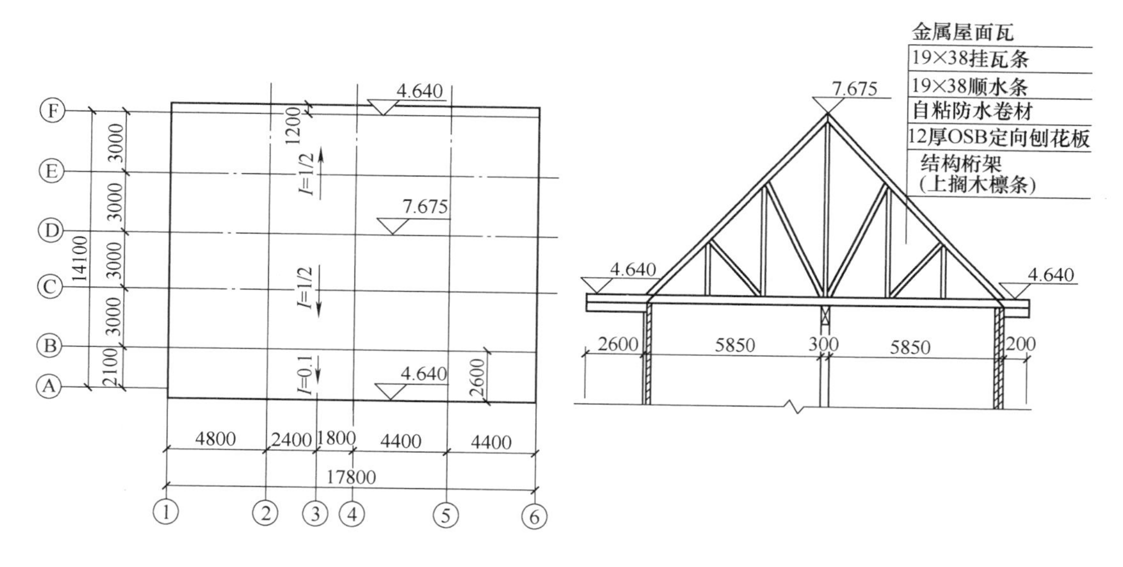

图4-39 木屋面平面图及剖面示意图

解：屋面木基层以“m^2”计量，计算规则为按设计图示尺寸以斜面积计算。不扣除房上烟囱、风帽底座、风道、小气窗、斜沟等所占面积。小气窗的出檐部分不增加面积。

屋檐两侧木基层面积：$[(2.6+1.2)\times17.8]m^2=67.64m^2$

斜屋面木基层面积：$[\sqrt{(5.85-0.3\div2)^2+(7.675-4.64)^2}\times17.8\times2]m^2=229.89m^2$

屋面木基层工程量：$(67.64+229.89)m^2=297.53m^2$

其工程量清单见表4-5。

表4-5 屋面木基层工程量清单

序号	项目编码	项目名称	项目特征	计量单位	工程量
1	010703001001	屋面木基层	1. 木材种类、规格：12mm厚OSB定向刨花板； 2. 连接形式：采用连接件用钉与木檩条连接； 3. 安装机械：轮胎式起重机	m^2	297.53

4.3 木结构工程计价

工程量清单计价模式下的木结构分部分项工程综合单价计取流程为：首先依据清单的项目特征属性进行相关计价定额选取；然后依据计价定额中对应的计算规则进行定额工程量计算；再结合定额相关说明查看是否需进行调整，如人工费系数、材料用量系数、综合单价系数等调整；最后结合当地当期人工费、材料单价、机械费等费用调整。本节结合地方配套2015年《四川省建设工程工程量清单计价定额——房屋建筑与装饰工程》（简称《计价定额》）进行组价，一般有以下三种情形。

1）当某分项工程的工程量清单的项目特征、计量单位及工程量计算规则与《计价定额》对应的定额项目包含的内容、计量单位及工程量计算规则完全一致，进行定额组价只有该定额项目对应时，清单项目综合单价=定额项目综合单价。

2）当某分项工程的工程量清单的计量单位及工程量计算规则与《计价定额》对应的定额项目的计量单位及工程量计算规则一致，但清单项目特征包含多个定额项目的工程内容，进行定额组价需多个定额项目组成时，清单项目综合单价=Σ（定额项目综合单价）。

3）当某分项工程的工程量清单的项目特征、计量单位及工程量计算规则与《计价定额》对应的定额项目包含的内容、计量单位及工程量计算规则不一致时，进行定额组价需分别计算合计时，清单项目综合单价=（Σ该项目清单所包含的各定额项目工程量×定额综合单价）÷该清单项目工程量。

1. 木结构工程在《计价定额》说明

木结构工程计价定额相关说明包括一般说明、木屋架、柱、梁、檩条和屋面木基层及木楼梯、木构件运输说明。

（1）一般说明

1）该分部是按手工和机械操作、场内制作和场外集中加工综合编制的。

2）该分部消耗材积已考虑配断和操作损耗，需要干燥木材和刨光的构件，项目材积内已考虑干燥木材和刨光损耗。改锯、开料损耗及出材率在材料价格内计算。

3）该分部中所注明的直径、截面、长度或厚度均以设计尺寸为准。

4）该分部的圆柱、梁等圆形截面构件是按直接采用原木加工考虑的，其余构件是按板枋材加工考虑的。

5）该分部凡未注明制作和安装的项目，均包括制作和安装的工料。

6）该分部木作是按现代做法编制，若设计为仿古木作工程，应按2015年《四川省建设工程工程量清单计价定额——仿古建筑工程》中相应项目执行。

（2）木屋架

1）屋架的跨度是指屋架两端上下弦中心线交点之间的长度。

2）屋架需要刨光者，人工乘以系数1.15，木材材积乘以系数1.08。

（3）柱、梁　柱、梁项目综合考虑了其不同位置，采用卯榫连接。若使用箍头榫时，另行按2015年《四川省建设工程工程量清单计价定额——仿古建筑工程》中木作工程有关规定计算用工。

（4）檩条　圆木檩条项目内已包括刨光工料，与设计规定檩条需要滚圆取直时，其木材材积乘以系数1.05，人工乘以系数1.22。

（5）屋面木基层

1）屋面板厚度是按毛料计算的，当厚度不同时，一等薄板按比例换算，其他不变。

2）水平支撑、剪刀撑按方檩木项目计算。

（6）木楼梯、木构件运输　木楼梯、木构件运输未编制定额，参照2015年《四川省建设工程工程量清单计价定额——仿古建筑工程》中相应项目执行。

2. 木结构工程在《计价定额》工程量计算规则

（1）木屋架、钢木屋架　木屋架、钢木屋架制安项目均按设计断面竣工木料以“m^3”计算，其后备长度及配制损耗均已包括在项目内，不另计算。附属于屋架的木夹板、垫木、风撑、与屋架连接的挑檐木均按竣工木材计算后并入相应的屋架内。与圆木屋架相连的挑檐木、风撑等为方木时，应乘以系数1.563折合圆木，并入圆木屋架竣工木材材积内。屋架的马尾、折角和正交部分的半屋架应并入相连接的正屋架竣工材积内。

（2）柱、梁、檩等　柱、梁、檩等以“m^3”计算，凡按“m^3”计算工程量者，以其长度乘以截面面积计算，长度和截面面积计算按下列规则：

1）圆柱形构件以其最大截面，矩形构件按矩形截面，多角形构件按多角形截面计算。

2）柱长按图示尺寸，有柱顶面（磉磴或连磉、软磉者）由其上皮算至梁、枋或檩的下皮，套顶榫按实长计入体积内。

3）梁端头为半榫或银锭榫的，其长度算至柱中，透榫或箍头榫算至榫头外端。

（3）屋面木基层　屋面木基层工程量按斜面积以“m^2”计算。不扣除附墙烟囱、通风孔、通风帽底座、屋顶小气窗和斜沟的面积。天窗挑檐与屋面重叠部分另行计算，并入屋面木基层工程量内。

（4）木盖板、木搁板　木盖板、木搁板按图示尺寸以“m^2”计算。

（5）檩条　檩条长度按设计规定长度计算，搭接长度和搭角出头部分应计算在内。悬山出挑、歇山收山者，山面算至博风外皮，硬山算至排山梁架外皮，硬山搁檩者，算至山墙中心线。

4.3.1　屋架计价

屋架综合单价计取是结合《计价定额》中木结构工程相应子项执行，其中木结构工程子项包括木屋架、木构件、屋面木基层3个分部工程，共计27项分项工程。以下对构件综合单价计取进行了详细定额组价及调整的演示，便于读者结合计价定额及各费用要素价格进行查看。在计算过程中，由于篇幅的原因，不能将全部构件综合单价计取一一详细列出。仅结合实际工程配图，通过例题对主要的、典型的构件综合单价进行演示计算。

【例4-6】　某厂房屋架采用方木人字屋架，跨度为10.24m，共9榀，木屋架示意如图4-35所示，上弦杆方木截面尺寸为150mm×300mm，下弦杆方木截面尺寸为450mm×300mm，腹杆方木截面尺寸为240mm×300mm，材质为一等锯材（干），节点采用5mm厚钢板用钉连接，现场刨光制作，轮胎式起重机吊装就位安装，安装高度6m。已编制的该厂房屋架分部分项工程清单与计价表见表4-6。已知政策性人工费调整幅度为40.5%，一等锯材（干）材料单价为1800元/m³，试采用增值税一般计税方法，计算木屋架分部分项工程的综合单价与合价。

表 4-6 木屋架分部分项工程清单与计价表

序号	项目编码	项目名称	项目特征	计量单位	工程量	金额（元）		
						综合单价	合价	其中
								定额人工费
1	010701001001	方木屋架	1. 屋架种类：人字形方木屋架； 2. 跨度：10.24m； 3. 材料品种、规格：一等锯材（干），规格见详图； 4. 刨光要求：刨光； 5. 拉杆及夹板种类：钢板夹板； 6. 安装机械：轮胎式起重机	榀	9			

解：按照2015年《四川省建设工程工程量清单计价定额——房屋建筑与装饰工程》计算综合单价。依据项目特征描述，应选用定额AG0003（方木人字屋架制安铁拉杆铁夹板跨度>10m）计算。

注：木结构构件的吊装费不另计，建筑物垂直运输按2015年《四川省建设工程工程量清单计价定额——房屋建筑与装饰工程》（简称2015《计价定额》）相关项目执行。

AG0003（方木人字屋架制安铁拉杆铁夹板跨度>10m）调整

1）分别查计量规范和计价定额关于木屋架计量规则的规定，木屋架项目清单工程量以“榀”为单位计量，定额工程量以体积“m³”单位计量。定额工程量为：

一榀屋架：

上弦杆方木体积：$[\sqrt{(1.5+0.45\div2-0.15\div2)^2+(10.24\div2)^2}\times0.15\times0.3\times2]\text{m}^3=0.48\text{m}^3$

下弦杆方木体积：$(10.84\times0.45\times0.3)\text{m}^3=1.46\text{m}^3$

竖向腹杆方木体积：$[(0.9\times2+1.5-0.5)\times0.24\times0.3]\text{m}^3=0.23\text{m}^3$

斜向腹杆方木体积：$\sqrt{[(1.26+0.24)^2+0.9^2}\times2\times0.24\times0.3]\text{m}^3=0.25\text{m}^3$

木屋架方木体积合计：$[(0.48+1.46+0.23+0.25)\times9]\text{m}^3=21.78\text{m}^3$

综合单价：(3610.80×21.78÷9)元/榀=8738.14元/榀。

定额人工费：(445.40×1.15×21.78)元=11155.93元。

查2015《计价定额》A.G.1木屋架项子目AG0003（方木人字屋架制安铁拉杆铁夹板跨度>10m），基价为2602.38元/m³。其中人工费445.40元/m³，材料费2063.45元/m³，综合费93.53元/m³。

2）人工费调整。查2015《计价定额》说明“屋架需刨光者，人工乘以系数1.15”，已知政策性人工费调整幅度为40.5%。

$$调整后人工费=[445.40\times1.15\times(1+40.5\%)]元/\text{m}^3=719.66元/\text{m}^3$$

3）材料费调整。从定额AG0003可知，（方木人字屋架制安铁拉杆铁夹板跨度>10m）使用的材料有：一等锯材（干）、铁拉杆、铁夹板、螺栓和其他材料等。

① 一等锯材(干)价格调整。

A. 消耗量与单价。查一等锯材(干)定额消耗量为 1.14m^3/m^3，定额单价 1300 元/m^3，已知一等锯材(干)材料单价为 1800 元/m^3(不含税)。

B. 查 2015《计价定额》说明"屋架需刨光者，木材材积乘以系数 1.08"，则

一等锯材(干)调价后实际费用=(1.14×1.08×1800)元/m^3=2216.16 元/m^3。

② 按已知题干条件，铁拉杆、铁夹板、螺栓和其他材料等单价无变化，故不需要进行调整，费用=(36.91×6+28.25×6+3.12×6.5+24.1×6.5+0.58×6+10.08×1)元/m^3=581.45 元/m^3。

③ 材料费合计=(2216.16+581.45)元/m^3=2797.61 元/m^3。

4）综合费无变化不调整，综合费=93.53 元/m^3。

5）调整后 AG0003（方木人字屋架制安铁拉杆铁夹板跨度>10m）基价为：

$$(719.66+2797.61+93.53)\text{元}/m^3=3610.80\text{元}/m^3$$

将定额基价汇总转换为清单综合单价，转换后的木屋架综合单价为：

$$(3610.80\times20.88\div9)\text{元/榀}=8377.06\text{元/榀}$$

将木屋架综合单价填入工程量清单并计算合价，得木屋架分部分项工程清单与计价表，见表 4-7。其中定额人工费=(445.40×1.15×20.88)元=10694.95 元。

表 4-7　木屋架分部分项工程清单与计价表

序号	项目编码	项目名称	项目特征	计量单位	工程量	金额（元）		
						综合单价	合价	其中 定额人工费
1	010701001001	方木屋架	1. 屋架种类：人字形方木屋架； 2. 跨度：10.24m； 3. 材料品种、规格：一等锯材（干），规格见详图； 4. 刨光要求：刨光； 5. 拉杆及夹板种类：钢板夹板； 6. 安装机械：轮胎式起重机	榀	9	8377.06	78643.29	10694.95

4.3.2　木构件计价

木构件综合单价计取是结合《计价定额》中木结构工程相应子项执行，其中木结构工程子项包括木屋架、木构件、屋面木基层 3 个分部工程，共计 27 项分项工程。以下构件综合单价计取进行了详细定额组价及调整的演示，便于读者结合计价定额及各费用要素价格进行查看。在计算过程中，由于篇幅的原因，不能将全部构件综合单价计取一一详细列出。仅结合实际工程配图，通过例题对主要的、典型的构件综合单价进行演示计算。

【例 4-7】　某重型木结构工程，木柱截面形状为矩形，截面尺寸为 400mm×400mm，柱底标高为-0.12m，柱顶标高为 4.50m，木梁L1 截面形状为矩形，截面尺寸为 240mm×400mm，木梁L2 截面形状为矩形，截面尺寸为 240mm×350mm，材质均为花旗松，强度

等级为 TCT24，木柱与木梁平面布置及材料表如图 4-36 所示，图示轴线均为中心线，图中未注明的梁均为木梁L1，梁柱节点采用榫卯连接，梁端头为半榫形式，主梁与次梁节点连接采用 5mm 厚钢板穿螺栓连接，轮胎式起重机吊装就位安装。已编制的木柱和木梁分部分项工程清单与计价表见表 4-8。已知政策性人工费调整幅度为 40.5%，花旗松规格材单价为 2200 元/m^3，试采用增值税一般计税方法，计算木柱和木梁分部分项工程的综合单价与合价。

表 4-8 木柱和木梁分部分项工程清单与计价表

序号	项目编码	项目名称	项目特征	计量单位	工程量	金额（元）		
						综合单价	合价	其中 定额人工费
1	010702001001	木柱	1. 构件规格尺寸：截面尺寸 400mm×400mm； 2. 木材种类：花旗松，强度等级为 TCT24； 3. 刨光要求：刨光； 4. 梁柱节点连接：榫卯连接； 5. 安装机械：轮胎式起重机	m^3	11.83			
2	010702002001	木梁	1. 构件规格尺寸：L1 截面尺寸 240mm × 400mm，L2 截面尺寸 240mm×350mm； 2. 木材种类：花旗松，强度等级为 TCT24； 3. 刨光要求：刨光； 4. 梁柱、主次梁节点连接：榫卯连接、钢板穿螺栓连接； 5. 安装机械：轮胎式起重机	m^3	12.41			

解：

1. 木柱

按照 2015 年《四川省建设工程工程量清单计价定额——房屋建筑与装饰工程》计算综合单价。依据项目特征描述，应选用定额 AG0010（方形木柱制安）计算。

注：木结构构件的吊装费不另计，建筑物垂直运输按 2015 年《四川省建设工程工程量清单计价定额——房屋建筑与装饰工程》（简称 2015《计价定额》）相关项目执行。

AG0010（方形木柱制安）调整

1）分别查计量规范和计价定额关于木柱体积计量规则的规定，木柱项目清单工程量=定额工程量。查 2015《计价定额》A. G. 2 木构件项子目 AG0010（方形木柱制安），基价为 1910.78 元/m^3。其中人工费 460.49 元/m^3，材料费 1353.58 元/m^3，综合费 96.71 元/m^3。

2）人工费调整。已知政策性人工费调整幅度为 40.5%。

$$调整后人工费=[460.49×(1+40.5\%)]元/m^3=646.99 元/m^3$$

3）材料费调整。从定额 AG0010 可知，（方形木柱制安）使用的材料有：锯材（综合）

和其他材料。

① 锯材（综合）价格调整。

A. 消耗量与单价。查锯材（综合）定额消耗量为 1.125m^3/m^3，定额单价 1200 元/m^3，已知花旗松规格材单价为 2200 元/m^3（不含税）。

B. 替换材料调价后实际费用=(1.125×2200)元/m^3=2475.00 元/m^3。

② 按已知题干条件，其他材料费无变化，故不需要进行调整，费用为 3.58 元/m^3。

③ 材料费合计=(2475.00+3.58)元/m^3=2478.58 元/m^3。

4)综合费无变化不调整,综合费=96.71 元/m^3。

5)调整后 AG0010(方形木柱制安)基价即清单综合单价为:

(646.99+2478.58+96.71)元/m^3=3222.28 元/m^3

将木柱综合单价填入工程量清单并计算合价,得木柱项目计价,见表 4-9。其中定额人工费=(460.49×11.83)元=5447.60 元。

2. 木梁

按照 2015 年《四川省建设工程工程量清单计价定额——房屋建筑与装饰工程》计算综合单价。依据项目特征描述，应选用定额 AG0012（方木单梁制安）计算。

注：木结构构件的吊装费不另计，建筑物垂直运输按 2015 年《四川省建设工程工程量清单计价定额——房屋建筑与装饰工程》（简称 2015《计价定额》）相关项目执行。

AG0012（方木单梁制安）调整

1）分别查计量规范和计价定额关于木梁体积计量规则的规定，木梁项目清单工程量=定额工程量。查 2015《计价定额》A.G.2 木构件项子目 AG0012（方木单梁制安），基价为 2757.20 元/m^3。其中人工费 532.00 元/m^3，材料费 2108.48 元/m^3，综合费 111.72 元/m^3。

2）人工费调整。已知政策性人工费调整幅度为 40.5%。

调整后人工费=[532.00×(1+40.5%)]元/m^3=747.46 元/m^3

3）材料费调整。从定额 AG0012 可知，（方木单梁制安）使用的材料有：一等锯材（干）、螺栓和其他材料。

① 一等锯材（干）价格调整。

A. 消耗量与单价。查锯材（综合）定额消耗量为 1.121m^3/m^3，定额单价 1800 元/m^3，已知花旗松规格材单价为 2200 元/m^3（不含税）。

B. 替换材料调价后实际费用=(1.121×2200)元/m^3=2466.20 元/m^3。

② 按已知题干条件，其他材料费无变化，故不需要进行调整，费用为：

(13.7×6.5+1.63×1)元/m^3=90.68 元/m^3

③ 材料费合计=(2466.20+90.68)元/m^3=2556.88 元/m^3。

4）综合费无变化不调整，综合费=111.72 元/m^3。

5）故调整后 AG0012（方木单梁制安）基价即为清单综合单价：

(747.46+2556.88+111.72)元/m^3=3416.06 元/m^3。

将木梁综合单价填入工程量清单并计算合价，得木梁项目计价表，见表 4-9。其中定额人工费=(532.00×12.41)元=6602.12 元。

表 4-9 木柱和木梁分部分项工程清单与计价表

序号	项目编码	项目名称	项目特征	计量单位	工程量	金额（元）		
						综合单价	合价	其中 定额人工费
1	010702001001	木柱	1. 构件规格尺寸：截面尺寸400mm×400mm； 2. 木材种类：花旗松，强度等级为TCT24； 3. 刨光要求：刨光； 4. 梁柱节点连接：榫卯连接； 5. 安装机械：轮胎式起重机	m^3	11.83	3222.28	38119.57	5447.60
2	010702002001	木梁	1. 构件规格尺寸：L1截面尺寸240mm×400mm，L2截面尺寸240mm×350mm； 2. 木材种类：花旗松，强度等级为TCT24； 3. 刨光要求：刨光； 4. 梁柱、主次梁节点连接：榫卯连接、钢板穿螺栓连接； 5. 安装机械：轮胎式起重机	m^3	12.41	3416.06	42393.30	6602.12

【例 4-8】 某木结构屋面木檩条通过5mm厚钢板檩托搁置在屋架上弦杆上，木檩截面形状为平行四边形，截面尺寸为200mm×400mm，材质均为松木，强度等级为TB20，屋面剖面图及檩条平面布置如图4-37所示，现场刨光制作，轮胎式起重机吊装就位安装。已编制的木檩分部分项工程清单与计价表见表4-10。已知政策性人工费调整幅度为40.5%，松木规格材单价为2350元/m^3，试采用增值税一般计税方法，计算木檩分部分项工程的综合单价与合价。

表 4-10 木檩分部分项工程清单与计价表

序号	项目编码	项目名称	项目特征	计量单位	工程量	金额（元）		
						综合单价	合价	其中 定额人工费
1	010702003001	木檩	1. 构件规格尺寸：截面尺寸200mm×400mm； 2. 木材种类：松木，强度等级为TB20； 3. 刨光要求：刨光； 4. 檩托：5mm厚钢板檩托； 5. 安装机械：轮胎式起重机	m^3	13.06			

解：按照2015年《四川省建设工程工程量清单计价定额——房屋建筑与装饰工程》计算综合单价。依据项目特征描述，应选用定额AG0015（方檩木制安有铁件）计算。

注：木结构构件的吊装费不另计，建筑物垂直运输按2015年《四川省建设工程工程量清单计价定额——房屋建筑与装饰工程》（简称2015《计价定额》）相关项目执行。

AG0015（方檩木制安有铁件）调整。

1）分别查计量规范和计价定额关于木檩体积计量规则的规定，木檩项目清单工程量=定额工程量。查2015《计价定额》A.G.2木构件项子目AG0015（方檩木制安有铁件），基价为2865.71元/m^3。其中人工费258.30元/m^3，材料费2553.17元/m^3，综合费54.24元/m^3。

2）人工费调整。已知政策性人工费调整幅度为40.5%。

$$调整后人工费=[258.30\times(1+40.5\%)]元/m^3=362.91元/m^3$$

3）材料费调整。从定额AG0015可知，（方檩木制安有铁件）使用的材料有：一等锯材（干）、铁件、铁钉和其他材料。

① 一等锯材（干）价格调整。

A. 消耗量与单价。查一等锯材（干）定额消耗量为1.13m^3/m^3，定额单价1300元/m^3，已知松木规格材单价为2350元/m^3（不含税）。

B. 替换材料调价后实际费用=(1.13×2350)元/m^3=2655.50元/m^3。

② 按已知题干条件，其他材料费无变化，故不需要进行调整，费用为：

$$(7.5\times4.5+0.04\times12+5.21\times6+1.68\times1)元/m^3=67.17元/m^3$$

③ 材料费合计=(2655.50+67.17)元/m^3=2722.67元/m^3。

4）综合费无变化不调整，综合费=54.24元/m^3。

5）调整后AG0015（方檩木制安有铁件）基价即为清单综合单价：

$$(362.91+2722.67+54.24)元/m^3=3139.82元/m^3$$

将木檩综合单价填入工程量清单并计算合价，得木檩分部分项工程清单与项目计价表，见表4-11。其中定额人工费=(258.30×13.06)元=3373.40元。

表4-11 木檩分部分项工程清单与计价表

序号	项目编码	项目名称	项目特征	计量单位	工程量	金额（元）		
						综合单价	合价	其中
								定额人工费
1	010702003001	木檩	1. 构件规格尺寸：截面尺寸200mm×400mm； 2. 木材种类：松木，强度等级为TB20； 3. 刨光要求：刨光； 4. 檩托：5mm厚钢板檩托； 5. 安装机械：轮胎式起重机	m^3	13.06	3139.82	41006.05	3373.40

4.3.3 屋面木基层计价

屋面木基层综合单价计取是结合《计价定额》中木结构工程相应子项执行，其中木结构工程子项包括木屋架、木构件、屋面木基层3个分部工程，共计27项分项工程。以下对构件综合单价计取进行了详细定额组价及调整的演示，便于读者结合计价定额及各费用要素价格进行查看。在计算过程中，由于篇幅的原因，不能将全部构件综合单价计取一一详细列出。仅结合实际工程配图，通过例题对主要的、典型的构件综合单价进行演示计算。

【例 4-9】 某木结构工程屋脊顶标高 7.675m，屋檐两侧外挑宽度分别为 2.6m 和 1.2m，其屋面做法同斜屋面，木屋面平面图及剖面示意如图 4-39 所示，木基层采用 12mm 厚 OSB 定向刨花板满铺，采用连接件用钉与木檩条连接，轮胎式起重机吊装就位安装。已编制的屋面木基层分部分项工程清单与计价表见表 4-12。已知政策性人工费调整幅度为 40.5%，12mm 厚成品 OSB 定向刨花屋面板单价为 40.5 元/m^2，试采用增值税一般计税方法，计算木柱和木梁分部分项工程的综合单价与合价。

表 4-12 屋面木基层分部分项工程清单与计价表

序号	项目编码	项目名称	项目特征	计量单位	工程量	金额（元）		
						综合单价	合价	其中 定额人工费
1	010703001001	屋面木基层	1. 木材种类、规格：12mm 厚 OSB 定向刨花板； 2. 连接形式：采用连接件用钉与木檩条连接； 3. 安装机械：轮胎式起重机	m^2	297.53			

解：按照 2015 年《四川省建设工程工程量清单计价定额——房屋建筑与装饰工程》计算综合单价。依据项目特征描述，应选用定额 AG0026（屋面檩木上钉屋面板）计算。

注：木结构构件的吊装费不另计，建筑物垂直运输按 2015 年《四川省建设工程工程量清单计价定额——房屋建筑与装饰工程》（简称 2015《计价定额》）相关项目执行。

AG0026（屋面檩木上钉屋面板）调整。

1）分别查计量规范和计价定额关于屋面木基层面积计量规则的规定，屋面木基层项目清单工程量=定额工程量。查 2015《计价定额》A.G.3 屋面木基层项子目 AG0026（屋面檩木上钉屋面板），基价为 429.33 元/100m^2。其中人工费 333.20 元/100m^2，材料费 26.16 元/100m^2（不含木基层板费用），综合费 69.97 元/100m^2。

2）人工费调整。已知政策性人工费调整幅度为 40.5%。

$$调整后人工费=[333.20\times(1+40.5\%)/100]元/m^2=4.68 元/m^2$$

3）材料费调整。从定额 AG0026 可知，（屋面檩木上钉屋面板）使用的材料有仅有铁钉，屋面木基层板作为未计价材料计取。

① 屋面木基层板价格计取。

A. 消耗量与单价。本题采用 12mm 厚 OSB 定向刨花屋面板以成品考虑，其消耗量应为 1m^2/m^2，已知其单价为 40.5 元/m^2（不含税）。

B. 屋面木基层板实际费用=(1×40.5)元/m^2=40.50 元/m^2。

② 按已知题干条件，铁钉无变化，故不需要进行调整，费用为：

$$(0.044\times6)元/m^2=0.26 元/m^2$$

③ 材料费合计=(40.50+0.26)元/m^2=40.76 元/m^2。

4）综合费无变化不调整，综合费 = (69.97/100) 元/m^2 = 0.70 元/m^2。

5）调整后 AG0026（屋面檩木上钉屋面板）基价即为清单综合单价：

$$(4.68+40.76+0.70)\text{元/m}^2 = 46.14\text{ 元/m}^2$$

将木基层综合单价填入工程量清单并计算合价，得屋面木基层分部分项工程清单与计价表，见表 4-13。其中定额人工费 = (333.20×297.53/100) 元 = 991.37 元。

表 4-13　屋面木基层分部分项工程清单与计价表

序号	项目编码	项目名称	项目特征	计量单位	工程量	金额（元）		
						综合单价	合价	其中 定额人工费
1	010703001001	屋面木基层	1. 木材种类、规格：12mm 厚 OSB 定向刨花板； 2. 连接形式：连接件钉与木檩条连接； 3. 安装机械：轮胎式起重机	m^2	297.53	46.14	13728.03	991.37

4.4 木结构工程计量与计价注意要点

4.4.1 木结构工程计量注意要点

在木结构工程计量过程中，需要注意的要点可大致归类为对计量规则的正确理解、正确识读木结构工程施工图、构件计算尺寸的准确应用、避免多计或漏计工程量、木结构构件清单缺项时工程量计算等。

1. 对计量规则的正确理解

在进行工程量计算之前，应先熟悉并理解工程量计算规则的内涵，避免因理解有误造成工程量非合理性偏差。如木屋架清单工程量计算规则表述“以榀计算，按设计图示数量计算”，与以往规范中也可以体积“m^3”计量有明显不同，需特别注意。又如木梁清单工程量计算规则表述“按设计图示尺寸以体积计算”，遇木柱与木梁采用榫卯连接时，应区别榫卯形式，如半榫或银锭榫、透榫或箍头榫，此时木梁对应设计图示尺寸长度有所不同。

2. 正确识读木结构工程施工图

正确识读木结构工程施工图包括全面识图和正确理解设计意图，全面识图包括识读设计说明，各平、立、剖面图，各详图等，全面掌握图样内容，以便全面转化为具体清单项目及其项目特征描述，比如木屋架连接采用木夹板还是钢夹板等。正确理解设计意图，应结合空间想象力，还原实物的工程样貌，如屋面木基层做法有满铺刨花板、满铺方木规格材、檩椽结合等，不同做法对应不同对象计量规则，计量时应正确识图，正确计量。又如木结构工程中部分构件涉及仿古建筑，应正确识读并进行分析判断，以便准确分类列项。

3. 构件计算尺寸的准确应用

木结构工程中，木构件节点连接较复杂或尺寸参数较多，如木柱与基础或混凝土短柱连接常根据预埋钢板进行木柱底部开槽并穿螺栓连接，此时木柱底标高往往不是基顶标高，计算高度时特别注意。又如墙体龙骨中涉及木构件较多，包括墙骨柱、横隔板、木过梁、顶梁板、底梁板等构件，施工图尺寸标注较多，计算对应构件时，更应仔细过滤其他不相干尺寸参数，准确应用。

4. 避免多计或漏计工程量

就某些木构件本身而言，若是木质材质的组成元素，一般情况下均应进行工程量计算，如木屋架弦杆与腹杆采用元宝木垫块连接时，该元宝木垫块应进行计量并入木屋架。又如木构件间采用木夹板或木风撑连接时，木夹板及木风撑也应进行计量并入相应构件工程量中。又如屋面木基层工程量计算规则中特别强调“不扣除房上烟囱、风帽底座、风道、小气窗、斜沟等所占面积，小气窗的出檐部分不增加面积”，应避免多计或漏计工程量。

5. 木结构构件清单缺项时工程量计算

木结构工程清单项目中木构架分项工程子项不全，如遇墙骨柱、顶梁板、底梁板、搁栅等构件列项时，应借用“其他木构件”项目下工程量计算规则计量；如果“其他木构件”项目下工程量计算规则不适用，应结合清单注释借用其他相关专业，如仿古建筑或按照计价计量规范自行编制，报相关部门审批备案。

4.4.2 木结构工程计价注意要点

木结构工程计价过程中，特别是综合单价的计算时需要注意的要点可大致归类为对工程量清单项目特征正确理解、计价定额的正确选用或借用、计价定额工程量正确计算、计价定额说明中调整系数应用、各费用要素政策性或动态调整等。

1. 对工程量清单项目特征正确理解

分项工程综合单价应完全体现项目特征所包含内容的价值，因此正确理解和正确分解项目特征尤为重要。如木屋架项目特征描述有“刨光要求”，则综合单价中应结合定额分析刨光与否的区别，做相应调整。又如某些木结构项目特征有描述木构件的防护材料种类（如防火、防腐等），则综合单价中应额外进行防护材料组价。

2. 计价定额的正确选用或借用

依据项目特征内容进行计价定额的正确选用，是进行合理综合单价计取的必要环节。木结构构件的项目特征往往包括构件制作安装、刨光要求、防护材料等内容，应结合计价定额包含内容进行项目特征对应分解。如方形木柱项目特征描述包括构件制作安装、防火材料内容，查询计价定额对应的定额有 AG0010（方形木柱制安）、借用 AP0372（木材构件喷刷防火涂料方柱木龙骨二遍）进行综合单价计取。又如梁柱节点采用箍头榫连接，结合定额说明“柱、梁项目综合考虑了其不同位置，采用卯榫连接。当使用箍头榫时，另行按 2015 年《四川省建设工程工程量清单计价定额——仿古建筑工程》中木作工程有关规定计算用工进行综合单价计算。

3. 计价定额工程量正确计算

依据项目特征描述内容，正确选用了计价定额，接下来应正确依据定额计算规则计算定额工程量。当定额计算规则与清单计算规则相同时，定额工程量等于清单工程量，若不同则需单独计算定额工程量。如木屋架清单工程量以“榀”为单位计量，定额工程量以体积“m^3”为单位计量。又如木盖板、木搁板等木构架在清单“其他木构件”项目中以体积

"m^3" 为单位计量，定额中按图示尺寸以面积 "m^2" 为单位计量。

4. 计价定额说明中调整系数应用

在正确选用计价定额，定额工程量也正确计算后，还需结合工程实际和项目特征描述，注意是否需要应用定额调整系数。如木屋架需要刨光，查询定额说明有"屋架需刨光者，人工乘以系数 1.15，木材材积乘以系数 1.08"。又如檩条需要滚圆取直，查询定额说明有"圆木檩条项目内已包括刨光工料，如设计规定檩条需滚圆取直时，其木材材积乘以系数 1.05，人工乘以系数 1.22"。

5. 各费用要素政策性或动态调整

由于计价定额中各费用要素的时效性及工程造价政策性较强，多年前发布的计价定额部分费用不能继续适用，需要进行调整，如四川省建设工程造价总站关于对成都市等 19 个市、州 2015 年《四川省建设工程工程量清单计价定额》人工费调整的批复，从 2020 年 1 月 1 日起与 2015 年《四川省建设工程工程量清单计价定额》配套执行的房屋建筑与装饰工程成都市区人工费调整幅度为 40.5%，则定额人工费应乘以 1.405 进行调整。又如定额中一等锯材材料单价与工程当地当期信息价或市场价有价差，应根据信息价或市场询价进行调整。再如某构件安装定额中机械用柴油单价为 8.5 元/kg，某工程当地当期柴油信息价为 7.5 元/kg，则该机械费用也应进行调整。

本章小结

本章介绍了木结构工程基本概况，木结构工程应用的主要材料，木结构工程识图和部分构造，方便读者了解和掌握钢结构工程中主要部品部件，直观认识各类木构件，掌握相关材料性能及属性和该类型结构图纸识读基本能力，为正确描述木构件清单项目特征奠定基础，同时为确定材料单价提供理论了保障，为照图计量、照图计价做好准备。

本章结合清单计量规范，介绍了木结构工程主要部品部件的工程量计算，通过大量案例详细演示了计算步骤和工程量清单的编制；结合计价定额，通过大量案例详细演示了主要木构件综合单价计取步骤和工程量清单计价表的编制。最后总结了钢结构工程计量与计价需注意要点。

习题

1. 简述现代木结构工程的含义。
2. 简述墙骨柱和木搁栅的含义。
3. 简述木结构工程的主要材料及其性能。
4. 简述木结构工程榫卯构造的要求。
5. 简述木结构工程计量注意的要点。
6. 简述木结构工程计价注意的要点。
7. 某厂房屋架采用方木人字屋架，跨度为 6m，共 12 榀，木屋架示意如图 4-40 所示，上弦杆方木截面尺寸为 150mm×300mm，下弦杆方木截面尺寸为 450mm×300mm，腹杆方木截面尺寸为240mm×300mm，材质为一等锯材（干），中间节点采用元宝垫木连接，现场刨光制作，轮胎式起重机吊装就位安装，安装高度6m。已知政策性人工费调整幅度为40.5%，一等锯材（干）材料单价为1800元/m^3，试采用增值税一般计税方法，计算木屋架分部分项工程的综合单价与合价。

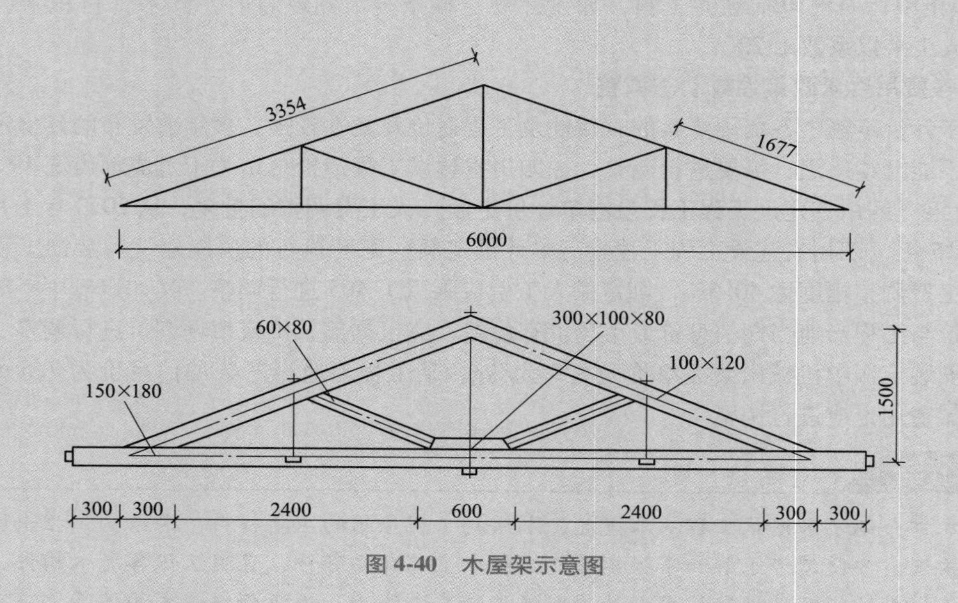

图4-40　木屋架示意图

5

第5章 装配式建筑工程措施项目计量与计价

5.1 装配式建筑工程措施项目概述

装配式建筑工程措施项目是指为完成装配式建筑工程（如装配式混凝土结构工程、钢结构工程、木结构工程等）项目施工，发生于此类工程施工准备和施工过程中的技术、生活、安全、环境保护等方面的项目。装配式建筑工程措施项目包含总价措施项目和单价措施项目两大类。总价措施项目是指建设行政部门根据建筑市场状况和多数企业经营管理情况、技术水平等测算发布的，应以总价计价的措施项目；单价措施项目是指规定了工程量计算规则，能够计算工程量，应以综合单价计价的措施项目。

5.1.1 装配式建筑工程总价措施项目

总价措施项目是指不能计算工程量的措施项目，以“项”计价，包括安全文明施工，夜间施工增加，冬雨季施工，二次搬运，已完工程及设备保护。清单项目编码为011704。

1. 安全文明施工（项目编码011704001）

安全文明施工含环境保护、文明施工、安全施工、临时设施。

（1）环境保护工作内容及包含范围

1）材料堆放：①材料、构件、料具等堆放时，悬挂有名称、品种、规格等标牌；②水泥和其他易飞扬细颗粒建筑材料应密闭存放或采取覆盖等措施；③易燃、易爆和有毒有害物品分类存放。

2）垃圾清运：施工现场应设置密闭式垃圾站，施工垃圾、生活垃圾应分类存放。施工垃圾必须采用相应容器或管道运输。

3）污染源控制：有毒有害气味控制，除“四害”措施，开挖、预埋污水排放管线。

4）粉尘噪声控制：视频监控及扬尘噪声监测仪，噪声控制，密目网，雾炮，喷淋设施，洒水车及人工，洗车平台及基础，洗车泵，渣土车辆100%密闭运输。

5）扬尘治理补充：扬尘治理用水，扬尘治理用电，人工清理路面，司机、汽柴油费用。

（2）文明施工工作内容及包含范围

1）施工现场围挡：①现场及生活区采用封闭围挡，高度不小于1.8m；②围挡材料可采用彩色、定型钢板，砖、混凝土砌块等墙体。

2）五板一图：在进门处悬挂工程概况、管理人员名单及监督电话、安全生产、文明施工、消防保卫五板；施工现场总平面一图（八牌二图，项目岗位职责牌）。

3）企业标志：现场出入的大门应设有本企业标识，企业标志及企业宣传图，企业各类图表，会议室形象墙，效果图及架子。

4）场容场貌：①道路畅通；②排水沟、排水设施通畅；③现场及生活区地面硬化处理；④绿化，彩旗，现场画面喷涂，现场标语条幅，围墙墙面美化，宣传栏等。

5）其他补充：工人防暑降温、防蚊虫叮咬，食堂洗涤、消毒设施，施工现场各门禁保安服务费用，职业病预防及保健费用，现场医药、器材急救措施，室外LED显示屏，不锈钢伸缩门，铺设钢板路面，施工现场铺设砖，砖砌围墙，智能化工地设备，大门及喷绘，槽边、路边防护栏杆等设施（含底部砖墙），路灯。

（3）安全施工工作内容及包含范围

1）一般防护（“三宝”）：安全网（下文所示的水平网、密目式立网）、安全帽、安全带。

2）通道棚：包括杆架、扣件、脚手板。

3）防护围栏：建筑物作业周边设防护栏杆，配电箱和固定位置使用的施工机械周边设围栏、防护棚。

4）消防安全防护：灭火器、砂箱、消防水桶、消防铁锹（钩）、高层建筑物安装消防水管（钢管、软管）、加压泵等。

5）“四口”防护：①楼梯口防护：设1.2m高的定型化、工具化、标准化的防护栏杆，18cm高的踢脚板；②电梯井口防护：设置定型化、工具化、标准化的防护门，在电梯井内每隔两层（不大于10m）设置一道安全平网；③通道口防护：设防护棚，防护棚应为不小于5cm厚的木板或两道相距50cm的竹笆，两侧应沿栏杆架用密目式安全网封闭；④预留洞口防护：用木板全封闭，短边超过1.5m长洞口，除封闭外四周还应设有防护栏杆。

6）“五临边”防护：①阳台、楼板、屋面等周边防护：用密目式安全立网全封闭，作业层另加两边防护栏杆和18cm高的踢脚板；②基坑周边防护栏杆以及上下人斜道防护栏杆；③施工电梯、物料提升机、吊篮升降处及接料平台两边设防护栏杆。

7）垂直方向交叉作业防护：设置防护隔离棚或其他设施。

8）高空作业防护：有悬挂安全带的悬索或其他设施，有操作平台，有上下的梯子或其他形式的通道。

9）安全警示标志牌：危险部位悬挂安全警示牌、各类建筑材料及废弃物堆放标志牌。

10）其他：①各种应急救援预案的编制、培训和有关器材的配置及检修等；②工人工作证，作业人员其他必备安全防护用品胶鞋、雨衣等，安全培训，安全员培训；③特殊工种培训，塔式起重机智能化防碰撞系统、空间限制器，电阻仪、力矩扳手、漏保测试仪等检测器具。需要注意：与外脚手架连成一体的接料平台（上料平台）、上下脚手架人行通道（斜道）和各种安全网，不包括在安全施工项目中，按1701脚手架的相应规定编码列项。

（4）临时设施工作内容及包含范围：

1）现场办公生活设施：①工地办公室、临时宿舍、文化福利及公用事业房屋食堂、卫生间、淋浴室、娱乐室、急救室，构筑物、仓库、加工厂以及规定范围内道路等临时设施；②施工现场办公、生活区与作业区分开设置，保持安全距离；③工地办公室、现场宿舍、食堂、厕所、饮水、休息场所符合卫生和安全要求，办公室、宿舍热水器、空调等设施；④现场监控线路及摄像头，生活区衣架等设施，阅读栏，生活区喷绘宣传，宿舍区外墙大牌。

2）施工现场临时用电：①配电线路电缆，按照TN-S系统要求配备五芯电缆、四芯电缆和三芯电缆；②按要求架设临时用电线路的电杆、横担、瓷夹、瓷瓶等，或电缆埋地的地沟；③对靠近施工现场的外电线路，设置木质、塑料等绝缘体的防护设施；④按三级配电要求，配备总配电箱、分配电箱、开关箱三类标准电箱及维护架，开关箱应符合一机、一箱、一闸、一漏，三类电箱中的各类电器应是合格品；⑤按两级保护的要求，选取符合容量要求和质量合格的总配电箱和开关箱中的漏电保护器；⑥接地装置保护，施工现场保护零线的重复接地应不少于三处。

3）施工现场临时设施用水：施工现场饮用水、生活用水、施工用水、临时给水排水设施。

4）其他补充：木工棚、钢筋棚，太阳能，空气能，办公区及生活用电，工人宿舍场外租赁，临时用电，化粪池、仓库、楼层临时厕所，变频柜。

2. 夜间施工增加（项目编码011704002）

因夜间施工所发生的夜班补助费、夜间施工降效、夜间施工照明设备摊销及照明用电等工作内容。

3. 冬雨季施工增加（项目编码011704003）

冬雨季施工增加指在冬季或雨季施工需增加的临时设施、防滑、排除雨雪，人工及施工机械效率降低等工作内容。

冬雨季施工增加，不包括混凝土、砂浆的骨料拌制、提高强度等级以及掺加于其中的早强、抗冻等外加剂等工作内容。

4. 二次搬运（项目编码011704004）

由于施工场地条件限制而发生的材料、构配件、半成品等一次运输不能到达堆放地点，必须进行二次或多次搬运等工作内容。

5. 已完工程及设备保护（项目编码011704005）

竣工验收前，对已完工程及设备采取的覆盖、包裹、封闭、隔离等必要保护措施等工作内容。

5.1.2 装配式建筑工程单价措施项目

单价措施项目是指可以计算工程量的措施项目，装配式建筑工程涉及的单价措施项目包括脚手架工程、后浇混凝土模板及支架工程、施工运输工程、施工降排水工程等。

1. 脚手架工程

脚手架工程是指施工现场为工人操作并解决垂直和水平运输而搭设的各种支架工程。脚手架制作材料通常有竹、木、钢管或合成材料等，其中钢管材料制作的脚手架有扣件式钢管脚手架、碗扣式钢管脚手架、承插式钢管脚手架、门式脚手架等。在计量规范中与装配式建筑工程有关的脚手架工程含综合脚手架、整体工程外脚手架、安全网、防护脚手架、卸载支撑等。图5-1a所示为满堂脚手架，图5-1b所示为爬升式脚手架。

a)

b)

图 5-1 脚手架工程

a）满堂脚手架 b）爬升式脚手架

2. 后浇混凝土模板及支架工程

后浇混凝土模板及支架工程主要是指在装配式混凝土结构工程中的后浇混凝土成型用的模具，一般模板及支架系统由模板、支承件和紧固件组成。它常用在墙墙间后浇部分、梁柱节点后浇部分、叠合梁板后浇部分等处。图 5-2a 所示为梁柱节点工具式模板，图 5-2b 所示为墙墙连接木模板及墙体支撑。（注：预制混凝土构件的后浇混凝土模板及支架、预制构件支撑措施费用已计入预制混凝土构件综合单价，本节不另介绍）。

a)

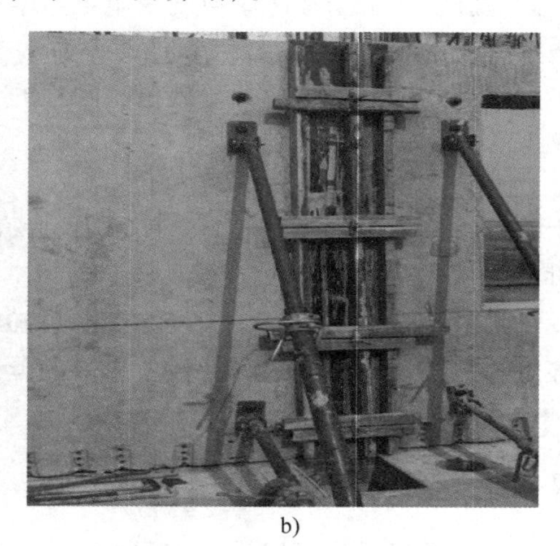

b)

图 5-2 后浇混凝土模板及支架

a）梁柱节点工具式模板 b）墙墙连接木模板及墙体支撑

3. 施工运输工程

施工运输工程包括场内外运输、垂直运输、超高施工增加及大型机械设备（如塔式起重机、施工电梯、预制构件吊装机械等）进出场及安拆。其中，大型机械设备安拆费包括施工机械、设备在现场进行安装拆卸所需人工、材料、机械和试运转费用以及机械辅助设施的折旧、搭设、拆除等费用。大型机械设备进出场费包括施工机械、设备整体或分体自停放地点运至施工现场或由一施工地点运至另一施工地点所发生的运输、装卸、辅助材料等费用。图 5-3a 所示为塔式起重机，图 5-3b 所示为轮胎式起重机。

a)

b)

图 5-3 施工运输机械

a）塔式起重机 b）轮胎式起重机

4. 施工降排水工程

施工降排水工程是指为保证工程在正常条件下施工，所采取的降水、排水措施，包括管道安装、拆除，场内搬运等，抽水、值班、降水设备维修等。图 5-4a 所示为井点降水和图 5-4b 所示为集水井降水。

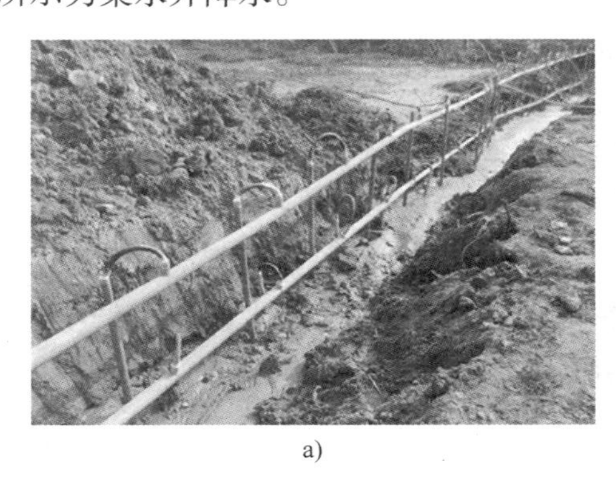

a)

b)

图 5-4 施工降水

a）井点降水 b）集水井降水

5.2 装配式建筑工程单价措施项目计量

计量规范中单价措施包括脚手架工程、施工运输工程、施工降排水及其他工程 3 节，共 26 个项目，其中装配式建筑工程涉及的单价措施有脚手架工程中综合脚手架、整体工程外脚手架、安全网、防护脚手架、卸载支撑等，施工运输工程中民用建筑工程垂直运输、工业厂房工程垂直运输、零星工程垂直运输、大型机械基础、垂直运输机械进出场等，施工降排水中集水井成井、井点管安装拆除、排水降水，其他工程中混凝土泵送、预制构件吊装机械等。编制单价措施工程量清单时，应采用分部分项工程量清单的方式编制，列出项目编码、项目名称、项目特征、计量单位、工程量。本节主要介绍与装配式建筑工程有关的单价措施项目计量及其工程量清单编制。

5.2.1 脚手架工程计量

依据计量规范，脚手架工程应注意以下事项。

综合脚手架项目，适用于按建筑面积加权综合了各种单项脚手架、且能够按《建筑工程建筑面积计算规范》（GB/T 50353—2013）计算建筑面积的房屋新建工程。综合脚手架项目未综合的内容，可另行使用单项脚手架项目补充。房屋附属工程、修缮工程以及其他不适宜使用综合脚手架项目的，应使用单项脚手架项目编码列项。

与外脚手架一起设置的接料平台（上料平台），应包括在建筑物外脚手架项目中，不单独编码列项。

斜道（上下脚手架人行通道），应单独编码列项，不包括在安全施工项目（总价措施项目）中。安全网的形式，指在外脚手架上发生的平挂网、立挂网、挑出网和密目式立网，应单独编码列项；“四口”“五临边”防护用的安全网，已包括在安全施工项目（总价措施项目）中，不单独编码列项。

现浇混凝土板（含各种悬挑板）以及有梁板的板下梁、各种悬挑板中的梁和挑梁，不单独计算脚手架。计算了整体工程外脚手架的建筑物，其四周外围的现浇混凝土梁、框架梁、墙和砌筑墙体，不另计算脚手架。

单项脚手架的起始高度：石砌体高度>1m 时，计算砌体砌筑脚手架。各种基础高度>1m 时，计算基础施工的相应脚手架。室内结构净高>3.6m 时，计算天棚装饰脚手架。其他脚手架，脚手架搭设高度>1.2m 时，计算相应脚手架。

计算各种单项脚手架时，均不扣除门窗洞口、空圈等所占面积。

搭设脚手架，应包括落地脚手架下的平土、挖坑或安底座，外挑式脚手架下型钢平台的制作和安装，附着于外脚手架的上料平台、挡脚板、护身栏杆的敷设，脚手架作业层铺设木（竹）脚手板等工作内容。脚手架基础，实际需要时，应综合于相应脚手架项目中，不单独编码列项。

1. 综合脚手架（项目编码 011701001）

计量单位：m^2

项目特征：①建筑物性质；②结构形式；③檐口高度；④层数。

工程量计算规则：按设计图示尺寸，以建筑面积计算。

2. 整体工程外脚手架（项目编码 011701002）

计量单位：m^2

项目特征：①材质；②搭设形式；③搭设高度。

工程量计算规则：按外墙外边线长度乘以搭设高度，以面积计算。外挑阳台、凸出墙面大于 240mm 的墙垛等，其图示展开尺寸的增加部分并入外墙外边线长度内计算。

3. 整体提升外脚手架（项目编码011701003）

计量单位：m^2

项目特征：搭设高度。

工程量计算规则：按外墙外边线长度乘以搭设高度，以面积计算。外挑阳台、凸出墙面大于240mm的墙垛等，其图示展开尺寸的增加部分并入外墙外边线长度内计算。

4. 电梯井字脚手架（项目编码011701004）

计量单位：座

项目特征：搭设高度。

工程量计算规则：按不同搭设高度，以座数计算。

5. 斜道（项目编码011701005）

计量单位：座

项目特征：①材质；②搭设形式；③搭设高度。

工程量计算规则：按不同搭设高度，以座数计算。

6. 安全网（项目编码011701006）

计量单位：m^2

项目特征：①材质；②搭设形式。

工程量计算规则：密目立网按封闭墙面的垂直投影面积计算。其他安全网按架网部分的实际长度乘以实际高度（宽度），以面积计算。

7. 混凝土浇筑脚手架（项目编码011701007）

计量单位：m^2

项目特征：①材质；②搭设形式；③搭设高度。

工程量计算规则：柱按设计图示结构外围周长另加3.6m，乘以搭设高度，以面积计算。墙、梁按墙、梁净长乘以设搭设高度，以面积计算。轻型框剪墙不扣除其间砌筑洞口所占面积，洞口上方的连梁不另计算。

8. 砌体砌筑脚手架（项目编码011701008）

计量单位：m^2

项目特征：①材质；②搭设形式；③搭设高度。

工程量计算规则：按墙体净长度乘以搭设高度，以面积计算，不扣除位于其中的混凝土圈梁、过梁、构造柱的尺寸。混凝土圈梁、过梁、构造柱，不另计算脚手架。

9. 天棚装饰脚手架（项目编码011701009）

计量单位：m^2

项目特征：①材质；②搭设形式；③搭设高度。

工程量计算规则：按室内水平投影净面积（不扣除柱、垛）计算。

10. 内墙面装饰脚手架（项目编码011701010）

计量单位：m^2

项目特征：①材质；②搭设形式；③搭设高度。

工程量计算规则：按内墙装饰面（外墙内面、内墙两面）投影面积计算，但计算了天棚装饰脚手架的室内空间，不另计算。

11. 外墙面装饰脚手架（项目编码 011701011）

计量单位：m^2

项目特征：①材质；②搭设形式；③搭设高度。

工程量计算规则：按外墙装饰面垂直投影面积计算。

12. 防护脚手架（项目编码 011701012）

计量单位：m^2

项目特征：①材质；②搭设形式。

工程量计算规则：水平防护架，按实际铺板的水平投影面积计算。垂直防护架，按实际搭设长度乘以自然地坪至最上一层横杆之间的搭设高度，以面积计算。

13. 卸载支撑（项目编码 011701013）

计量单位：处

项目特征：①卸载部位；②层数。

工程量计算规则：按卸载部位，以数量（处）计算。砌体加固卸载，每卸载部位为一处；梁加固卸载，卸载梁的一个端头为一处；柱加固卸载，一根柱为一处。

14. 单独铺板、落翻板（项目编码 011701014）

计量单位：m^2

项目特征：①卸载部位；②层数。

工程量计算规则：按施工组织设计规定，以面积计算。

5.2.2 施工运输工程计量

依据计量规范，施工运输工程应注意以下事项。

檐口高度 3.6m 以内的建筑物，不计算垂直运输。

工业建筑中，为物质生产配套和服务的食堂、宿舍、医疗、卫生及管理用房等独立建筑物，按民用建筑垂直运输项目编码列项。

零星工程垂直运输项目，指能够计算建筑面积（含 1/2 面积）之空间的外装饰层（含屋面顶棚）范围以外的零星工程所需要的垂直运输。

大型机械基础，指大型机械安装就位所需要的基础及固定装置的制作、铺设、安装及拆除等工作内容。

大型机械进出场，指大型机械整体或分体自停放地点运至施工现场、或由一施工地点运至另一施工地点的运输、装卸，以及大型机械在施工现场进行的安装、试运转和拆卸等工作内容。

1. 民用建筑工程垂直运输（项目编码 011702001）

计量单位：m^2

项目特征：①结构形式；②檐口高度；③装饰工程类别。

工程量计算规则：按建筑物建筑面积计算。同一建筑物檐口高度不同时，应区别不同檐口高度分别计算，层数多的地上层的外墙外垂直面（向下延伸至±0.000）为其分界。

2. 工业厂房工程垂直运输（项目编码011702002）

计量单位：m^2

项目特征：①结构形式；②层数；③厂房类别。

工程量计算规则：按建筑物建筑面积计算。同一建筑物檐口高度不同时，应区别不同檐口高度分别计算，层数多的地上层的外墙外垂直面（向下延伸至±0.000）为其分界。

3. 零星工程垂直运输（项目编码011702003）

计量单位：m^3

项目特征：类别（材质）。

工程量计算规则：按零星工程的体积（或面积、质量）计算。

4. 大型机械基础（项目编码011702004）

计量单位：m^3

项目特征：①机械名称；②基础形式；③混凝土强度等级。

工程量计算规则：按施工组织设计规定的尺寸，以体积（或长度、座数）计算。

5. 垂直运输机械进出场（项目编码011702005）

计量单位：台次

项目特征：①机械名称；②檐口高度。

工程量计算规则：按施工组织设计规定，以数量计算。

【例5-1】 某装配式混凝土结构工程，檐口高度33.26m，现场布置两台塔式起重机（8t），塔式起重机的混凝土基础采用立方体式，混凝土材质为C30商品混凝土，工程量合计为12.56m^3。试编制该工程背景下大型机械基础及垂直运输机械进出场的工程量清单。

解：（1）大型机械基础以“m^3”计量，计算规则按施工组织设计规定的尺寸，以体积（或长度、座数）计算。

大型机械基础工程量为12.56m^3。

（2）垂直运输机械进出场以“台次”计量，计算规则按施工组织设计规定，以数量计算。

垂直运输机械进出场工程量为2台次。

其工程量清单见表5-1。

表5-1 大型机械基础及垂直运输机械进出场工程量清单

序号	项目编码	项目名称	项目特征	计量单位	工程量
1	011702004001	大型机械基础	1. 机械名称：塔式起重机（8t） 2. 基础形式：立方体式 3. 混凝土强度等级：C30商品混凝土	m^3	12.56
2	011702005001	垂直运输机械进出场	1. 机械名称：塔式起重机（8t） 2. 檐口高度：33.26m	台次	2

6. 其他机械进出场（项目编码 011702006）

计量单位：台次

项目特征：①机械名称；②规格能力。

工程量计算规则：按施工组织设计规定，以数量计算。

7. 修缮、加固工程垂直运输（项目编码 011702007）

计量单位：工日

工程量计算规则：按相应分部分项工程及措施项目的定额人工消耗量（乘系数），以工日计算。

5.2.3 施工降排水及其他工程计量

依据计量规范，施工降排水及其他工程应注意以下事项。

施工降排水是指为降低地下水位所发生的形成集水井、排除地下水等工作内容。混凝土泵送是指预拌混凝土在施工现场通过输送泵和输送管道使混凝土就位等工作内容。预制构件吊装机械是指预制混凝土构件、预制金属构件自施工现场地面至构件就位位置，使用轮胎式起重机（汽车式起重机）吊装的机械消耗。

混凝土泵送和预制构件吊装机械，可以按本节的相应规定单独编码列项，也可以作为项目特征，附属于附录 E 混凝土构件相应项目中。但附属于附录 E 混凝土构件相应项目时，应按本节规定进行项目特征描述。

1. 集水井成井（项目编码 011703001）

计量单位：m

项目特征：①成井类型；②井壁材质；③成井直径；④成井深度。

工程量计算规则：按施工组织设计规定，以深度计算。

2. 井点管安装拆除（项目编码 011703002）

计量单位：根

项目特征：①井点类型；②井点深度。

工程量计算规则：按施工组织设计规定的井点管数量计算。井点管布置应根据地质条件和施工降水要求，按施工组织设计规定确定。施工组织设计未规定时，可按：轻型井点管距 0.8~1.6m（或平均 1.2m）；喷射井点管 2~3m（或平均 1.3m）确定。

3. 排水降水（项目编码 011703003）

计量单位：台日

项目特征：①机械规格；②排水管规格。

工程量计算规则：按施工组织设计规定的设备数量和工作天数计算。集水井降水，以每台抽水机工作 24h 为一台日。井点管降水，以每台设备工作 24h 为一台日。井点设备“台（套）”的组成如下：轻型井点，50 根/套；喷射井点，30 根/套；大口径井点，45 根/套；水平井点，10 根/套；电渗井点，30 根/套；不足一套，按一套计算。

【例 5-2】 某工程采用轻型井点降低地下水位，如图 5-5 所示，降水管（ϕ38mm）共计 340 根，每根深 7m，井点间距 1.2m，每套设备降水记录见表 5-2。试计算该轻型井点降水工程工程量并编制工程量清单。

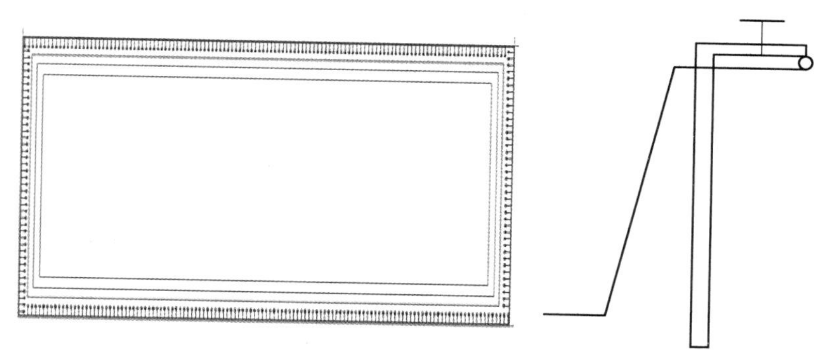

图 5-5　某工程轻型井点示意图

表 5-2　降水记录

日期	9.1	9.2	9.3	9.4	9.5	9.6	9.7	9.8	9.9	9.10	9.11	9.12	9.13	9.14	9.15
降水时间/h	21.5	20	22.5	19	20	21.5	22	17.5	20.5	21	21	22	20	21.5	18.5
日期	9.16	9.17	9.18	9.19	9.20	9.21	9.22	9.23	9.24	9.25	9.26	9.27	9.28	9.29	9.30
降水时间/h	20	21	21	22	21	20.5	20.5	21	18	18.5	19.5	20	18.5	19	20

解：(1) 井点设备“台（套）”的组成如下：轻型井点，50 根/套；喷射井点，30 根/套；大口径井点，45 根/套；水平井点，10 根/套；电渗井点，30 根/套；不足一套，按一套计算。本案例采用轻型井点则设备套数 = 340/50 = 6.8，不足一套，按一套计算，应为 7 套。

(2) 降水以“台日”计量，计算规则为井点管降水，以每台设备工作 24h 为一台日。

降水工程量：

[(21.5+20+22.5+19+20+21.5+22+17.5+20.5+21+21+22+20+21.5+18.5+20+21+21+22+21+20.5+20.5+21+18+18.5+19.5+20+18.5+19+20)/24×7] 台日 = 177.63 台日

其工程量清单见表 5-3。

表 5-3　轻型井点降水工程量清单

序号	项目编码	项目名称	项目特征	计量单位	工程量
1	011703003001	轻型井点降水	1. 机械规格：轻型井点 2. 排水管规格：排水管 Φ38	台日	177.63

4. 混凝土泵送（项目编码 011703004）

计量单位：m^3

项目特征：①输送泵类型；②输送高度。

工程量计算规则：按混凝土构件的混凝土消耗量之和，以体积计算。

5. 预制构件吊装机械（项目编码 011703005）

计量单位：台班

项目特征：吊装机械名称：轮胎式起重机。

工程量计算规则：按预制构件的吊装机械台班消耗量之和，以台班计算。

5.3 装配式建筑工程措施项目计价

工程量清单计价模式下的单价措施综合单价计取流程为：首先依据清单的项目特征属性进行相关计价定额选取；然后依据计价定额中对应的计算规则进行定额工程量计算；再结合定额相关说明查看是否需进行调整，如人工费系数、材料用量系数、综合单价系数等调整；最后结合当地当期人工费、材料单价、机械费等费用调整。本节结合地方配套 2015 年《四川省建设工程工程量清单计价定额——房屋建筑与装饰工程》（2015）（简称《计价定额》）进行组价，一般有以下三种情形。

1）当某单价措施的工程量清单的项目特征、计量单位及工程量计算规则与《计价定额》对应的定额项目包含的内容、计量单位及工程量计算规则完全一致，进行定额组价只有该定额项目对应时，清单项目综合单价=定额项目综合单价。

2）当某单价措施的工程量清单的计量单位及工程量计算规则与《计价定额》对应的定额项目的计量单位及工程量计算规则一致，但清单项目特征包含多个定额项目的工程内容，进行定额组价需多个定额项目组成时，清单项目综合单价=Σ 定额项目综合单价。

3）当某单价措施的工程量清单的项目特征、计量单位及工程量计算规则与《计价定额》对应的定额项目包含的内容、计量单位及工程量计算规则不一致时，进行定额组价需分别计算合计时，清单项目综合单价=（Σ 该项目清单所包含的各定额项目工程量×定额综合单价）÷该清单项目工程量。

5.3.1 脚手架工程计价

《四川省建设工程工程量清单计价定额——房屋建筑与装饰工程》（2015 年）（简称《计价定额》）关于脚手架工程计价要求如下。

1. 脚手架工程说明

《计价定额》综合脚手架和单项脚手架已综合考虑了斜道、上料平台、安全网，不再另行计算。

（1）综合脚手架

1）凡能够按“建筑面积计算规则”计算建筑面积的房屋建筑与装饰工程均按综合脚手架定额项目计算脚手架摊销费。

2）综合脚手架已综合考虑了砌筑、浇筑、吊装、抹灰、油漆、涂料等脚手架费用。满堂基础（独立柱基或设备基础投影面积超过 $20m^2$）按满堂脚手架基本层费用乘以 50%计取，当使用泵送混凝土时则按满堂脚手架基本层乘以 40%计取。外墙装饰（以单项脚手架计取脚手架摊销费除外）按外脚手架项目乘以系数 40%计算。

3）《计价定额》的檐口高度是指檐口滴水高度，平屋顶是指屋面板底高度，凸出屋面的电梯间、水箱间不计算檐高。

4）檐口高度>50m 的综合脚手架中，外墙脚手架是按附着式外脚手架综合的，实际施工不同时，不做调整。

（2）单项脚手架说明　凡不能按“建筑面积计算规则”计算建筑面积的房屋建筑与装饰工程，但施工组织设计规定需搭设脚手架时，均按相应单项脚手架定额计算脚手架摊销费。

2. 脚手架工程定额工程量计算规则

（1）综合脚手架计算规则

1）综合脚手架应分单层、多层和不同檐高，按建筑面积计算。

2）满堂基础脚手架工程量按其地板面积计算。

（2）单项脚手架计算规则

1）外脚手架、里脚手架均按所服务对象的垂直投影面积计算。

2）砌砖工程高度在 1.35~3.6m 者，按里脚手架计算。高度在 3.6m 以上者按外脚手架计算。独立砖柱高度在 3.6m 以下者，按柱外围周长乘以实砌高度按里脚手架计算；高度在 3.6m 以上者，按柱外围周长加 3.6m 乘以实砌高度按单排脚手架计算；独立混凝土柱按柱外围周长加 3.6m 乘以浇筑高度按外脚手架计算。

3）砌石工程（包括砌块）高度超过 1m 时，按外脚手架计算。独立石柱高度在 3.6m 以下者，按柱外围周长乘以实砌高度计算工程量；高度在 3.6m 以上者，按柱外围周长加 3.6m 乘以实砌高度计算工程量。

4）围墙高度从自然地坪至围墙顶计算，长度按墙中心线计算，不扣除门所占的面积，但门柱和独立门柱的砌筑脚手架不增加。

5）凡高度超过 1.2m 的室内外混凝土贮水（油）池、贮仓、设备基础，以构筑物的外围周长乘以高度按外脚手架计算。池底按满堂基础脚手架计算。

6）挑脚手架按搭设长度乘以搭设层数以“延长米”计算。

7）悬空脚手架按搭设的水平投影面积计算。

8）满堂脚手架按搭设的水平投影面积计算，不扣除垛、柱所占的面积。满堂脚手架高度从设计地坪至施工顶面计算，高度在 4.5~5.2m 时，按满堂脚手架基本层计算；高度超过 5.2m 时，每增加 0.6~1.2m，按增加一层计算，增加层的高度若在 0.6m 内时，舍去不计。例如：设计地坪到施工顶面为 9.2m，其增加层数为：[(9.2−5.2)/1.2]层=3 层，余 0.4m 舍去不计。

9）吊篮脚手架按外墙垂直投影面积计算，不扣除门窗洞口所占面积。

5.3.2　施工运输工程计价

《四川省建设工程工程量清单计价定额——房屋建筑与装饰工程）（2015 年）（简称《计价定额》）关于施工运输工程计价要求如下。

1. 垂直运输说明

1）《计价定额》中的工作内容包括单位工程在合理工期内完成所承包的全部工程项目所需的垂直运输机械费。除《计价定额》有特殊规定外，其他垂直运输机械的场外往返运输、一次安拆费用已包括在台班单价中。

2）同一建筑物带有裙房者或檐高不同者，应分别计算建筑面积，分别套用不同檐高的定额项目。

3）同一檐高建筑物多种结构类型按不同结构类型分别计算，分别计算后的建筑物檐高均以该建筑物总檐高为准。

4）檐高≤3.6m 的单层建筑物，不计算垂直运输机械费。

5）垂直运输项目是按檐高≤20m（6 层）和檐高>20m（6 层）分别编制，檐高≤20m（6 层）（包括地面以上层高>2.2m 的技术层）的建筑物，不分檐高和层数；超过 6 层的建筑物均以檐高为准。

6）定额中的垂直运输机械系综合考虑，不论实际采用何种机械均应执行《计价定额》。

7）连同土建一起施工的装饰工程，其垂直运输机械费不再单独计算。

8）地下室垂直运输的规定：

① 地下室无地面建筑物（或无地面建筑物的部分），按设计室外地坪至地下室底板结构上表面高差（以下简称“地下室深度”）作为檐口高度。

② 地下室有地面建筑的部分，“地下室深度”大于其上的地面建筑檐高时，以“地下室深度”作为檐高。

③ 以地下室深度作为檐高时，檐口高度>3.6m 时，垂直运输机械费按檐高≤20m（6 层）和檐高>20m（6 层）两种情况分别套用。

9）建筑物的檐高是指设计室外地坪至檐口滴水的高度，突出主体建筑物屋顶的电梯机房、楼梯出口间、水箱间、瞭望塔、排烟机房等不计檐高和层数，但要计算面积；平顶屋面有天沟的算至天沟板底，无天沟的算至屋面板底，多跨厂房或仓库按主跨划分。屋顶上的特殊构筑物（如葡萄架等）、女儿墙不计算面积和高度。

2. 垂直运输定额工程量计算规则

1）建筑物垂直运输的面积均按《计价定额》中的“建筑面积计算规则”计算。

2）二次装饰装修工程：

① 多层建筑垂直运输费分别以不同的垂直运输高度按定额人工费计算。

② 单层建筑垂直运输费分别以不同的檐高按定额人工费计算。

3. 超高施工增加说明

1）单层建筑物檐高>20m、高层建筑物大于 6 层，均应按超高部分的建筑面积计算超高施工增加费。

2）建筑物超高施工增加费是指单层建筑物檐高>20m、多层建筑物大于 6 层的人工、机械降效、施工电梯使用费、安全措施增加费、通信联络、建筑垃圾清理及排污费、高层加压水泵的台班费。

3）超高施工增加费的垂直运输机械的机型已综合考虑，不论实际采用何种机械均不得换算。

4）同一建筑物的不同檐高应按不同高度的建筑面积分别计算超高施工增加费。

4. 超高施工增加定额工程量计算规则

1）建筑物超高施工增加的面积均按《计价定额》中的“建筑面积计算规则”计算。

2）二次装饰装修工程按超过部分的定额综合单价（基价）乘以系数。

5. 大型机械设备进出场及安拆说明

（1）大型机械设备进出场

1）大型机械进场费定额是按全程不超过 25km 编制的，进场或返回全程在 25km 及以下者，按“大型机械进场费”的相应定额执行，全程超过 25km 者，大型机械进出场的台班数量按实计算，台班单价按施工机械台班费用定额计算。

2）大型机械在施工完毕后，无后续工程使用，必须返回施工单位机械停放场（库）者，经建设单位签字认可，可计算大型机械回程费；但在施工中途，施工机械需要回库（场、站）修理者，不得计算大型机械进、出场费。

3）进场费定额内未包括回程费用，实际发生时按相应进场费项目执行。

4）进场费未包括架线费、过路费、过桥费、过渡费等，发生时按实计算。

5）松土机、除荆机、除根机、湿地推土机的场外运输费，按相应规格的履带式推土机计算。

6）拖式铲运机的进场费按相应规格的履带式推土机乘以系数1.1。

（2）大型机械一次安拆费 大型机械一次安拆费定额中已包括机械安装完毕后的试运转费用。

（3）塔式起重机基础及施工电梯基础

1）塔式起重机轨道式基础包括铺设和拆除的费用，轨道铺设以直线为准，如铺设为弧线时，弧线部分定额人工、机械乘以系数1.15。

2）固定式基础如需打桩时，其打桩费用按“C桩基工程”相应定额项目计算。

3）《计价定额》不包括轨道和枕木之间增加其他型钢或钢板的轨道、自升塔式起重机行走轨道和混凝土搅拌站的基础、不带配重的自升式起重机固定式基础、施工电梯基础等。

6. 大型机械设备进出场及安拆定额工程量计算规则

1）塔式起重机轨道式基础铺设按两轨中心线的实际铺设长度以“m”计算，固定式基础以“座”计算。

2）大型机械一次安拆费，大型机械进场费均以“台次”计算。

5.3.3 施工降排水及其他工程计价

《四川省建设工程工程量清单计价定额——房屋建筑与装饰工程）（2015年）（简称《计价定额》）关于施工降排水及其他工程要求如下。

1. 施工排水、降水说明

1）小孔径深井降水指孔径≤300mm、井管直径≤150mm的降水。

2）大孔径深井降水指孔径>300mm，井管（井笼）直径>150mm的降水。

3）轻型井点降水是指在被降水建筑物基坑的四周设置许多较细井点管（支管），打入地下蓄水层内，井点管的上端与总管相连接，利用抽水设备将地下水位降低至基坑底以下。

4）轻型井点每天降水费用是24h的降水费用。

5）泥浆运输费按“C桩基工程”相应定额项目另行计算。

6）排水用沉砂池、砖砌排水沟、混凝土排水管，按2015年《四川省建设工程工程量清单计价定额——房屋建筑与装饰工程》和《四川省建设工程工程量清单计价定额——市政工程》相应分部的定额项目计算。

2. 施工排水、降水定额工程量计算规则

1）深井降水钻孔分不同地层按设计钻孔深度以“m”计算。

2）井管安装分混凝土井管、混凝土滤管以“m”计算。

3）排水管道安装、拆除及摊销分不同管径按布设延长米乘以使用天数计算。

4）深井降水抽水分不同出口口径按运转的降水井数乘以运转的天数计算。

5）轻型井点安装拆除按井点深度以“m”计算。

6）轻型井点降水按运转天数计算。

5.3.4 安全文明施工费计价

安全文明施工费不得作为竞争性费用。环境保护、文明施工、安全施工、临时设施费分基本费、现场评价费两部分计取，基本费为承包人在施工过程中发生的安全文明施工措施的基本保障费用，根据工程所在位置分别执行工程在市区时，工程在县城、镇时，工程不在市区、县城、镇时三种标准，其口径与城市维护建设税相同。现场评价费是指承包人执行有关安全文明施工规定，经发包人、监理人、承包人共同依据相关标准和规范性文件规定对施工现场承包人执行有关安全文明施工规定情况进行自评，并经住房城乡建设行政主管部门施工安全监督机构核定安全文明施工措施最终综合评价得分，由承包人自愿向安全文明施工费费率测定机构申请并经测定费率后获取的安全文明施工措施增加费。

1）在编制设计概算、施工图预算、招标控制价时应足额计取，即安全文明施工费费率按基本费费率加现场评价费最高费率计列。

环境保护费费率=环境保护基本费费率×2

文明施工费费率=文明施工基本费费率×2

安全施工费费率=安全施工基本费费率×2

临时设施费费率=临时设施基本费费率×2

2）在编制投标报价时，应按招标人在招标文件中公布的安全文明施工费金额计取。

3）安全文明施工费的竣工结算管理：

承包人向安全文明施工费费率测定机构申请测定费率，并出具《建设工程安全文明施工措施评价及费率测定表》的，按《建设工程安全文明施工措施评价及费率测定表》测定的费率计算；承包人未向安全文明施工费费率测定机构申请测定费率的，只能计取基本费。

如因发包人原因造成施工安全监督机构未核定安全文明施工措施最终评价得分，承包人无法向安全文明施工费费率测定机构申请测定费率的，发包人、承包人可按发包人、监理人、承包人共同对施工现场承包人执行有关安全文明施工规定情况进行检查和评分的结果，测定安全文明施工费费率，在《建设工程安全文明施工措施评价及费率测定表》中确认并说明原因，作为结算依据。

对发包人直接发包的专业工程，未纳入总包工程现场评价范围，施工安全监督机构也未单独进行现场评价的，其安全文明施工费只能以发包人直接发包的工程类型，计取基本费。

对发包人直接发包的专业工程，纳入总包工程现场评价范围但未单独进行安全文明施工措施现场评价的，其安全文明施工费按该工程总承包人的《建设工程安全文明施工措施评价及费率测定表》测定的费率执行；纳入总包工程现场评价范围但该工程总承包人未测定安全文明施工费费率的，其安全文明施工费以该总承包工程类型计取基本费。

发包人直接发包工程的安全文明施工纳入总承包人统一管理的，总承包人收取相应项目安全文明施工费的40%。发包人在拨付专业工程承包人的安全文明施工费用时，应将其中的40%直接拨付总承包人。

4）安全文明施工费结算费率的确定：

① 安全文明施工基本费费率。安全文明施工费费率由工程造价管理机构根据各专业工程的特点综合确定。

表5-4为四川省规定的建筑工程在市区时安全文明施工基本费费率（一般计税法），基本费费率含扬尘污染防治等增加费费率。

表5-4　四川省安全文明施工基本费费率（一般计税法）（工程在市区时）

序号	项目名称	工程类型	取费基础	基本费费率（%）
1	环境保护费		分部分项工程量清单项目定额人工费+单价措施项目定额人工费	0.77
2	文明施工费	房屋建筑与装饰工程、仿古建筑工程、构筑物工程		3.26
		单独装饰工程、单独通用安装工程		1.54
		市政工程		2.64
		城市轨道交通工程		2.64
		园林绿化工程、总平、运动场工程		1.41
		维修加固工程、拆除工程		1.41
		单独土石方工程、单独地基处理与边坡支护工程、单独桩基工程		1.41
3	安全施工基本费费率	房屋建筑与装饰工程、仿古建筑工程、构筑物工程		5.68
		单独装饰工程、单独通用安装工程		2.42
		市政工程		3.39
		城市轨道交通工程		3.39
		园林绿化工程、总平、运动场工程		2.25
		维修加固工程、拆除工程		2.25
		单独土石方工程、单独地基处理与边坡支护工程、单独桩基工程		1.85
4	临时设施基本费费率	房屋建筑与装饰工程、仿古建筑工程、构筑物工程		4.29
		单独装饰工程、单独通用安装工程		3.93
		市政工程		4.49
		城市轨道交通工程		4.49
		园林绿化工程、总平、运动场工程		3.55
		维修加固工程、拆除工程		3.12
		单独土石方工程、单独地基处理与边坡支护工程、单独桩基工程		3.12

② 安全文明施工现场评价费费率。安全文明施工现场评价费费率依据施工安全监督机构核定的安全文明施工最终综合评价得分及相关文件确定。具体计算方法为：得分为80分者，现场评价费费率按基本费费率的40%计取，80分以上每增加1分，其现场评价费费率在基本费费率的基础上增加3%，中间值采用插入法计算，保留小数点后两位数字，第三位四舍五入。现场评价费费率计算公式如下：

现场评价费费率=基本费费率×40%+基本费费率×（最终综合评价得分-80）×3%

③ 最终综合评价得分低于70分（不含70分）的，只计取安全文明施工费中的临时设施基本费。

④ 施工期间承包人发生一般及以上生产安全事故的，安全文明施工费中的安全施工费按应计费率的60%计取。

⑤ 工地地面应做硬化处理而未做的，其安全文明施工费中的文明施工费按应计费率的60%计取。

【例5-3】 某装配式混凝土结构工程，位于成都市市区，各相关参与主体就该项目现场评价进行安全文明施工各项综合打分如下：环境保护90分，文明施工95分，安全施工90分，临时设施95分。试计算该工程竣工结算时安全文明施工各项费用费率。

解： 由题意，安全文明施工各项现场评价综合打分均超过80分，现场评价费费率按基本费费率的40%计取，80分以上每增加1分，其现场评价费费率在基本费费率的基础上增加3%。

环境保护现场评价费费率：0.77×40%+0.77×(90-80)×3%=0.54

文明施工现场评价费费率：3.26×40%+3.26×(95-80)×3%=2.77

安全施工现场评价费费率：5.68×40%+5.68×(90-80)×3%=3.98

临时设施现场评价费费率：4.29×40%+4.29×(90-80)×3%=3.00

故竣工结算时安全文明施工各项费用费率为：

环境保护费费率：0.77+0.54=1.31

文明施工费费率：3.26+2.77=6.03

安全施工费费率：5.68+3.98=9.66

临时设施费费率：4.29+3.00=7.29

本章小结

本章介绍了措施项目基本概念，结合计价定额，介绍了装配式建筑工程涉及的单价措施项目计量，方便读者了解和掌握措施项目中单价措施和总价措施基础知识、单价措施项目相关计价要求。通过对总价措施的学习，应着重掌握安全文明施工中各项费用的费率计取。

习题

1. 什么是措施项目？
2. 简述单价措施和总价措施。
3. 装配式建筑工程中涉及哪些脚手架工程？
4. 装配式建筑工程中涉及哪些施工运输工程？

5. 简述施工降水编制工程量清单时如何进行计量。

6. 某工程，位于成都市市区，各相关参与主体就该项目现场评价进行安全文明施工各项综合打分如下：环境保护 92 分，文明施工 96 分，安全施工 95 分，临时设施 95 分。试计算该工程竣工结算时安全文明施工各项费用费率。

第6章 基于BIM技术的装配式建筑工程计量与计价

6.1 BIM技术简介

BIM的全称是建筑信息模型（Building Information Modeling），这项技术被称为“革命性”的技术，源于美国佐治亚技术学院（Georgia Tech College）建筑与计算机专业的查克·伊斯曼（Chuck Eastman）博士提出的一个概念：建筑信息模型包含了不同专业的所有的信息、功能要求和性能，把一个工程项目的所有信息，包括设计过程、施工过程、运营管理过程的信息全部整合到一个建筑模型。

6.1.1 BIM技术概念及特点

1. BIM技术概念

BIM技术是一种多维（三维空间、四维时间、五维成本、N维更多应用）模型信息集成技术，可以使建设项目的所有参与方（包括政府主管部门、业主、设计、施工、监理、造价、运营管理、项目用户等）在项目从概念产生到完全拆除的整个生命周期内都能够在模型中操作信息和在信息中操作模型，从而从根本上改变从业人员依靠符号文字形式的图样进行项目建设和运营管理的工作方式，实现在建设项目全生命周期内提高工作效率和质量以及减少错误和风险的目标。

BIM的含义总结为以下三点：

1）BIM是以三维数字技术为基础，集成了建筑工程项目各种相关信息的工程数据模型，是对工程项目设施实体与功能特性的数字化表达。

2）BIM是一个完善的信息模型，能够连接建筑项目生命周期内不同阶段的数据、过程和资源，是对工程对象的完整描述，提供可自动计算、查询、组合拆分的实时工程数据，可被建设项目各参与方普遍使用。

3）BIM具有单一工程数据源，可解决分布式、异构工程数据之间的一致性和全局共享问题，支持建设项目生命周期中动态的工程信息创建、管理和共享，是项目实时的共享数据平台。

BIM是一种技术、一种方法、一种过程，它既包括建筑物全生命周期的信息模型，又包括建筑工程管理行为的模型，它将两者完美地结合进而实现集成管理，它的出现引发整个

A/E/C(Architecture/Engineering/Construction)领域继CAD技术的第二次革命。

BIM常用术语有：

（1）BIM 前期定义为“Building Information Model”，之后将BIM中的“Model”替换为“Modeling”，即“Building Information Modeling”，前者指的是静态的“模型”，后者指的是动态的“过程”，可以直译为“建筑信息建模”“建筑信息模型方法”或“建筑信息模型过程”，但约定俗成目前国内业界仍然称之为“建筑信息模型”。

（2）PAS1192 PAS1192即使用建筑信息模型设置信息管理运营阶段的规范。该纲要规定了Level of Model（图形信息）、Model Information（非图形内容，比如具体的数据）、Model Definition（模型的意义）和模型信息交换（Model Information Exchanges）。PAS1192-2提出BIM实施计划（BEP）是为了管理项目的交付过程，有效地将BIM引入项目交付流程对项目团队在项目早期发展BIM实施计划很重要。它概述了全局视角和实施细节，帮助项目团队贯穿项目实践。它经常在项目启动时被定义并当新项目成员被委派时调节他们的参与。

（3）CICBIM Protocol CICBIM Protocol即CICBIM协议。CICBIM协议是建设单位和承包商之间的一个补充性的具有法律效益的协议，已被并入专业服务条约和建设合同之中，是对标准项目的补充。它规定了雇主和承包商的额外权利和义务，从而促进相互之间的合作，同时有对知识产权的保护和对项目参与各方的责任划分。

（4）Clash Rendition Clash Rendition即碰撞再现。其专门用于空间协调的过程，实现不同学科建立的BIM模型之间的碰撞规避或者碰撞检查。

（5）CDE CDE即公共数据环境。这是一个中心信息库，所有项目相关者可以访问。同时对所有CDE中的数据访问都是随时的，所有权仍旧由创始者持有。

（6）COBIE COBIE即施工运营建筑信息交换（Construction Operations Building Information Exchange）。COBIE是一种以电子表单呈现的用于交付的数据形式，为了调频交接包含了建筑模型中的一部分信息（除了图形数据）。

（7）Data Exchange Specification Data Exchange Specification即数据交换规范。不同BIM应用软件之间数据文件交换的一种电子文件格式的规范，从而提高相互间的可操作性。

（8）Federated Mode Federated Mode即联邦模式。本质上这是一个合并了的建筑信息模型，它将不同的模型合并成一个模型，是多方合作的结果。

（9）GSL GSL即Government Soft Landings。这是一个源于英国政府的交付仪式，它的目的是减少成本（资产和运行成本）、提高资产交付和运作的效果，同时受助于建筑信息模型。

（10）IFC IFC即Industry Foundation Class。IFC是一个包含各种建设项目设计、施工、运营各个阶段所需要的全部信息的一种基于对象的、公开的标准文件交换格式。

（11）IDM IDM即Information Delivery Manual。IDM是对某个指定项目以及项目阶段、某个特定项目成员、某个特定业务流程所需要交换的信息以及由该流程产生的信息的定义。每个项目成员通过信息交换得到完成其工作所需要的信息，同时把在工作中收集或更新的信息通过信息交换给其他需要的项目成员使用。

（12）Information Manager Information Manager为雇主提供一个“信息管理者”的角色，本质上就是一个负责BIM程序下资产交付的项目管理者。

（13）Level0、Level1、Level2、Level3 Level：表示BIM等级从不同阶段到完全合作被

认可的里程碑阶段的过程，是 BIM 成熟度的划分。这个过程被分为 0~3 共 4 个阶段，目前对于每个阶段的定义还有争论，最广为认可的定义如下：

Level0：没有合作，只有二维的 CAD 图样，通过纸张和电子文本输出结果。

Level1：含有一点三维 CAD 的概念设计工作，法定批准文件和生产信息都是 2D 图输出。不同学科之间没有合作，每个参与者只含有自己的数据。

Level2：合作性工作，所有参与方都使用自己的 3D CAD 模型，设计信息共享是通过普通文件格式（Common File Format）。各个组织都能将共享数据和自己的数据结合，从而发现矛盾。因此各方使用的 CAD 软件必须能够以普通文件格式输出。

Level3：所有学科整合性合作，使用一个在 CDE 环境中的共享性的项目模型。各参与方都可以访问和修改同一个模型，解决了最后一层信息冲突的风险，这就是所谓的“Open BIM”。

（14）LOD　BIM 模型的发展程度或细致程度（Level of Detail），LOD 描述了一个 BIM 模型构件单元从最低级的近似概念化的程度发展到最高级的演示级精度的步骤。LOD 的定义主要运用于确定模型阶段输出结果及分配建模任务这两方面。

（15）LOI　LOI 即 Level of Information。LOI 定义了每个阶段需要细节的多少。比如，是空间信息、性能，还是标准、工况、证明等。

（16）LCA　LCA 即全生命周期评估（Life Cycle Assessment）或全生命周期分析（Life Cycle Analysis），是对建筑资产从建成到退出使用整个过程中对环境影响的评估，主要是对能量和材料消耗、废物和废气排放的评估。

（17）Open BIM　Open BIM 即一种在建筑的合作性设计施工和运营中基于公共标准和公共工作流程的开放资源的工作方式。

（18）BEP　BEP 即 BIM 实施计划（BIM Execution Plan）。BIM 实施计划分为合同前 BEP 及合作运作期 BEP，合同前 BEP 主要负责雇主的信息要求，即在设计和建设中纳入承包商的建议；合作运作期 BEP 主要负责合同交付细节。

（19）Uniclass　Uniclass 即英国政府使用的分类系统，将对象分类到各个数值标头，使事物有序。在资产的全生命过程中根据类型和种类将各相关元素整理和分类，有可能作为 BIM 模型的类别。

2. BIM 技术特点

从实际应用的角度来看，BIM 在建筑物的全生命周期中，具有以下技术特点：可视化、参数化、模拟性、优化性和可出图性。

（1）可视化　BIM 技术将建筑物以三维立体图的方式进行展示，方便参建各方浏览模型信息。建筑项目在规划、设计、施工和运营过程中的交底、讨论、决策都可以在可视化的状态下进行。

1）规划、设计阶段。通过 BIM 技术，将二维的 CAD 图转化成三维模型，真实、直观地将建筑物的尺寸、材质和环境信息传递出来，使得不懂图样的业主也能看懂并获得项目信息，减小了业主与设计师之间的沟通障碍。例如，在某项目中，通过建立完整的 BIM 模型，用于向业主方及相关政府部门展示及讨论方案。通过可视化的分析，方便各方更直观地优化和分析方案（图 6-1）。

BIM 还具有漫游和创建动画功能，可以对模型的各个细部进行展示。

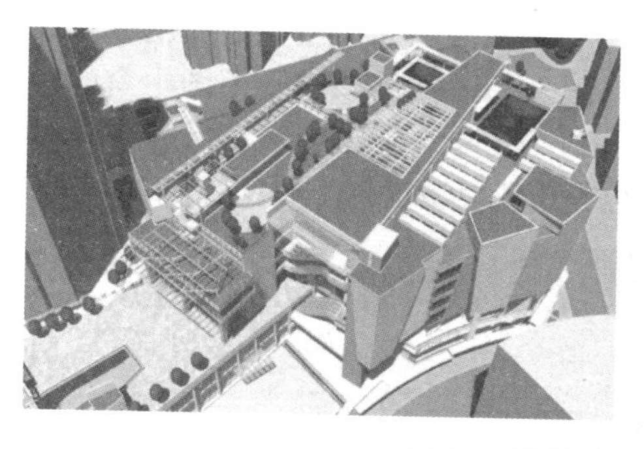

图 6-1　设计阶段 BIM 模型可视化

2）施工阶段。

① 通过软件模拟施工过程，确定施工方案，进行施工组织。

② 展示施工中的复杂构造节点和关键施工进度节点。

③ 可视化的碰撞检查。

建立建筑、结构和设备模型后，将它们链接在一起，成为一个整体的 BIM 模型。在软件中运行碰撞检查，生成碰撞检查报告，并将机电管线与土建或管线与管线间的碰撞点以三维方式主观展示出来（图 6-2）。利用软件发现和解决存在的问题和障碍，提出改进方向，进行优化。

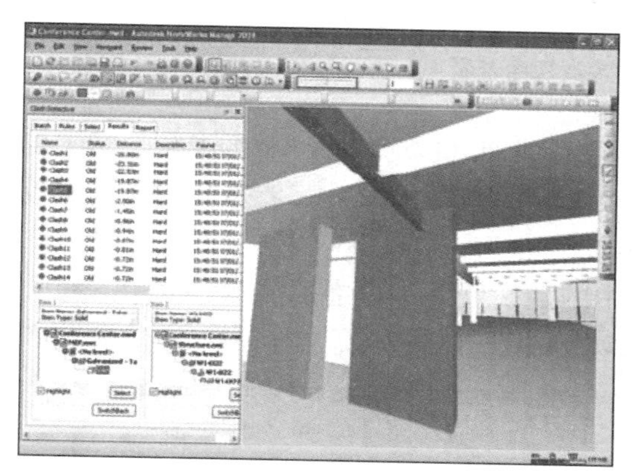

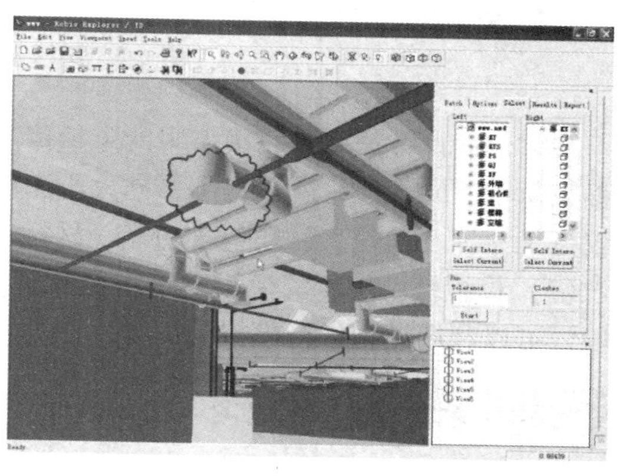

图 6-2　BIM 模型可视化的碰撞检查

（2）参数化　参数化设计是 BIM 的一个重要思想，它分为两个部分：图元信息参数化和图元关系参数化控制。图元信息参数化是指 BIM 中的图元都是以构件的形式出现，这些构件之间的不同，是通过参数的调整反映出来的，参数保存了图元作为数字化建筑构件的所有信息，包括图元中存储材质等非图元关系的参数，用于对建筑图元的管理。

图元关系参数化控制是指用户对建筑设计或文档部分做的任何改动都可以自动在其他相关联的部分反映出来，采用智能建筑构件、视图和注释符号，使每一个构件都通过一个变更传播引擎互相关联。构件的移动、删除和尺寸的改动所引起的参数变化会引起相关构件的参数产生关联的变化，任一视图下所发生的变更都能参数化、双向地传播到所有视图，以保证所有图样的一致性，无须逐一对所有视图进行修改，从而提高了工作效率和工作质量。

比如，利用 BIM 技术可以查看项目的三维图、平面图、立面图、剖面图和统计表，这些内容都自动关联在一起，存储在项目文件中（图 6-3）。如果改动平面图中窗的尺寸，则对该项目中的数据库做了修改，那么，立面图、剖面图和三维图中该窗尺寸将同时自动修改，统计表中也将同时体现更新了的数据。这也是 BIM 模型优越于 CAD 图样的一个方面。

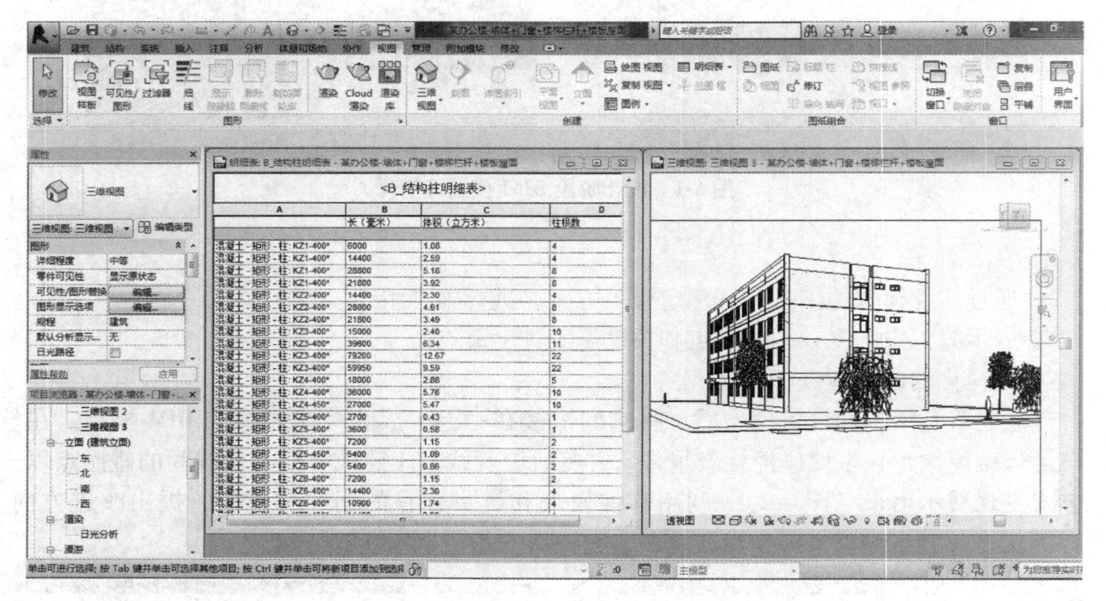

图 6-3　BIM 模型各类视图查看

参数化设计方法就是将模型中的定量信息变量化，使之成为任意调整的参数。对于变量化参数赋予不同数值，就可得到不同大小和形状的零件模型。BIM 中，参数化的可变参数不仅仅是尺寸等几何信息，还包含功能、材料、造价等非几何信息。

（3）模拟性　BIM 的模拟性是指能对现实中的建设任务进行虚拟演示和分析。在设计阶段，可以利用模型进行模拟的试验，比如：节能模拟、日照模拟（图 6-4a）、紧急疏散模

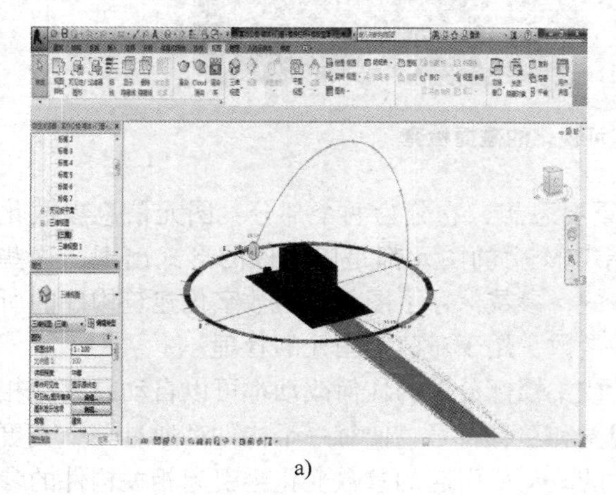

a)

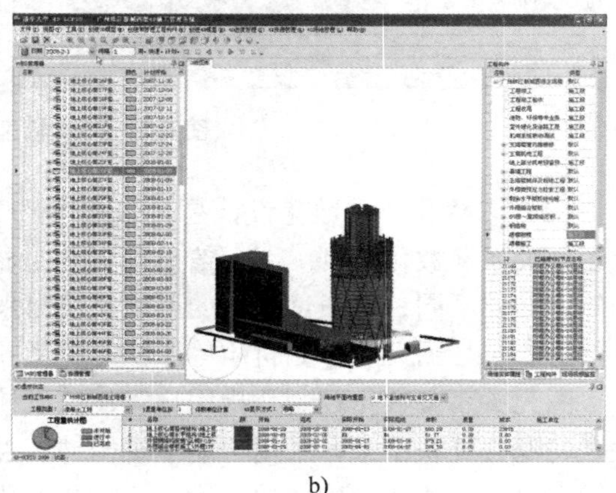

b)

图 6-4　BIM 模型模拟

a）BIM 模型日照模拟　b）BIM-5D 施工模拟

拟、交通流模拟、热能传导模拟等；在招投标和施工阶段，可以进行 4D 施工进度模拟（三维立体模型加上施工所需时间），从而确定合理的施工方案；还可以进行 5D 模拟（在 4D 模拟基础上加上成本信息），如图 6-4b 所示，控制施工成本；甚至还可以整合能耗、传感器、应急预案等多维信息（nD 加各个方面的分析）。通过模拟，可以提早发现潜在问题，及时解决，以提高工程质量；在后期运营阶段，可以进行诸如地震时人员逃生模拟等日常紧急情况的处理方式模拟。

（4）优化性　优化是指将事情尽可能地做到更好的意思。项目的优化受三方面的制约：项目信息的完整程度、项目的复杂程度、项目提供的时间。没有准确的信息不能做出合理的优化结果，BIM 模型提供了建筑物中真实存在的信息，利用这些信息来优化，如几何信息、物理信息、规则信息，建筑物变化以后的各种情况信息。现代建筑物的复杂程度大多超过参与人员的能力极限，必须借助一定的科学技术和设备的帮助，BIM 及与其配套的各种优化工具提供了对复杂项目进行优化的可能。在时间方面，BIM 技术可以实现实时的优化。一般来说，当项目复杂程度较高的时候，信息越完备，项目周期越长，其优化的效果越好。而 BIM 正好是可以实现建筑信息的高度集成与整合，而且可以在项目的规定周期内进行分析，对整体进行优化。

基于 BIM 的优化可以做以下工作：

1）项目方案优化：把项目设计和投资回报分析结合起来，可以将设计变化对投资回报的影响实时计算出来，可以使业主知道哪种项目设计方案更有利于自身的需求。

2）特殊项目的设计优化：例如裙楼、幕墙、屋顶、大空间到处可以看到异形设计，这些异形设计通常是施工难度比较大和出现问题比较多的地方，对这些异形设计的设计施工方案进行优化，可以带来显著的工期和造价改进。

（5）可出图性　BIM 软件可以输出不限于以下图样：

1）各专业间的碰撞检查报告。在实际的施工图中，本专业之间或专业与专业之间往往会出现设计碰头与矛盾，利用 Navisworks 软件运行碰撞检查，并出具碰撞检查报告，可以方便对碰撞问题的解决、跟踪。图 6-5 所示为钢筋混凝土柱的碰撞检查报告。

Autodesk Navisworks 碰撞报告

测试 2	公差	碰撞	新建	活动的	已审阅	已核准	已解决	类型	状态
	0.100m	231	231	0	0	0	0	硬碰撞	确定

图像	碰撞名称	状态	距离	网格位置	说明	找到日期	碰撞点	项目 1				项目 2			
								项目 ID	图层	项目 名称	项目 类型	项目 ID	图层	项目 名称	项目 类型
	碰撞1	新建	-0.767	F-7 : 1F	硬碰撞	2020/10/14 01:42.56	x:86.787、 y:107.715、 z:8.780	元素 ID: 8001041	1F	HY排风管（PF）系统颜色	线	元素 ID: 1176713	St-3F(8.900)	默认楼板	实体
	碰撞2	新建	-0.600	M-5 : 1F	硬碰撞	2020/10/14 01:42.56	x:82.864、 y:129.608、 z:2.180	元素 ID: 1169052	St-2F(2.900)	大小头梁	实体	元素 ID: 1251055	<无标高>	常规模型 1	实体
	碰撞3	新建	-0.600	M-7 : 1F	硬碰撞	2020/10/14 01:42.56	x:85.739、 y:129.608、 z:2.200	元素 ID: 1164783	St-2F(2.900)	混凝土 - 现场浇注混凝土	实体	元素 ID: 1251055	<无标高>	常规模型 1	实体
	碰撞4	新建	-0.584	M-8 : 1F	硬碰撞	2020/10/14 01:42.56	x:88.289、 y:129.608、 z:2.180	元素 ID: 1169713	St-2F(2.900)	大小头梁	实体	元素 ID: 1251055	<无标高>	常规模型 1	实体
	碰撞5	新建	-0.488	L-1 : 1F	硬碰撞	2020/10/14 01:42.56	x:73.389、 y:120.667、 z:2.200	元素 ID: 1164689	St-2F(2.900)	混凝土 - 现场浇注混凝土	实体	元素 ID: 1251055	<无标高>	常规模型 1	实体

图 6-5　碰撞检查报告

2）经过碰撞检查和设计优化后的综合管线图。图 6-6 所示为优化后的水、暖、电综合管线图。经过土建专业与设备专业图样的碰撞检查，经设计修改，消除了相应错误。

图 6-6　优化后的水、暖、电综合管线图

3）构件加工指导图。在深化设计模型基础上，将相应构件、半成品加工信息提取并交付加工制作。图 6-7 所示为某工程框架梁柱钢筋加工指导图。

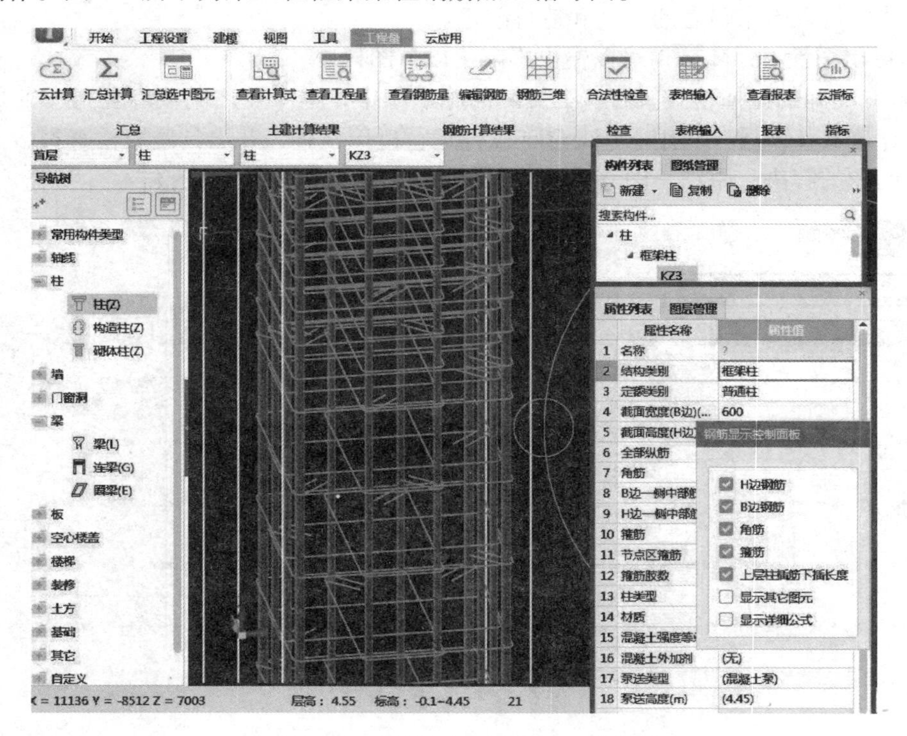

图 6-7　某工程框架梁柱钢筋加工指导图

4）综合结构留洞图（预埋套管图）。施工图中绘制的预留洞、预埋件在使用过程中容易出现偏差、遗漏，利用BIM模型可以提前发现预留洞、预埋件遗漏或不一致的地方。

6.1.2　BIM在各主体的应用与价值

在项目实施过程中，各利益相关方既是项目管理的主体，也是BIM技术的应用主体。不同的利益相关方，因为在项目管理过程中的责任、权利、职责的不同，针对同一个项目的BIM技术应用，各自的关注点和职责也不尽相同。例如，业主单位更多地关注整体项目的BIM技术应用部署和开展，设计单位更多地关注设计阶段的BIM技术应用，施工单位则更多地关注施工阶段的BIM技术应用等。又如，对最为典型的管线综合BIM技术应用，建设单位、设计单位、施工单位、运维单位的关注点就相差甚远，建设单位关注净高和造价，设计单位关注宏观控制和系统合理性，施工单位关注成本和施工工序、施工便利，运维单位关注运维便利程度。不同的关注点，就意味着同样的BIM技术，作为不同的实施主体，一定会有不同的组织方案、实施步骤和控制点。不同利益方相关的BIM需求并不相同，利用BIM模型，根据项目建设的需要，将信息在各利益方之间传递并使用，才能发挥BIM技术的最大价值。

1. BIM在业主单位的应用与价值

作为项目发起方，业主单位应将建设工程的全生命过程以及建设工程的各参与单位集成；对建设工程进行管理，应站在全方位的角度来设定各参与方的权、责、利。业主单位首先需要明确利用BIM技术实现什么目的、解决什么问题，才能更好地应用BIM技术辅助项目管理。业主往往希望通过BIM技术应用来控制投资、提高建设效率，同时积累真实有效的竣工运维模型和信息，为竣工运维服务，在实现上述需求的前提下，也希望通过积累实现项目的信息化管理、数字化管理。

（1）招标管理　在业主单位招标管理阶段，BIM技术应用主要体现在以下几个方面：

1）数据共享。BIM模型的直观、可视化能够让投标方快速深入地了解招标方所提出的条件、预期目标，保证数据的共通共享及追溯。

2）经济指标精确控制。控制经济指标的精确性与准确性，避免建筑面积与限高的造假，以及工程量的不确定性。

3）无纸化招标。能增加信息透明度，还能节约大量纸张，实现绿色、低碳、环保。

4）削减招标成本。基于BIM技术的可视化和信息化，可采用互联网平台低成本、高效率的实现招投标的跨区域、跨地域进行，使招投标过程更透明、更现代化，同时能降低成本。

5）数字评标管理。基于BIM技术能够记录评标过程并生成数据库，对操作员的操作进行实时的监督，有利于规范市场秩序，有效推动招标投标工作的公开化、法制化，使得招投标工作更加公正、透明。

（2）设计管理　在业主单位设计管理阶段，BIM技术应用主要体现在以下几个方面：

1）协同工作，基于BIM的协同设计平台，能够让业主与各参与方实时观测设计数据更新、施工进度和施工偏差查询，实现图样、模型的协同。

2）基于精细化设计理念的数字化模拟与评估。基于数字模型，可以利用更广泛的计算机仿真技术对拟建造工程进行性能分析，如日照分析，绿色建筑运营、风环境、空气流动性、噪声云图等指标分析；也可以将拟建工程纳入城市整体环境，将对周边既有建筑等环境的影响进行数字化分析评估，如日照分析、交通流量分析等，这些对于城市规划及项目规划意义重大。

3）复杂空间表达。在面对建筑物内部复杂空间和外部复杂曲面时，利用 BIM 软件可视化、曲线有理化的特点，能够更好地表达设计和建筑曲面，为建筑设计创新提供了更好的技术工具。

4）图样快速检查。利用 BIM 技术的可视化功能，可以大幅度提高图样阅读和检查的效率，同时，利用 BIM 软件的自动碰撞检测功能，也可以帮助图样审查人员快速发现复杂困难节点。

（3）工程量快速统计　目前主流的工程造价算量模式有几个明显的缺点：图形不够逼真；对设计意图的理解容易存在偏差，容易产生错项和漏项；需要重新输入工程图样搭建模型，算量工作周期长；模型不能进行后续使用，没有传递，建模投入很大但仅供算量使用。利用 BIM 技术辅助工程计算，能大大减轻工程造价工作中算量阶段的工作强度。首先，利用计算机软件的自动统计功能，即可快速地实现 BIM 算量；其次，由于是设计模型的传递，完整表达了设计意图，可以有效减少错项、漏项。同时，根据模型能够自动生成快速统计和查询各专业工程量，对材料计划、使用做精细化控制，避免材料浪费。利用 BIM 技术提供的参数更改技术，能够将更改自动反映到其他位置，从而可以帮助工程师提高工作效率、协同效率以及工作质量。

（4）施工管理　在施工管理阶段，业主单位更关注的是施工阶段的风险控制，包含安全风险、进度风险、质量风险和投资风险等。其中安全风险包含施工中的安全风险和竣工交付后运营阶段的安全风险。同时，业主单位还要考虑变更风险。在这一阶段，基于各种风险的控制，业主单位需要对现场目标的控制、承包商的管理、设计者的管理、合同管理、手续办理、项目内部及周边管理协调等问题进行重点管控。为了有效管控，急需专业的平台来提供各个方面庞大的信息和各个方面人员的管理。BIM 技术正是解决此类工程问题的首选技术。BIM 技术辅助业主单位在施工管理阶段进行项目管理的优势主要体现在以下几个方面：①验证施工单位施工组织的合理性，优化施工工序和进度计划；②使用 3D 和 4D 模型明确分包商的工作范围，管理协调交叉，监控施工过程，可视化报表进度；③对项目中所需的土建、机电、幕墙和精装修所需要的重大材料，或甲指、甲控材料进行监控，对工程进度进行精确计量，保证业主项目中的成本控制风险；④在工程验收时，用 3D 扫描仪进行三维扫描测量，对表观质量进行快速、真实、可追溯的测量，与模型对比来检验工程质量，防止人工测量验收的随意性和误差。

2. BIM 在设计单位的应用与价值

作为项目建设的一个参与方，设计方的项目管理是主要服务于项目的整体利益和设计方本身的利益。设计方项目管理的目标包括设计的成本目标、进度目标、质量目标和项目建设的投资目标。项目建设的投资目标能否实现与设计工作密切相关。设计方的项目管理工作主要在设计阶段进行，但它也会向前延伸到设计前的准备阶段，向后延伸至设计后的施工阶段、动用前准备阶段和保修期等。

（1）三维设计　BIM 技术是由三维立体模型表述，从初始就是可视化、协调的，基于 BIM 的三维设计能够精确表达建筑的几何特征。在传统的设计模式中，方案设计、扩初设计和施工图设计之间是相对独立的。而应用BIM技术之后，模型创建完成后自动生成平、立、剖面图及详图，许多工作在模型的创建过程中就已经完成。相对于二维绘图，三维设计不存在几何表达障碍，对任意复杂的建筑造型均能准确表现。

（2）协同设计　协同设计是设计方技术更新的重要方向。通过协同技术建立交互式协同平台。在该平台上，所有专业设计人员协同设计，不仅能看到和分享本专业的设计成果，还能及时查阅其他专业的设计进程，从而减少目前较为典型的各专业之间（以及专业内部）由于沟通不畅或沟通不及时导致的错、漏、碰、缺，真正实现所有图样信息元的单一性，实现一处修改其他自动修改，提升设计效率和设计质量。同时，协同设计可以对设计项目的规范化管理起到重要作用，包括进度管理、文件管理、人员管理、流程管理、批量打印、分类归档等。BIM技术与协同技术是互相依赖、密不可分的整体，BIM的核心就是协同。BIM技术与协同技术完美融合，共同成为设计手段和工具的一部分，大幅提升了协同设计的技术含量。

（3）建筑性能化设计　随着信息技术和互联网思维的发展，促使现阶段的业主和居住者对建筑的使用及维护表现出更多的期望。在这样的环境下，发达国家已经开始推行基于对象的、新式的、基于性能化的建筑设计理念，使建筑行业变得由客户端驱动，提供更好的工程价值及客户满意度。目前，已逐渐开展的性能化设计有景观可视度、日照、风环境、热环境、声环境等性能指标。这些性能指标一般在项目前期就已经基本确定，但由于缺少技术手段，一般项目很难有时间和费用对上述各种性能指标进行多方案分析模拟。BIM技术对建筑进行了数字化改造，借助计算机强大的计算功能，使得建筑性能分析的普及应用具备了可能。

（4）效果图及动画展示　设计方常常需要效果图和动画等工具来进行辅助设计成果表达。BIM系列软件的工作方式是完全基于三维模型的，软件本身已具有强大的渲染和动画功能，可以将专业、抽象的二维建筑表达直接以三维形式直观化、可视化地呈现，使得业主等非专业人员对项目功能性的判断更为明确、高效，决策更为准确，图6-8所示为某方案BIM模型展示。

图6-8　某方案BIM模型展示

（5）碰撞检测　BIM技术在三维碰撞检查中的应用已经比较成熟，国内外也都有相关软件可以实现，如Navisworks软件。这些软件都是应用BIM可视化技术，在建造之前就可以对项目的土建、管线、工艺设备等进行管线综合及碰撞检查，不但能够彻底消除硬碰撞、软碰撞，优化工程设计，减少在建筑施工阶段可能存在的错误损失和返工的可能性，而且能够优化净空和管线排布方案。

（6）设计变更　设计变更是指设计单位依据建设单位要求调整，或对原设计内容进行修改、完善、优化。设计变更应以图样或设计变更通知单的形式发出。在建设单位组织的有设计单位和施工企业参加的设计交底会上，经施工企业和建设单位提出，各方研究同意而改变施工图的做法，属于设计变更，为此而增加新的图样或设计变更说明都由设计单位或建设单位负责。而引入 BIM 技术后，利用 BIM 技术的参数化功能，可以直接修改原始模型，并可实时查看变更是否合理，减少变更后再次变更的情况，提高变更的质量。

3. BIM 在施工单位的应用与价值

施工项目管理是以施工项目为管理对象，以项目经理责任制为中心，以合同为依据，按施工项目的内在规律，实现资源的优化配置和对各生产要素进行有效的计划、组织、指导、控制，取得最佳的经济效益的过程。施工项目管理的核心任务就是项目的目标控制，施工项目的目标界定了施工项目管理的方内容，就是“三控三管一协调”，即成本控制、进度控制、质量控制、职业健康安全与环境管理、合同管理、信息管理和组织协调。

（1）施工模型建立　施工前，施工单位施工组织设计技术人员需要先进行详细的施工现场查勘，重点研究解决施工现场整体规划、现场进场位置、卸货区的位置、起重机械的位置及危险区域等问题，确保建筑构件在起重机械安全有效的范围作业；施工工法通常由工程产品和施工机械的使用决定，现场的整体规划、现场空间、机械生产能力、机械安拆的方法又决定施工机械的选型；临时设施是为工程施工服务的，它的布置将影响到工程施工的安全、质量和生产效率。

鉴于上述原因，施工前根据设计方提供的 BIM 设计模型，建立包括建筑构件、施工现场、施工机械、临时设施等在内的施工模型。基于该施工模型，可以完成以下内容：基于施工构件模型，将构件的尺寸、体积、重量、材料类型、型号等记录下来，然后针对主要构件选择施工设备、机具，确定施工方法；基于施工现场模型，模拟施工过程、构件吊装路径、危险区域、车辆进出现场状况、装货卸货情况等，直观、便利地协助管理者分析现场的限制，找出潜在的问题，制定可行的施工方法；基于临时设施模型，能够实现临时设施的布置及运用，帮助施工单位事先准确地估算所需要的资源，评估临时设施的安全性、是否便于施工以及发现可能存在的设计错误；整个施工模型的建立，能够提高效率、减少传统施工现场布置方法中存在漏洞的可能，及早发现施工图设计和施工方案的问题，提高施工现场的生产率和安全性。

（2）施工质量管理

1）材料设备质量管理。材料质量是工程质量的源头，根据法规对材料管理的要求，需要由施工单位对材料的质量资料进行整理，报监理单位进行审核，并按规定进行材料送样检测。在基于 BIM 的质量管理中，可以由施工单位将材料管理的全过程信息进行记录，包括各项材料的合格证、质保书、原厂检测报告等信息的录入，并与构件部位进行关联。监理单位同样可以通过 BIM 开展材料信息的审核工作，并将所抽样送检的材料部位在模型中进行标注，使材料管理信息更准确、有追溯性。

2）施工技术质量管理。施工技术质量是保证整个建筑产品合格的基础，工艺流程的标准化是企业施工能力的表现，尤其当面对新工艺、新材料、新技术时，正确的施工顺序和工法、合理的施工用料将对施工质量起决定性的作用。BIM 的标准化模型为技术标准的建立提供了平台，通过BIM的软件平台可动态模拟施工技术流程。标准化工艺流程的建立由各方专业工程师合作，通过讨论及精确计算确立，保证专项施工技术在实施细节上的可靠性，再由施工人员按仿真施工流程施工，确保施工技术信息的传递不会出现偏差，避免实际做法和计划做法不一样的情况出现，减少一些不可预见情况的发生。

3）施工过程质量管理。将BIM模型与现场实际施工情况相对比，将相关检查信息关联到构件，有助于明确记录内容，便于统计与日后复查。隐蔽工程、分部分项工程和单位工程质量报验、审核与签认过程中的相关数据均为可结构化的BIM数据。引入BIM技术，报验申请方将相关数据输入系统后可自动生成报验申请表，应用平台上可设置相应责任者审核、签认实时短信提醒，审核后及时签认。该模式下，实现标准化、流程化信息录入与流转，提高报验审核信息流转效率。

（3）进度控制

1）进度规划。进度规划的依据除了各方对里程碑时间点的要求和总进度要求外，就是工程量。以往该工作由一般人工完成，烦琐、复杂且不精确。通过应用BIM平台，这项工作简单易行。利用信息模型，通过软件平台将数据整理统计，可精确核算出各个阶段所需的材料用量，结合定额规范及企业实际施工水平就可计算出各个阶段所需的人员、材料、机械用量，通过与各方充分沟通和交流，可建立5D可视化模型和施工进度计划，方便物资采购部门及施工管理部门为各个阶段工作做好充分的准备。

2）进度掌控。在BIM的施工管理中，把经过各方充分沟通和交流后建立的5D可视化模型和施工进度计划作为施工阶段工程实施的指导性文件。在施工阶段，各专业分包商都以5D可视化模型和施工进度为依据进行施工的组织和安排，了解下一步的工作时间和工作内容，合理安排各专业材料设备的供货和施工的时间，严格要求各施工单位按图施工，防止返工和进度拖延的情况发生。

3）进度调整。在项目施工过程中，由于业主、设计等原因造成的变更时有发生。工程变更的直接结果会造成投资增加、进度延误，此时必须对进度做适当的调整。BIM的5D模型是进度调整工作有力的工具。当变更发生时，可通过对BIM模型的调整，形成变更方案的工程量，管理者以变更的工程量为依据，及时调整人员物资的分配，将由此产生的进度变化控制在可控范围内。

4）安全管理。在传统的施工中，施工场地的布置遵循总体规划，但在施工现场还是可能会由于各专业作业时间的交错、施工界面的交错，使得物料堆放混乱，各专业物料交错，使得工作效率降低，甚至可能发生安全隐患。BIM的应用对现场起到了指导的作用。BIM模型表现的是施工现场的实际情况，BIM根据进度安排和各专业施工工作的交错关系，通过软件平台合理规划物料的进场时间、堆放空间，并规划取料路径，有针对性地布置临时用水、用电位置，在各个阶段确保现场施工整齐有序，提高施工效率。即使出现施工顺序变动或各工种工作时间拖延，BIM仍可根据信息模型实时分析调整。通过对现场情况的模拟，还可以有针对性地编写安全管理措施。比如，根据各专业施工情况规划易燃易爆材料区，针对各种材料的不同性质进行专项安全措施保障，使安全措施切实可行。

现场防火设备的布置多着眼于平面，以覆盖直径范围为依据，对于实时动态的情况考虑并不完善：一方面，由于图样只能表现平面，另一方面，建造是由时间的推进逐步展开的，使得在制定方案的时候无法实时全面动态地考虑变化过程。通过BIM的软件平台模拟，可根据各阶段的建筑模型模拟火灾逃生情况，在火灾逃生路径上有针对性地布置临时消防装置，以使在火灾发生时人员安全撤离现场，减少人员和物料的损失。

BIM 建模与虚拟施工技术解决碰撞冲突，利用 BIM 建模与虚拟施工技术，建立 3D 模型，进行 5D 施工模拟和碰撞检测，可以提前发现施工过程中潜在的安全风险，为施工方案的优化和安全施工组织设计的编制提供依据和技术支持。结合施工进度计划进行 5D 动态施工模拟，形成可视化的管理平台。通过直观、动态的现场环境和施工过程的模拟，可以对不同施工方案的实施效果进行比较，来优化施工方案。在实际施工之前发现并解决施工过程和现场的安全隐患和碰撞冲突，提高工程施工过程中的安全性。5D 模型的可视化特性，便于不同参与方对安全计划和应急预案的交流沟通，可加强施工安全管理效果。

4. BIM 在运营维护单位的应用与价值

有研究表明，在项目的全生命周期过程中，运维阶段的管理成本占到了 3/4。运维阶段的管理不是完全独立的，而是需要建筑的信息。项目完成后，交付的竣工模型带有设计图、竣工图以及反映设备状态、安装使用情况等各种设备管理的数据库资料，为运营维护单位对系统的维护提供了依据。在运营维护阶段，BIM 可同步提供有关建筑使用情况、入住人员与容量、建筑已用时间及建筑财务方面的信息，有关建筑的物理信息（例如承租人或部门分配、家具和设备库存）和关于可出租面积、租赁收入或部门成本分配的财务数据等都更加易于管理和使用。查询这些类型的信息可以提高建筑运营过程中的收益与成本管理水平。综合应用 BIM 技术，可以实现空间管理、资产管理、维护管理、公共安全管理、能耗管理，提高运维人员管理效率，真正实现智能化管理。

5. BIM 在咨询单位的应用与价值

项目管理过程中典型的咨询单位有监理单位、造价咨询单位和招标代理单位等，也有新兴的 BIM 咨询单位。这里仅对与 BIM 技术应用更为紧密的监理单位、造价咨询单位进行介绍。

（1）监理单位　工程监理的委托权由建设单位拥有，建设单位为了选取有资格和能力并且与施工现状匹配的工程监理单位，一般以招标的形式进行选择，通过有偿的方式委托这些机构对施工进行监督管理；工程监理 BIM 工作涉及范围大，监理单位除了工程质量之外，还需要对工程的投资、工程进度、工程安全等诸多方面采用 BIM 技术进行严格监督和管理；如果按照理论的监理业务范围，监理业务还包含设计阶段、施工阶段和运维阶段，甚至包含了投资咨询和全过程造价咨询，但通常的监理服务内容往往仅包含建造实施阶段的监督和管理，如果监理单位也承担造价咨询业务，可结合下面关于造价咨询单位的 BIM 应用介绍，共同理解。

目前 BIM 技术在监理单位的应用还不普遍，但如果按照项目管理的职责要求，一旦 BIM 技术成熟应用，监理单位仍将代表建设方监督和管理各参建单位的 BIM 技术应用。

鉴于目前已有大量项目应用 BIM 技术，监理单位目前在 BIM 技术应用领域应从两个方向开展技术储备工作：

1）大量接触和了解 BIM 应用技术，储备 BIM 技术人才，具备 BIM 技术应用监督和管理的能力。

2）作为业主方的咨询服务单位，能为业主方提供公平公正的 BIM 实施建议，具备编制 BIM 应用规划的能力。

（2）造价咨询单位　造价咨询单位咨询工作是指受社会委托，承担工程项目的投资估算和经济评价、工程概算和设计审核、标底和报价的编制和审核、工程结算和竣工决算等业务工作。

造价咨询单位的服务内容，总体而言，包含两部分：一是具体编制工作，二是审核工作。这两部分内容的核心都是工程量与价格。其中工程量包含设计工程量和施工现场实际实施动态工程量。

BIM 技术的引入，对造价咨询单位在整个建设全生命期项目管理工作中对工程量的管控有质的提升。首先算量建模工作量将大幅度减少。因为承接了设计模型，传统的算量建模工作将变为模型检查、补充建模（如钢筋、电缆等），传统建模体力劳动将转变为基于算量模型规则的模型检查和模型完善。再次大幅度提高算量效率。传统的造价咨询模式是待设计完成后，根据施工图进行算量建模。根据项目的大小，少则一周，多则数周，然后计价出件。算量建模工作量减少后，将直接减少造价咨询时间，同时，算量成果还能在软件中与模型构件一一对应，便于快捷、直观地检验成果。

利用 BIM 技术将减轻企业负担，形成以核心技术人员和服务经理组成的企业竞争模式。传统造价咨询行业，算量建模人员数量占据了企业主要人员规模。BIM 技术应用推广以后，算量建模将不再是造价咨询企业的人力资源重要支出，丰富的数据资源库、项目经验积累、资深的专业技术人员，将是造价咨询企业的核心竞争力。单个项目的造价咨询服务也将从节点式变为伴随式。BIM 技术推广应用后，造价咨询行业的参与度将不再局限于预算、清单、变更评估、结算阶段。项目进度评估、项目赢得值分析、项目预评估，均需要造价咨询专业技术支持；同时，项目管理、计价是一项复杂的工程，涵盖了定额众多子项和市场信息调价，必须有专业的软件应用人员和造价咨询专家提供技术支持。造价咨询行业将延伸到项目现场及项目建设的全过程，与项目管理高度融合，提供持续的造价咨询技术服务。

6.2 BIM 技术在工程造价中的应用

由于现行造价管理中所存在的问题的形成原因复杂，BIM 技术对这些问题的解决程度不尽相同。受制于 BIM 软件的发展成熟程度，目前一些问题可以解决，一些问题只能部分解决，还有一部分问题不能解决。虽然目前 BIM 还难以解决现有的全部问题，但总体而言，BIM 技术的出现必将引领造价管理乃至项目管理发生根本性的变化与进步。BIM 技术相较于传统造价管理的优势有以下几点：

1）BIM 技术的可视化与可追溯性。通过 BIM 技术的可视化与可追溯性，实现各阶段各参与方的造价管理协调与合作 BIM 可视化管理，促进全过程造价管理工作沟通协调。在传统的建设工程全过程造价管理工作模式下，造价信息在不同建设阶段、不同项目参与方之间传递。同样的造价信息，受不同专业、不同角度等因素影响，项目各方对同一造价信息的理解未必完全相同，这成为阻碍各阶段之间、各参与方之间造价管理工作协调的一大因素。BIM 技术对于此问题的解决的一大突破便是可视化，即将点、线、面的单一形式的构件信息变为 3D 虚拟的模型，并且这些模型图形可以根据项目进度进行实时交互和更新。在建设工程的实施过程中，不同阶段、不同参与方之间的造价管理工作的沟通协调都可以在这个模型中开展。BIM 将各种相应的造价信息与模型中的相应构件、部位进行连接，将抽象的数字信息与模拟真实的图形相结合，从时间维度和空间维度生成造价信息，确保不同阶段、不同参与方之间对造价信息的理解一致。

BIM 的可追溯性，促进造价管理工作协调。在 BIM 平台体系下，所有项目参与方在早期便介入项目中，从项目开始到项目结束，所有的决策、管理、指令信息都能完整地保存下来，使得所有的信息能够保持可追溯性。通过 BIM 的可追溯性，各阶段之间的造价管理工作协调有了更为充分的数据信息作为依据，各参与方之间的造价管理工作有了更清晰的职责界定。在处理各阶段之间、各参与方之间的协调工作时，能够有效减少互相推诿现象，促使各阶段、各参与方都以建设工程项目的总投资为目标，更好地促进全过程造价管理工作的实施。

2）搭建信息平台，实现信息传递通畅与共享。建设工程全过程造价管理工作需要大量的数据信息支撑，尤其是施工过程中的动态结算以及竣工后的决算需要各项项目信息、变更签证信息、实时造价信息等。随着现代建筑规模、功能、要求的增加，建筑产品信息的种类、来源、复杂性也随之急剧增加。BIM 技术的核心是通过数据信息与模型之间完全相通来建立有效的联系，实现各参与方之间的信息交流。基于 BIM 的信息共享平台，使得项目各参与方在早期便参与进来，贯穿整个建设工程全过程的所有阶段，实现信息互用，在不同软件、不同阶段、不同项目参与方之间提供强大的协调能力。BIM 平台利用网络和计算机技术实现信息的充分共享，能够有效改善信息沟通方式，避免信息传递的滞后，降低信息传递延误的可能性。信息以数字化的形式进行传递，不再单纯地依靠传统的纸质文本传递，避免了信息传递过程中丢失的可能，同时降低了信息交流成本。

通过 BIM 技术建立信息共享平台，可以有效地解决建设工程全过程造价管理实施中的信息管理难题，使得信息能够顺利、充分地共享及传递。在此基础上，各个阶段的造价管理工作才能顺利完成，各个阶段之间、各参与方之间的造价信息流才能畅通无阻地传递与共享，进一步保证全过程造价管理得以高效、顺利地实施。

3）提高工程量计算准确度和计算速度。对于施工项目，精确计算工程量是工程预算、变更签证控制和工程结算的基础。目前使用的方式是将图样导入工程量计算软件进行计算，这需要花费造价工程师大量的时间和精力，并且在图样输入工程量计算软件的过程中容易出现遗漏与误差。BIM 技术是包含丰富数据，面向对象的具有智能化和参数化特点的建筑设施的数字化表示。借助这些信息，计算机可以自动识别模型中的不同构件，根据模型内嵌的几何、物理和空间信息，结合实体扣减计算技术，对各种构件的数量进行统计。以墙体计算为例，计算机可以自动识别软件中墙体的属性，根据模型中有关该墙体的类型和组分信息统计出该段墙体的数量，并对相同的构件进行自动归类。当需要制作墙体明细表或计算墙体数量时，计算机会自动进行统计，构件所需材料的名称、数量和尺寸，都可以在模型中直接生成，这些信息将始终与设计保持一致。

现代建筑工程规模越来越大，复杂结构的运用越来越多，借助 BIM 完成工程量计算工作，不仅使造价人员从烦琐枯燥的手工算量中解放出来，把更多的时间和精力用于更有价值的工作，如询价、风险评估、编制精准预算等，同时能够有效降低因人为因素导致的错误，符合精细化管理理念。

4）有效减少或避免设计变更，减少潜在的成本损失。BIM 通过先进的数字信息技术，为建设项目提供“可视化”的数字模型，设计工程师等专业人士和业主等非专业人士都可以直观地看到设计方案，对项目能否满足需求的判断将会更加明确高效，决策将变得更加准确。基于BIM技术进行碰撞检查，优化管线排布方案，不仅能提高施工质量，还能提高与业主沟通的能力，减少返工；基于BIM技术进行虚拟施工，可大大减少建筑的质量问题与安全问题，减少返工和修改；基于BIM技术提供三维演示效果，可以给业主更为直观的宣传介绍，使业主更易接受项目方案。上述这些措施，可以有效减少或避免设计变更，减少潜在的因工程返工带来的成本损失。

5）为造价精细化管理提供支持。在传统成本控制模式下，资源分配与施工进度计划主要依赖于项目经理或者工程师的经验。随着建筑规模的扩大，工程周期越来越长，涉及方方面面的工程信息，单凭借工程师的经验已无法适应现代建筑项目管理，容易导致工期延误、因人员调度不均而产生的窝工现象等，甚至发生质量和安全事故。利用BIM三维模型，加入进度、成本维度组建的5D建筑模型，能够实现动态实时监控，可以更加合理地安排资金计划、人员计划、材料计划和机械计划等。5D模型可以计算出任意时间段的各项工作量，进而核算该时间段的造价，更加准确地制订派工计划和资金计划。由此可见，BIM为实施精细化造价管理提供了技术支撑。

6）支持不同维度的多算对比，工程造价管理中的多算对比对于及时发现问题、分析问题、纠正问题并降低工程费用十分重要。多算对比通常从时间、工序、空间三个维度进行分析对比，仅仅分析一个维度难以发现潜藏的问题。假如一个项目完成了600万元产值，实际成本只有500万元，从总体来看，该项目效益良好，但是很有可能项目某个子项工序的实际成本超支预算。因此，不能仅仅分析一个时间段内的费用，还要能够将项目实际发生的成本拆分到每一个工序。在工程项目中，往往要求从空间区域、流水段与工序三个维度统计分析成本情况，通过拆分、汇总等计算，得到大量更为细致的实物消耗量和造价数据。

6.2.1　造价管理方面BIM软件工具简介

在BIM的应用中，人们已经认识到，没有一种软件是可以覆盖建筑物全生命周期的，必须根据不同的应用阶段采用不同的软件。严格来说，只有在Building Smart International（BSI）获得IFC认证的软件才能称得上是BIM软件，有许多在BIM应用中的主流软件如Revit，Tekla Structures，Bentley等就属于BIM软件这一类软件。还有一些软件，并没有通过BSI的IFC认证，也不完全具备BIM技术特点，但在BIM的应用过程中也常常用到，它们和BIM的应用有一定的相关性。这些软件能够解决建设项目全生命周期中某一阶段、某个专业的问题，但它们运行后所得的数据不能输出为IFC格式的文件，无法与其他软件进行信息交流与共享，故此类软件只称得上是与BIM应用相关的软件而不是真正的BIM软件。本节介绍的软件为与建设项目工程造价管理相关的BIM软件工具，包括既有严格意义的BIM软件，也包括与BIM应用相关的软件。

1. Revit

Autodesk公司旗下的Revit软件是目前进行BIM应用最常用的建模软件之一，其基本界面如图6-9所示。

作为一款覆盖全流程的BIM平台型建模软件，Revit的功能相比其他软件可以用“大而全”来形容，其至今依然在不断添加新的功能模块，但是从本质上来说它依然是一款以设计为源头、主要功能为建模的BIM软件。Revit基本建模功能模块目前分为建筑、结构、系

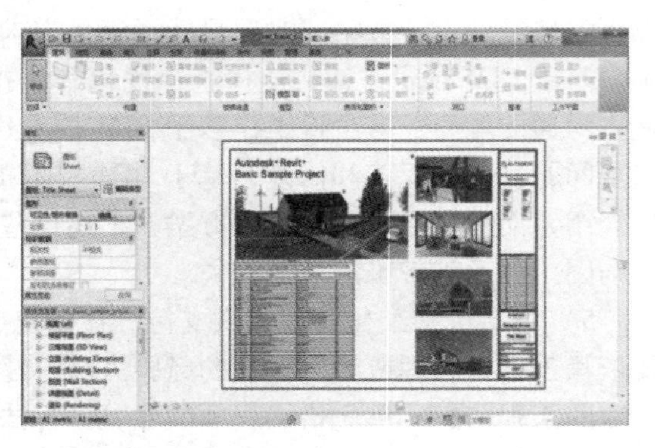

图 6-9 Revit 软件基本界面

统三类，附带场地、体量等功能，2017 版本后又外置了 Dynamo 插件作为复杂异形体的绘制工具。其建模概念中主要有样板、视图、族、体量、对象等概念，目前被 BIM 技术从业者广泛使用和研究。除建模外，Revit 具有相对完善的项目协同功能和一定的分析功能，可以进行团队项目操作和较为基础的功能分析（包括结构分析、碰撞分析等）。同时，它可以与 Autodesk360 结合进行云操作，实现项目在多端的共享。Revit 目前支持的文件格式除标准文件格式外，还能导入 DXF、CSV、DGN、SAT、SKP 等多种外部格式文件，并能做到对 IFC 文件的导入和导出，在相当程度上满足了软件间数据交换的需求。

总体来说，Autodesk Revit 是一款功能强大、应用流线长、具有较好适应性的 BIM 建模类平台软件。目前在其基础上开发的插件和工具软件也较多，适用于大部分典型的建筑工程项目。在选用 Revit 进行 BIM 项目应用时，也应注意它的几个缺点：第一，对硬件配置的要求较高，经常需要图形工作站来进行建模操作；第二，操作较为烦琐，入门不易，精通亦难，在现场直接培训人员进行单独模块应用受到限制；第三，大项目的数据文件较大，往往需要进行项目切割和后期模型合并。在了解掌握了其特性和优缺点之后，可以根据自身所应用项目的基本情况进行选用。

2. Tekla Structures

Tekla Structures 是由 1966 年成立于波兰的 Teknillinenlaskenta 公司开发的，Tekla 是该公司的商用软件简称，该公司直到 1980 年才将公司正式更名为 Tekla。Tekla 公司起初承接自动数据处理（Automatic Data Processing，ADP）咨询、开发、相关工程运算及训练，在 2011 年被美国 Trimble 公司收购，Trimble 公司创立于 1978 年，致力于全球定位系统（Global Positioning System，GPS）设备发展与技术开发，于 1982 年开始发展工程相关产业，而 Trimble 于 2011 年 7 月收购了 Tekla，来强化自身项目管理以及加强对未来 BIM 概念的发展与需求。

Tekla 于 1990 年推出用于工程运算规划的软件，归类为“X”产品系列，最初为道路设计的 Xroad 及城市设计的 Xcity，于 1993 年推出了用于钢结构设计的工程软件 Xsteel，而经过几年的发展，以 Xsteel 累积下来的钢结构 3D 设计为基础的 Tekla Stuctures 于 2004 年正式发售，除一般设计中经常使用标准设计模块外，还提供了钢结构细部设计，预铸混凝土细部设计、钢筋混凝土细部设计模块，供结构深化设计人员使用，同时其包含了建筑管理模块用于工程项目与分类管理，强化建造规划、计划、管理、冲突碰撞检测等项目使用，并提供以 API 方式衔接其他类型数据或系统信息整合。

Tekla 用于建筑工程中的钢结构设计，能进行精细的结构细部设计，例如钢结构构件从概念到详细的钢筋配置、干涉检查、合并模型分析等功能，并能产生所需的数量明细表，工程时间轴功能，模拟各个工程阶段的模型变化，另外支援许多 CAD 格式例如 DWG、DGN、XML 等许多目前较为广泛的使用格式，但尚未开发对应 Tekla 的设施管理维护软件，而 Tekla 也有 IFC 输入/输出功能，主要以 IFC 模型进行设计变更的信息对比。

Tekla Structure 软件在国内一直作为一款详图软件使用，在钢结构和装配式建筑中应用更为广泛。随着软件版本的升级和功能的改善，Tekla 被一些企业用于房建的 BIM 建模和常规 BIM 工程应用操作，如 4D 仿真等。Tekla 软件 BIM 建模界面如图 6-10 所示。

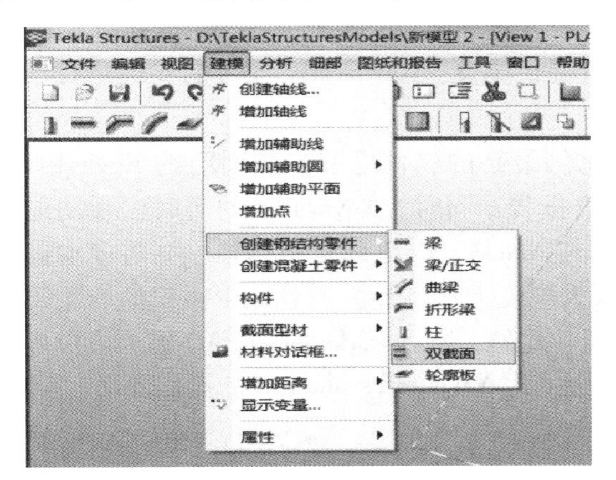

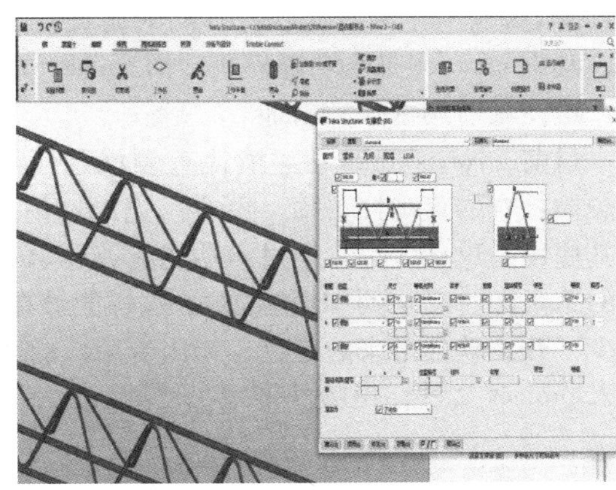

图 6-10　Tekla 软件 BIM 建模界面

3. Micro Station（Bentley）

Bentley 公司的 BIM 建模平台是目前主流 BIM 平台中极具特色的一款。Micro Station 是 Bentley 的旗舰产品，主要用于全球基础设施的设计、建造与实施。从 2D 时代开始，Micro Station 就作为主要建模平台并一直沿用至 3D 及 BIM 协同设计阶段，真正做到了数据的流畅传递。Micro Station 的前身为 IGDS（Interactive Graphics Design System），是一套执行于小型机（MicroVax-2）的专业计算机辅助绘图及设计软件，也因为它是由小型机移植的专业计算机辅助绘图及设计软件，在软件功能与结构上不仅远优于一般的 PC 级计算机辅助绘图及设计软件，在软件效率表现上更有一般之 PC 级计算机辅助绘图及设计软件远不能及之处。Micro Station 在 2D 方面与 AutoCAD 是同类软件，由于以前不注重小用户，所以在国内使用得不多。Micro Station 的第三方插件超过 1000 种以上，其领域覆盖了土木、建筑、交通、结构、机械、电子、地理信息系统、网络、管线、图档管理、影像、出图及其他应用。

Digital Project（DP）是铿利科技（Gehry Technologies）开发的 BIM 建模和管理工具，基于达索公司的著名机械设计软件 Catia 开发。作为 Catia 的系列产品，DP 的特点非常明显，即在曲面建模方面具有较大的优势。目前，DP 在国内主要被用于具有不规则表面的各类大型建筑中。目前国内对于其优缺点总结如下：

优点包括完整的参数化建模功能可以组合式控制建筑设计曲面；非常详细的 3D 参数化建模；可以处理相当大的项目；任何类型的模型表面都可以支持；支持自己定义的参数可以非常详细。

缺点包括学习曲线复杂度高；用户接口复杂；初始成本很高；组件资源库非常有限，很少提供外部网站；建筑图的基本绘制没有很成熟的发展；剖面图及施工图的输出太过简略；需要强大的工作站才容易运行良好。

4. Navisworks

Navisworks 最早由 Navisworks 公司在 2007 年研发出品，被 Autodesk 公司收购后目前是 Autodesk 公司 BDS（BIMDesignSuit）软件套包的重要组成部分，也是目前最常用的 BIM 应用软件之一。其本质是一款 3D/4D 的设计协助检视软件，能够对项目进行碰撞检查、3D 漫游、4D/5D 工程模拟、错误批注等操作和分析，在国内目前主要作为 BIM 施工软件使用。Navisworks 有一个与其他软件不同的显著特点，其包含 Navisworks Manage 和 freedom 两个模块，其中 manage 是全功能模块，而 freedom 则仅提供浏览。Navisworks 兼容的文件格式相当多，这使其适用性大大增加。

目前，Navisworks 在碰撞检查领域是使用比例最高的软件之一，和同门的 Revit 相比，其碰撞检查的直观性更高，更容易完成碰撞检查报告。同时，Naviworks 的实时监视功能也是其使用的重点之一。通过该功能能够在 Revit 与 Naivsworks 之间自由切换，并将模型修改后的结果即时反映到 3D 检视中。这样能够在很大限度上从设计阶段就减少错误的产生，并减少了开关软件带来的延迟，相当受用户的欢迎。此外，Navisworks 的 4D/5D 施工模拟可以导入 project 文件，也额外带来了便利。图 6-11 所示为 Navisworks Manage 的操作界面。

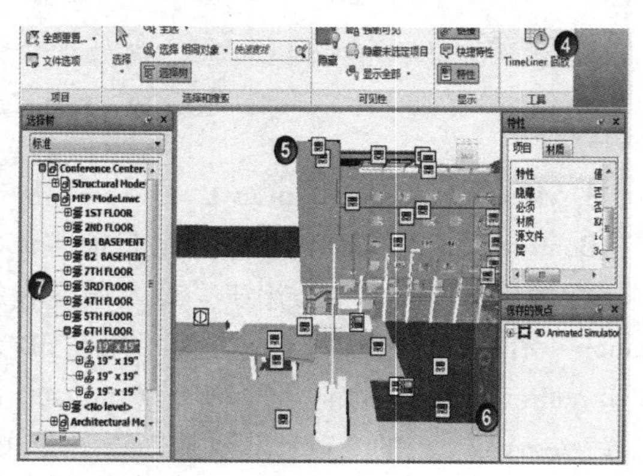

图 6-11　Navisworks Manage 的操作界面

目前，国内有许多流行的与造价管理相关软件，如广联达、斯维尔、鲁班、品茗、神机妙算等，这些造价软件在从手算到电算的演变过程中，起到了不可估量的促进作用，加速了建筑业的信息化建设，近年来也与 BIM 技术的需求进行对接和更新，推出了各自具有特色的 BIM 产品，使得模型的建立和应用变得更为简便。限于篇幅原因，不逐一介绍。

6.2.2　基于 BIM 技术的装配式建筑工程计量

BIM 技术下的装配式建筑工程计量是依据计量规范的前提下，通过建立 BIM 模型，直接统计获取分项工程或构件的工程数量，无须使用其他计量软件重复建模生成工程量数据的一种计量方式，BIM 计量结果直接作为工程计价的基础。采用 BIM 计量，在很大限度上节约了时间，提高了造价管理工作的效率。相比传统工程量计算方式，BIM 计量有如下特点。

1. 工程量一致

项目的参与方无论是设计人员、施工人员、咨询公司还是业主，所有使用该BIM模型的人，得到的工程量都是完全一样的。从理论上来讲，施工图所示构件的工程量是唯一的数据，但在传统计量方式下，可能由于每一个造价人员对图样的理解和自身职业水平高低不一而计算出不同的数值。因此，承发包双方在商务谈判时，一个最为重要，也最为枯燥的工作内容就是核对工程量。工程项目中的钢筋、混凝土等大量采用的材料，均是工程量核对的焦点。工程量的核对成为导致工程结算工程耗时长的重要因素。

在应用BIM技术之后，统一的计量规范置入BIM模型中，形成了唯一的工程量计算标准。经过修改、深化的BIM模型作为竣工资料的主要部分，是竣工结算和审核的基础。而基于这个模型，无论施工单位还是咨询公司获取的工程量必然是一致的，工程量核对这一关键环节可大大简化。

2. 工程量读取简便快捷、提高造价管理效率

设计师在建立模型时，通过定义模型各类构件的属性，即可完成计算工程量的初级工作。通过结合工程量计算规范，统计获得工程量。由于减少了重复建立模型计量的过程，大大缩短了工程计量时间，提高了效率。

传统计量方式下，工程量额计算、核对工作占据了造价管理工作大量时间，降低了限额设计的造价控制、全过程造价管理的效率。BIM技术的实施，算量工作得到简化，造价人员有更多的时间和精力对项目有着更深、更直观的接触，从而提高工程造价的管理工作的深度和广度。

3. 避免工程量纠纷

以往一些施工单位在编制竣工结算时，常常在工程量中夸大数据，作为一部分利润来源，往往成为咨询人员与施工单位争议的焦点。应用BIM模型后，这种工作模式得到改变。施工单位无法在工程量上有所隐瞒，从而使双方工作变得简单、高效。这也促使施工企业从管理方式上改革，以获取预期利润。

目前，Revit软件已经成为行业主流的BIM工具；国内已有成熟的三维算量软件，如广联达算量、斯维尔算量、鲁班算量等，它们均能够在CAD基础上进行算量工作，也能通过BIM基础模型进行转化计量。在每一个项目中，不同的参与方可能采用不同的软件，造成工作协同上的障碍，因此这也是当前BIM技术应用亟待解决的问题。

4. BIM技术在项目实施各阶段计量应用

在传统手工加软件计算工程量环境下，要在项目实施的每一个阶段分别获取工程量以确定各阶段的造价是非常烦琐且耗时的。估算阶段需要根据初步设计模型获取粗略的工程量数据，在概算阶段，获得各种项目参数和工程量；在施工图预算阶段，根据BIM模型提取准确的预算工程量；在招投标阶段及签订合同阶段，根据BIM模型提取准确的招标工程量；在施工阶段，根据BIM模型调整及时形成准确的变更或签证工程量，最终竣工BIM模型形成准确的结算工程量。通过BIM技术，BIM模型的调整和变化都会自动更新工程量数据，因此能够充分且准确地获得各个阶段的工程量数据，为后续阶段提供数据基础，实现多算对比。

6.2.3　基于BIM技术的装配式建筑工程计价

装配式建筑工程计价贯穿决策、设计、招标投标、施工、结算等阶段，每个阶段的管理

都为最终项目投资效益服务，利用 BIM 技术可发挥其自身优越性，在工程各个阶段的造价管理中提供更好的服务。应用 BIM 技术建立三维模型可提供更好、更精确、更完善的数据基础，服务资金计划、人力计划、材料计划与设备设施计划等的编制与使用。此外，BIM 模型可赋予工程量时间信息，显示不同时间段工程量与工程造价，有利于各类计划的编制，达到合理安排资源的目的，从而有利于工程管控过程中成本控制计划的编制与实施。

BIM 计价即利用 BIM 模型生成的工程量，结合计价规则在计价软件辅助下形成各单位工程造价，并最终汇总为项目的工程造价。工程造价确定的准确性除了受工程计量准确性的影响外，还受到人工、材料、机械等单价的影响。传统计价方式中，工程计量和计价通常都是在一台计算机上完成，一方面，工程量计算的烦琐影响了造价的计价准确性，另一方面，各要素的价格需要靠造价人员采集当地造价信息网站以及网络上的建材信息数据来提供，价格信息的准确性、及时性和完整性都存在较大的问题，无法体现现阶段多次计价的科学性。这些问题制约着工程造价管理质量和效果的提升。随着信息技术的发展，借助 BIM 技术可使造价人员有能力快速准确地获取各个造价关键要素数据，快速准确地分析工程造价，从而整体上提升工程造价管理水平。

在项目实施的任何阶段，BIM 模型都可以根据现有的计量计价规范计算出工程量并获得相应造价数据。在模型中，所有构件的名称、所需材料的数量和尺寸与设计保持一致。随着设计和施工的深化，项目的建设规模、结构形式和设备类型都有可能发生变化和改动，构件、材料数量和尺寸的变化同时反映出来，BIM 计量计价平台导出的计量计价结果也随之调整，成为工程项目估算、设计概算、预算和结算的编制依据。

在 BIM 技术支持下，不仅仅工程计量和计价工作变得更加迅速、准确，更重要的是给工程管理工作带来的更大的工作范围和更加深入的工作程度。工程变更带来的工程量和价格变化的处理、投资和成本的实时变化均能通过系统软件反映出来，供各阶段工程造价管理方使用。根据 BIM 模型获得的工程量数据结合价格指标、计价定额，可在项目招投标阶段和施工阶段确定准确的工程造价，并能在项目 5D 软件平台上将工程量、造价数据和进度参数进行关联，从而实现整个项目直观的进度、成本的动态管理。价格指标将随着 BIM 技术的发展，逐渐借助于互联网数据库的支撑，脱离对国家和地方定额的依赖。在基于互联网的数据库系统支撑下，每一个项目的所有实际消耗量数据都可以通过计量计价软件与数据库连接起来，可随时调用数据进行指标分析，每次完成的造价指标、工程量指标又可存入造价指标库，不断进行循环、累积和优化。

下面介绍现阶段基于 BIM 技术进行建筑工程在设计阶段、招投标阶段、施工阶段、竣工结算等阶段比较成熟的计价管理应用。

1. 设计阶段

设计阶段强调限额设计，即以批准的可行性研究报告中的投资限额为准，开展初步设计，并按照批准的初步设计进行施工图设计，最后按照施工图预算造价编制施工图设计文件。在既定有效的投资限额基础上，设计阶段主要分为初步设计阶段和施工图设计阶段，因此设计阶段的成本管理主要对以上两阶段展开分析研究。

（1）初步设计阶段　初步设计阶段主要以工程造价限额为目标进行造价管理工作，以 BIM 为手段，实现甲方和设计院的协同工作。在初步设计图构建过程中，利用 BIM 计量软件直接构建相应 BIM 模型，借助 BIM 自动计量技术，统计出基本工程量信息。造价管理人员借助BIM指标计算模型，快速评估相应钢筋、混凝土、砌体等主要项目指标，结合BIM云指标，对比类似已完工程相关指标，从造价角度向设计方提出优化意见。同时，以BIM模型为基础，结合BIM造价信息平台的人工、材料、机械台班价格信息，能够编制出较为准确的初步概算，结合价值工程的基本原理，通过多方案技术经济的比选，最终优选出技术经济性较合理的初步设计方案。

（2）施工图设计阶段　施工图是设计单位的最终成果文件，也是后期造价管理的依据文件，施工图设计中应避免专业碰撞引起设计变更。通过将不同专业的BIM模型导入碰撞检查软件中，能够提前发现土建与机电等不同专业之间管线结构碰撞的问题，从源头降低设计变更率。如在进行结构碰撞分析中可发现构件间发生碰撞，在没有BIM碰撞检测提前预警的情况下，传统解决方式是通过设计变更，由设计院重新设计计算，变更后增加工程造价，同时带来工期的增加。

在设计阶段造价管理过程中，运用BIM技术不仅使设计过程三维立体可视，还能大幅度提高工程量计算、造价指标分析、概预算编制的速度与准确性。利用BIM文件可互用的性质，将设计方案快速转变为BIM造价数据，并将BIM造价数据快速反馈至设计人员，使设计与造价协同工作，减少信息孤岛造成的无效工作，大幅度提高前期造价管理的精细化程度。

2. 招投标阶段

招标方工程造价管理的主要工作之一是编制招标控制价，将招标控制价作为投标最高限额，防范投标中的围标、串标等行为。采用工程量清单计价模式，在招标阶段需要编制工程量清单及招标控制价。工程量清单作为各投标人的报价基础，其完整性、准确性直接影响报价的有效性。利用设计阶段建立的BIM模型，根据招标范围，软件自动计算出建设项目的相应工程量。将BIM工程量模型导入BIM计价软件，可直接导出参数化编码后自动生成的工程量清单。

在BIM工具的辅助下，招标阶段造价管理人员着眼于分析工程量清单项的完整性，即是否反映出招标范围内的全部内容，避免工程量清单缺项漏项，并结合设计文件对工程量清单各项目的项目特征进行细致描述，防止项目特征错误引起的不平衡报价现象。在此基础上，利用BIM计价软件编制招标控制价。在BIM计价数据库中集成相关计价定额内容，只需将BIM模型文件导出为计量文件，再导入计价软件中，利用BIM云端价格数据库，直接调取当期材料信息价、人工费调整信息，以及相关规费、税金的取费信息。招标人在提供招标文件时，可以将含有工程量清单信息的BIM模型同时交给投标人。

由于BIM模型已赋予各构件工程信息以及项目编码，投标人可直接结合BIM模型与二维图样及招标文件约定的招标范围等信息，核查工程量清单的准确性，之后重点进行报价。如某施工企业可基于企业BIM数据库中人工、材料、机械台班消耗量数据，配合BIM云端数据平台中的市场价格信息，进行有竞争性的报价策略分析。

在招标投标环节，BIM对工程造价管理的价值体现在能够整合并利用设计阶段已有的BIM造价模型，通过自动计量的方式提高造价基础工作的效率，提高工程量清单、招标控制价、投标报价等造价基础性工作的精准性，为价格分析、合同策划以及报价策略等各方的造价管理的核心工作创造了更好的条件。基于BIM模型的信息交互，优化了招标人与投标人的信息传递流程，大幅度提高了招投标阶段各方造价管理的工作能效，为项目的有效开展奠定了良好的基础。

3. 施工阶段

在项目施工阶段，利用招投标阶段构建的三维 BIM 模型，根据实际施工进度，周期性（月、季形象进度）调整维护 BIM 模型，形成施工阶段 5D 实际成本数据库。利用 BIM 建模软件建立的结构、钢筋、装饰、水电模型，造价人员根据工程部上报的当月施工计划，对应 BIM 模型中目标完工对象，统计汇总当月计划工程量。在当月施工完毕，施工单位上报工程进度款申请后，造价人员可根据工程实际完工情况，在 BIM 模型中选中当期完工层数各构件，利用 BIM 框图出量计价功能，统计该月实际进度对应的工程价款。BIM 平台具有快速拆分组合施工各阶段分部分项工程的功能，能够使造价人员快速提取出预算成本、目标成本、实际成本数据，真正有效开展三算对比。在建设项目施工过程中，结合合同价、计划造价、实际支付价款，利用 BIM 平台以及 BIM 成本分析软件进行实时偏差分析与纠偏。

工程变更作为影响实际工程造价的重要因素，其引起的工程量变化、进度偏差，是建设项目各方的重点关注对象。以某项目实施过程中变更塑钢窗尺寸为例，该变更不仅影响塑钢窗工程量，还导致相关联的砌体工程、保温工程、墙面装饰等工程量的变化。基于 BIM 模型，造价人员只需在 BIM 模型中选中全部待修改的塑钢窗，改动参数后即可实现模型中塑钢窗变更的实时修改，以及关联构件的相应变化。因此，针对设计变更，造价人员能够在设计变更发生之前明确该变更引起的造价变化，控制设计变更产生的费用增减对总造价的影响，使得造价控制不仅仅意味着变更发生后的简单测算。

4. 竣工阶段

项目通过竣工验收后，进入竣工结算阶段。在该阶段参与相关主体单位需要共同整合 BIM 数据库中从设计阶段到竣工验收前的相关合同文件、签证变更资料、中期付款文件等，BIM 结构化的储存方式避免了文本储存方式下资料不全、信息丢失的问题。建设项目合同往往规定工程量按照承包人完成合同工程应予计量的工程量确定，因而需要根据竣工情况重复计算全部工程量。引入 BIM 技术后，可以利用招标阶段 BIM 模型，对照竣工完成的项目以及相关签证变更资料，对模型中相关构件信息进行修改；或者直接在施工过程中完善更新后的 BIM 模型中直接计取竣工结算工程量。由于甲方与施工方均以 BIM 模型为计量工具，在进行对量过程中，可利用 BIM 文件的互用性，将各自的竣工 BIM 工程量模型导入 BIM 对量软件中，通过空间位置、图元属性进行相应匹配、核对。在对量软件中的核对能够有效地提高工程量核对的效率及客观性，减少传统结算下的争执现象。

本章小结

本章介绍了 BIM 技术基本概念和造价管理方面的 BIM 技术软件，并介绍了基于 BIM 技术的装配式建筑工程的计量和计价。通过对本章的学习，可以是读者了解和掌握 BIM 技术基础知识和 BIM 技术在各参与主体的应用与价值，了解现阶段建设项目主流的 BIM 造价软件和现阶段建设项目在各阶段基于 BIM 技术进行计量和计价的较成熟的应用。

习题

1. 什么是BIM技术？
2. 简述BIM技术特点。
3. 简述BIM技术在各参与主体的应用与价值。
4. 举例介绍关于造价管理方面的国内外BIM软件。
5. 简述基于BIM技术的建筑工程计量具体应用。
6. 简述基于BIM技术的建筑工程计价管理具体应用。

参考文献

[1] 中华人民共和国住房和城乡建部．建设工程工程量清单计价规范：GB 50500—2013 [S]．北京：中国计划出版社．2013.

[2] 中华人民共和国住房和城乡建设部．房屋建筑与装饰工程工程量计算规范：GB 50854—2013 [S]．北京：中国计划出版社，2013.

[3] 四川省建设工程造价管理总站．四川省建设工程工程量清单计价定额 [M]．北京：中国计划出版社，2015.

[4] 陶学明，熊伟．建设工程计价基础与定额原理 [M]．北京：机械工业出版社，2016.

[5] 李建峰．建设工程计量与计价 [M]．北京：机械工业出版社，2017.

[6] 四川省造价工程师协会．建设工程计量与计价实务：土木建筑工程 [M]．北京：中国计划出版社，2017.

[7] 刘晓晨，王鑫，李洪涛，等．装配式混凝土建筑概论 [M]．重庆：重庆大学出版社，2018.

[8] 王刚，司振民．装配式混凝土结构识图 [M]．北京：中国建筑工业出版社，2019.

[9] 吴刚，潘金龙．装配式建筑 [M]．北京：中国建筑工业出版社，2018.

[10] 肖明和，张蓓．装配式建筑施工技术 [M]．北京：中国建筑工业出版社，2018.

[11] 苏英志，张广峻．钢结构构造与识图 [M]．北京：电子工业出版社，2015.

[12] 王燕，李军，刁延松．钢结构设计 [M]．北京：中国建筑工业出版社，2019.

[13] 崔佳，熊刚．钢结构基本原理 [M]．2 版．北京：中国建筑工业出版社，2019.

[14] 樊承谋，王永维，潘景龙．木结构 [M]．北京：高等教育出版社，2009.

[15] 潘景龙，祝恩淳．木结构设计原理 [M]．2 版．北京：中国建筑工业出版社，2019.

[16] 高职土建施工类专业指导委员会，加拿大木业协会．现代木结构建筑施工 [M]．2 版．北京：中国建筑工业出版社，2019.

[17] 王玉镯，曹加林，高英．装配式木结构设计施工与 BIM 应用分析 [M]．北京：中国水利水电出版社，2018.

[18] 潘俊武，王琳．BIM 技术导论 [M]．北京：中国建筑工业出版社，2018.

[19] 徐勇戈，高志坚，孔凡楼．BIM 概论 [M]．北京：中国建筑工业出版社，2018.

[20] BIM 与工程造价编审委员会．BIM 与工程造价 [M]．北京：中国计划出版社，2017.

[21] 刘占省．装配式建筑 BIM 技术概论 [M]．北京：中国建筑工业出版社，2019.

[22] 文林峰．大力推广装配式建筑必读 [M]．北京：中国建筑工业出版社，2016.